TURING 图灵程序设计丛书

U0160207

Java
实战
（第2版）

Modern Java in Action, 2nd Edition
Lambdas, streams, functional
and reactive programming

[英] 拉乌尔-加布里埃尔·乌尔玛
[意] 马里奥·富斯科　著
[英] 艾伦·米克罗夫特

陆明刚　劳佳　译

人民邮电出版社
北　京

图书在版编目（CIP）数据

Java实战：第2版 /（英）拉乌尔-加布里埃尔·乌
尔玛（Raoul-Gabriel Urma），（意）马里奥·富斯科
（Mario Fusco），（英）艾伦·米克罗夫特
（Alan Mycroft）著；陆明刚，劳佳译. -- 2版. -- 北
京：人民邮电出版社，2019.12
（图灵程序设计丛书）
ISBN 978-7-115-52148-4

Ⅰ．①J… Ⅱ．①拉… ②马… ③艾… ④陆… ⑤劳…
Ⅲ．①JAVA语言－程序设计 Ⅳ．①TP312.8

中国版本图书馆CIP数据核字(2019)第211722号

内 容 提 要

本书全面介绍了 Java 8、9、10 版本的新特性，包括 Lambda 表达式、方法引用、流、默认方法、Optional、CompletableFuture 以及新的日期和时间 API，是程序员了解 Java 新特性的经典指南。全书共分六个部分：基础知识、使用流进行函数式数据处理、使用流和 Lambda 进行高效编程、无所不在的 Java、提升 Java 的并发性、函数式编程以及 Java 未来的演进。

本书适合 Java 开发人员阅读。

◆ 著　　　[英]拉乌尔–加布里埃尔·乌尔玛
　　　　　[意]马里奥·富斯科
　　　　　[英]艾伦·米克罗夫特
　译　　　陆明刚　劳　佳
　责任编辑　张海艳
　责任印制　周昇亮

◆ 人民邮电出版社出版发行　　北京市丰台区成寿寺路11号
　邮编　100164　电子邮件　315@ptpress.com.cn
　网址　https://www.ptpress.com.cn
　涿州市般润文化传播有限公司印刷

◆ 开本：800×1000　1/16
　印张：31.75　　　　　　　　　2019年12月第2版
　字数：750千字　　　　　　　 2025年1月河北第11次印刷
　著作权合同登记号　图字：01-2018-8076号

定价：119.00元
读者服务热线：(010)84084456-6009　印装质量热线：(010)81055316
反盗版热线：(010)81055315
广告经营许可证：京东市监广登字 20170147 号

版 权 声 明

Original English language edition, entitled *Modern Java in Action, 2nd Edition* by Raoul-Gabriel Urma, Mario Fusco, Alan Mycroft, published by Manning Publications. 178 South Hill Drive, Westampton, NJ 08060 USA. Copyright © 2019 by Manning Publications.

Simplified Chinese-language edition copyright © 2019 by Posts & Telecom Press. All rights reserved.

本书中文简体字版由 Manning Publications 授权人民邮电出版社独家出版。未经出版者书面许可，不得以任何方式复制或抄袭本书内容。

版权所有，侵权必究。

对本书上一版的赞誉

"这是一本介绍 Java 8 新特性的简明指南，书中提供了大量的示例，可以帮助读者快速掌握 Java 8。"

——Jason Lee，Oracle 公司

"这本书是最优秀的 Java 8 指南！"

——William Wheeler，ProData 计算机系统公司

"书中新的 Stream API 和 Lambda 示例特别有用。"

——Steve Rogers，CGTek 公司

"这是学习 Java 8 函数式编程的必备材料。"

——Mayur S. Patil，麻省理工学院工程学院

"这本书以实战为宗旨，简明扼要地介绍了 Java 8 激动人心的新特性，对掌握 Java 8 的新功能非常有帮助。我尤其钟爱函数式接口和 spliterator 的相关内容。"

——Will Hayworth，开发者，Atlassian 公司

前　言

　　1998 年，八岁的我拿起了我此生第一本计算机书，那本书讲的是 JavaScript 和 HTML。我当时怎么也想不到，打开那本书会让我见识到编程语言和它们能够创造的神奇世界，并彻底改变我的生活。我被它深深地吸引了。如今，编程语言的某个新特性还会时不时地让我感到兴奋，因为它让我花更少的时间就能够写出更清晰、更简洁的代码。我希望本书探讨的 Java 8、9 以及 10 中那些来自函数式编程的新思想，同样能够给你启迪。

　　那么，你可能会问，这本书以及它的上一版是由何而来的呢？

　　2011 年，Oracle 公司的 Java 语言架构师 Brian Goetz 分享了一些在 Java 中添加 Lambda 表达式的提议，以期获得业界的参与。这重新燃起了我的兴趣，于是我开始传播这些想法，在各种开发者会议上组织 Java 8 讨论班，并为剑桥大学的学生开设讲座。

　　到了 2013 年 4 月，消息不胫而走，Manning 出版社的编辑给我发了封邮件，问我是否有兴趣写一本关于 Java 8 中 Lambda 的书。当时我只是个"不起眼"的二年级博士研究生，写书似乎并不是一个好主意，因为它会耽误我提交论文。另一方面，所谓"只争朝夕"，我想写一本小书不会有太多工作量，对吧？（后来我才意识到自己大错特错了！）于是我咨询我的博士生导师米克罗夫特教授，结果他十分支持我写书（甚至愿意为这种与博士学位无关的工作提供帮助，我永远感谢他）。几天后，我们见到了 Java 8 的布道者富斯科，他有着非常丰富的专业经验，并且因在重大开发者会议上所做的函数式编程演讲而享有盛名。

　　我们很快就认识到，如果将大家的能量和背景融合起来，就不仅仅可以写出一本关于 Java 8 Lambda 的小书，而是可以写出（我们希望）一本五年或十年后，在 Java 领域仍然有人愿意阅读的书。我们有了一个非常难得的机会来深入讨论许多话题，它们不但有益于 Java 程序员，还打开了通往一扇通往新世界的大门：函数式编程。

　　现在是 2018 年，截至今天，本书的上一版已在全世界售出两万本，Java 9 已经发布，Java 10 也即将发布。经历了无数个漫漫长夜的辛苦工作、无数次的编辑和永生难忘的体验后，我们这本全新修订的包含 Java 8、9 以及 10 的《Java 实战（第 2 版）》终于送到了你的手上。希望你会喜欢它！

拉乌尔–加布里埃尔·乌尔玛

于剑桥大学

致　　谢

如果没有许多杰出人士的支持，这本书是不可能完成的。

- ❏ 自愿提供宝贵审稿建议的朋友：Richard Walker、Jan Saganowski、Brian Goetz、Stuart Marks、Cem Redif、Paul Sandoz、Stephen Colebourne、Íñigo Mediavilla、Allahbaksh Asadullah、Tomasz Nurkiewicz 和 Michael Müller。
- ❏ 在 MEAP（Manning Early Access Program）的作者在线论坛上发表评论的读者。
- ❏ 在编撰过程中提供有益反馈的审阅者：Antonio Magnaghi、Brent Stains、Franziska Meyer、Furkan Kamachi、Jason Lee、Jörn Dinkla、Lochana Menikarachchi、Mayur Patil、Nikolaos Kaintantzis、Simone Bordet、Steve Rogers、Will Hayworth 和 William Wheeler。
- ❏ Manning 出版社编辑 Kevin Harreld 耐心地回答了我们所有的问题和疑虑，为每一章的初稿提供了详尽的反馈，并尽其所能地支持我们。
- ❏ 本书付印前，Dennis Selinger 和 Jean-François Morin 进行了全面的技术审阅，Al Scherer 则在编撰过程中提供了技术帮助。

乌尔玛的致谢词

首先，我要感谢我的父母在生活中给予我无尽的爱和支持。我写一本书的小小梦想如今成真了！其次，我要向信任并且支持我的博士生导师和合著者米克罗夫特表达无尽的感激。我也要感谢合著者富斯科陪我走过这段有趣的旅程。最后，我要感谢在生活中为我提供指导、有用建议，给予我鼓励的朋友们：Sophia Drossopoulou、Aidan Roche、Alex Buckley、Haadi Jabado 和 Jaspar Robertson。你们真是太棒啦！

富斯科的致谢词

我要特别感谢我的妻子 Marilena，她无尽的耐心让我可以专注于写作本书；还有我们的女儿 Sofia，因为她能够创造出无尽的混乱，让我可以从本书的写作中暂时抽身。你在阅读本书时将发现，Sofia 还用只有小孩子才会的方式，告诉我们内部迭代和外部迭代之间的差异。我还要感谢乌尔玛和米克罗夫特，他们与我一起分享了写作本书的（巨大）喜悦和（小小）痛苦。

米克罗夫特的致谢词

我要感谢我的太太 Hilary 和其他家庭成员在本书写作期间容忍我，我常常说"再稍微弄弄就好了"，结果一弄就是好几个小时。我还要感谢多年来的同事和学生，他们让我知道了怎么去教授知识。最后，感谢富斯科和乌尔玛这两位非常高效的合著者，特别是乌尔玛在苛求"周五再交出一部分稿件"时，还能让人愉快地接受。

关于本书

简单地说，Java 8 中的新增功能以及 Java 9 引入的变化（虽然并不显著）是自 Java 1.0 发布 21 年以来，Java 发生的最大变化。这一演进没有去掉任何东西，因此你原有的 Java 代码都能工作，但新功能提供了更强大的新习语和新设计模式，能帮助你编写更清晰、更简洁的代码。就像遇到所有新功能时那样，你一开始可能会想："为什么又要去改我的语言呢？"但稍加练习之后，你就会发觉自己只用预期的一半时间，就用新功能写出了更短、更清晰的代码，这时你会意识到自己永远无法返回到"旧 Java"了。

本书会帮助你跨过"原理听起来不错，但还是有点儿新，不太适应"的门槛，从而熟练地编程。

"也许吧，"你可能会想，"可是 Lambda、函数式编程，这些不是那些留着胡子、穿着凉鞋的学究们在象牙塔里面琢磨的东西吗？"或许是的，但 Java 8 中加入的新想法的分量刚刚好，它们带来的好处也可以被普通的 Java 程序员所理解。本书会从普通程序员的角度来叙述，偶尔谈谈"这是怎么来的"。

"Lambda，听起来跟天书一样！"是的，也许是这样，但它是一个很好的想法，让你可以编写简明的 Java 程序。许多人都熟悉事件处理器和回调函数，即注册一个对象，它包含会在事件发生时使用的一个方法。Lambda 使人更容易在 Java 中广泛应用这种思想。简单来说，Lambda 和它的朋友"方法引用"让你在做其他事情的过程中，可以简明地将代码或方法作为参数传递进去执行。在本书中，你会看到这种思想出现得比预想的还要频繁：从加入做比较的代码来简单地参数化一个排序方法，到利用新的 Stream API 在一组数据上表达复杂的查询指令。

"流（stream）是什么？"这是 Java 8 的一个新功能。它的特点和集合（collection）差不多，但有几个明显的优点，让我们可以使用新的编程风格。首先，如果你使用过 SQL 等数据库查询语言，就会发现用几行代码写出的查询语句要是换成 Java 要写好长。Java 8 的流支持这种简明的数据库查询式编程——但用的是 Java 语法，而无须了解数据库！其次，流被设计成无须同时将所有的数据调入内存（甚至根本无须计算），这样就可以处理无法装入计算机内存的流数据了。但 Java 8 可以对流做一些集合所不能的优化操作，例如，它可以将对同一个流的若干操作组合起来，从而只遍历一次数据，而不是花很大成本去多次遍历它。更妙的是，Java 可以自动将流操作并行化（集合可不行）。

"还有函数式编程，这又是什么？"就像面向对象编程一样，它是另一种编程风格，其核心是把函数作为值，前面在讨论 Lambda 的时候提到过。

　　Java 8 的好处在于，它把函数式编程中一些最好的想法融入到了大家熟悉的 Java 语法中。有了这个优秀的设计选择，你可以把函数式编程看作 Java 8 中一个额外的设计模式和习语，让你可以用更少的时间，编写更清晰、更简洁的代码。想想你的编程兵器库中的利器又多了一样。

　　当然，除了这些在概念上对 Java 有很大扩充的功能，我们也会解释很多其他有用的 Java 8 功能和更新，如默认方法、新的 Optional 类、CompletableFuture，以及新的日期和时间 API。

　　Java 9 的更新包括一个支持通过 Flow API 进行反应式编程的模块系统，以及其他各种增强功能。

　　别急，这只是一个概览，现在该让你自己去看看本书了。

本书结构

　　本书分为六个部分，分别是："基础知识""使用流进行函数式数据处理""使用流和 Lambda 进行高效编程""无所不在的 Java""提升 Java 的并发性"和"函数式编程以及 Java 未来的演进"。我们强烈建议你按顺序阅读前两部分的内容，因为很多概念都需要前面的章节作为基础，后面四个部分的内容你可以按照任意顺序阅读。大多数章节都附有几个测验，可以帮助你学习和掌握这些内容。

　　第一部分旨在帮助你初步使用 Java 8。学完这一部分，你将会对 Lambda 表达式有充分的了解，并可以编写简洁而灵活的代码，能够轻松适应不断变化的需求。

- ❏ 第 1 章总结 Java 的主要变化（Lambda 表达式、方法引用、流和默认方法），为学习后面的内容做准备。
- ❏ 第 2 章介绍行为参数化，这是 Java 8 非常依赖的一种软件开发模式，也是引入 Lambda 表达式的主要原因。
- ❏ 第 3 章对 Lambda 表达式和方法引用进行全面介绍，每一步都提供了代码示例和测验。

　　第二部分详细讨论新的 Stream API。通过 Stream API，你将能够写出功能强大的代码，以声明性方式处理数据。学完这一部分，你将充分理解流是什么，以及如何在 Java 应用程序中使用它们来简洁而高效地处理数据集。

- ❏ 第 4 章介绍流的概念，并解释它们与集合有何异同。
- ❏ 第 5 章详细讨论为了表达复杂的数据处理查询可以使用的流操作。其间会谈到很多模式，如筛选、切片、查找、匹配、映射和归约。
- ❏ 第 6 章介绍收集器——Stream API 的一个功能，可以让你表达更为复杂的数据处理查询。
- ❏ 第 7 章探讨流如何得以自动并行执行，并利用多核架构的优势。此外，你还会学到为正确而高效地使用并行流，要避免的若干陷阱。

　　第三部分探索 Java 8 和 Java 9 的多个主题，这些主题中的技巧能让你的 Java 代码更高效，并能帮助你利用现代的编程习语改进代码库。这一部分的出发点是介绍高级编程思想，本书后续内容并不依赖于此。

- ❏ 第 8 章是这一版新增的，探讨 Java 8 和 Java 9 对 Collection API 的增强。内容涵盖如何使用集合工厂，如何使用新的惯用模式处理 List 和 Set，以及使用 Map 的惯用模式。

❑ 第 9 章探讨如何利用 Java 8 的新功能和一些秘诀来改善你现有的代码。此外，该章还探讨了一些重要的软件开发技术，如设计模式、重构、测试和调试。

❑ 第 10 章也是这一版新增的，介绍依据领域特定语言（domain-specific language，DSL）实现 API 的思想。这不仅是一种强大的 API 设计方法，而且正变得越来越流行。Java 中已经有 API 采用这种模式实现，譬如 Comparator、Stream 以及 Collector 接口。

第四部分介绍 Java 8 和 Java 9 中新增的多个特性，这些特性能帮助程序员事半功倍地编写代码，让程序更加稳定可靠。我们首先从 Java 8 新增的两个 API 入手。

❑ 第 11 章介绍 java.util.Optional 类，它能让你设计出更好的 API，并减少空指针异常。

❑ 第 12 章探讨新的日期和时间 API，这相对于以前涉及日期和时间时容易出错的 API 是一大改进。

❑ 第 13 章讨论默认方法是什么，如何利用它们来以兼容的方式演变 API，一些实际的应用模式，以及有效使用默认方法的规则。

❑ 第 14 章是这一版新增的，探讨 Java 的模块系统——它是 Java 9 的主要改进，使大型系统能够以文档化和可执行的方式进行模块化，而不是简单地将一堆包杂乱无章地堆在一起。

第五部分探讨如何使用 Java 的高级特性构建并发程序——注意，我们要讨论的不是第 6 章和第 7 章中介绍的流的并发处理。

❑ 第 15 章是这一版新增的，从宏观的角度介绍异步 API 的思想，包括 Future、反应式编程背后的“发布–订阅”协议（封装在 Java 9 的 Flow API 中）。

❑ 第 16 章探讨 CompletableFuture，它可以让你用声明性方式表达复杂的异步计算，从而让 Stream API 的设计并行化。

❑ 第 17 章也是这一版新增的，详细介绍 Java 9 的 Flow API，并提供反应式编程的实战代码解析。

第六部分是本书最后一部分，我们会谈谈怎么用 Java 编写高效的函数式程序，还会将 Java 的功能和 Scala 做比较。

❑ 第 18 章是一个完整的函数式编程教程，会介绍一些术语，并解释如何在 Java 8 中编写函数式风格的程序。

❑ 第 19 章涵盖更高级的函数式编程技巧，包括高阶函数、柯里化、持久化数据结构、延迟列表和模式匹配。这一章既提供了可以用在代码库中的实际技术，也提供了能让你成为更渊博的程序员的学术知识。

❑ 第 20 章将对比 Java 与 Scala 的功能。Scala 和 Java 一样，是一种在 JVM 上实现的语言，近年来发展迅速，在编程语言生态系统中已经威胁到了 Java 的一些方面。

❑ 第 21 章会回顾这段学习 Java 8 并慢慢走向函数式编程的历程。此外，我们还会猜测，在 Java 8、9 以及 10 中添加的小功能之后，未来可能会有哪些增强和新功能出现。

最后，本书有四个附录，涵盖了与 Java 8 相关的其他一些话题。附录 A 总结了本书未讨论的一些 Java 8 的小特性。附录 B 概述了 Java 库的其他主要扩展，可能对你有用。附录 C 是第二部分的延续，介绍了流的高级用法。附录 D 探讨了 Java 编译器在幕后是如何实现 Lambda 表达式的。

关于代码

所有代码清单和正文中的源代码都采用等宽字体（如 `fixed-widthfontlikethis`），以与普通文字区分开来。许多代码清单中都有注释，突出了重要的概念。

书中示例的源代码请至图灵社区本书主页 http://ituring.cn/book/2659 "随书下载" 处下载。

本书论坛

购买了英文版的读者可免费访问 Manning 出版社运营的一个私有在线论坛，你可以在那里发表对图书的评论、询问技术问题，并获得作者和其他用户的帮助，网址为：https://forums.manning.com/forums/modern-java-in-action。如欲了解 Manning 论坛以及论坛上的行为守则，请访问 https://forums.manning.com/forums/about。

Manning 对读者的承诺是提供一个平台，供读者之间以及读者和作者之间进行有意义的对话。但这并不意味着作者会有任何特定程度的参与。他们对论坛的贡献是完全自愿的（且无报酬）。我们建议你试着询问作者一些有挑战性的问题，以免他们失去兴趣。只要书仍在发行，你就可以在出版商网站上访问作者在线论坛和先前所讨论内容的归档文件。

读者也可登录图灵社区本书主页 http://ituring.cn/book/2659 提交反馈意见和勘误。

电子书

扫描如下二维码，即可购买本书电子版。

关于封面图片

本书封面上的图像标题为"1700年中国清朝满族战士的服饰"。图片中的人物衣饰华丽，身佩利剑，背背弓和箭筒。如果你仔细看他的腰带，会发现一个 λ 形的带扣（这是我们的设计师加上去的，暗示本书的一个主题）。该图选自 Thomas Jefferys 的《各国古代和现代服饰集》（*A Collection of the Dresses of Different Nations, Ancient and Modern*，伦敦，1757 年至 1772 年间出版），该书标题页中说这些图是手工上色的铜版雕刻品，并且是用阿拉伯树胶填充的。Thomas Jefferys（1719–1771）被称为"乔治三世的地理学家"。他是一名英国制图员，是当时主要的地图供应商。他为政府和其他官方机构雕刻和印制地图，制作了很多商业地图和地理地图集，尤以北美地区为多。地图制作商的工作让他对勘察和绘图过的地方的服饰产生了兴趣，这些都在这个四卷本中得到了出色的展现。

向往遥远的土地、渴望旅行，在 18 世纪还是相对新鲜的现象，而类似于这本集子的书则十分流行，这些集子向旅游者和坐着扶手椅梦想去旅游的人介绍了其他国家的人。Jefferys 书中异彩纷呈的图画生动地描绘了几百年前世界各国的独特与个性。如今，着装规则已经改变，各个国家和地区一度非常丰富的多样性也已消失，来自不同大陆的人仅靠衣着已经很难区分开了。不过，要是乐观点儿看，我们这是用文化和视觉上的多样性，换得了更多姿多彩的个人生活——或是更为多样化、更为有趣的知识和技术生活。

如今计算机图书的封面设计风格类似，Manning 出版社独树一帜，用 Jefferys 画中复活的三个世纪前风格各异的国家服饰，来象征计算机行业中的发明与创造的异彩纷呈。

目　　录

第五部分　提升 Java 的并发性

Part 1

基础知识

第一部分旨在帮助你初步使用 Java 8。学完这一部分，你将对 Lambda 表达式有充分的了解，并可以编写简洁而灵活的代码，能够轻松适应不断变化的需求。

第 1 章总结 Java 的主要变化（Lambda 表达式、方法引用、流和默认方法），为学习后面的内容做准备。

第 2 章介绍行为参数化，这是 Java 8 非常依赖的一种软件开发模式，也是引入 Lambda 表达式的主要原因。

第 3 章对 Lambda 表达式和方法引用进行全面的介绍，每一步都提供了代码示例和测验。

Java 8、9、10 以及 11 的变化

本章内容

□ Java 怎么又变了
□ 日新月异的计算应用背景
□ Java 改进的压力
□ Java 8和Java 9的核心新特性

自 1996 年 JDK 1.0（Java 1.0）发布以来，Java 已经受到了学生、项目经理和程序员等一大批活跃用户的欢迎。这一语言极具活力，不断被用在大大小小的项目里。从 Java 1.1（1997 年）到 Java 7（2011 年），Java 通过不断地增加新功能，得到了良好的升级。Java 8 于 2014 年 3 月发布，Java 9 于 2017 年 9 月发布，Java 10 于 2018 年 3 月发布，Java 11 于 2018 年 9 月发布①。那么，问题来了：为什么要关心这些变化？

1.1 为什么要关心 Java 的变化

我们的理由是，从很多方面来说，Java 8 所做的改变，其影响比 Java 历史上任何一次改变都深远（Java 9 新增了效率提升方面的重要改进，但并不伤筋动骨，这些内容本章后面会介绍。Java 10 对类型推断做了微调）。好消息是，这些改变会让编程更容易，我们再也不用编写下面这种啰唆的程序了（按照重量给 inventory 中的苹果排序）：

```
Collections.sort(inventory, new Comparator<Apple>() {
    public int compare(Apple a1, Apple a2){
        return a1.getWeight().compareTo(a2.getWeight());
    }
});
```

---

① 如想了解 Oracle 公司对 JDK 的最新支持情况，请访问https://www.oracle.com/technetwork/java/java-se-support-roadmap.html。——译者注

使用 Java 8，你能书写更简洁的代码，让代码读起来更接近问题描述本身：

```
inventory.sort(comparing(Apple::getWeight));    ← 本书第一段
                                                   Java 8 代码
```

这段代码的意思是"按照重量给库存苹果排序"。目前你不用担心不理解这段代码，本书后续的章节将会介绍它做了什么，以及如何写出这样的代码。

Java 8 的改变也受到了硬件的影响：平常我们用的 CPU 都是多核的——你的笔记本电脑或台式机的处理器可能有四个甚至更多的 CPU 核。然而，绝大多数现存的 Java 程序都只使用了其中一个核，其他三个核都闲着，或者仅消耗了它的一小部分处理能力来运行操作系统或杀毒程序。

Java 8 之前，专家们可能会跟你说，只有通过多线程才能利用多个处理器核。问题是，多线程用起来不仅难，还容易出错。从 Java 的演进路径来看，它一直致力于让并发编程更容易、出错更少。早在 1.0 版本 Java 就引入了线程和锁，甚至还有一个内存模型——这是当时的最佳做法，然而事实证明，除非你的项目团队是由专家组成的，否则很难可靠地利用这些基本模型。Java 5 添加了工业级的构建模块，如线程池和并发集合。Java 7 添加了分支/合并（fork/join）框架，让并行变得更实用，然而这依旧很困难。Java 8 提供了一种全新的思想，可以帮助你更容易地实现并行。然而，你仍然需要遵循一些规则，这些内容本书都会逐一介绍。

本书还会介绍 Java 9 新增的反应式编程支持，它是一种实现并发的结构化方法。虽然实现反应式编程有多种专有的方式，但是 RxJava 和 Akka 反应式流工具集正日益流行，已成为构建高并发系统的标准方式。

基于前文介绍的两个迫切需求（即编写更简洁的代码，以及更方便地利用处理器的多核）催生出了一座拔地而起相互勾连一致的 Java 8 大厦。先快速了解一下这些想法（希望能引起你的兴趣，也希望这些总结足够简洁）：

- ❑ Stream API；
- ❑ 向方法传递代码的技巧；
- ❑ 接口的默认方法。

Java 8 提供了一个新的 API（称为"流"，Stream），它支持多个数据处理的并行操作，其思路和数据库查询语言类似——从高层的角度描述需求，而由"实现"（这里是 Stream 库）来选择底层最佳执行机制。这样就可以避免用 synchronized 编写代码，这种代码不仅容易出错，而且在多核 CPU[①] 上执行所需的成本也比你想象的要高。

从修正的角度来看，在 Java 8 中加入 Stream 可以视为添加另外两项的直接原因：**向方法传递代码的简洁技巧**（方法引用、Lambda）和接口中的**默认方法**。

如果仅仅把"向方法传递代码"看成引入 Stream 的结果，就低估了它在 Java 8 中的应用范围。它提供了一种新的方式，能够简洁地表达**行为参数化**。比方说，你想要写两个只有几行代码不同的方法，现在只需把不同的那部分代码作为参数传递进去就可以了。采用这种编程技巧，代

---

① 多核 CPU 的每个处理器核都有独立的高速缓存。加锁需要这些高速缓存同步运行，然而这又需要在内核间进行较慢的缓存一致性协议通信。

码更短、更清晰，也比常用的复制粘贴更少出错。高手看到这里就会想，Java 8 之前可以用匿名类实现行为参数化呀——但是想想本章开头那个更加简洁的 Java 8 代码示例，代码本身就说明了它有多清晰！

Java 8 里将代码传递给方法的功能（同时也能够返回代码并将其包含在数据结构中）还让我们能够使用一整套新技巧，通常称为**函数式编程**。一言以蔽之，这种被函数式编程界称为**函数**的代码，可以被来回传递并加以组合，以产生强大的编程语汇。这样的例子在本书中随处可见。

本章首先从宏观角度探讨语言为什么会演变，然后介绍 Java 8 的核心特性，接着介绍函数式编程思想——新的特性简化了使用，而且更适应新的计算机体系结构。简而言之，1.2 节讨论 Java 的演变过程和原因，即 Java 以前缺乏以简易方式利用多核并行的能力。1.3 节介绍为什么把代码传递给方法在 Java 8 里是如此强大的一个新的编程语汇。1.4 节对 Stream 做同样的介绍：Stream 是 Java 8 表示有序数据以及这些数据是否可以并行处理的新方式。1.5 节解释如何利用 Java 8 中的默认方法功能让接口和库的演变更顺畅、编译更少，还会介绍 Java 9 中新增的**模块**，有了这一特性，Java 系统组件就不会再被称为"只是包的 JAR 文件"了。最后，1.6 节展望在 Java 和其他共用 JVM 的语言中进行函数式编程的思想。总的来说，本章会介绍整体脉络，而细节会在本书的其余部分中逐一展开。请尽情享受吧！

1.2   Java 怎么还在变

20 世纪 60 年代，人们开始追求完美的编程语言。当时著名的计算机科学家 Peter Landin 在 1966 年的一篇标志性论文[①]中提到那时已经有 700 种编程语言了，并推测了接下来的 700 种会是什么样子，文中也对类似于 Java 8 中的函数式编程进行了讨论。

之后，又出现了数以千计的编程语言。于是学者们得出结论：编程语言就像生态系统一样，新的语言会出现，旧语言则被取代，除非它们不断演变。我们都希望出现一种完美的通用语言，可在现实中，某些语言只是更适合某些方面。比如，C 和 C++仍然是构建操作系统和各种嵌入式系统的流行工具，因为它们编写出的程序尽管安全性不佳，但运行时占用资源少。缺乏安全性可能会导致程序意外崩溃，并把安全漏洞暴露给病毒等。确实，Java 和 C#等安全型语言在诸多运行资源不太紧张的应用中已经取代了 C 和 C++。

先抢占市场通常能够吓退竞争对手。为了一个功能而改用新的语言和工具链往往太痛苦了，但新来者最终会取代现有的语言，除非后者演变得够快，能跟上节奏。年纪大一点的读者大多可以列举出一堆这样的语言——他们以前用过，但是现在这些语言已经不流行了。随便列举几个吧：Ada、Algol、COBOL、Pascal、Delphi、SNOBOL 等。

你是一位 Java 程序员。在过去近 20 年的时间里，Java 已经成功地霸占了编程生态系统中的一大块，同时替代了竞争对手语言。下面来看看其中的原因。

---

① P. J. Landin, "The Next 700 Programming Languages," *CACM* 9(3):157–65, March 1966。

1.2.1 Java 在编程语言生态系统中的位置

Java 天资不错。从一开始，它就是一门精心设计的面向对象的语言，提供了大量有用的库。由于有集成的线程和锁的支持，它从第一天起就支持小规模并发（并且它很有先见之明地承认，在硬件无关的内存模型中，并发线程在多核处理器上发生意外的概率比单核处理器上大得多）。此外，将 Java 编译成 JVM 字节码（一种很快就被每一种浏览器支持的虚拟机代码）意味着它成为了互联网 applet（小应用）的首选。（你还记得 applet 吗?）确实，Java 虚拟机（JVM）及其字节码可能会变得比 Java 语言本身更重要，而且对于某些应用来说，Java 可能会被同样运行在 JVM 上的竞争对手语言（如 Scala 或 Groovy）取代。JVM 各种最新的更新（例如 JDK7 中的新 `invokedynamic` 字节码）旨在帮助这些竞争对手语言在 JVM 上顺利运行，并与 Java 交互操作。Java 也已经成功地占领了嵌入式计算的若干领域，从智能卡、烤面包机、机顶盒到汽车制动系统。

Java 是如何进入通用编程市场的？

面向对象在 20 世纪 90 年代开始流行，原因有两个：封装原则使得其软件工程问题比 C 少；作为一个思维模型，它轻松地反映了 Windows 95 及之后的 WIMP 编程模式。可以这样总结：一切都是对象，单击鼠标就能给处理程序发送一个事件消息（在 Mouse 对象中触发 `clicked` 方法）。Java 的"一次编写，随处运行"模式，以及早期浏览器安全地执行 Java 小应用的能力让它占领了大学市场，毕业生随后又把它带进了业界。开始时由于运行成本比 C/C++ 要高，Java 还遇到了一些阻力，但后来机器变得越来越快，程序员的时间也变得越来越重要了。微软的 C#进一步验证了 Java 的面向对象模型。

但是，编程语言生态系统的气候正在变化。程序员越来越多地要处理所谓的**大数据**（数百万兆甚至更多字节的数据集），并希望利用多核计算机或计算集群来有效地处理。这意味着需要使用并行处理——Java 以前对此并不支持。你可能接触过其他编程领域的思想，比如 Google 的 map-reduce，或使用过相对容易的数据库查询语言（如 SQL）执行数据操作，它们能帮助你处理大量数据和多核 CPU。图 1-1 总结了语言生态系统：把这幅图看作编程问题空间，每个地方生长的主要植物就是程序最喜欢的语言。气候变化的意思是，新的硬件或新的编程因素（例如，"我为什么不能用 SQL 的风格来写程序？"）意味着新项目优选的语言各有不同，就像地区气温上升就意味着葡萄在较高的纬度也能长得好。当然这会有滞后——很多老农会一直种植着传统作物。总之，新的语言不断出现，并因为迅速适应了气候变化，越来越受欢迎。

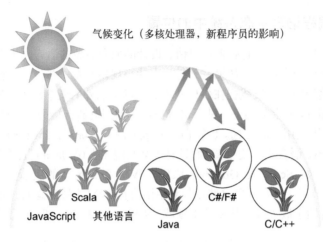

图 1-1　编程语言生态系统和气候变化

对程序员来说，Java 8 的主要好处在于它提供了更多的编程工具和概念，能以更快、更简洁、更易于维护的方式解决新的或现有的编程问题，其中简洁和易维护更重要。虽然这些概念对于 Java 来说是新的，但是研究型的语言已经证明了它们的强大。我们会重点探讨三个编程概念背后的思想，它们促使 Java 8 开发出了利用并行和编写更简洁代码的功能。这里介绍它们的顺序和本书其余部分略有不同，一方面是为了类比 Unix，另一方面是为了揭示 Java 8 新的多核并行中存在的"因为这个所以需要那个"的依赖关系。

另一个影响 Java 气候变化的因素

影响 Java 气候变化的另一个因素是大型系统的设计方式。现在，越来越多的大型系统会集成来自第三方的大型子系统，而这些子系统可能又构建于别的供应商提供的组件之上。更糟糕的是，这些组件以及它们的接口也会不断演进。为了解决这些设计风格上的问题，Java 8 和 Java 9 提供了默认方法和模块系统。

接下来的三个小节会逐一介绍驱动 Java 8 设计的三个编程概念。

1.2.2　流处理

第一个编程概念是**流处理**。**流**是一系列数据项，一次只生成一项。程序可以从输入流中一个一个读取数据项，然后以同样的方式将数据项写入输出流。一个程序的输出流很可能是另一个程序的输入流。

一个实际的例子是在 Unix 或 Linux 中，很多程序都从标准输入（Unix 和 C 中的 stdin，Java 中的 System.in）读取数据，然后把结果写入标准输出（Unix 和 C 中的 stdout，Java 中的 System.out）。首先来看一点点背景：Unix 的 cat 命令会把两个文件连接起来创建一个流，tr

会转换流中的字符，sort 会对流中的行进行排序，tail -3 则给出流的最后三行。Unix 命令行允许这些程序通过管道（|）连接在一起，比如下面这段代码会假设 file1 和 file2 中每行都只有一个单词，先把字母转换成小写字母，然后打印出按照词典顺序排在最后的三个单词：

```
cat file1 file2 | tr "[A-Z]" "[a-z]" | sort | tail -3
```

我们说 sort 把一个行流[①]作为输入，产生了另一个行流（进行排序）作为输出，如图 1-2 所示。请注意在 Unix 中，这些命令（cat、tr、sort 和 tail）是同时执行的，这样 sort 就可以在 cat 或 tr 完成前先处理头几行。就像汽车组装流水线一样，汽车排队进入加工站，每个加工站会接收、修改汽车，然后将之传递给下一站做进一步的处理。尽管流水线实际上是一个序列，但不同加工站的运行一般是并行的。

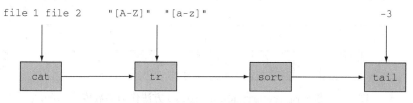

图 1-2   操作流的 Unix 命令

基于这一思想，Java 8 在 java.util.stream 中添加了一个 Stream API。Stream<T>就是一系列 T 类型的项目。你现在可以把它看成一种比较花哨的迭代器。Stream API 的很多方法可以链接起来形成一个复杂的流水线，就像先前例子里面链接起来的 Unix 命令一样。

推动这种做法的关键在于，现在你可以在一个更高的抽象层次上写 Java 8 程序了：思路变成了把这样的流变成那样的流（就像写数据库查询语句时的那种思路），而不是一次只处理一个项目。另一个好处是，Java 8 可以透明地把输入的不相关部分拿到几个 CPU 核上去分别执行你的 Stream 操作流水线——这是**几乎免费**的并行，用不着去费劲搞 Thread 了。本书第 4~7 章会仔细讨论 Java 8 的 Stream API。

1.2.3 用行为参数化把代码传递给方法

Java 8 中增加的另一个编程概念是通过 API 来传递代码的能力。这听起来实在太抽象了。在 Unix 的例子里，你可能想告诉 sort 命令使用自定义排序。虽然 sort 命令支持通过命令行参数来执行各种预定义类型的排序，比如倒序，但这毕竟是有限的。

比方说，你有一堆发票代码，格式类似于 2013UK0001、2014US0002……其中前四位数代表年份，接下来两个字母代表国家，最后四位是客户的代码。你可能想按照年份、客户代码，甚至国家来对发票进行排序。你真正想要的是，能够给 sort 命令一个参数让用户定义顺序：给 sort 命令传递一段独立的代码。

---

① 有语言洁癖的人会说"字符流"，不过认为 sort 会对行重新排序比较简单。

那么，直接套在 Java 上，你是要让 sort 方法利用自定义的顺序进行比较。你可以写一个 compareUsingCustomerId 来比较两张发票的代码，但是在 Java 8 之前，你无法把这个方法传给另一个方法。你可以像本章开头介绍的那样，创建一个 Comparator 对象，将之传递给 sort 方法，不过这不但啰唆，而且让"重用现有行为"的思想变得不那么清楚了。Java 8 增加了把方法（你的代码）作为参数传递给另一个方法的能力。图 1-3 是基于图 1-2 画出的，它描绘了这种思路。我们把这一概念称为**行为参数化**。它的重要之处在哪儿呢？Stream API 就是构建在通过传递代码使操作行为实现参数化的思想上的，当把 compareUsingCustomerId 传进去，你就把 sort 的行为参数化了。

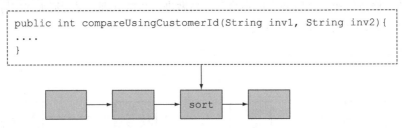

图 1-3   将 compareUsingCustomerId 方法作为参数传给 sort

我们将在 1.3 节中概述这种方式，第 2 章和第 3 章再进行详细讨论。第 18 章和第 19 章将讨论这一功能的高级用法，还有**函数式编程**自身的一些技巧。

1.2.4   并行与共享的可变数据

第三个编程概念更隐晦一点，它源自前面讨论流处理能力时说的"几乎免费的并行"。你需要放弃什么吗？你可能需要稍微改变一下编写传给流方法的行为的方法。这些改变一开始可能会让你有点儿不舒服，但一旦习惯了你就会爱上它们。你提供的行为必须能够同时在不同的输入上**安全地执行**。一般情况下这就意味着，所写的代码不能访问共享的可变数据来完成它的工作。这些函数有时被称为"纯函数""无副作用函数"或"无状态函数"，第 18 章和第 19 章会详细讨论。前面说的并行只有在你的代码的多个副本可以独立工作时才能进行。但如果要写入的是一个共享变量或对象，就行不通了：如果两个进程需要同时修改这个共享变量怎么办？（1.4 节通过配图给出了更详细的解释。）在后续章节中，你会进一步了解这种风格。

Java 8 的流实现并行比 Java 现有的 Thread API 更容易，因此，尽管可以使用 synchronized 来打破"不能有共享的可变数据"这一规则，但这相当于是在和整个体系作对，因为它使所有围绕这一规则做出的优化都失去意义了。在多个处理器核之间使用 synchronized，其代价往往比你预期的要大得多，因为同步迫使代码按照顺序执行，而这与并行处理的宗旨相悖。

没有共享的可变数据，以及将方法和函数（即代码）传递给其他方法的能力，这两个要点是**函数式编程范式**的基石，第 18 章和第 19 章会详细讨论。与此相反，在**命令式编程范式**中，你写的程序则是一系列改变状态的指令。"不能有共享的可变数据"意味着，一个方法可以通过它将参数值转换为结果的方式来完整描述，换句话说，它的行为就像一个数学函数，没有可见的副作用。

1.2.5 Java 需要演变

前面已经介绍了 Java 的演变。例如，引入泛型，以及使用 List<String>而不只是 List，一开始可能都挺烦人的，但现在你已经熟悉了这种风格和它所带来的好处，即在编译时能发现更多错误，且代码更易读，因为你现在知道列表里面是什么了。

其他改变使得表达普通的东西变得更容易，例如，使用 for-each 循环，而不用暴露 Iterator 里面的模板写法。Java 8 中的主要变化反映了它开始远离常侧重改变现有值的经典面向对象思想，而向函数式编程领域转变。在函数式编程中，在大体上考虑想做什么（例如，**创建一个值来代表所有从 A 到 B 的低于给定价格的路线**）被视为头等大事，并和具体实现方式（例如，**扫描**一个数据结构并**修改**某些元素）区分开来。请注意，如果极端点儿来说，传统的面向对象编程和函数式编程可能看起来是冲突的。但是我们的理念是获取两种编程范式中的精华，以便为任务找到理想的工具。1.3 节和 1.4 节会详细讨论。

简而言之，语言需要不断改进，以适应硬件的更新或满足程序员的期待（如果你还不够信服，想想 COBOL 可一度是最重要的商用语言之一呢）。要坚持下去，Java 必须通过增加新功能来改进，而且只有新功能被人使用，变化才有意义。所以，使用 Java 8，你就是在保护你作为 Java 程序员的职业生涯。除此之外，我们有一种感觉——你一定会喜欢 Java 8 的新功能。随便问问哪个用过 Java 8 的人，看看他们愿不愿意退回去使用旧版本。还有，用生态系统打比方的话，Java 8 的新功能使得 Java 能够征服如今被其他语言占领的编程任务领地，所以对 Java 8 程序员的需求更多了。

下面将逐一介绍 Java 8 中的新概念，并顺便指出哪一章还会详细讨论这些概念。

1.3 Java 中的函数

编程语言中的**函数**一词通常是指**方法**，尤其是静态方法，这是在**数学函数**，也就是没有副作用的函数之外的一个新含义。幸运的是，你将会看到，当 Java 8 提到函数时，这两种用法几乎是一致的。

Java 8 中新增了函数，作为值的一种新形式。它有助于使用 1.4 节中谈到的流，有了它，Java 8 可以在多核处理器上进行并行编程。首先来展示一下作为值的函数本身的有用之处。

想想 Java 程序可能操作的值吧。首先有原始值，比如 42（int 类型）和 3.14（double 类型）。其次，值可以是对象（更严格地说是对象的引用）。获得对象的唯一途径是利用 new，这也许是通过工厂方法或库函数实现的；对象引用指向一个类的**实例**。例子包括"abc"（String 类型）、new Integer(1111)（Integer 类型），以及 new HashMap<Integer,String>(100) 的结果——它显式调用了 HashMap 的构造函数。甚至数组也是对象。那么有什么问题呢？

为了帮助回答这个问题，我们要注意到，编程语言的整个目的就在于操作值，按照历史上编程语言的传统，这些值应被称为一等值（或一等公民）。编程语言中的其他结构也许有助于表示值的结构，但在程序执行期间不能传递，因而是二等值。前面所说的值是 Java 中的一等值，但其他很多 Java 概念（比如方法和类等）则是二等值。用方法来定义类很不错，类还可以实例化来产生值,但方法和类本身都不是值。这又有什么关系呢?还真有,人们发现,在运行时传递方法能将方法变成一等值。这在编程中非常有用,因此 Java 8 的设计者把这个功能加入到了 Java 中。顺便说一下,你可能会想,让类等其他二等值也变成一等值可能也是个好主意。有很多语言,比如 Smalltalk 和 JavaScript,都探索过这条路。

1.3.1   方法和 Lambda 作为一等值

Scala 和 Groovy 等语言的实践已经证明,让方法等概念作为一等值可以扩充程序员的工具库,从而让编程变得更容易。一旦程序员熟悉了这个强大的功能,就再也不愿意使用没有这一功能的语言了。因此,Java 8 的设计者决定允许将方法作为值,让编程更轻松。此外,让方法作为值也构成了其他几个 Java 8 功能(比如 Stream)的基础。

我们介绍的 Java 8 的第一个新功能是**方法引用**。比方说,你想要筛选一个目录中的所有隐藏文件。你需要编写一个方法,然后给它一个 File,它就会告诉你文件是不是隐藏的。幸好,File 类里面有一个叫作 isHidden 的方法。可以把它看作一个函数,接受一个 File,返回一个布尔值。但要用它做筛选,需要把它包在一个 FileFilter 对象里,然后传递给 File.listFiles 方法,如下所示:

```
File[] hiddenFiles = new File(".").listFiles(new FileFilter() {
    public boolean accept(File file) {
        return file.isHidden();          ◄─────── 筛选隐藏文件
    }
});
```

呃,真可怕!虽然只有三行,但这三行可真够绕的。我们第一次碰到的时候肯定都说过:"非得这样不可吗?"已经有一个方法 isHidden 可用,为什么非得把它包在一个啰唆的 FileFilter 类里面再实例化呢?因为在 Java 8 之前你必须这么做!

如今在 Java 8 里,你可以把代码重写成这样:

```
File[] hiddenFiles = new File(".").listFiles(File::isHidden);
```

哇!酷不酷?你已经有了函数 isHidden,因此只需用 Java 8 的**方法引用**::语法(即"把这个方法作为值")将其传给 listFiles 方法。请注意,我们也开始用**函数**代表方法了。稍后会解释这个机制是如何工作的。一个好处是,你的代码现在读起来更接近问题的陈述了。

方法不再是二等值了。与用**对象引用**传递对象类似(对象引用是用 new 创建的),在 Java 8 里写下 File::isHidden 的时候,你就创建了一个**方法引用**,你同样可以传递它。第 3 章会详细讨论这一概念。只要方法中有代码(方法中的可执行部分),那么用方法引用就可以传递代码,如图 1-3 所示。图 1-4 说明了这一概念。你在下一节中还将看到一个具体的例子——从库存中选择苹果。

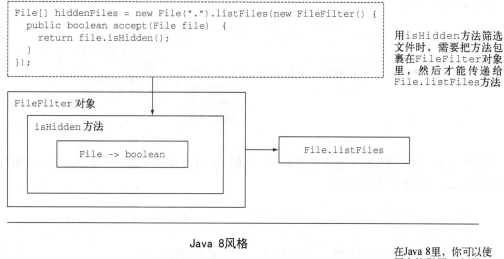

筛选隐藏文件的老方法

```
File[] hiddenFiles = new File(".").listFiles(new FileFilter() {
  public boolean accept(File file)  {
    return file.isHidden();
  }
});
```

用isHidden方法筛选
文件时，需要把方法包
裹在FileFilter对象
里，然后才能传递给
File.listFiles方法

FileFilter 对象

isHidden方法

File -> boolean

File.listFiles

Java 8风格

在Java 8里，你可以使
用方法引用::语法，
把isHidden函数传
递给listFiles方法

```
File[] hiddenFiles = new File(".").listFiles(File::isHidden)
```

File.isHidden ———— File::isHidden语法 ————> File.listFiles

图 1-4　将方法引用 File::isHidden 传递给 listFiles 方法

Lambda——匿名函数

除了允许（命名）函数成为一等值外，Java 8 还体现了更广义的**将函数作为值**的思想，包括 Lambda[①]（或匿名函数）。比如，你现在可以写 (int x) -> x + 1，表示"调用时给定参数 x，就返回 $x + 1$ 值的函数"。你可能会想这有什么必要呢？因为你可以在 MyMathsUtils 类里面定义一个 add1 方法，然后写 MyMathsUtils::add1 嘛！确实是可以，但要是你没有方便的方法和类可用，新的 Lambda 语法更简洁。第 3 章会详细讨论 Lambda。我们说使用这些概念的程序具有函数式编程风格，这句话的意思是"编写把函数作为一等值来传递的程序"。

1.3.2　传递代码：一个例子

来看一个例子，看看它是如何帮助你写程序的，我们在第 2 章还会进行更详细的讨论。所有的示例代码均可见于图灵社区本书主页 http://ituring.com.cn/book/2659 "随书下载"处。假设你有一个 Apple 类，它有一个 getColor 方法，还有一个变量 inventory 保存着一个 Apples 列表。你可能想要选出所有的绿苹果（此处使用包含值 GREEN 和 RED 的 Color 枚举类型），并返回一

———————————

①最初是根据希腊字母 λ 命名的。虽然 Java 中不使用这个符号，但是名称还是被保留了下来。

个列表。通常用**筛选**（filter）一词来表达这个概念。在 Java 8 之前，你可能会写这样一个方法
filterGreenApples：

```
public static List<Apple> filterGreenApples(List<Apple> inventory){
    List<Apple> result = new ArrayList<>();
    for (Apple apple: inventory){
        if (GREEN.equals(apple.getColor())) {
            result.add(apple);
        }
    }
    return result;
}
```

result 是用来累积结果的 List，开始为空，然后一个个加入绿苹果

加粗显示的代码会仅仅选出绿苹果

但是接下来，有人可能想要选出重的苹果，比如超过 150 克的苹果，于是你心情沉重地写了下面这个方法，甚至用了复制粘贴：

```
public static List<Apple> filterHeavyApples(List<Apple> inventory){
    List<Apple> result = new ArrayList<>();
    for (Apple apple: inventory){
        if (apple.getWeight() > 150) {
            result.add(apple);
        }
    }
    return result;
}
```

这里加粗显示的代码会仅仅选出重的苹果

我们都知道软件工程中复制粘贴的危险——给一个做了更新和修正，却忘了另一个。嘿，这两个方法只有一行不同：if 里面加粗的那行条件。如果这两个加粗的方法之间的差异仅仅是接受的重量范围不同，那么你只要把接受的重量上下限作为参数传递给 filter 就行了，比如指定(150, 1000)来选出重的苹果（超过 150 克），或者指定(0, 80)来选出轻的苹果（低于 80 克）。

但是，前面提到了，Java 8 会把条件代码作为参数传递进去，这样可以避免 filter 方法中出现重复的代码。现在你可以写：

```
public static boolean isGreenApple(Apple apple) {
    return GREEN.equals(apple.getColor());
}
public static boolean isHeavyApple(Apple apple) {
    return apple.getWeight() > 150;
}
public interface Predicate<T>{
    boolean test(T t);
}
static List<Apple> filterApples(List<Apple> inventory,
                                Predicate<Apple> p) {
    List<Apple> result = new ArrayList<>();
    for (Apple apple: inventory){
        if (p.test(apple)) {
            result.add(apple);
        }
```

写出来是为了清晰（平常只要从 java.util.function 导入就可以了）

方法作为 Predicate 参数 p 传递进去（见附注栏"什么是谓词？"）

苹果符合 p 所代表的条件吗

```
        }
        return result;
    }
```

要用它的话，你可以写：

```
filterApples(inventory, Apple::isGreenApple);
```

或者

```
filterApples(inventory, Apple::isHeavyApple);
```

接下来的两章会详细讨论它是怎么工作的。现在重要的是你可以在 Java 8 里面传递方法了！

> **什么是谓词？**
>
> 前面的代码传递了方法 `Apple::isGreenApple`（它接受参数 `Apple` 并返回一个 `boolean`）给 `filterApples`，后者则希望接受一个 `Predicate<Apple>`参数。**谓词**（predicate）在数学上常常用来代表类似于函数的东西，它接受一个参数值，并返回 `true` 或 `false`。后面你会看到，Java 8 也允许你写 `Function<Apple,Boolean>`——在学校学过函数却没学过谓词的读者对此可能更熟悉，但用 `Predicate<Apple>`是更标准的方式，效率也会更高一点儿，这避免了把 `boolean` 封装在 `Boolean` 里面。

1.3.3 从传递方法到 Lambda

把方法作为值来传递显然很有用，但要是为类似于 `isHeavyApple` 和 `isGreenApple` 这种可能只用一两次的短方法写一堆定义就有点儿烦人了。不过 Java 8 也解决了这个问题，它引入了一套新记法（匿名函数或 Lambda），让你可以写

```
filterApples(inventory, (Apple a) -> GREEN.equals(a.getColor()) );
```

或者

```
filterApples(inventory, (Apple a) -> a.getWeight() > 150 );
```

甚至

```
filterApples(inventory, (Apple a) -> a.getWeight() < 80 ||
                                     RED.equals(a.getColor()) );
```

所以，你甚至不需要为只用一次的方法写定义。代码更干净、更清晰，因为你用不着去找自己到底传递了什么代码。但要是 Lambda 的长度多于几行（它的行为也不是一目了然）的话，那你还是应该用方法引用来指向一个有描述性名称的方法，而不是使用匿名的 Lambda。你应该以代码的清晰度为准绳。

Java 8 的设计师几乎可以就此打住了，要不是有了多核 CPU，可能他们真的就到此为止了。

函数式编程竟然如此强大，后面你会有更深的体会。本来，Java 加上 filter 和几个相关的东西作为通用库方法就足以让人满意了，比如

```
static <T> Collection<T> filter(Collection<T> c, Predicate<T> p);
```

这样你甚至不需要写 filterApples 了，因为比如先前的调用

```
filterApples(inventory, (Apple a) -> a.getWeight() > 150 );
```

就可以直接调用库方法 filter：

```
filter(inventory, (Apple a) -> a.getWeight() > 150 );
```

　　但是，为了更好地利用并行，Java 的设计师没有这么做。Java 8 中有一整套新的类 Collection API——Stream，它有一套类似于函数式程序员熟悉的 filter 的操作，比如 map、reduce，还有接下来要讨论的在 Collection 和 Stream 之间做转换的方法。

1.4　流

　　几乎每个 Java 应用都会**制造**和**处理**集合。但集合用起来并不总是那么理想。比方说，你需要从一个列表中筛选金额较高的交易，然后按货币分组。你需要写一大堆模板代码来实现这个数据处理命令，如下所示：

```
                                                          建立累积交易
                                                          分组的 Map
          Map<Currency, List<Transaction>> transactionsByCurrencies =
              new HashMap<>();
筛选金      for (Transaction transaction : transactions) {
额较高            if(transaction.getPrice() > 1000){                       遍历交易
的交易              Currency currency = transaction.getCurrency();          的 List
                  List<Transaction> transactionsForCurrency =
                      transactionsByCurrencies.get(currency);
如果这个货币                                                                提取交易
的分组 Map 是      if (transactionsForCurrency == null) {                   货币
空的，那就建          transactionsForCurrency = new ArrayList<>();
立一个                transactionsByCurrencies.put(currency,
                                            transactionsForCurrency);
                  }
                  transactionsForCurrency.add(transaction);              将当前遍历的交易添
              }                                                          加到具有同一货币的
          }                                                              交易 List 中
```

此外，很难一眼看出这些代码是做什么的，因为有好几个嵌套的控制流指令。

有了 Stream API，你现在可以这样解决这个问题了：

```
                                                          筛选金额较高
import static java.util.stream.Collectors.groupingBy;     的交易
Map<Currency, List<Transaction>> transactionsByCurrencies =
    transactions.stream()
                .filter((Transaction t) -> t.getPrice() > 1000)     按货币
                .collect(groupingBy(Transaction::getCurrency));     分组
```

这看起来有点儿神奇，不过现在先不用担心。第 4~7 章会专门讲述怎么理解 Stream API。现在值得注意的是，Stream API 处理数据的方式与 Collection API 不同。用集合的话，你得自己管理迭代过程。你得用 for-each 循环一个个地迭代元素，然后再处理元素。我们把这种数据迭代方法称为**外部迭代**。相反，有了 Stream API，你根本用不着操心循环的事情。数据处理完全是在库内部进行的。我们把这种思想叫作**内部迭代**。第 4 章还会谈到这些思想。

使用集合的另一个头疼之处是，想想看，要是交易量非常庞大，你要怎么处理这个巨大的列表呢？单个 CPU 根本搞不定这么大量的数据，但你很可能已经有了一台多核计算机。理想情况下，你可能想让这些 CPU 核共同分担处理工作，以缩短处理时间。理论上来说，要是你有八个核，那并行起来，处理数据的速度应该是单核的八倍。

> ### 多核计算机
>
> 所有新的台式机和笔记本电脑都是多核的。它们不是仅有一个 CPU，而是有四个、八个，甚至更多 CPU，通常称为核[1]。问题是，经典的 Java 程序只能利用其中一个核，其他核的处理能力都浪费了。类似地，很多公司利用**计算集群**（用高速网络连接起来的多台计算机）来高效处理海量数据。Java 8 提供了新的编程风格，可更好地利用这样的计算机。
>
> Google 的搜索引擎就是一个无法在单台计算机上运行的代码示例。它要读取互联网上的每个页面并建立索引，将每个网页上出现的每个词都映射到包含该词的网址上。然后，如果你用多个词进行搜索，软件就可以快速利用索引，给你一个包含这些词的网页集合。想想看，你会如何在 Java 中实现这个算法，哪怕是比 Google 小的引擎也需要你利用计算机上所有的核。

多线程并非易事

问题在于，通过**多线程**代码来利用并行（使用先前 Java 版本中的 Thread API）并非易事。你得换一种思路：线程可能会同时访问并更新共享变量。因此，如果没有协调好[2]，那么数据可能会被意外改变。相比一步步执行的顺序模型，这个模型不太好理解[3]。比如，图 1-5 就展示了如果没有同步好，两个线程同时向共享变量 sum 加上一个数时，可能会出现的问题。

Java 8 也用 Stream API（java.util.stream）解决了这两个问题：集合处理时的模板化和晦涩，以及难以利用多核。这样设计的第一个原因是，有许多反复出现的数据处理模式，类似于前一节所说的 filterApples 或 SQL 等数据库查询语言里熟悉的操作，如果库中有这些就会很方便：根据标准**筛选**数据（比如较重的苹果），**提取**数据（例如抽取列表中每个苹果的重量字段），或给数据**分组**（例如，将一个数字列表分为奇数列表和偶数列表）等。第二个原因是，这类操作

---

[1] 从某种意义上说，这个名字不太好。一块多核芯片上的每个核都是一个五脏俱全的 CPU。但"多核 CPU"的说法很流行，所以我们就用核来指代各个 CPU。

[2] 传统上是利用 synchronized 关键字，但是要是用错了地方，就可能出现很多难以察觉的错误。Java 8 基于 Stream 的并行提倡很少使用 synchronized 的函数式编程风格，它关注数据分块而不是协调访问。

[3] 啊哈，促使语言发展的一个动力源！

常常可以并行。例如，如图 1-6 所示，在两个 CPU 上筛选列表，可以让一个 CPU 处理列表的前一半，另一个 CPU 处理后一半，这称为**分支步骤❶**。CPU 随后对各自的半个列表做筛选❷。最后❸，一个 CPU 会将两个结果合并（Google 搜索这么快就与此紧密相关，当然用的 CPU 远远不止两个）。

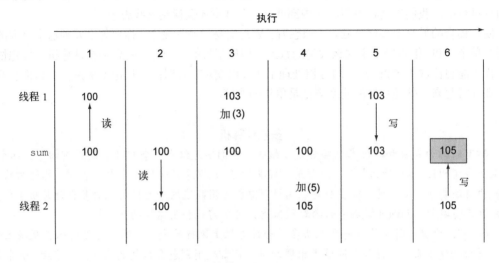

线程1: sum = sum + 3;
线程2: sum = sum + 5;

图 1-5　两个线程对共享的 sum 变量做加法的一种可能方式。结果是 105，而不是预想的 108

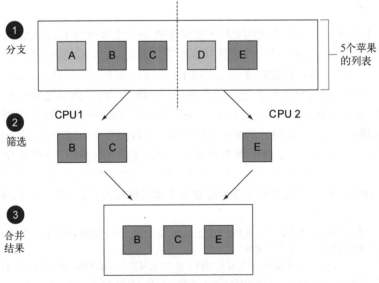

图 1-6　将 filter 分支到两个 CPU 上并合并结果

到这里，我们只是说新的 Stream API 和 Java 现有的 Collection API 的行为差不多，它们都能够访问数据项目的序列。不过，现在最好记住，Collection 主要是为了存储和访问数据，Stream 则主要用于描述对数据的计算。这里的关键点在于，Stream API 允许并提倡并行处理一个 Stream 中的元素。虽然乍看上去可能有点儿怪，但筛选一个 Collection（将上一节的 filterApples 应用在一个 List 上）的最快方法常常是将其转换为 Stream，进行并行处理，然后再转换回 List，下面列举的串行和并行的例子都是如此。我们这里还只是说"几乎免费的并行"，让你稍微体验一下，如何利用 Stream 和 Lambda 表达式顺序或并行地从一个列表里筛选比较重的苹果。

顺序处理：

```
import static java.util.stream.Collectors.toList;
List<Apple> heavyApples =
    inventory.stream().filter((Apple a) -> a.getWeight() > 150)
                      .collect(toList());
```

并行处理：

```
import static java.util.stream.Collectors.toList;
List<Apple> heavyApples =
    inventory.parallelStream().filter((Apple a) -> a.getWeight() > 150)
                              .collect(toList());
```

Java 中的并行与无共享可变状态

大家都说在 Java 中并行很难，而且和 synchronized 相关的"玩意儿"都容易出问题。那 Java 8 里面有什么"灵丹妙药"呢？事实上有两个。首先，库会负责分块，即把大的流分成几个小的流，以便并行处理。其次，流提供的这个几乎免费的并行，只有在传递给 filter 之类的库方法的方法不会互动（比方说有可变的共享对象）时才能工作。但是其实这个限制对于程序员来说挺自然的，比如 Apple::isGreenApple 就是这样。确实，虽然**函数式编程中的函数**的主要意思是"把函数作为一等值"，但它也常常隐含着第二层意思，即"执行时在元素之间无互动"。

第 7 章会详细探讨 Java 8 中的并行数据处理及其特点。在加入所有这些新"玩意儿"改进 Java 的时候，Java 8 设计者发现的一个现实问题就是现有的接口也在改进。比如，Collections.sort 方法真的应该属于 List 接口，但从来没有放在后者里。理想情况下，你会希望做 list.sort (comparator)，而不是 Collections.sort(list, comparator)。这看上去无关紧要，然而在 Java 8 之前，如果想更新接口，所有实现它的类就必须更新——这简直太棘手了！这个问题在 Java 8 里由**默认方法**解决了。

1.5　默认方法及 Java 模块

正如前文所介绍的，现代系统倾向于基于组件进行构建，而这些组件可能源自第三方。历史上，Java 对此的支持非常薄弱，它只支持由几个 Java 包组成的 JAR 文件，并且这些 Java 包也没什么结构。此外，要演进这些包中的接口也比较困难——改动一个 Java 接口时，实现该接口的所有类都会受影响。Java 8 和 Java 9 已经开始着手改进这一问题。

首先，Java 9 提供了模块系统，允许你通过语法定义由一系列包组成的**模块**——通过它你能更好地控制命名空间和包的可见性。模块对简单的类 JAR 组件进行了增强，使其具备了结构，既能作为用户文档，也能由机器进行检查。第 14 章会详细探讨这部分内容。其次，Java 8 引入了默认方法来支持接口的**演进**。第 13 章会详细介绍默认方法。它们非常重要，因为使用接口时你经常会碰到，然而大多数的程序员可能并不需要编写默认方法，因为默认方法只是推进程序演进的一种技术，并不会直接帮助你实现某个特性。本节会基于一个例子简要地介绍默认方法。

1.4 节中给出了下面这段 Java 8 示例代码：

```
List<Apple> heavyApples1 =
    inventory.stream().filter((Apple a) -> a.getWeight() > 150)
                      .collect(toList());
List<Apple> heavyApples2 =
    inventory.parallelStream().filter((Apple a) -> a.getWeight() > 150)
                              .collect(toList());
```

但这里有个问题：在 Java 8 之前，List<T>并没有 stream 或 parallelStream 方法，它实现的 Collection<T>接口也没有，因为当初还没有想到这些方法嘛！可没有这些方法，这些代码就不能编译。换作你自己的接口的话，最简单的解决方案就是让 Java 8 的设计者把 stream 方法加入 Collection 接口，并加入 ArrayList 类的实现。

可要是这样做，对用户来说就是噩梦了。有很多集合框架都用 Collection API 实现了接口。但给接口加入一个新方法，意味着所有的实体类都必须为其提供一个实现。语言设计者没法控制 Collection 所有现有的实现，这下你就进退两难了：你如何改变已发布的接口而不破坏已有的实现呢？

Java 8 的解决方法就是打破最后一环——接口如今可以包含实现类没有提供实现的方法签名了！那谁来实现它呢？缺失的方法主体随接口提供了（因此就有了默认实现），而不是由实现类提供。

这就给接口设计者提供了一种扩充接口的方式，而不会破坏现有的代码。Java 8 在接口声明中使用新的 default 关键字来表示这一点。

例如，在 Java 8 里，你可以直接对 List 调用 sort 方法。它是用 Java 8 List 接口中如下所示的默认方法实现的，它会调用 Collections.sort 静态方法：

```
default void sort(Comparator<? super E> c) {
    Collections.sort(this, c);
}
```

这意味着 List 的任何实体类都不需要显式实现 sort，而在以前的 Java 版本中，除非提供了 sort 的实现，否则这些实体类在重新编译时都会失败。

不过请稍等，一个类可以实现多个接口，不是吗？那么，如果在好几个接口里有多个默认实现，是否意味着 Java 中有了某种形式的多重继承？是的，在某种程度上是这样。第 13 章中会谈到，Java 8 用一些限制来避免出现类似于 C++ 中臭名昭著的**菱形继承问题**。

1.6 来自函数式编程的其他好思想

前几节介绍了 Java 从函数式编程引入的两个核心思想：将方法和 Lambda 作为一等值，以及在没有可变共享状态时，函数或方法可以有效、安全地并行执行。这两种思想新的 Stream API 都用到了。

常见的函数式语言，如 SML、OCaml、Haskell，还提供了进一步的结构来帮助程序员，其中之一就是通过显式使用更多的描述性数据类型来避免 null。确实，计算机科学巨擘之一托尼·霍尔（Tony Hoare）在 2009 年伦敦 QCon 上的演讲中说道：

> 我把它叫作我"价值亿万美元的错误"，就是在 1965 年发明了空引用……我无法抵抗放进一个空引用的诱惑，仅仅是因为它实现起来非常容易。

Java 8 提供了一个 Optional<T> 类，如果你能一致地使用它，就能帮助你避免出现 Null-PointerException。这是一个容器对象，它既可以包含值，也可以不包含值。Optional<T> 提供了方法来明确地处理值不存在的情况，这样就可以避免 NullPointerException 了。换句话说，它通过类型系统，允许你表明一个变量可能缺失值。第 11 章会详细讨论 Optional<T>。

第二个思想是（结构化的）**模式匹配**[1]。这个术语最早用在数学里，例如：

```
f(0) = 1
f(n) = n*f(n-1) otherwise
```

Java 中，你可以使用 if-then-else 或 switch 语句表达同样的语义。其他语言已经证实，对于更复杂的数据类型，在表达编程思想时，使用模式匹配比 if-then-else 更简明。你也可以采用多态和方法重写替代 if-then-else 来处理这种类型的数据，但是，到底哪种方式更适合，在语言设计上仍然有很多争论。[2] 我们认为两者都是有用的工具，你都应该掌握。不幸的是，Java 8 并不完全支持模式匹配，我们会在第 19 章介绍如何用 Java 表达模式匹配。此外，还会介绍一个 Java 改进提议，讨论如何在未来的 Java 版本中支持模式匹配。与此同时，我们会用 Scala 语言（这是另一种基于 JVM 的类 Java 语言，它启发了 Java 的一些新特性，更多内容参见第 20 章）的一个例子进行介绍。譬如，你要设计一个程序，要对描述算术表达式的树做基本的简化。假设数据类型 Expr 代表了这个表达式，你可以用 Scala 编写如下代码，将 Expr 拆分为各个部分，然后返回一个新的 Expr：

---

[1] 这个术语有两个意思，这里指的是数学和函数式编程中的意思，即函数是分情况定义的，而不是使用 if-then-else。
它的另一个意思类似于"在给定目录中找到所有类似于 IMG*.JPG 形式的文件"，和所谓的正则表达式有关。

[2] 维基百科中的文章"Expression Problem"（由 Phil Wadler 发明的术语）对这一讨论有所介绍。

```
def simplifyExpression(expr: Expr): Expr = expr match {    加上 0
    case BinOp("+", e, Number(0)) => e
    case BinOp("-", e, Number(0)) => e              减去 0
    case BinOp("*", e, Number(1)) => e             乘以 1
    case BinOp("/", e, Number(1)) => e            除以 1
    case _ => expr
}                                       不能简化
                                        expr
```

这里，Scala 的语法 expr match 就对应于 Java 中的 switch (expr)。你暂时不用担心不理解这段代码，第 19 章会介绍更多关于模式匹配的内容。现在，你可以把模式匹配看作 switch 的扩展形式，它能够同时将一个数据类型分解成元素。

为什么 Java 中的 switch 语句要局限于基本类型值和 Strings 呢？函数式语言倾向于让 switch 支持更多的数据类型，甚至允许模式匹配（就像 Scala 语言中 match 的操作）。面向对象设计中，常用的访客模式可以用来遍历一组类（比如汽车的不同组件：车轮、发动机、底盘等），并对每个访问的对象执行操作。模式匹配的优势之一是编译器能够检测常见的错误，例如："Brakes 类是用来表示 Car 类的组件的一族类。你忘记了要显式处理它。"

第 18 章和第 19 章会全面介绍函数式编程，以及如何在 Java 8 中编写函数式风格的程序，包括库中提供的函数工具。第 20 章会讨论 Java 8 的功能并与 Scala 进行比较。Scala 和 Java 一样基于 JVM 实现，且近年来发展迅速，已经在编程语言生态系统的一些方面威胁到了 Java。这部分内容放在了本书的后面几章，你会进一步了解 Java 8 和 Java 9 为什么加上了这些新功能。

Java 8、9、10 以及 11 的新特性：从哪里入手？

Java 8 和 Java 9 都为 Java 语言提供了重大更新。不过，作为 Java 程序员，你更关心的可能是 Java 8 带来的变化，因为这将直接影响你的日常工作——传递方法或者 Lambda 表达式正变成日益重要的 Java 知识。与此相反，Java 9 的改进提升的是我们定义和使用大型组件的能力，譬如使用模块化构建一个系统，或者导入一个反应式编程的工具集。最后，Java 10 引入的变化比前面几个版本小得多，主要是新增了对局部变量类型推断的支持，第 21 章会详细探讨。此外，Java 11 中 Lambda 表达式支持的参数语法会更丰富，第 21 章也会介绍。

截至本书创作时，Java 11 的发布计划是 2018 年 9 月。Java 11 还引入了一个全新的异步 HTTP 客户端库，它基于 Java 8 和 Java 9 提供的 CompletableFuture 和反应式编程（详细内容参见第 15 章、第 16 章和第 17 章）。

1.7　小结

以下是本章中的关键概念。

❑ 请记住语言生态系统的思想，以及语言面临的"要么改变，要么衰亡"的压力。虽然 Java 可能现在非常有活力，但你可以回忆一下其他曾经也有活力但未能及时改进的语言的命运，如 COBOL。

- ❏ Java 8 中新增的核心内容提供了令人激动的新概念和功能，方便我们编写既有效又简洁的程序。
- ❏ Java 8 之前的编程实践并不能很好地利用多核处理器。
- ❏ 函数是一等值。记住方法如何作为函数式值来传递，还有 Lambda 是怎样写的。
- ❏ Java 8 中流的概念使得集合的许多方面得以推广，但流让代码更易读，并允许并行处理流元素。
- ❏ Java 对基于大型组件的程序设计以及系统需要不断演化的接口的支持一直都不太好。现在，你可以使用 Java 9 的模块构建你的系统，使用默认方法支持接口的持续演化，而不影响实现该接口的所有类。
- ❏ 其他来自函数式编程的有趣思想，包括处理 null 和使用模式匹配。

第 2 章

通过行为参数化传递代码

2

软件工程中一个众所周知的问题就是，不管你做什么，用户的需求肯定会变。比方说，有个应用程序是帮助农民了解自己的库存。这位农民可能想要一个查找库存中所有绿色苹果的功能。但到了第二天，他可能会告诉你："其实我还想找出所有重量超过 150 克的苹果。"过了两天，农民又跑回来补充道："要是我可以找出所有既是绿色，重量也超过 150 克的苹果，那就太棒了。"你要如何应对这样不断变化的需求？理想的状态下，应该把你的工作量降到最少。此外，类似的新功能实现起来还应该很简单，而且易于长期维护。

行为参数化就是可以帮助你处理频繁变更的需求的一种软件开发模式。一言以蔽之，它意味着拿出一个代码块，把它准备好却不去执行它。这个代码块以后可以被你程序的其他部分调用，这意味着你可以推迟这块代码的执行。例如，你可以将代码块作为参数传递给另一个方法，稍后再去执行它。这样，这个方法的行为就基于那块代码被参数化了。例如，如果你要处理一个集合，可能会写一个方法：

- 可以对列表中的每个元素做"某件事"；
- 可以在列表处理完后做"另一件事"；
- 遇到错误时可以做"另外一件事"。

行为参数化说的就是这个。打个比方吧：你的室友知道怎么开车去超市，再开回家。于是你可以告诉他去买一些东西，比如面包、奶酪、葡萄酒什么的。这相当于调用一个 goAndBuy 方法，把购物单作为参数。然而，有一天你在上班，你需要他去做一件他从来没有做过的事情：从邮局取一个包裹。现在你就需要传递给他一系列指示了：去邮局，使用单号，和工作人员说明情况，取走包裹。你可以把这些指示用电子邮件发给他，当他收到之后就可以按照指示行事了。你现在做的事情就更高级一些了，相当于一个方法：goAndBuy。它可以接受不同的新行为作为参数，然后去执行。

　　这一章首先会给你讲解一个例子，说明如何对你的代码加以改进，从而更灵活地适应不断变化的需求。在此基础之上，我们将展示如何把行为参数化用在几个真实的例子上。比如，你可能已经用过了行为参数化模式——使用 Java API 中现有的类和接口，对 List 进行排序，筛选文件名，或告诉一个 Thread 去执行代码块，甚或是处理 GUI 事件。你很快会发现，在 Java 中使用这种模式十分啰唆。Java 8 中的 Lambda 解决了代码啰唆的问题。第 3 章会向你展示如何构建 Lambda 表达式、其使用场合，以及如何利用它让代码更简洁。

2.1　应对不断变化的需求

　　编写能够应对变化的需求的代码并不容易。下面来看一个例子，我们会逐步改进这个例子，以展示一些让代码更灵活的最佳做法。就农场库存程序而言，你必须实现一个从列表中筛选绿苹果的功能。听起来很简单吧？

2.1.1　初试牛刀：筛选绿苹果

　　我们在第 1 章中假设你使用一个枚举变量 Color 来表示苹果的各种颜色：

```
enum Color { RED, GREEN }
```

第一个解决方案可能是下面这样的：

```
public static List<Apple> filterGreenApples(List<Apple> inventory) {
    List<Apple> result = new ArrayList<>();              ◁── 累积苹果
    for(Apple apple: inventory){                            的列表
        if( GREEN.equals(apple.getColor()) ) {          ◁── 仅仅选出
            result.add(apple);                             绿苹果
        }
    }
    return result;
}
```

　　突出显示的行就是筛选绿苹果所需的条件。你可以假设枚举变量 Color 是一个由颜色组成的集合，譬如 GREEN。但是现在农民突然改主意了，他还想要筛选出红色的苹果。你该怎么做呢？简单的解决办法就是复制这个方法，把名字改成 filterRedApples，然后更改 if 条件来匹配红苹果。然而，要是农民想要筛选多种颜色，这种方法就应付不了了。一个好的原则是编写类似的代码之后，尽量对其进行抽象化。

2.1.2　再展身手：把颜色作为参数

　　为了创建 filterRedApples，我们重复了 filterGreenApples 中的大部分代码，怎样才能避免这种问题发生呢？一种做法是给方法添加一个参数，把颜色变成参数，这样就能灵活地适应变化了：

```
public static List<Apple> filterApplesByColor(List<Apple> inventory,
Color color) {
    List<Apple> result = new ArrayList<>();
    for (Apple apple: inventory) {
        if ( apple.getColor().equals(color) ) {
            result.add(apple);
        }
    }
    return result;
}
```

现在，只要像下面这样调用方法，农民朋友就会满意了：

```
List<Apple> greenApples = filterApplesByColor(inventory, GREEN);
List<Apple> redApples = filterApplesByColor(inventory, RED);
...
```

太简单了，对吧？让我们把例子再弄得复杂一点儿。这位农民又跑回来和你说："要是能区分轻的苹果和重的苹果就太好了。重的苹果一般是重量大于 150 克。"

作为软件工程师，你早就想到农民可能会要改变重量，于是你写了下面的方法，用另一个参数来应对不同的重量：

```
public static List<Apple> filterApplesByWeight(List<Apple> inventory,
int weight) {
    List<Apple> result = new ArrayList<>();
    For (Apple apple: inventory){
        if ( apple.getWeight() > weight ) {
            result.add(apple);
        }
    }
    return result;
}
```

解决方案不错，但是请注意，你复制了大部分的代码来实现遍历库存，并对每个苹果应用筛选条件。这有点儿令人失望，因为它打破了 DRY（Don't Repeat Yourself，不要重复自己）的软件工程原则。如果你想要改变筛选遍历方式以提升性能，该怎么办？那就得修改所有方法的实现，而不是只改一个。从工程工作量的角度来看，这代价太大了。

你可以将颜色和重量结合为一个方法，称为 filter。不过就算这样，你还是需要一种方式来区分想要筛选哪个属性。你可以加上一个标志来区分对颜色和重量的查询（但绝不要这样做！我们很快会解释为什么）。

2.1.3　第三次尝试：对你能想到的每个属性做筛选

一种把所有属性结合起来的笨拙尝试如下所示：

```
public static List<Apple> filterApples(List<Apple> inventory, Color color,
                                       int weight, boolean flag) {
    List<Apple> result = new ArrayList<>();
```

```
    for (Apple apple: inventory) {
        if ( (flag && apple.getColor().equals(color)) ||
             (!flag && apple.getWeight() > weight) ){
            result.add(apple);
        }
    }
    return result;
}
```

← 十分笨拙的选
择颜色或重量
的方式

你可以这么用（但真的很笨拙）：

```
List<Apple> greenApples = filterApples(inventory, GREEN, 0, true);
List<Apple> heavyApples = filterApples(inventory, null, 150, false);
...
```

这个解决方案再差不过了。首先，客户端代码看上去糟透了。true 和 false 是什么意思？此外，这个解决方案还是不能很好地应对变化的需求。如果这位农民要求你对苹果的不同属性做筛选，比如大小、形状、产地等，该怎么办？而且，如果农民要求你组合属性，做更复杂的查询，比如绿色的重苹果，又该怎么办？你会有好多个重复的 filter 方法，或一个巨大的非常复杂的方法。到目前为止，你已经给 filterApples 方法加上了值（比如 String、Integer 或 boolean）的参数。这对于某些确定性问题可能还不错。但如今这种情况下，你需要一种更好的方式，来把苹果的选择标准告诉你的 filterApples 方法。下一节会介绍如何利用**行为**参数化实现这种灵活性。

2.2 行为参数化

你在上一节中已经看到了，你需要一种比添加很多参数更好的方法来应对变化的需求。让我们后退一步来看看更高层次的抽象。一种可能的解决方案是对你的选择标准建模：你考虑的是苹果，需要根据 Apple 的某些属性（比如它是绿色的吗？重量超过 150 克吗？）来返回一个 boolean 值。我们把它称为**谓词**（即一个返回 boolean 值的函数）。让我们定义一个接口来对选择标准建模：

```
public interface ApplePredicate{
    boolean test (Apple apple);
}
```

现在你就可以用 ApplePredicate 的多个实现代表不同的选择标准了，比如（如图 2-1 所示）：

```
public class AppleHeavyWeightPredicate implements ApplePredicate{  ←
    public boolean test(Apple apple){
        return apple.getWeight() > 150;                仅仅选出重的苹果
    }
}
public class AppleGreenColorPredicate implements ApplePredicate{  ←
    public boolean test(Apple apple){
                                                      仅仅选出绿苹果
```

```
        return GREEN.equals(apple.getColor());
    }
}
```

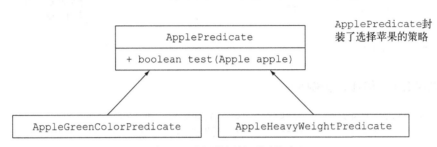

图 2-1   选择苹果的不同策略

你可以把这些标准看作 filter 方法的不同行为。你刚做的这些和"策略设计模式"相关，它让你定义一族算法，把它们封装起来（称为"策略"），然后在运行时选择一个算法。在这里，算法族就是 ApplePredicate，不同的策略就是 AppleHeavyWeightPredicate 和 AppleGreenColorPredicate。

但是，该怎么利用 ApplePredicate 的不同实现呢？你需要 filterApples 方法接受 ApplePredicate 对象，对 Apple 做条件测试。这就是**行为参数化**：让方法**接受多种行为**（策略）作为参数，并在内部使用，来**完成**不同的行为。

要在我们的例子中实现这一点，你要给 filterApples 方法添加一个参数，让它接受 ApplePredicate 对象。这在软件工程上有很大好处：现在你把 filterApples 方法迭代集合的逻辑与你要应用到集合中每个元素的行为（这里是一个谓词）区分开了。

第四次尝试：根据抽象条件筛选

利用 ApplePredicate 改过之后，filter 方法看起来是这样的：

```
public static List<Apple> filterApples(List<Apple> inventory,
                                       ApplePredicate p) {
    List<Apple> result = new ArrayList<>();
    for(Apple apple: inventory) {
        if(p.test(apple)){          ←—— 谓词 p 封装了测试
            result.add(apple);              苹果的条件
        }
    }
    return result;
}
```

1. 传递代码/行为

这里值得停下来小小地庆祝一下。这段代码比我们第一次尝试的时候灵活多了，读起来、用起来也更容易！现在你可以创建不同的 ApplePredicate 对象，并将它们传递给 filterApples 方法。免费的灵活性！比如，如果农民让你找出所有重量超过 150 克的红苹果，你只需要创建一个类来实现 AppelPredicate 就行了。你的代码现在足够灵活，可以应对任何涉及苹果属性的需求变更了：

```
public class AppleRedAndHeavyPredicate implements ApplePredicate {
    public boolean test(Apple apple){
        return RED.equals(apple.getColor())
            && apple.getWeight() > 150;
    }
}
List<Apple> redAndHeavyApples =
    filterApples(inventory, new AppleRedAndHeavyPredicate());
```

你已经做成了一件很酷的事：filterApples 方法的行为取决于你通过 ApplePredicate 对象传递的代码。换句话说，你把 filterApples 方法的行为参数化了！

请注意，在上一个例子中，唯一重要的代码是 test 方法的实现，如图 2-2 所示，正是它定义了 filterApples 方法的新行为。但令人遗憾的是，由于该 filterApples 方法只能接受对象，所以你必须把代码包裹在 ApplePredicate 对象里。你的做法就类似于在内联"传递代码"，因为你是通过一个实现了 test 方法的对象来传递布尔表达式的。你将在 2.3 节（第 3 章中有更详细的内容）中看到，通过使用 Lambda，可以直接把表达式 RED.equals(apple.getColor()) &&apple.getWeight() > 150 传递给 filterApples 方法，而无须定义多个 ApplePredicate 类，从而去掉不必要的代码。

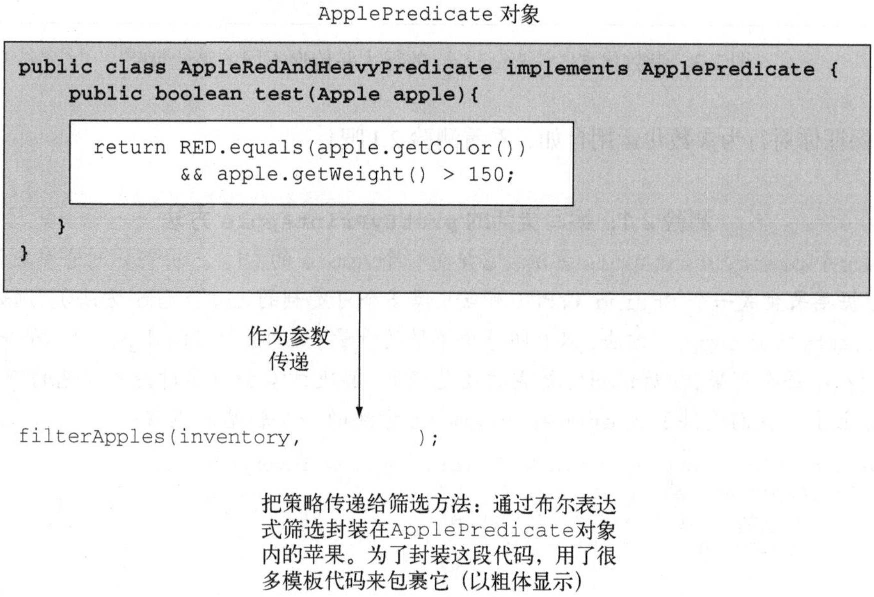

图 2-2 参数化 filterApples 的行为并传递不同的筛选策略

2. 多种行为，一个参数

正如先前解释的那样，行为参数化的好处在于你可以把迭代要筛选的集合的逻辑与对集合中每个元素应用的行为区分开来。这样你可以重复使用同一个方法，给它不同的行为来达到不同的目的，如图 2-3 所示。这就是**行为参数化**是一个有用的概念的原因。你应该把它放进你的工具箱里，用来编写灵活的 API。

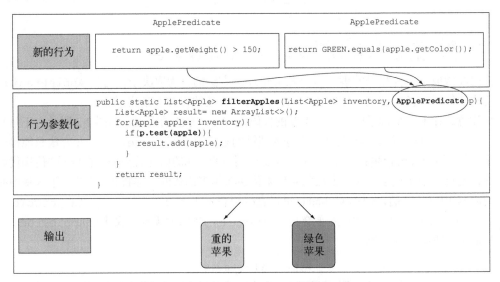

图 2-3　参数化 `filterApples` 的行为并传递不同的筛选策略

为了保证你对行为参数化运用自如，看看测验 2.1 吧!

测验 2.1：编写灵活的 **prettyPrintApple** 方法

编写一个 prettyPrintApple 方法，它接受一个 Apple 的 List，并可以对它参数化，以多种方式根据苹果生成一个 String 输出（有点儿像多个可定制的 toString 方法）。例如，你可以告诉 prettyPrintApple 方法，只打印每个苹果的重量。此外，你可以让 prettyPrintApple 方法分别打印每个苹果，然后说明它是重的还是轻的。解决方案和前面讨论的筛选的例子类似。为了帮你上手，我们提供了 prettyPrintApple 方法的一个粗略的框架：

```
public static void prettyPrintApple(List<Apple> inventory, ???){
    for(Apple apple: inventory) {
        String output = ???.???(apple);
        System.out.println(output);
    }
}
```

答案：首先，你需要一种表示接受 Apple 并返回一个格式 String 值的方法。前面我们在编写 ApplePredicate 接口的时候，写过类似的东西：

```
public interface AppleFormatter{
    String accept(Apple a);
}
```

现在你就可以通过实现 `AppleFormatter` 方法来表示多种格式行为了：

```
public class AppleFancyFormatter implements AppleFormatter{
    public String accept(Apple apple){
        String characteristic = apple.getWeight() > 150 ? "heavy" :
            "light";
        return "A " + characteristic +
            " " + apple.getColor() +" apple";
    }
}
public class AppleSimpleFormatter implements AppleFormatter{
    public String accept(Apple apple){
        return "An apple of " + apple.getWeight() + "g";
    }
}
```

最后，你需要告诉 `prettyPrintApple` 方法接受 `AppleFormatter` 对象，并在内部使用它们。你可以给 `prettyPrintApple` 加上一个参数：

```
public static void prettyPrintApple(List<Apple> inventory,
                                    AppleFormatter formatter){
    for(Apple apple: inventory){
        String output = formatter.accept(apple);
        System.out.println(output);
    }
}
```

搞定啦！现在你就可以给 `prettyPrintApple` 方法传递多种行为了。为此，你首先要实例化 `AppleFormatter` 的实现，然后把它们作为参数传给 `prettyPrintApple`：

```
prettyPrintApple(inventory, new AppleFancyFormatter());
```

这将产生一个类似于下面的输出：

```
A light green apple
A heavy red apple
...
```

或者试试这个：

```
prettyPrintApple(inventory, new AppleSimpleFormatter());
```

这将产生一个类似于下面的输出：

```
An apple of 80g
An apple of 155g
...
```

你已经看到，可以把行为抽象出来，让你的代码适应需求的变化，但这个过程很啰唆，因为你需要声明很多只要实例化一次的类。来看看可以怎样改进。

2.3   对付啰唆

我们都知道，人们不愿意用那些很麻烦的功能或概念。目前，当要把新的行为传递给 `filterApples` 方法的时候，你不得不声明好几个实现 `ApplePredicate` 接口的类，然后实例化好几个只会提到一次的 `ApplePredicate` 对象。下面的程序总结了你目前看到的一切。这真是很啰唆，很费时间！

代码清单 2-1   行为参数化：用谓词筛选苹果

```
public class AppleHeavyWeightPredicate implements ApplePredicate{        ◁────
    public boolean test(Apple apple){                          选择较重苹果的谓词
        return apple.getWeight() > 150;
    }
}
public class AppleGreenColorPredicate implements ApplePredicate{         ◁────
    public boolean test(Apple apple){                          选择绿苹果的谓词
        return GREEN.equals(apple.getColor());
    }
}
public class FilteringApples{
    public static void main(String...args) {
        List<Apple> inventory = Arrays.asList(new Apple(80, GREEN),
                                              new Apple(155, GREEN),
                                              new Apple(120, RED));
        List<Apple> heavyApples =
            filterApples(inventory, new AppleHeavyWeightPredicate());
        List<Apple> greenApples =
            filterApples(inventory, new AppleGreenColorPredicate());      ◁────
    }
    public static List<Apple> filterApples(List<Apple> inventory,
                                           ApplePredicate p) {
        List<Apple> result = new ArrayList<>();
        for (Apple apple : inventory){
            if (p.test(apple)){
                result.add(apple);
            }
        }
        return result;
    }
}
```

结果是一个包含一个 155 克 **Apple** 的 **List**

结果是一个包含两个绿 **Apple** 的 **List**

费这么大劲儿真没必要，能不能做得更好呢？Java 有一个机制称为**匿名类**，它可以让你同时声明和实例化一个类。它可以帮助你进一步改善代码，让它变得更简洁。但这也不完全令人满意。2.3.3 节简短地介绍了 Lambda 表达式如何让你的代码更易读，下一章将会对此进行更加详细的讨论。

2.3.1   匿名类

匿名类和你熟悉的 Java 局部类（块中定义的类）差不多，但匿名类没有名字。它允许你同时声明并实例化一个类。换句话说，它允许你随用随建。

2.3.2 第五次尝试：使用匿名类

下面的代码展示了如何通过创建一个用匿名类实现 `AplePredicate` 的对象，重写筛选的例子：

```
List<Apple> redApples = filterApples(inventory, new ApplePredicate() {
    public boolean test(Apple apple){
        return RED.equals(apple.getColor());
    }
});
```

使用匿名类参数化 **filterApples** 方法的行为

GUI 应用程序中经常使用匿名类来创建事件处理器对象（下面的例子使用的是 Java FX API，一种现代的 Java UI 平台）：

```
button.setOnAction(new EventHandler<ActionEvent>() {
    public void handle(ActionEvent event) {
        System.out.println("Whoooo a click!!");
    }
});
```

但匿名类还是不够好。第一，它往往很笨重，因为它占用了很多空间。还拿前面的例子来看，如下面的粗体代码所示：

```
List<Apple> redApples = filterApples(inventory, new ApplePredicate() {
    public boolean test(Apple a){
        return RED.equals(a.getColor());
    }
});
button.setOnAction(new EventHandler<ActionEvent>() {
    public void handle(ActionEvent event) {
        System.out.println("Whoooo a click!!");
    }
});
```

很多模板代码

第二，很多程序员觉得它用起来很让人费解。比如，测验 2.2 展示了一个经典的 Java 谜题，它让大多数程序员都措手不及。你来试试看吧。

测验 2.2：匿名类谜题

下面的代码执行时会有什么样的输出，4、5、6 还是 42？

```
public class MeaningOfThis {
    public final int value = 4;
    public void doIt() {
        int value = 6;
        Runnable r = new Runnable(){
            public final int value = 5;
            public void run(){
                int value = 10;
                System.out.println(this.value);
            }
```

```
    };
    r.run();
}
public static void main(String...args) {
    MeaningOfThis m = new MeaningOfThis();
    m.doIt();  ←——— 这一行的输出
}                        是什么?
}
```

答案: 会输出 5,因为 this 指的是包含它的 Runnable,而不是外面的类 MeaningOfThis。

整体来说,啰唆就不好。它让人不愿意使用语言的某种功能,因为编写和维护啰唆的代码需要很长时间,而且代码也不易读。好的代码应该是一目了然的。即使匿名类处理在某种程度上改善了为一个接口声明好几个实体类的啰唆问题,但它仍不能令人满意。在只需要传递一段简单的代码时(例如表示选择标准的 boolean 表达式),你还是要创建一个对象,明确地实现一个方法来定义一个新的行为(例如 Predicate 中的 test 方法或是 EventHandler 中的 handle 方法)。

在理想的情况下,我们想鼓励程序员使用行为参数化模式,因为正如你在前面看到的,它让代码更能适应需求的变化。在第 3 章中,你会看到 Java 8 的语言设计者通过引入 Lambda 表达式——一种更简洁的传递代码的方式——解决了这个问题。好了,悬念够多了,下面简单介绍一下 Lambda 表达式是怎么让代码更干净的。

2.3.3　第六次尝试:使用 Lambda 表达式

上面的代码在 Java 8 里可以用 Lambda 表达式重写为下面的样子:

```
List<Apple> result =
  filterApples(inventory, (Apple apple) -> RED.equals(apple.getColor()));
```

不得不承认这段代码看上去比先前干净很多。这很好,因为它看起来更像问题陈述本身了。现在已经解决了啰唆的问题。图 2-4 对我们到目前为止的工作做了一个小结。

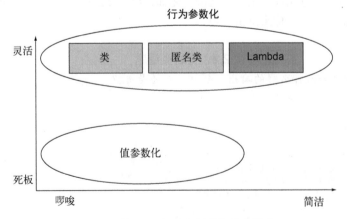

图 2-4　行为参数化与值参数化

2.3.4 第七次尝试：将 List 类型抽象化

在通往抽象的路上，还可以更进一步。目前，filterApples 方法还只适用于 Apple。你还可以将 List 类型抽象化，从而超越你眼前要处理的问题：

```
public interface Predicate<T>{
    boolean test(T t);
}
public static <T> List<T> filter(List<T> list, Predicate<T> p){
    List<T> result = new ArrayList<>();
    for(T e: list){
        if(p.test(e)){
            result.add(e);
        }
    }
    return result;
}
```

引入类型
参数 T

现在你可以把 filter 方法用在香蕉、橘子、Integer 或是 String 的列表上了。这里有一个使用 Lambda 表达式的例子：

```
List<Apple> redApples =
    filter(inventory, (Apple apple) -> RED.equals(apple.getColor()));
List<Integer> evenNumbers =
    filter(numbers, (Integer i) -> i % 2 == 0);
```

酷不酷？你现在在在灵活性和简洁性之间找到了最佳平衡点，这在 Java 8 之前是不可能做到的！

2.4 真实的例子

你现在已经看到，行为参数化是一个很有用的模式，它能够轻松地适应不断变化的需求。这种模式可以把一个行为（一段代码）封装起来，并通过传递和使用创建的行为（例如对 Apple 的不同谓词）将方法的行为参数化。前面提到过，这种做法类似于策略设计模式。你可能已经在实践中用过这个模式了。Java API 中的很多方法都可以用不同的行为来参数化。这些方法往往与匿名类一起使用。我们会展示四个例子，这应该能帮助你巩固传递代码的思想了：用一个 Comparator 排序，用 Runnable 执行一个代码块，用 Callable 从任务返回结果，以及 GUI 事件处理。

2.4.1 用 Comparator 来排序

对集合进行排序是一个常见的编程任务。比如，你的那位农民朋友想要根据苹果的重量对库存进行排序，或者他可能改了主意，希望你根据颜色对苹果进行排序。听起来有点儿耳熟？是的，你需要一种方法来表示和使用不同的排序行为，以轻松地适应变化的需求。

在 Java 8 中，List 自带了一个 sort 方法（你也可以使用 Collections.sort）。sort 的

行为可以用 java.util.Comparator 对象来参数化,它的接口如下:

```
// java.util.Comparator
public interface Comparator<T> {
    int compare(T o1, T o2);
}
```

因此,你可以随时创建 Comparator 的实现,用 sort 方法表现出不同的行为。例如,你可以使用匿名类,按照重量升序对库存排序:

```
inventory.sort(new Comparator<Apple>() {
public int compare(Apple a1, Apple a2) {
return a1.getWeight().compareTo(a2.getWeight());
}
});
```

如果农民改了主意,你可以随时创建一个 Comparator 来满足他的新要求,并把它传递给 sort 方法。而如何进行排序这一内部细节都被抽象掉了。用 Lambda 表达式的话,看起来就是这样:

```
inventory.sort(
  (Apple a1, Apple a2) -> a1.getWeight().compareTo(a2.getWeight()));
```

现在暂时不用担心这个新语法,下一章会详细讲解如何编写和使用 Lambda 表达式。

2.4.2　用 Runnable 执行代码块

使用 Java 的**线程**,一块代码可以与程序的其他部分并发执行。但是,怎么才能通知线程执行哪块代码呢?此外,几个线程可能还需要执行不同的代码。我们需要一种方式来表示哪一段代码会在之后执行。Java 8 之前,能传递给线程结构的只有对象,因此之前典型的使用模式是传递一个带有 run 方法,返回值为 void(即不返回任何对象)的匿名类,非常臃肿。这种匿名类通常会实现一个 Runnable 接口。

在 Java 里,你可以使用 Runnable 接口表示一个要执行的代码块。请注意,该代码不会返回任何结果(即 void):

```
// java.lang.Runnable
public interface Runnable{
    void run();
}
```

你可以像下面这样,使用这个接口创建执行不同行为的线程:

```
Thread t = new Thread(new Runnable() {
    public void run(){
        System.out.println("Hello world");
    }
});
```

用 Lambda 表达式的话，看起来是这样：

```
Thread t = new Thread(() -> System.out.println("Hello world"));
```

2.4.3 通过 Callable 返回结果

你可能已经非常熟悉 Java 5 引入的 ExecutorService。ExecutorService 接口解耦了任务的提交和执行。与使用线程和 Runnable 的方式比较起来，通过 ExecutorService 你可以把一项任务提交给一个线程池，并且可以使用 Future 获取其执行的结果，这种方式用处非常大。不必担心你对此一无所知，我们会在之后讨论并发的章节中详细介绍这部分内容。目前你只需要知道使用 Callable 接口可以对返回结果的任务建模。你可以把它看成升级版的 Runnable：

```
// java.util.concurrent.Callable
public interface Callable<V> {
    V call();
}
```

你可以像下面这样使用它，即提交一个任务给 ExecutorService。下面这段代码会返回执行任务的线程名：

```
ExecutorService executorService = Executors.newCachedThreadPool();
Future<String> threadName = executorService.submit(new Callable<String>() {
    @Override
    public String call() throws Exception {
        return Thread.currentThread().getName();
    }
});
```

如果使用 Lambda 表达式，上述代码可以更加简化，如下所示：

```
Future<String> threadName = executorService.submit(
                    () -> Thread.currentThread().getName());
```

2.4.4 GUI 事件处理

GUI 编程的一个典型模式就是执行一个操作来响应特定事件，如鼠标单击或在文本上悬停。例如，如果用户单击"发送"按钮，你可能想显示一个弹出式窗口，或把行为记录在一个文件中。你还是需要一种方法来应对变化。你应该能够作出任意形式的响应。在 JavaFX 中，你可以使用 EventHandler，把它传给 setOnAction 来表示对事件的响应：

```
Button button = new Button("Send");
button.setOnAction(new EventHandler<ActionEvent>() {
    public void handle(ActionEvent event) {
        label.setText("Sent!!");
    }
});
```

这里，`setOnAction` 方法的行为就用 `EventHandler` 参数化了。用 **Lambda** 表达式的话，看起来就是这样：

```
button.setOnAction((ActionEvent event) -> label.setText("Sent!!"));
```

2.5   小结

以下是本章中的关键概念。

□ 行为参数化就是一个方法**接受**多个不同的行为作为参数，并在内部使用它们，**完成**不同行为的能力。

□ 行为参数化可让代码更好地适应不断变化的要求，减轻未来的工作量。

□ 传递代码就是将新行为作为参数传递给方法。但在 Java 8 之前这实现起来很啰唆。为接口声明许多只用一次的实体类而造成的啰唆代码，在 Java 8 之前可以用匿名类来减少。

□ Java API 包含很多可以用不同行为进行参数化的方法，包括排序、线程和 GUI 处理。

第 3 章

Lambda 表达式

本章内容

- ❏ Lambda 管中窥豹
- ❏ 在哪里以及如何使用 Lambda
- ❏ 环绕执行模式
- ❏ 函数式接口，类型推断
- ❏ 方法引用
- ❏ Lambda 复合

在上一章中，你了解了利用行为参数化来传递代码有助于应对不断变化的需求。它允许你定义一段代码块来表示一个行为，然后传递它。你可以决定在某一事件发生时（例如单击一个按钮）或在算法中的某个特定时刻（例如筛选算法中类似于"重量超过 150 克的苹果"的谓词，或排序中自定义的比较操作）运行该代码块。一般来说，利用这个概念，你就可以编写更为灵活且可重复使用的代码了。

但你也看到了，采用匿名类来表示多种行为并不令人满意：代码十分啰唆，这会影响程序员在实践中使用行为参数化的积极性。本章会教给你 Java 8 解决这个问题的新工具——Lambda 表达式。它能帮助你很简洁地表示一个行为或者传递代码。现在你可以把 Lambda 表达式看成匿名函数，它基本上就是没有声明名称的方法，但和匿名类一样，它也能作为参数传递给一个方法。

我们会展示如何构建 Lambda，它的使用场合，以及如何利用它让代码更简洁。还会介绍一些新的东西，如类型推断以及 Java 8 API 中新增的重要接口。最后会介绍方法引用，这是个常常与 Lambda 表达式联合使用的新功能，非常有价值。

本章的行文思想就是教你如何一步一步地写出更简洁、更灵活的代码。本章结束时，我们会把所有教过的概念融合在一个具体的例子里：用 Lambda 表达式和方法引用逐步改进第 2 章中的排序例子，使之更加简明易读。这一章很重要，我们会在本章中大量使用贯穿全书的 Lambda。

3.1 Lambda 管中窥豹

可以把 Lambda 表达式理解为一种简洁的可传递匿名函数：它没有名称，但它有参数列表、函数主体、返回类型，可能还有一个可以抛出的异常列表。这个定义够大的，让我们慢慢道来。

❑ 匿名——说它是匿名的，因为它不像普通的方法那样有一个明确的名称：写得少而想得多！

❑ 函数——说它是一种函数，是因为 Lambda 函数不像方法那样属于某个特定的类。但和方法一样，Lambda 有参数列表、函数主体、返回类型，还可能有可以抛出的异常列表。

❑ 传递——Lambda 表达式可以作为参数传递给方法或存储在变量中。

❑ 简洁——你无须像匿名类那样写很多模板代码。

你是不是很好奇 Lambda 这个词是从哪儿来的？其实它起源于学术界开发出的一套用来描述计算的 λ 演算法。

你为什么应该关心 Lambda 表达式呢？你在上一章中看到了，在 Java 中传递代码十分烦琐和冗长。那么，现在有了好消息！Lambda 解决了这个问题：它可以让你十分简明地传递代码。理论上来说，你在 Java 8 之前做不了的事情，Lambda 也做不了。但是，现在你用不着再用匿名类写一堆笨重的代码，来体验行为参数化的好处了！Lambda 表达式鼓励你采用上一章中提到的行为参数化风格。最终结果就是你的代码变得更清晰、更灵活。比如，利用 Lambda 表达式，你可以更为简洁地自定义一个 Comparator 对象。

先前：

```
Comparator<Apple> byWeight = new Comparator<Apple>() {
    public int compare(Apple a1, Apple a2){
        return a1.getWeight().compareTo(a2.getWeight());
    }
};
```

之后（用了 Lambda 表达式）：

```
Comparator<Apple> byWeight =
    (Apple a1, Apple a2) -> a1.getWeight().compareTo(a2.getWeight());
```

不得不承认，代码看起来更清晰了！要是现在你觉得 Lambda 表达式看起来一头雾水的话也没关系，我们很快会一点点解释清楚的。现在，请注意你基本上只传递了比较两个苹果重量所真正需要的代码。看起来就像是只传递了 compare 方法的主体。你很快就会学到，你甚至还可以进一步简化代码。下一节会解释在哪里以及如何使用 Lambda 表达式。

我们刚刚展示给你的 Lambda 表达式有三个部分，如图 3-1 所示。

图 3-1　Lambda 表达式由参数、箭头和主体组成

❑ 参数列表——这里它采用了 Comparator 中 compare 方法的参数，两个 Apple。

❑ 箭头——箭头->把参数列表与 Lambda 主体分隔开。

❑ Lambda 主体——比较两个 `Apple` 的重量。表达式就是 Lambda 的返回值。

为了进一步说明，下面给出了 Java 8 中五个有效的 Lambda 表达式的例子。

代码清单 3-1 Java 8 中有效的 Lambda 表达式

```
(String s) -> s.length()
(Apple a) -> a.getWeight() > 150
(int x, int y) -> {
    System.out.println("Result:");
    System.out.println(x + y);
}
() -> 42
(Apple a1, Apple a2) -> a1.getWeight().compareTo(a2.getWeight())
```

第一个 Lambda 表达式具有一个 `String` 类型的参数并返回一个 `int`。Lambda 没有 `return` 语句，因为已经隐含了 `return`

第二个 Lambda 表达式有一个 `Apple` 类型的参数并返回一个 `boolean`（苹果的重量是否超过 150 克）

第三个 Lambda 表达式具有两个 `int` 类型的参数而没有返回值（`void` 返回）。注意 Lambda 表达式可以包含多行语句，这里是两行

第五个 Lambda 表达式具有两个 `Apple` 类型的参数，返回一个 `int`：比较两个 `Apple` 的重量

第四个 Lambda 表达式没有参数，返回一个 `int`

Java 语言设计者选择这样的语法，是因为 C#和 Scala 等语言中的类似功能广受欢迎。JavaScript 也有类似的语法。Lambda 的基本语法是（被称为**表达式–风格**的 Lambda）

```
(parameters) -> expression
```

或（请注意语句的花括号，这种 Lambda 经常被叫作**块–风格**的 Lambda）

```
(parameters) -> { statements; }
```

你可以看到，Lambda 表达式的语法很简单。做一下测验 3.1，看看自己是不是理解了这个模式。

测验 3.1：Lambda 语法

根据上述语法规则，以下哪个不是有效的 Lambda 表达式？

(1) `() -> {}`
(2) `() -> "Raoul"`
(3) `() -> {return "Mario";}`
(4) `(Integer i) -> return "Alan" + i;`
(5) `(String s) -> {"Iron Man";}`

答案：只有(4)和(5)是无效的 Lambda，其余都是有效的。详细解释如下。

(1) 这个 Lambda 没有参数，并返回 `void`。它类似于主体为空的方法：`public void run() {}`。一个有趣的事实：这种 Lambda 也经常被叫作"汉堡型 Lambda"。如果只从一边看，它的形状就像是两块圆面包组成的汉堡。

(2) 这个 Lambda 没有参数，并返回 `String` 作为表达式。

(3) 这个 Lambda 没有参数，并返回 `String`（利用显式返回语句）。

(4) `return` 是一个控制流语句。要使此 Lambda 有效，需要使用花括号，如下所示：

```
(Integer i) -> {return "Alan" + i;}
```

(5) "Iron Man" 是一个表达式，不是一个语句。要使此 Lambda 有效，可以去除花括号和分号，如下所示：

```
(String s) -> "Iron Man"
```

或者如果你喜欢，可以使用显式返回语句，如下所示：

```
(String s) -> {return "Iron Man";}
```

表 3-1 提供了一些 Lambda 的例子和使用案例。

表 3-1　Lambda 示例

使用案例	Lambda 示例
布尔表达式	`(List<String> list) -> list.isEmpty()`
创建对象	`() -> new Apple(10)`

消费一个对象	`(Apple a) -> {`
	`    System.out.println(a.getWeight());`
	`}`

从一个对象中选择/抽取	`(String s) -> s.length()`
组合两个值	`(int a, int b) -> a * b`
比较两个对象	`(Apple a1, Apple a2) ->` `a1.getWeight().compareTo(a2.getWeight())`

3.2　在哪里以及如何使用 Lambda

现在你可能在想，在哪里可以使用 Lambda 表达式。在上一个例子中，你把 Lambda 赋给了一个 Comparator<Apple>类型的变量。你也可以在上一章中实现的 filter 方法中使用 Lambda：

```
List<Apple> greenApples =
        filter(inventory, (Apple a) -> GREEN.equals(a.getColor()));
```

那到底在哪里可以使用 Lambda 呢？你可以在函数式接口上使用 Lambda 表达式。在上面的代码中，可以把 Lambda 表达式作为第二个参数传给 filter 方法，因为它这里需要 Predicate<T>，而这是一个函数式接口。如果这听起来太抽象，不要担心，现在我们就来详细解释这是什么意思，以及函数式接口是什么。

3.2.1　函数式接口

还记得你在第 2 章里，为了参数化 filter 方法的行为而创建的 Predicate<T>接口吗？它就是一个函数式接口！为什么呢？因为 Predicate 仅仅定义了一个抽象方法：

```
public interface Predicate<T>{
    boolean test (T t);
}
```

一言以蔽之，**函数式接口**就是只定义一个抽象方法的接口。你已经知道了 Java API 中的一些其他函数式接口，如第 2 章中谈到的 Comparator 和 Runnable。

```
public interface Comparator<T> {          ◁────  java.util.Comparator
    int compare(T o1, T o2);
}
public interface Runnable {          ◁────  java.lang.Runnable
    void run();
}
public interface ActionListener extends EventListener {  ◁────  java.awt.event.
    void actionPerformed(ActionEvent e);                       ActionListener
}
public interface Callable<V> {          ◁────  java.util.concurrent.Callable
    V call() throws Exception;
}
public interface PrivilegedAction<T> {  ◁────  java.security.PrivilegedAction
    T run();
}
```

注意 你将会在第 13 章中看到，接口现在还可以拥有**默认方法**（即在类没有对方法进行实现时，其主体为方法提供默认实现的方法）。哪怕有很多默认方法，只要接口只定义了一个**抽象方法**，它就仍然是一个函数式接口。

为了检查你的理解程度，测验 3.2 将帮助你测试自己是否掌握了函数式接口的概念。

测验 3.2：函数式接口

下面哪些接口是函数式接口？

```
public interface Adder {
    int add(int a, int b);
}
public interface SmartAdder extends Adder {
    int add(double a, double b);
}
public interface Nothing {
}
```

答案：只有 Adder 是函数式接口。

SmartAdder 不是函数式接口，因为它定义了两个叫作 add 的抽象方法（其中一个是从 Adder 那里继承来的）。

Nothing 也不是函数式接口，因为它没有声明抽象方法。

用函数式接口可以干什么呢? Lambda 表达式允许你直接以内联的形式为函数式接口的抽象方法提供实现，并把整个表达式作为函数式接口的实例（具体说来，是函数式接口一个具体实现的实例）。你用匿名内部类也可以完成同样的事情，只不过比较笨拙：需要提供一个实现，然后

再直接内联将它实例化。下面的代码是有效的，因为 Runnable 是只定义了一个抽象方法 run 的函数式接口：

```
Runnable r1 = () -> System.out.println("Hello World 1");      ←── 使用 Lambda
Runnable r2 = new Runnable(){
    public void run(){
        System.out.println("Hello World 2");
    }
};
public static void process(Runnable r){
    r.run();
}
process(r1);
process(r2);
process(() -> System.out.println("Hello World 3"));
```

使用匿名类

打印 "Hello World 2"

利用直接传递的 Lambda
打印 "Hello World 3"

打印 "Hello World 1"

3.2.2　函数描述符

　　函数式接口的抽象方法的签名基本上就是 Lambda 表达式的签名。我们将这种抽象方法的签名叫作**函数描述符**。例如，Runnable 接口可以看作一个什么也不接受什么也不返回（void）的函数的签名，因为它只有一个叫作 run 的抽象方法，这个方法什么也不接受，什么也不返回（void）。[1]

　　本章中使用了一个特殊表示法来描述 Lambda 和函数式接口的签名。() -> void 代表了参数列表为空且返回 void 的函数。这正是 Runnable 接口所代表的。再举一个例子，(Apple, Apple) -> int 代表接受两个 Apple 作为参数且返回 int 的函数。3.4 节和本章后面的表 3-2 中提供了关于函数描述符的更多信息。

　　你可能已经在想，Lambda 表达式是怎么做类型检查的。3.5 节会详细介绍编译器是如何检查 Lambda 在给定上下文中是否有效的。现在，只要知道 Lambda 表达式可以被赋给一个变量，或传递给一个接受函数式接口作为参数的方法就好了，当然这个 Lambda 表达式的签名要和函数式接口的抽象方法一样。比如，在之前的例子里，你可以像下面这样直接把一个 Lambda 传给 process 方法：

```
public void process(Runnable r){
    r.run();
}
process(() -> System.out.println("This is awesome!!"));
```

　　此段代码执行时将打印 "This is awesome!!"。Lambda 表达式() -> System.out.println("This is awesome!!")不接受参数且返回 void。这恰恰是 Runnable 接口中 run 方法的签名。

---

[1] Scala 等语言的类型系统提供显式类型标注，可以描述函数的类型（称为"函数类型"）。Java 重用了函数式接口提供的标准类型，并将其映射成一种形式的函数类型。

Lambda 及空方法调用

虽然下面这种 Lambda 表达式调用看起来很奇怪，但是合法的：

```
process(() -> System.out.println("This is awesome"));
```

System.out.println 返回 void，所以很明显这不是一个表达式！为什么不像下面这样用花括号环绕方法体呢？

```
process(() -> { System.out.println("This is awesome"); });
```

结果表明，方法调用的返回值为空时，Java 语言规范有一条特殊的规定。这种情况下，你不需要使用括号环绕返回值为空的单行方法调用。

你可能会想："为什么在只需要函数式接口的时候才可以传递 Lambda 呢？"语言的设计者也考虑过其他办法，例如给 Java 添加函数类型（有点儿像我们介绍描述 Lambda 表达式签名时的特殊表示法，第 20 章和第 21 章会继续讨论这个问题）。但是他们选择了现在这种方式，因为这种方式很自然，并且能避免让语言变得更复杂。此外，大多数 Java 程序员都已经熟悉了带有一个抽象方法的接口（譬如进行事件处理时）。然而，最重要的原因在于 Java 8 之前函数式接口就已经得到了广泛应用。这意味着，采用这种方式，遗留代码迁移到 Lambda 表达式的迁移路径会比较顺畅。实际上，你已经使用了函数式接口，像 Comparator、Runnable，甚至你自己的接口，如果只定义了一个抽象方法，都算是函数式接口。你可以使用 Lambda 表达式替换他们，而无须修改你的 API。试试看测验 3.3，测试一下你对哪里可以使用 Lambda 这个知识点的掌握情况。

测验 3.3：在哪里可以使用 Lambda

以下哪些是使用 Lambda 表达式的有效方式？

```
(1) execute(() -> {});
    public void execute(Runnable r){
        r.run();
    }
(2) public Callable<String> fetch() {
        return () -> "Tricky example  ;-)";
    }
(3) Predicate<Apple> p = (Apple a) -> a.getWeight();
```

答案：只有(1)和(2)是有效的。

第(1)个例子有效，是因为 Lambda() -> {}具有签名() -> void，这和 Runnable 中的抽象方法 run 的签名相匹配。请注意，此代码运行后什么都不会做，因为 Lambda 是空的！

第(2)个例子也是有效的。事实上，fetch 方法的返回类型是 Callable<String>。Callable<String>基本上就定义了一个方法，签名是() -> String，其中 T 被 String 代替了。因为 Lambda() -> "Trickyexample;-)"的签名是() -> String，所以在这个上下文中可以使用 Lambda。

第(3)个例子无效，因为 Lambda 表达式(Apple a) -> a.getWeight()的签名是(Apple) -> Integer，这和 Predicate<Apple>:(Apple) -> boolean 中定义的 test 方法的签名不同。

@FunctionalInterface 又是怎么回事？

如果你去看看新的 Java API，会发现函数式接口带有@FunctionalInterface 的标注（3.4 节中会深入研究函数式接口，并会给出一个长长的列表）。这个标注用于表示该接口会设计成一个函数式接口，因此对文档来说非常有用。此外，如果你用@FunctionalInterface 定义了一个接口，而它不是函数式接口的话，编译器将返回一个提示原因的错误。例如，错误消息可能是 "Multiple non-overriding abstract methods found in interface Foo"，表明存在多个抽象方法。请注意，@FunctionalInterface 不是必需的，但对于为此设计的接口而言，使用它是比较好的做法。它就像是@Override 标注表示方法被重写了。

3.3 把 Lambda 付诸实践：环绕执行模式

让我们通过一个例子，看看在实践中如何利用 Lambda 和行为参数化来让代码更为灵活，更为简洁。资源处理（例如处理文件或数据库）时一个常见的模式就是打开一个资源，做一些处理，然后关闭资源。这个设置和清理阶段总是很类似，并且会围绕着执行处理的那些重要代码。这就是所谓的**环绕执行**（execute around）模式，如图 3-2 所示。例如，在以下代码中，加粗显示的就是从一个文件中读取一行所需的模板代码（注意你使用了 Java 7 中的带资源的 try 语句，它已经简化了代码，因为你不需要显式地关闭资源了）：

```
public String processFile() throws IOException {
    try (BufferedReader br =
            new BufferedReader(new FileReader("data.txt"))) {
        return br.readLine();
    }
}
```

这就是做有用工作的那行代码

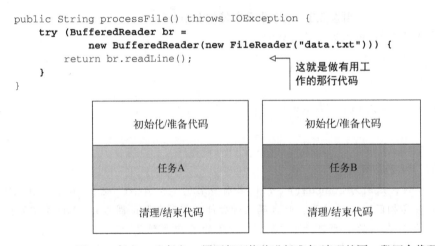

图 3-2 任务 A 和任务 B 周围都环绕着进行准备/清理的同一段冗余代码

3.3.1 第 1 步：记得行为参数化

现在这段代码是有局限的。你只能读文件的第一行。如果你想要返回头两行，甚至是返回使用最频繁的词，该怎么办呢？在理想的情况下，你要重用执行设置和清理的代码，并告诉

processFile 方法对文件执行不同的操作。这听起来是不是很耳熟？是的，你需要把 processFile 的行为参数化。你需要一种方法把行为传递给 processFile，以便它可以利用 BufferedReader 执行不同的行为。

　　传递行为正是 Lambda 的拿手好戏。那要是想一次读两行，这个新的 processFile 方法看起来又该是什么样的呢？基本上，你需要一个接受 BufferedReader 并返回 String 的 Lambda。例如，下面就是从 BufferedReader 中打印两行的写法：

```
String result
    = processFile((BufferedReader br) -> br.readLine() + br.readLine());
```

3.3.2　第 2 步：使用函数式接口来传递行为

　　前面解释过了，Lambda 仅可用于上下文是函数式接口的情况。你需要创建一个能匹配 BufferedReader -> String，还可以抛出 IOException 异常的接口。让我们把这一接口叫作 BufferedReaderProcessor 吧。

```
@FunctionalInterface
public interface BufferedReaderProcessor {
    String process(BufferedReader b) throws IOException;
}
```

现在你就可以把这个接口作为新的 processFile 方法的参数了：

```
public String processFile(BufferedReaderProcessor p) throws IOException {
    ...
}
```

3.3.3　第 3 步：执行一个行为

　　任何 BufferedReader -> String 形式的 Lambda 都可以作为参数来传递，因为它们符合 BufferedReaderProcessor 接口中定义的 process 方法的签名。现在你只需要一种方法在 processFile 主体内执行 Lambda 所代表的代码。请记住，Lambda 表达式允许你直接内联，为函数式接口的抽象方法提供实现，并且将整个表达式作为函数式接口的一个实例。因此，你可以在 processFile 主体内，对得到的 BufferedReaderProcessor 对象调用 process 方法执行处理：

```
public String processFile(BufferedReaderProcessor p) throws IOException {
    try (BufferedReader br =
                    new BufferedReader(new FileReader("data.txt"))) {
        return p.process(br);          ⟵──┐ 处理 BufferedReader 对象
    }
}
```

3.3.4　第 4 步：传递 Lambda

现在你就可以通过传递不同的 Lambda 来重用 processFile 方法，并以不同的方式处理文件了。

处理一行：

```
String oneLine =
    processFile((BufferedReader br) -> br.readLine());
```

处理两行：

```
String twoLines =
    processFile((BufferedReader br) -> br.readLine() + br.readLine());
```

图 3-3 总结了所采取的使 pocessFile 方法更灵活的四个步骤。

```
public String processFile() throws IOException {     ❶
    try (BufferedReader br =
            new BufferedReader(new FileReader("data.txt"))){
        return br.readLine();
    }
}
```
```
public interface BufferedReaderProcessor {           ❷
    String process(BufferedReader b) throws IOException;
}

public String processFile(BufferedReaderProcessor p) throws
IOException {
    ...
}
```
```
public String processFile(BufferedReaderProcessor p)    ❸
throws IOException {
    try (BufferedReader br =
            new BufferedReader(new FileReader("data.txt"))){
        return p.process(br);
    }
}
```
```
String oneLine = processFile((BufferedReader br) ->     ❹
                            br.readLine());

String twoLines = processFile((BufferedReader br) ->
                            br.readLine() + br.readLine());
```

图 3-3　应用环绕执行模式所采取的四个步骤

我们已经展示了如何利用函数式接口来传递 Lambda，但你还是得定义自己的接口。下一节会探讨 Java 8 中加入的新接口，你可以重用它来传递多个不同的 Lambda。

3.4　使用函数式接口

就像你在 3.2.1 节中学到的，函数式接口定义且只定义了一个抽象方法。函数式接口很有用，因为抽象方法的签名可以描述 Lambda 表达式的签名。函数式接口的抽象方法的签名称为**函数描述符**。所以为了应用不同的 Lambda 表达式，你需要一套能够描述常见函数描述符的函数式接口。Java API 中已经有了几个函数式接口，比如你在 3.2 节中见到的 `Comparator`、`Runnable` 和 `Callable`。

Java 8 的库设计师帮你在 `java.util.function` 包中引入了几个新的函数式接口。我们接下来会介绍 `Predicate`、`Consumer` 和 `Function`，更完整的列表可见本节结尾处的表 3-2。

3.4.1　Predicate

`java.util.function.Predicate<T>`接口定义了一个名叫 `test` 的抽象方法，它接受泛型 `T` 对象，并返回一个 `boolean`。这恰恰和你先前创建的一样，现在就可以直接使用了。在你需要表示一个涉及类型 `T` 的布尔表达式时，就可以使用这个接口。比如，你可以定义一个接受 `String` 对象的 Lambda 表达式，如下所示。

代码清单 3-2　使用 `Predicate`

```
@FunctionalInterface
public interface Predicate<T> {
    boolean test(T t);
}
public <T> List<T> filter(List<T> list, Predicate<T> p) {
    List<T> results = new ArrayList<>();
    for(T t: list) {
        if(p.test(t)) {
            results.add(t);
        }
    }
    return results;
}
Predicate<String> nonEmptyStringPredicate = (String s) -> !s.isEmpty();
List<String> nonEmpty = filter(listOfStrings, nonEmptyStringPredicate);
```

如果你去查 `Predicate` 接口的 Javadoc 说明，可能会注意到诸如 `and` 和 `or` 等其他方法。现在你不用太计较这些，3.8 节会讨论。

3.4.2　Consumer

`java.util.function.Consumer<T>`接口定义了一个名叫 `accept` 的抽象方法，它接受泛型 `T` 的对象，没有返回（`void`）。你如果需要访问类型 `T` 的对象，并对其执行某些操作，就可以使用这个接口。比如，你可以用它来创建一个 `forEach` 方法，接受一个 `Integers` 的列表，并对其中每个元素执行操作。在下面的代码中，你就可以使用这个 `forEach` 方法，并配合 Lambda 来打印列表中的所有元素。

代码清单 3-3   使用 `Consumer`

```
@FunctionalInterface
public interface Consumer<T>{
    void accept(T t);
}
public <T> void forEach(List<T> list, Consumer<T> c){
    for(T i: list){
        c.accept(i);
    }
}
forEach(
        Arrays.asList(1,2,3,4,5),
        (Integer i) -> System.out.println(i)        ◁──── Lambda 是 Consumer
        );                                                 中 accept 方法的实现
```

3.4.3 Function

`java.util.function.Function<T, R>`接口定义了一个叫作 `apply` 的抽象方法，它接受泛型 `T` 的对象，并返回一个泛型 `R` 的对象。如果你需要定义一个 Lambda，将输入对象的信息映射到输出，就可以使用这个接口（比如提取苹果的重量，或把字符串映射为它的长度）。在下面的代码中，我们向你展示如何利用它来创建一个 `map` 方法，以将一个 `String` 列表映射到包含每个 `String` 长度的 `Integer` 列表。

代码清单 3-4   使用 `Function`

```
@FunctionalInterface
public interface Function<T, R> {
    R apply(T t);
}
public <T, R> List<R> map(List<T> list, Function<T, R> f) {
    List<R> result = new ArrayList<>();
    for(T t: list) {
        result.add(f.apply(t));
    }
    return result;
}
// [7, 2, 6]
List<Integer> l = map(
                Arrays.asList("lambdas", "in", "action"),
                (String s) -> s.length()        ◁──── Lambda 是 Function
                );                                      接口的 apply 方法的
                                                        实现
```

基本类型特化

我们介绍了三个泛型函数式接口：Predicate<T>、Consumer<T>和Function<T,R>。还有些函数式接口专为某些类型而设计。

回顾一下：Java 类型要么是引用类型（比如 Byte、Integer、Object、List），要么是基本类型（比如 int、double、byte、char）。但是泛型（比如 Consumer<T>中的 T）只能绑定到引用类型。这是由泛型内部的实现方式造成的。[①] 因此，在 Java 里有一个将基本类型转换为对应的引用类型的机制。这个机制叫作**装箱**（boxing）。相反的操作，也就是将引用类型转换为对应的基本类型，叫作**拆箱**（unboxing）。Java 还有一个**自动装箱**机制来帮助程序员执行这一任务：装箱和拆箱操作是自动完成的。比如，这就是为什么下面的代码是有效的（一个 int 被装箱成为 Integer）：

```
List<Integer> list = new ArrayList<>();
for (int i = 300; i < 400; i++){
    list.add(i);
}
```

但这在性能方面是要付出代价的。装箱后的值本质上就是把基本类型包裹起来，并保存在堆里。因此，装箱后的值需要更多的内存，并需要额外的内存搜索来获取被包裹的基本值。

Java 8 为前面所说的函数式接口带来了一个专门的版本，以便在输入和输出都是基本类型时避免自动装箱的操作。比如，在下面的代码中，使用 IntPredicate 就避免了对值 1000 进行装箱操作，但要是用 Predicate<Integer>就会把参数 1000 装箱到一个 Integer 对象中：

```
public interface IntPredicate {
    boolean test(int t);
}
IntPredicate evenNumbers = (int i) -> i % 2 == 0;          true（无装箱）
evenNumbers.test(1000);
Predicate<Integer> oddNumbers = (Integer i) -> i % 2 != 0;  false（装箱）
oddNumbers.test(1000);
```

一般来说，针对专门的输入参数类型的函数式接口的名称都要加上对应的基本类型前缀，比如 DoublePredicate、IntConsumer、LongBinaryOperator、IntFunction 等。Function 接口还有针对输出参数类型的变种：ToIntFunction<T>、IntToDoubleFunction 等。

表 3-2 总结了 Java API 中最常用的函数式接口，它们的函数描述符及其基本类型特化。请记住这个集合只是一个启始集。如果有需要，你完全可以设计一个自己的基本类型特化（测验 3.7 中的 TriFunction 就是出于这个目的而设计的）。此外，创建你自己的接口，让接口的名字反映其在领域中的功能，还能帮助程序员理解代码逻辑，同时也便于程序的维护。请记住，标记符 (T, U) -> R 展示的是该怎样理解一个函数描述符。箭头左侧代表了参数的类型，右侧代表了返回结果的类型。这儿它代表的是一个函数，具有两个参数，分别为泛型 T 和 U，返回类型为 R。

[①] C#等其他语言没有这一限制。Scala 等语言只有引用类型。第 20 章会再次探讨这个问题。

表 3-2   Java 8 中的常用函数式接口

函数式接口	函数描述符	基本类型特化
Predicate<T>	T -> boolean	IntPredicate, LongPredicate, DoublePredicate
Consumer<T>	T -> void	IntConsumer, LongConsumer, DoubleConsumer
Function<T, R>	T -> R	IntFunction<R>, IntToDoubleFunction, IntToLongFunction, LongFunction<R>, LongToDoubleFunction, LongToIntFunction, DoubleFunction<R>, DoubleToIntFunction, DoubleToLongFunction, ToIntFunction<T>, ToDoubleFunction<T>, ToLongFunction<T>
Supplier<T>	() -> T	BooleanSupplier, IntSupplier, LongSupplier, DoubleSupplier
UnaryOperator<T>	T -> T	IntUnaryOperator, LongUnaryOperator, DoubleUnaryOperator
BinaryOperator<T>	(T, T) -> T	IntBinaryOperator, LongBinaryOperator, DoubleBinaryOperator
BiPredicate<T, U>	(T, U) -> boolean	
BiConsumer<T, U>	(T, U) -> void	ObjIntConsumer<T>, ObjLongConsumer<T>, ObjDoubleConsumer<T>
BiFunction<T, U, R>	(T, U) -> R	ToIntBiFunction<T, U>, ToLongBiFunction<T, U>, ToDoubleBiFunction<T, U>

你现在已经看到了很多函数式接口，可以用于描述各种 Lambda 表达式的签名。为了检验你的理解程度，试试测验 3.4。

> **测验 3.4：函数式接口**
>
> 对于下列函数描述符（即 Lambda 表达式的签名），你会使用哪些函数式接口？在表 3-2 中可以找到大部分答案。作为进一步练习，请构造一个可以利用这些函数式接口的有效 Lambda 表达式：
>
> (1) T -> R
> (2) (int, int) -> int
> (3) T -> void
> (4) () -> T

(5) `(T, U) -> R`

答案：(1) `Function<T, R>`不错。它一般用于将类型 `T` 的对象转换为类型 `R` 的对象（比如 `Function<Apple, Integer>`用来提取苹果的重量）。

(2) `IntBinaryOperator` 具有唯一一个抽象方法——`applyAsInt`，代表的函数描述符是 `(int, int) -> int`。

(3) `Consumer<T>`具有唯一一个抽象方法——`accept`，代表的函数描述符是 `T -> void`。

(4) `Supplier<T>`具有唯一一个抽象方法——`get`，代表的函数描述符是 `()-> T`。

(5) `BiFunction<T, U, R>`具有唯一一个抽象方法——`apply`，代表的函数描述符是 `(T, U) -> R`。

为了总结关于函数式接口和 Lambda 的讨论，表 3-3 总结了一些使用案例、Lambda 的例子，以及可以使用的函数式接口。

表 3-3　Lambda 及函数式接口的例子

使用案例	Lambda 的例子	对应的函数式接口
布尔表达式	`(List<String> list) -> list.isEmpty()`	`Predicate<List<String>>`
创建对象	`() -> new Apple(10)`	`Supplier<Apple>`
消费一个对象	`(Apple a) -> System.out.println(a.getWeight())`	`Consumer<Apple>`
从一个对象中选择/提取	`(String s) -> s.length()`	`Function<String, Integer> or ToIntFunction<String>`
合并两个值	`(int a, int b) -> a * b`	`IntBinaryOperator`
比较两个对象	`(Apple a1, Apple a2) -> a1.getWeight().compareTo(a2.getWeight())`	`Comparator<Apple> or BiFunction<Apple, Apple, Integer> or ToIntBiFunction<Apple, Apple>`

异常、Lambda，还有函数式接口又是怎么回事？

请注意，这些函数式接口中的任何一个都不允许抛出受检异常（checked exception）。如果你需要 Lambda 表达式来抛出异常，有两种办法：定义一个自己的函数式接口，并声明受检异常，或者把 Lambda 包在一个 `try/catch` 块中。

比如，3.3 节介绍过一个新的函数式接口 `BufferedReaderProcessor`，它显式声明了一个 `IOException`：

```
@FunctionalInterface
public interface BufferedReaderProcessor {
    String process(BufferedReader b) throws IOException;
}
BufferedReaderProcessor p = (BufferedReader br) -> br.readLine();
```

但是你可能是在使用一个接受函数式接口的 API，比如 Function<T, R>，没有办法自己创建一个（你会在下一章看到，Stream API 中大量使用了表 3-2 中的函数式接口）。这种情况下，你可以显式捕捉受检异常：

```
Function<BufferedReader, String> f =
  (BufferedReader b) -> {
    try {·
      return b.readLine();
    }
    catch(IOException e) {
      throw new RuntimeException(e);
    }
  };
```

现在你知道如何创建 Lambda，在哪里以及如何使用它们了。接下来我们会介绍一些更高级的细节：编译器如何对 Lambda 做类型检查，以及你应当了解的规则，诸如 Lambda 在自身内部引用局部变量，还有和 void 兼容的 Lambda 等。你无须立即就充分理解下一节的内容，可以留待日后再看，接着往下学习 3.6 节讲的方法引用就可以了。

3.5 类型检查、类型推断以及限制

当我们第一次提到 Lambda 表达式时，说它可以为函数式接口生成一个实例。然而，Lambda 表达式本身并不包含它在实现哪个函数式接口的信息。为了全面了解 Lambda 表达式，你应该知道 Lambda 的实际类型是什么。

3.5.1 类型检查

Lambda 的类型是从使用 Lambda 的上下文推断出来的。上下文（比如，接受它传递的方法的参数，或接受它的值的局部变量）中 Lambda 表达式需要的类型称为**目标类型**。让我们通过一个例子，看看当你使用 Lambda 表达式时背后发生了什么。图 3-4 概述了下列代码的类型检查过程。

```
List<Apple> heavierThan150g =
        filter(inventory, (Apple apple) -> apple.getWeight() > 150);
```

类型检查过程分解如下。

❑ 第一，你要找出 filter 方法的声明。

❑ 第二，要求它是 Predicate<Apple>（目标类型）对象的第二个正式参数。

❑ 第三，Predicate<Apple>是一个函数式接口，定义了一个叫作 test 的抽象方法。

❑ 第四，test 方法描述了一个函数描述符，它可以接受一个 Apple，并返回一个 boolean。

❑ 第五，filter 的任何实际参数都必须匹配这个要求。

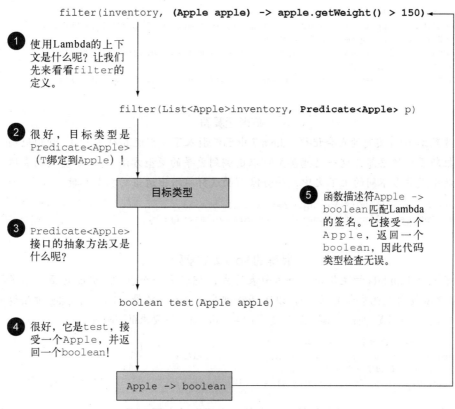

图 3-4 解读 Lambda 表达式的类型检查过程

这段代码是有效的，因为我们所传递的 Lambda 表达式也同样接受 Apple 为参数，并返回一个 boolean。请注意，如果 Lambda 表达式抛出一个异常，那么抽象方法所声明的 throws 语句也必须与之匹配。

3.5.2 同样的 Lambda，不同的函数式接口

有了**目标类型**的概念，同一个 Lambda 表达式就可以与不同的函数式接口联系起来，只要它们的抽象方法签名能够兼容。比如，前面提到的 Callable 和 PrivilegedAction，这两个接口都代表着什么也不接受且返回一个泛型 T 的函数。因此，下面两个赋值是有效的：

```
Callable<Integer> c = () -> 42;
PrivilegedAction<Integer> p = () -> 42;
```

这里，第一个赋值的目标类型是 Callable<Integer>，第二个赋值的目标类型是 PrivilegedAction<Integer>。

在表 3-3 中展示了一个类似的例子，同一个 Lambda 可用于多个不同的函数式接口：

```
Comparator<Apple> c1 =
  (Apple a1, Apple a2) -> a1.getWeight().compareTo(a2.getWeight());
ToIntBiFunction<Apple, Apple> c2 =
  (Apple a1, Apple a2) -> a1.getWeight().compareTo(a2.getWeight());
BiFunction<Apple, Apple, Integer> c3 =
  (Apple a1, Apple a2) -> a1.getWeight().compareTo(a2.getWeight());
```

菱形运算符

那些熟悉 Java 演变的人会记得，Java 7 中已经引入了菱形运算符（<>），利用泛型推断从上下文推断类型的思想（这一思想甚至可以追溯到更早的泛型方法）。一个类实例表达式可以出现在两个或更多不同的上下文中，并会像下面这样推断出适当的类型参数：

```
List<String> listOfStrings = new ArrayList<>();
List<Integer> listOfIntegers = new ArrayList<>();
```

特殊的 void 兼容规则

如果一个 Lambda 的主体是一个语句表达式，它就和一个返回 void 的函数描述符兼容（当然需要参数列表也兼容）。例如，以下两行都是合法的，尽管 List 的 add 方法返回了一个 boolean，而不是 Consumer 上下文（T -> void）所要求的 void：

```
// Predicate 返回了一个 boolean
Predicate<String> p = (String s) -> list.add(s);
// Consumer 返回了一个 void
Consumer<String> b = (String s) -> list.add(s);
```

到现在为止，你应该能够很好地理解在什么时候以及在哪里可以使用 Lambda 表达式了。它们可以从赋值的上下文、方法调用的上下文（参数和返回值），以及类型转换的上下文中获得目标类型。为了检验你的掌握情况，请试试测验 3.5。

测验 3.5：类型检查——为什么下面的代码不能编译呢？

你该如何解决这个问题呢？

```
Object o = () -> { System.out.println("Tricky example"); };
```

答案：Lambda 表达式的上下文是 Object（目标类型）。但 Object 不是一个函数式接口。为了解决这个问题，你可以把目标类型改成 Runnable，它的函数描述符是() -> void：

```
Runnable r = () -> { System.out.println("Tricky example"); };
```

你还可以通过强制类型转换将 Lambda 表达式转换成 Runnable，显式地生成一个目标类型，以这种方式来修复这个问题：

```
Object o = (Runnable) () -> { System.out.println("Tricky example"); };
```

处理方法重载时，如果两个不同的函数式接口却有着同样的函数描述符，使用这个技巧有立竿见影的效果。到底该选择使用哪一个方法签名呢？为了消除这种显式的二义性，你可以对

Lamda 进行强制类型转换。

　　譬如，下面这段代码中，方法调用 execute(() -> {})使用了 execute 方法，不过它存在着二义性，因为 Runnable 和 Action 接口中都提供了同样的函数描述符：

```
public void execute(Runnable runnable) {
    runnable.run();
}
public void execute(Action<T> action) {
    action.act();
}
@FunctionalInterface
interface Action {
    void act();
}
```

然而，通过强制类型转换表达式，这种显式的二义性被消除了：

```
execute((Action) () -> { });
```

　　你已经了解如何利用目标类型来判断某个 Lambda 是否适用于某个特定的上下文。其实，它还可以用来做一些别的事：推断 Lambda 参数的类型。

3.5.3　类型推断

　　你还可以进一步简化你的代码。Java 编译器会从上下文（目标类型）推断出用什么函数式接口来配合 Lambda 表达式，这意味着它也可以推断出适合 Lambda 的签名，因为函数描述符可以通过目标类型来得到。这样做的好处在于，编译器可以了解 Lambda 表达式的参数类型，这样就可以在 Lambda 语法中省去标注参数类型。换句话说，Java 编译器会像下面这样推断 Lambda 的参数类型：[①]

```
List<Apple> greenApples =
        filter(inventory, apple -> GREEN.equals(apple.getColor()));
```
参数 **apple** 没有显式类型

　　Lambda 表达式有多个参数，代码可读性的好处就更为明显。例如，你可以这样来创建一个 Comparator 对象：

```
Comparator<Apple> c =
  (Apple a1, Apple a2) -> a1.getWeight().compareTo(a2.getWeight());
Comparator<Apple> c =
  (a1, a2) -> a1.getWeight().compareTo(a2.getWeight());
```
没有类型推断

有类型推断

　　请注意，有时候显式写出类型更易读，有时候去掉它们更易读。没有什么法则说哪种更好，对于如何让代码更易读，程序员必须做出自己的选择。

---

① 请注意，当 Lambda 仅有一个类型需要推断的参数时，参数名称两边的括号也可以省略。

3.5.4   使用局部变量

我们迄今为止所介绍的所有 Lambda 表达式都只用到了其主体里面的参数。但 Lambda 表达式也允许使用**自由变量**（不是参数，而是在外层作用域中定义的变量），就像匿名类一样。它们被称作**捕获 Lambda**。例如，下面的 Lambda 捕获了 portNumber 变量：

```
int portNumber = 1337;
Runnable r = () -> System.out.println(portNumber);
```

尽管如此，还有一点点小麻烦：关于能对这些变量做什么有一些限制。Lambda 可以没有限制地捕获（也就是在其主体中引用）实例变量和静态变量。但局部变量必须显式声明为 final，或事实上是 final。换句话说，Lambda 表达式只能捕获指派给它们的局部变量一次。（注：捕获实例变量可以被看作捕获最终局部变量 this。）例如，下面的代码无法编译，因为 portNumber 变量被赋值两次：

```
int portNumber = 1337;
Runnable r = () -> System.out.println(portNumber);   ←
portNumber = 31337;
```
错误：Lambda 表达式引用的局部变量必须是最终的（**final**）或事实上最终的

对局部变量的限制

你可能会问自己，为什么局部变量有这些限制。第一，实例变量和局部变量背后的实现有一个关键不同。实例变量都存储在堆中，局部变量则保存在栈上。如果 Lambda 可以直接访问局部变量，而且 Lambda 是在一个线程中使用的，则使用 Lambda 的线程，可能会在分配该变量的线程将这个变量收回之后，去访问该变量。因此，Java 在访问自由局部变量时，实际上是在访问它的副本，而不是访问基本变量。如果局部变量仅仅赋值一次那就没有什么区别了——因此就有了这个限制。

第二，这一限制不鼓励你使用改变外部变量的典型命令式编程模式（我们会在以后的各章中解释，这种模式会阻碍很容易做到的并行处理）。

闭   包

你可能已经听说过**闭包**（closure，不要和 Clojure 编程语言混淆）这个词，可能会想 Lambda 是否满足闭包的定义。用科学的说法来说，闭包就是一个函数的实例，且它可以无限制地访问那个函数的非本地变量。例如，闭包可以作为参数传递给另一个函数。它也可以**访问和修改**其作用域之外的变量。现在，Java 8 的 Lambda 和匿名类可以做类似于闭包的事情：它们可以作为参数传递给方法，并且可以访问其作用域之外的变量。但有一个限制：它们不能修改定义 Lambda 的方法的局部变量的内容。这些变量必须是隐式最终的。可以认为 Lambda 是对**值**封闭，而不是对**变量**封闭。如前所述，这种限制存在的原因在于局部变量保存在栈上，并且隐式表示它们仅限于其所在线程。如果允许捕获可改变的局部变量，就会引发造成线程不安全的新的可能性，而这是我们不想看到的（实例变量可以，因为它们保存在堆中，而堆是在线程之间共享的）。

现在，我们来介绍你会在 Java 8 代码中看到的另一个功能：**方法引用**。可以把它们视为某些 Lambda 的快捷写法。

3.6 方法引用

方法引用让你可以重复使用现有的方法定义，并像 Lambda 一样传递它们。在一些情况下，比起使用 Lambda 表达式，它们似乎更易读，感觉也更自然。下面就是我们借助更新的 Java 8 API（3.7 节会详细讨论），用方法引用写的一个排序的例子：

先前：

```
inventory.sort((Apple a1, Apple a2)→
a1.getWeight().compareTo(a2.getWeight()));
```

之后（使用方法引用和 `java.util.Comparator.comparing`）：

```
inventory.sort(comparing(Apple::getWeight));          ← 你的第一个
                                                         方法引用
```

不用担心新的语法及其工作原理，接下来的几节将会对此进行介绍。

3.6.1 管中窥豹

你为什么应该关注方法引用？方法引用可以被看作仅仅调用特定方法的 Lambda 的一种快捷写法。它的基本思想是，如果一个 Lambda 代表的只是"直接调用这个方法"，那最好还是用名称来调用它，而不是去描述如何调用它。事实上，方法引用就是让你根据已有的方法实现来创建 Lambda 表达式。但是，显式地指明方法的名称，你的代码的**可读性会更好**。它是如何工作的呢？当你需要使用方法引用时，目标引用放在分隔符 `::` 前，方法的名称放在后面。例如，`Apple::getWeight` 就是引用了 `Apple` 类中定义的方法 `getWeight`。请记住，`getWeight` 后面不需要括号，因为你没有实际调用这个方法，只是引用了它的名称。方法引用就是 Lambda 表达式 `(Apple apple) -> apple.getWeight()` 的快捷写法。表 3-4 给出了 Java 8 中方法引用的其他一些例子。

表 3-4 Lambda 及其等效方法引用的例子

Lambda	等效的方法引用
`(Apple apple) -> apple.getWeight()`	`Apple::getWeight`
`() -> Thread.currentThread().dumpStack()`	`Thread.currentThread()::dumpStack`
`(str, i) -> str.substring(i)`	`String::substring`
`(String s) -> System.out.println(s)`	`System.out::println`
`(String s) -> this.isValidName(s)`	`this::isValidName`

你可以把方法引用看作针对仅仅涉及单一方法的 Lambda 的语法糖，因为你表达同样的事情时要写的代码更少了。

如何构建方法引用

方法引用主要有三类。

(1) 指向**静态方法**的方法引用（例如 Integer 的 parseInt 方法，写作 Integer::parseInt）。

(2) 指向任意类型实例方法的方法引用（例如 String 的 length 方法，写作 String::length）。

(3) 指向现存对象或表达式实例方法的方法引用（假设你有一个局部变量 expensive Transaction 保存了 Transaction 类型的对象，它提供了实例方法 getValue，那你就可以这么写 expensive-Transaction::getValue）。

第二种和第三种方法引用可能乍看起来有点儿晕。第二种方法引用的思想是你在引用一个对象的方法，譬如 String::length，而这个对象是 Lambda 表达式的一个参数。举个例子，Lambda 表达式 (String s) -> s.toUppeCase() 可以重写成 String::toUpperCase。而第三种方法引用主要用在你需要在 Lambda 中调用一个现存外部对象的方法时。例如，Lambda 表达式 ()->expensive-Transaction.getValue() 可以重写为 expensiveTransaction::getValue。第三种方法引用在你需要传递一个私有辅助方法时特别有用。譬如，你定义了一个辅助方法 isValidName：

```
private boolean isValidName(String string) {
    return Character.isUpperCase(string.charAt(0));
}
```

你可以借助方法引用，在 Predicate<String> 的上下文中传递该方法：

```
filter(words, this::isValidName)
```

为了帮助你消化这些新知识，我们准备了一份将 Lambda 表达式重构为等价方法引用的简易速查表，如图 3-5 所示。

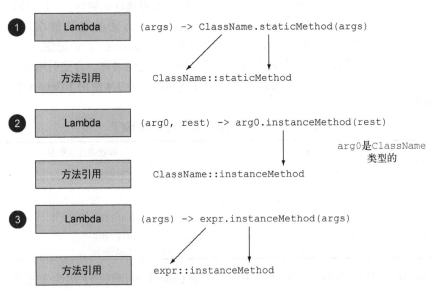

图 3-5　为三种不同类型的 Lambda 表达式构建方法引用的办法

请注意，构造函数、数组构造函数以及父类调用（super-call）的方法引用形式比较特殊。举一个方法引用的具体例子。假设你想要忽略大小写对一个由字符串组成的 List 排序。List 的 sort 方法需要一个 Comparator 作为参数。前文介绍过，Comparator 使用(T, T) -> int 这样的签名作为函数描述符。你可以利用 String 类中的 compareToIgnoreCase 方法来定义一个 Lambda 表达式（注意 compareToIgnoreCase 是 String 类中预先定义的）。

```
List<String> str = Arrays.asList("a","b","A","B");
str.sort((s1, s2) -> s1.compareToIgnoreCase(s2));
```

Lambda 表达式的签名与 Comparator 的函数描述符兼容。利用前面所述的方法，这个例子可以用方法引用改写成下面的样子，这样代码更加简洁了：

```
List<String> str = Arrays.asList("a","b","A","B");
str.sort(String::compareToIgnoreCase);
```

请注意，编译器会进行一种与 Lambda 表达式类似的类型检查过程，来确定对于给定的函数式接口，这个方法引用是否有效：方法引用的签名必须和上下文类型匹配。

为了检验你对方法引用的理解程度，试试测验 3.6 吧！

测验 3.6：方法引用

下列 Lambda 表达式的等效方法引用是什么？

(1) `ToIntFunction<String> stringToInt =`
`          (String s) -> Integer.parseInt(s);`

(2) `BiPredicate<List<String>, String> contains =`
`          (list, element) -> list.contains(element);`

(3) `Predicate<String> startsWithNumber =`
`          (String string) -> this .startsWithNumber(string);`

答案：(1) 这个 Lambda 表达式将其参数传给了 Integer 的静态方法 parseInt。这种方法接受一个需要解析的 String，并返回一个 Integer。因此，可以使用图 3-5 中的办法❶（Lambda 表达式调用静态方法）来重写 Lambda 表达式，如下所示：

```
ToIntFunction<String> stringToInt = Integer::parseInt;
```

(2) 这个 Lambda 使用其第一个参数，调用其 contains 方法。由于第一个参数是 List 类型的，因此你可以使用图 3-5 中的办法❷，如下所示：

```
BiPredicate<List<String>, String> contains = List::contains;
```

这是因为，目标类型描述的函数描述符是(List<String>,String) -> boolean，而 List::contains 可以被解包成这个函数描述符。

(3) 这种"表达式-风格"的 Lambda 会调用一个私有方法。你可以使用图 3-5 中的办法❸，如下所示：

```
Predicate<String> startsWithNumber = this::startsWithNumber
```

到目前为止，我们只展示了如何利用现有的方法实现和如何创建方法引用。但是你也可以对类的构造函数做类似的事情。

3.6.2   构造函数引用

对于一个现有构造函数，你可以利用它的名称和关键字 new 来创建它的一个引用：ClassName::new。它的功能与指向静态方法的引用类似。例如，假设有一个构造函数没有参数。它适合 Supplier 的签名() -> Apple。你可以这样做：

```
Supplier<Apple> c1 = Apple::new;     构造函数引用指向默认
Apple a1 = c1.get();                 的 Apple()构造函数
                                     调用 Supplier 的 get 方法
                                     将产生一个新的 Apple
```

这就等价于：

```
Supplier<Apple> c1 = () -> new Apple();     利用默认构造函数创建
Apple a1 = c1.get();                        Apple 的 Lambda 表达式
                                            调用 Supplier 的 get 方法
                                            将产生一个新的 Apple
```

如果你的构造函数的签名是 Apple(Integer weight)，那么它就适合 Function 接口的签名，于是你可以这样写：

```
Function<Integer, Apple> c2 = Apple::new;   指向 Apple(Integer weight)
Apple a2 = c2.apply(110);                    的构造函数引用
     调用该 Function 函数的 apply 方法，
     并给出要求的重量，将产生一个 Apple
```

这就等价于：

```
                                            用要求的重量创建一个
                                            Apple 的 Lambda 表达式
Function<Integer, Apple> c2 = (weight) -> new Apple(weight);
Apple a2 = c2.apply(110);
                        调用该 Function 函数的 apply 方法，并给出
                        要求的重量，将产生一个新的 Apple 对象
```

在下面的代码中，一个由 Integer 构成的 List 中的每个元素都通过前面定义的类似的 map 方法传递给了 Apple 的构造函数，得到了一个具有不同重量苹果的 List：

```
                                               将构造函数引用
List<Integer> weights = Arrays.asList(7, 3, 4, 10);   传递给 map 方法
List<Apple> apples = map(weights, Apple::new);
public List<Apple> map(List<Integer> list, Function<Integer, Apple> f) {
    List<Apple> result = new ArrayList<>();
    for(Integer i: list) {
        result.add(f.apply(i));
    }
    return result;
}
```

如果你有一个具有两个参数的构造函数 Apple(String color, Integer weight)，那么它就适合 BiFunction 接口的签名，于是你可以这样写：

```
BiFunction<Color, Integer, Apple> c3 = Apple::new;
Apple a3 = c3.apply(GREEN, 110);
```

指向 Apple(String color, Integer weight)的构造函数引用

调用该 BiFunction 函数的 apply 方法，并给出要求的颜色和重量，将产生一个新的 Apple 对象

这就等价于：

```
BiFunction<String, Integer, Apple> c3 =
    (color, weight) -> new Apple(color, weight);
Apple a3 = c3.apply(GREEN, 110);
```

用要求的颜色和重量创建一个 Apple 的 Lambda 表达式

调用该 BiFunction 函数的 apply 方法，并给出要求的颜色和重量，将产生一个新的 Apple 对象

不将构造函数实例化却能够引用它，这个功能有一些有趣的应用。例如，你可以使用 Map 来将构造函数映射到字符串值。你可以创建一个 giveMeFruit 方法，给它一个 String 和一个 Integer，它就可以创建出不同重量的各种水果：

```
static Map<String, Function<Integer, Fruit>> map = new HashMap<>();
static {
    map.put("apple", Apple::new);
    map.put("orange", Orange::new);
    // etc...
}
public static Fruit giveMeFruit(String fruit, Integer weight){
    return map.get(fruit.toLowerCase())
              .apply(weight);
}
```

你用 map 得到了一个 Function<Integer, Fruit>

用 Integer 类型的 weight 参数调用 Function 的 apply()方法将提供所要求的 Fruit

为了检验你对方法和构造函数引用的理解程度，试试测验 3.7 吧！

测验 3.7：构造函数引用

你已经看到了如何将有零个、一个、两个参数的构造函数转变为构造函数引用。那要怎么样才能对具有三个参数的构造函数，比如 RGB(int, int, int)，使用构造函数引用呢？

答案：你看，构造函数引用的语法是 ClassName::new，那么在这个例子里面就是 RGB::new。但是你需要与构造函数引用的签名匹配的函数式接口。由于语言本身并没有提供这样的函数式接口，因此你可以自己创建一个：

```
public interface TriFunction<T, U, V, R> {
    R apply(T t, U u, V v);
}
```

现在你可以像下面这样使用构造函数引用了：

```
TriFunction<Integer, Integer, Integer, RGB> colorFactory = RGB::new;
```

我们讲了好多新内容：Lambda、函数式接口和方法引用。下一节会把这一切付诸实践！

3.7   Lambda 和方法引用实战

为了给这一章还有我们讨论的所有关于 Lambda 的内容收个尾，我们需要继续研究开始的那个问题——用不同的排序策略给一个 `Apple` 列表排序，并需要展示如何把一个原始粗暴的解决方案转变得更为简明。这会用到书中迄今讲到的所有概念和功能：行为参数化、匿名类、Lambda 表达式和方法引用。我们想要实现的最终解决方案是这样的：

```
inventory.sort(comparing(Apple::getWeight));
```

3.7.1   第 1 步：传递代码

你很幸运，Java 8 API 已经为你提供了一个 `List` 可用的 `sort` 方法，你不用自己去实现它。那么最困难的部分已经搞定了！但是，如何把排序策略传递给 `sort` 方法呢？你看，`sort` 方法的签名是这样的：

```
void sort(Comparator<? super E> c)
```

它需要一个 `Comparator` 对象来比较两个 `Apple`！这就是在 Java 中传递策略的方式：它们必须包裹在一个对象里。我们说 `sort` 的**行为被参数化**了：传递给它的排序策略不同，其行为也会不同。

你的第一个解决方案看上去是这样的：

```
public class AppleComparator implements Comparator<Apple> {
        public int compare(Apple a1, Apple a2){
                return a1.getWeight().compareTo(a2.getWeight());
        }
}
inventory.sort(new AppleComparator());
```

3.7.2   第 2 步：使用匿名类

你在前面看到了，你可以使用**匿名类**来改进解决方案，而不是实现一个 `Comparator` 却只实例化一次：

```
inventory.sort(new Comparator<Apple>() {
    public int compare(Apple a1, Apple a2){
        return a1.getWeight().compareTo(a2.getWeight());
    }
});
```

3.7.3   第 3 步：使用 Lambda 表达式

但你的解决方案仍然挺啰唆的。Java 8 引入了 Lambda 表达式，它提供了一种轻量级语法来实现相同的目标：**传递代码**。你看到了，在需要函数式接口的地方可以使用 Lambda 表达式。回顾一下：函数式接口就是仅仅定义一个抽象方法的接口。抽象方法的签名（称为**函数描述符**）描述了 Lambda

表达式的签名。在这个例子里，`Comparator` 代表了函数描述符`(T, T) -> int`。因为你用的是苹果，所以它具体代表的就是`(Apple, Apple) -> int`。改进后的新解决方案看上去就是这样的了：

```
inventory.sort((Apple a1, Apple a2)
               -> a1.getWeight().compareTo(a2.getWeight())
);
```

前面解释过了，Java 编译器可以根据 Lambda 出现的上下文来推断 Lambda 表达式参数的类型。那么你的解决方案就可以重写成这样：

```
inventory.sort((a1, a2) -> a1.getWeight().compareTo(a2.getWeight()));
```

你的代码还能变得更易读一点吗？`Comparator` 具有一个叫作 `comparing` 的静态辅助方法，它可以接受一个 `Function` 来提取 `Comparable` 键值，并生成一个 `Comparator` 对象（第 13 章会解释为什么接口可以有静态方法）。它可以像下面这样用（注意你现在传递的 Lambda 只有一个参数，Lambda 说明了如何从 `Apple` 中提取需要比较的键值）：

```
Comparator<Apple> c = Comparator.comparing((Apple a) -> a.getWeight());
```

现在你可以把代码再改得紧凑一点了：

```
import static java.util.Comparator.comparing;
inventory.sort(comparing(apple -> apple.getWeight()));
```

3.7.4 第 4 步：使用方法引用

前面解释过，方法引用就是替代那些转发参数的 Lambda 表达式的语法糖。你可以用方法引用让你的代码更简洁（假设你静态导入了 `java.util.Comparator.comparing`）：

```
inventory.sort(comparing(Apple::getWeight));
```

恭喜你，这就是你的最终解决方案！这比 Java 8 之前的代码好在哪儿呢？它比较短；它的意思也很明显，并且代码读起来和问题描述差不多："对库存进行排序，比较苹果的重量。"

3.8 复合 Lambda 表达式的有用方法

Java 8 的好几个函数式接口都有为方便而设计的方法。具体而言，许多函数式接口，比如用于传递 Lambda 表达式的 `Comparator`、`Function` 和 `Predicate` 都提供了允许你进行复合的方法。这是什么意思呢？在实践中，这意味着你可以把多个简单的 Lambda 复合成复杂的表达式。比如，你可以让两个谓词之间做一个 or 操作，组合成一个更大的谓词。而且，你还可以让一个函数的结果成为另一个函数的输入。你可能会想，函数式接口中怎么可能有更多的方法呢？（毕竟，这违背了函数式接口的定义啊！）窍门在于，我们即将介绍的方法都是**默认方法**，也就是说它们不是抽象方法。第 13 章会详谈。现在只需相信我们，等想要进一步了解默认方法以及你可以用它做什么时，再去看看第 13 章。

3.8.1   比较器复合

我们前面看到，你可以使用静态方法 Comparator.comparing，根据提取用于比较的键值的 Function 来返回一个 Comparator，如下所示：

```
Comparator<Apple> c = Comparator.comparing(Apple::getWeight);
```

1. 逆序

如果你想要对苹果按重量递减排序怎么办？用不着去建立另一个 Comparator 的实例。接口有一个默认方法 reversed 可以使给定的比较器逆序。因此仍然用开始的那个 Comparator，只要修改一下前一个例子就可以对苹果按重量递减排序：

```
inventory.sort(comparing(Apple::getWeight).reversed());    ◀─┐
                                                       按重量递减排序 │
```

2. 比较器链

上面说得都很好，但如果发现有两个苹果一样重怎么办？哪个苹果应该排在前面呢？你可能需要再提供一个 Comparator 来进一步定义这个比较。比如，在按重量比较两个苹果之后，你可能想要按原产国排序。thenComparing 方法就是做这个用的。它接受一个函数作为参数（就像 comparing 方法一样），如果两个对象用第一个 Comparator 比较之后是一样的，就提供第二个 Comparator。你又可以优雅地解决这个问题了：

```
inventory.sort(comparing(Apple::getWeight)    ┤ 按重量递减排序
        .reversed()                         ◀─┐
        .thenComparing(Apple::getCountry));  ◀─┤ 两个苹果一样重时，
                                               │ 进一步按国家排序
```

3.8.2   谓词复合

谓词接口包括三个方法：negate、and 和 or，让你可以重用已有的 Predicate 来创建更复杂的谓词。比如，你可以使用 negate 方法来返回一个 Predicate 的非，比如苹果不是红的：

```
Predicate<Apple> notRedApple = redApple.negate();    ◀─┤ 产生现有 Predicate
                                                        对象 redApple 的非
```

你可能想要把两个 Lambda 用 and 方法组合起来，比如一个苹果既是红色又比较重：

```
Predicate<Apple> redAndHeavyApple =                    ┤ 链接两个谓词来生成另
    redApple.and(apple -> apple.getWeight() > 150);  ◀─┤ 一个 Predicate 对象
```

你可以进一步组合谓词，表达要么是重（150 克以上）的红苹果，要么是绿苹果：

```
Predicate<Apple> redAndHeavyAppleOrGreen =           ┤ 链接三个谓词来
    redApple.and(apple -> apple.getWeight() > 150    │ 构 造 更 复 杂 的
        .or(apple -> GREEN.equals(a.getColor()));  ◀─┤ Predicate 对象
```

这一点为什么很好呢？从简单 Lambda 表达式出发，你可以构建更复杂的表达式，但读起来

仍然和问题的陈述差不多！请注意，and 和 or 方法是按照在表达式链中的位置，从左向右确定优先级的。因此，a.or(b).and(c)可以看作(a || b) && c。同样，a.and(b).or(c) 可以看作(a && b) || c。

3.8.3 函数复合

最后，你还可以把 Function 接口所代表的 Lambda 表达式复合起来。Function 接口为此配了 andThen 和 compose 两个默认方法，它们都会返回 Function 的一个实例。

andThen 方法会返回一个函数，它先对输入应用一个给定函数，再对输出应用另一个函数。比如，假设有一个函数 f 给数字加 1 (x -> x + 1)，另一个函数 g 给数字乘 2，那么你可以将它们组合成一个函数 h，先给数字加 1，再给结果乘 2：

```
Function<Integer, Integer> f = x -> x + 1;
Function<Integer, Integer> g = x -> x * 2;
Function<Integer, Integer> h = f.andThen(g);    数学上会写作 g(f(x))
                                                或 (g o f)(x)
int result = h.apply(1);    这将返回 4
```

你也可以类似地使用 compose 方法，先把给定的函数用作 compose 的参数里面给的那个函数，然后再把函数本身用于结果。比如在上一个例子里用 compose 的话，它将意味着 f(g(x))，andThen 则意味着 g(f(x))：

```
Function<Integer, Integer> f = x -> x + 1;
Function<Integer, Integer> g = x -> x * 2;
Function<Integer, Integer> h = f.compose(g);    数学上会写作 f(g(x))
                                                或 (f o g)(x)
int result = h.apply(1);    这将返回 3
```

图 3-6 说明了 andThen 和 compose 之间的区别。

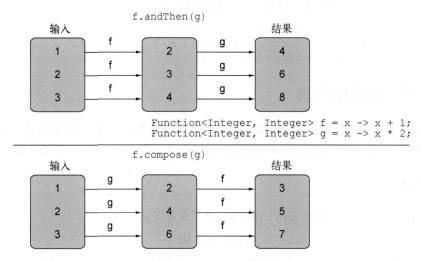

图 3-6 使用 andThen 与 compose

这一切听起来有点太抽象了。那么在实际中这有什么用呢？比方说你有一系列工具方法，对用 String 表示的一封信做文本转换：

```
public class Letter{
    public static String addHeader(String text){
        return "From Raoul, Mario and Alan: " + text;
    }
    public static String addFooter(String text){
        return text + " Kind regards";
    }
    public static String checkSpelling(String text){
        return text.replaceAll("labda", "lambda");
    }
}
```

现在你可以通过复合这些工具方法来创建各种转型流水线了，比如创建一个流水线：先加上抬头，然后进行拼写检查，最后加上一个落款，如图 3-7 所示。

```
Function<String, String> addHeader = Letter::addHeader;
Function<String, String> transformationPipeline
    = addHeader.andThen(Letter::checkSpelling)
               .andThen(Letter::addFooter);
```

转换流水线

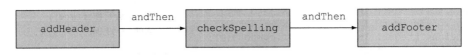

图 3-7   使用 andThen 的转换流水线

第二个流水线可能只加抬头、落款，而不做拼写检查：

```
Function<String, String> addHeader = Letter::addHeader;
Function<String, String> transformationPipeline
  = addHeader.andThen(Letter::addFooter);
```

3.9   数学中的类似思想

如果你上学的时候对数学很擅长，那这一节就从另一个角度来谈谈 Lambda 表达式和函数传递的思想。你可以跳过它，书中没有任何其他内容依赖这一节，不过从另一个角度看看也挺好的。

3.9.1   积分

假设你有一个（数学，不是 Java）函数 f，比如说定义是

$$f(x) = x + 10$$

那么，（工科学校里）经常问的一个问题就是，求画在纸上之后函数下方的面积（把 x 轴作为基

准）。比如对于图 3-8 所示的面积你会写

$$\int_3^7 f(x)\mathrm{d}x \ \text{或} \int_3^7 (x+10)\mathrm{d}x$$

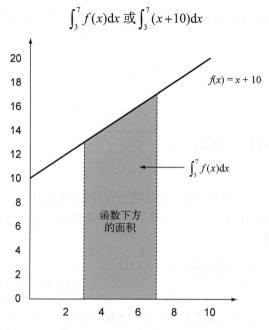

图 3-8　函数 $f(x) = x + 10$（x 从 3 到 7）下方的面积

在这个例子里，函数 f 是一条直线，因此你很容易通过梯形方法（画几个三角形和矩形）来算出面积：

$$1/2 \times ((3 + 10) + (7 + 10)) \times (7 - 3) = 60$$

那么这在 Java 里面如何表达呢？你的第一个问题是把积分号或 $\mathrm{d}y/\mathrm{d}x$ 之类的换成熟悉的编程语言符号。

确实，根据第一条原则你需要一个方法，比如说叫 integrate，它接受三个参数：一个是 f，还有上下限（这里是 3.0 和 7.0）。于是写在 Java 里就是下面这个样子，函数 f 是作为参数被传递进去的：

```
integrate(f, 3, 7)
```

请注意，你不能简单地写：

```
integrate(x + 10, 3, 7)
```

原因有两个。第一，x 的作用域不清楚；第二，这将把 x + 10 的值而不是函数 f 传给积分。

事实上，数学上 $\mathrm{d}x$ 的秘密作用就是说"以 x 为自变量、结果是 $x + 10$ 的那个函数。"

3.9.2   与 Java 8 的 Lambda 联系起来

前面说过，Java 8 的表示法(double x) -> x + 10（一个 Lambda 表达式）恰恰就是为此设计的，因此你可以写：

```
integrate((double x) -> x + 10, 3, 7)
```

或者

```
integrate((double x) -> f(x), 3, 7)
```

或者，用前面说的方法引用，只要写：

```
integrate(C::f, 3, 7)
```

这里 C 是包含静态方法 f 的一个类。理念就是把 f 背后的代码传给 integrate 方法。

现在你可能在想如何写 integrate 本身了。我们还假设 f 是一个线性函数（直线）。你可能会写成类似数学的形式：

```
public double integrate((double -> double) f, double a, double b) {   ←┐
    return (f(a) + f(b)) * (b - a) / 2.0                     错误的 Java 代码！（函数的
}                                                            写法不能像数学里那样。）
```

不过，由于 Lambda 表达式只能用于接受函数式接口的地方（这里就是 DoubleFunction[①] ），所以你必须得写成这个样子：

```
public double integrate(DoubleFunction<Double> f, double a, double b) {
    return (f.apply(a) + f.apply(b)) * (b - a) / 2.0;
}
```

或者用 DoubleUnaryOperator，这样也可以避免对结果进行装箱：

```
public double integrate(DoubleUnaryOperator f, double a, double b) {
    return (f.applyAsDouble(a) + f.applyAsDouble(b)) * (b - a) / 2.0;
}
```

顺便提一句，有点可惜的是你必须写 f.apply(a)，而不是像数学里面写 f(a)，但 Java 无法摆脱"一切都是对象"的思想——它不能让函数完全独立！

3.10   小结

以下是本章中的关键概念。

❏ **Lambda 表达式**可以理解为一种匿名函数：它没有名称，但有参数列表、函数主体、返回类型，可能还有一个可以抛出的异常的列表。

❏ **Lambda** 表达式让你可以简洁地传递代码。

---

① 使用 DoubleFunction 比 Function 更高效，因为它避免了结果的装箱操作。

❑ **函数式接口**就是仅仅声明了一个抽象方法的接口。

❑ 只有在接受函数式接口的地方才可以使用 Lambda 表达式。

❑ Lambda 表达式允许你直接内联，为函数式接口的抽象方法提供实现，并且将整个表达式作为函数式接口的一个实例。

❑ Java 8 自带一些常用的函数式接口，放在 `java.util.function` 包里，包括 `Predicate <T>`、`Function<T, R>`、`Supplier<T>`、`Consumer<T>` 和 `BinaryOperator<T>`，如表 3-2 所述。

❑ 为了避免装箱操作，对 `Predicate<T>` 和 `Function<T, R>` 等通用函数式接口的基本类型特化：`IntPredicate`、`IntToLongFunction` 等。

❑ 环绕执行模式（即在方法所必需的代码中间，你需要执行点儿什么操作，比如资源分配和清理）可以配合 Lambda 提高灵活性和可重用性。

❑ Lambda 表达式所需要代表的类型称为**目标类型**。

❑ 方法引用让你重复使用现有的方法实现并直接传递它们。

❑ `Comparator`、`Predicate` 和 `Function` 等函数式接口都有几个可以用来结合 Lambda 表达式的默认方法。

Part 2

使用流进行函数式数据处理

第二部分仔细讨论论新的 Stream API。通过 Stream API，你将能够写出功能强大的代码，以声明性方式处理数据。学完这一部分，你将充分理解流是什么，以及如何在 Java 应用程序中使用它们来简洁而高效地处理数据集。

第 4 章介绍流的概念，并解释它们与集合有何异同。

第 5 章详细讨论为了表达复杂的数据处理查询可以使用的流操作。其间会谈到很多模式，如筛选、切片、查找、匹配、映射和归约。

第 6 章介绍收集器——Stream API 的一个功能，可以让你表达更为复杂的数据处理查询。

第 7 章探讨流如何得以自动并行执行，并利用多核架构的优势。此外，你还会学到为正确而高效地使用并行流，要避免的若干陷阱。

第 4 章

引入流

集合是 Java 中使用最多的 API。要是没有集合，还能做什么呢？几乎每个 Java 应用程序都会**制造**和**处理**集合。集合对于很多编程任务来说都是非常基本的：它们可以让你把数据分组并加以处理。为了解释集合是怎么工作的，想象一下你准备列出一系列菜，组成一张菜单，然后再遍历一遍，把每盘菜的热量加起来。或者，你可能想选出那些热量比较低的菜，组成一张健康的特殊菜单。尽管集合对于几乎任何一个 Java 应用都是不可或缺的，但集合操作远远算不上完美。

- 很多业务逻辑都涉及类似于数据库的操作，比如对几道菜按照类别进行**分组**（比如全素菜肴），或**查找**出最贵的菜。你自己用迭代器重新实现过这些操作多少遍？大部分数据库都允许你声明式地指定这些操作。比如，以下 SQL 查询语句就可以选出热量较低的菜肴名称：SELECT name FROM dishes WHERE calorie < 400。你看，你不需要实现如何根据菜肴的属性进行筛选（比如利用迭代器和累加器），只需要表达想要什么就可以了。这个基本的思路意味着，你用不着担心如何显式地实现这些查询语句——都替你办好了！怎么到了集合这里就不能这样了呢？
- 如果要处理大量元素又该怎么办呢？为了提高性能，你需要并行处理，并利用多核架构。但写并行代码比用迭代器还要复杂，而且调试起来也十分没意思！

那 Java 语言的设计者能做些什么，来帮助你节约宝贵的时间，让你这个程序员活得轻松一点儿呢？你可能已经猜到了，答案就是**流**。

4.1 流是什么

流是 Java API 的新成员，它允许你以声明性方式处理数据集合（通过查询语句来表达，而不是临时编写一个实现）。就现在来说，你可以把它们看成遍历数据集的高级迭代器。此外，流还可以**透明地**并行处理,你无须写任何多线程代码了!第 7 章会详细解释流和并行化是怎么工作的。先来简单看看使用流的好处吧。下面两段代码都是用来返回低热量菜肴名称的,并按照卡路里排序,一个是用 Java 7 写的,另一个是用 Java 8 的流写的。比较一下。不用太担心 Java 8 代码怎么写,接下来的几节会详细解释。

之前(Java 7):

```
List<Dish> lowCaloricDishes = new ArrayList<>();        用累加器
for(Dish dish: menu) {                                  筛选元素
    if(dish.getCalories() < 400) {
        lowCaloricDishes.add(dish);
    }
}
Collections.sort(lowCaloricDishes, new Comparator<Dish>() {    用匿名类对
    public int compare(Dish dish1, Dish dish2) {              菜肴排序
        return Integer.compare(dish1.getCalories(), dish2.getCalories());
    }
});
List<String> lowCaloricDishesName = new ArrayList<>();   处理排序后
for(Dish dish: lowCaloricDishes) {                        的菜名列表
    lowCaloricDishesName.add(dish.getName());
}
```

在这段代码中,你用了一个"垃圾变量"lowCaloricDishes。它唯一的作用就是作为一次性的中间容器。在 Java 8 中,实现的细节被放在它本该归属的库里了。

之后(Java 8):

```
import static java.util.Comparator.comparing;
import static java.util.stream.Collectors.toList;       选出 400 卡路里
List<String> lowCaloricDishesName =                      以下的菜肴
        menu.stream()
            .filter(d -> d.getCalories() < 400)         按照卡路
            .sorted(comparing(Dish::getCalories))       里排序
            .map(Dish::getName)
            .collect(toList());                          提取菜肴
                                                         的名称
将所有名称保存
在 List 中
```

为了利用多核架构并行执行这段代码,你只需要把 stream() 换成 parallelStream():

```
List<String> lowCaloricDishesName =
        menu.parallelStream()
            .filter(d -> d.getCalories() < 400)
            .sorted(comparing(Dishes::getCalories))
            .map(Dish::getName)
            .collect(toList());
```

你可能会想,在调用 parallelStream 方法的时候到底发生了什么?用了多少个线程?对性能有多大提升?是否应该使用这个方法?第 7 章会详细讨论这些问题。现在,你可以看出,从软件工程师的角度来看,新的方法有几个显而易见的好处。

❑ 代码是以**声明性**方式写的:说明想要完成什么(**筛选热量低的菜肴**)而不是说明如何实

现一个操作（利用循环和 if 条件等控制流语句）。你在前面的章节中也看到了，这种方法加上行为参数化让你可以轻松应对变化的需求：你很容易再创建一个代码版本，利用 Lambda 表达式来筛选高卡路里的菜肴，而用不着去复制粘贴代码。这种方式的另一个好处是，线程模型与查询操作实现了解耦。由于你提供了查询的菜谱，因此具体的执行既可以串行，也可以并行。这部分内容的更多细节请参考第 7 章。

❑ 你可以把几个基础操作链接起来，来表达复杂的数据处理流水线（在 filter 后面接上 sorted、map 和 collect 操作，如图 4-1 所示），同时保持代码清晰可读。filter 的结果被传给了 sorted 方法，再传给 map 方法，最后传给 collect 方法。

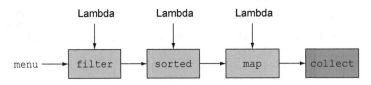

图 4-1   将流操作链接起来构成流的流水线

因为 filter、sorted、map 和 collect 等操作是与具体线程模型无关的**高层次构件**，所以它们的内部实现可以是单线程的，也可能透明地充分利用你的多核架构！在实践中，这意味着你用不着为了让某些数据处理任务并行而去操心线程和锁，Stream API 都替你做好了！

新的 Stream API 表达能力非常强。比如在读完本章以及第 5 章、第 6 章之后，你就可以写出像下面这样的代码：

```
Map<Dish.Type, List<Dish>> dishesByType =
    menu.stream().collect(groupingBy(Dish::getType));
```

第 6 章会解释这个例子。简单来说就是，按照 Map 里面的类别对菜肴进行分组。比如，Map 可能包含下列结果：

```
{FISH=[prawns, salmon],
 OTHER=[french fries, rice, season fruit, pizza],
 MEAT=[pork, beef, chicken]}
```

想想要是改用循环这种典型的指令型编程方式该怎么实现吧。别浪费太多时间了。拥抱这一章和接下来几章中强大的流吧！

其他库：Guava、Apache 和 lambdaj

为了给 Java 程序员提供更好的库操作集合，前人已经做过了很多尝试。比如，Guava 就是谷歌创建的一个很流行的库。它提供了 multimaps 和 multisets 等额外的容器类。Apache Commons Collections 库也提供了类似的功能。最后，本书作者 Mario Fusco 编写的 lambdaj 受到函数式编程的启发，也提供了很多声明性操作集合的工具。

如今 Java 8 自带了官方库，可以以更加声明性的方式操作集合了。

总结一下，Java 8 中的 Stream API 可以让你写出这样的代码：

❑ **声明性**——更简洁，更易读；

❑ **可复合**——更灵活；

❑ **可并行**——性能更好。

在本章剩下的部分和下一章中，我们会使用这样一个例子：一个 menu，它只是一张菜肴列表。

```
List<Dish> menu = Arrays.asList(
    new Dish("pork", false, 800, Dish.Type.MEAT),
    new Dish("beef", false, 700, Dish.Type.MEAT),
    new Dish("chicken", false, 400, Dish.Type.MEAT),
    new Dish("french fries", true, 530, Dish.Type.OTHER),
    new Dish("rice", true, 350, Dish.Type.OTHER),
    new Dish("season fruit", true, 120, Dish.Type.OTHER),
    new Dish("pizza", true, 550, Dish.Type.OTHER),
    new Dish("prawns", false, 300, Dish.Type.FISH),
    new Dish("salmon", false, 450, Dish.Type.FISH) );
```

Dish 类的定义是：

```
public class Dish {
    private final String name;
    private final boolean vegetarian;
    private final int calories;
    private final Type type;
    public Dish(String name, boolean vegetarian, int calories, Type type) {
        this.name = name;
        this.vegetarian = vegetarian;
        this.calories = calories;
        this.type = type;
    }
    public String getName() {
        return name;
    }
    public boolean isVegetarian() {
        return vegetarian;
    }
    public int getCalories() {
        return calories;
    }
    public Type getType() {
        return type;
    }
    @Override
    public String toString() {
        return name;
    }
    public enum Type { MEAT, FISH, OTHER }
}
```

现在就来仔细探讨一下怎么使用 Stream API。我们会用流与集合做类比，做点儿铺垫。下一章会详细讨论可以用来表达复杂数据处理查询的流操作。我们会谈到很多模式，比如筛选、切片、查找、匹配、映射和归约，还会提供很多测验和练习来加深你的理解。

接下来会讨论如何创建和操纵数字流，比如生成一个偶数流，或是勾股数流。最后，我们会讨论如何从不同的源（比如文件）创建流。还会讨论如何生成一个具有无穷多元素的流——这用集合肯定是搞不定了！

4.2　流简介

讨论流之前，先来聊聊集合，这可能是最容易上手的方式了。Java 8 的集合支持一个新的 stream 方法，它返回一个流（接口定义在 java.util.stream.Stream 中）。后面你会看到，还有很多别的方法也可以返回流，比如利用数值范围或从 I/O 资源生成流元素。

那么，流到底是什么？简短的定义就是"从支持数据处理操作的源生成的元素序列"。让我们一步步剖析这个定义。

- **元素序列**——就像集合一样，流也提供了一个接口，可以访问特定元素类型的一组有序值。因为集合是数据结构，所以它的主要目的是以特定的时间/空间复杂度存储和访问元素（如 ArrayList 与 LinkedList）。但流的目的在于表达计算，比如你前面见到的 filter、sorted 和 map。集合讲的是数据，流讲的是计算。后面几节会详细解释这个思想。

- **源**——流会使用一个提供数据的源，比如集合、数组或 I/O 资源。 请注意，从有序集合生成流时会保留原有的顺序。由列表生成的流，其元素顺序与列表一致。

- **数据处理操作**——流的数据处理功能支持类似于数据库的操作，以及函数式编程语言中的常用操作，比如 filter、map、reduce、find、match、sort 等。流操作可以顺序执行，也可以并行执行。

此外，流操作有两个重要的特点。

- **流水线**——很多流操作本身会返回一个流，这样多个操作就可以链接起来，构成一个更大的流水线。这使得下一章中将要讨论的一些优化成为可能，比如处理**延迟**和**短路**。流水线的操作可以看作类似对数据源进行数据库查询。

- **内部迭代**——与集合使用迭代器进行显式迭代不同，流的迭代操作是在后台进行的。第 1 章中简要提到过这一点，下一节还会再谈到它。

下面来看一段能够体现所有这些概念的代码：

```
import static java.util.stream.Collectors.toList;
List<String> threeHighCaloricDishNames =
  menu.stream()
      .filter(dish -> dish.getCalories() > 300)
      .map(Dish::getName)
      .limit(3)
      .collect(toList());
  System.out.println(threeHighCaloricDishNames);
```

从 menu（菜肴列表）获得流

建立操作流水线：首先选出高热量的菜肴

获取菜名

只选择头三个

将结果保存在另一个 List 中

结果是 [pork, beef, chicken]

本例先是对 menu 调用 stream 方法，由菜单得到一个流。数据源是菜肴列表（菜单），它给流提供一个**元素序列**。接下来，对流应用一系列**数据处理操作**：filter、map、limit 和 collect。除了 collect 之外，所有这些操作都会返回另一个流，这样它们就可以接成一条**流水线**，于是就可以看作对源的一个查询。最后，collect 操作开始处理流水线，并返回结果（它和别的操作不一样，因为它返回的不是流，在这里是一个 List）。在调用 collect 之前，没有任何结果产生，实际上根本就没有从 menu 里选择元素。你可以这么理解：链中的方法调用都在排队等待，直到调用 collect。图 4-2 显示了流操作的顺序：filter、map、limit、collect，每个操作简介如下。

- filter——接受一个 Lambda，从流中排除某些元素。在本例中，通过传递 Lambda d -> d.getCalories() > 300，选择出热量超过 300 卡路里的菜肴。
- map——接受一个 Lambda，将元素转换成其他形式或提取信息。在本例中，通过传递方法引用 Dish::getName，相当于 Lambda d -> d.getName()，提取了每道菜的菜名。
- limit——截断流，使其元素不超过给定数量。
- collect——将流转换为其他形式。在本例中，流被转换为一个列表。它看起来有点儿像变魔术，第 6 章会详细解释 collect 的工作原理。现在，你可以把 collect 看作能够接受各种方案作为参数，并将流中的元素累积成为一个汇总结果的操作。这里的 toList() 就是将流转换为列表的方案。

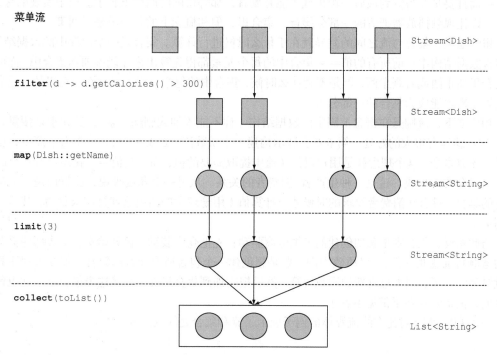

图 4-2   使用流来筛选菜单，找出三个高热量菜肴的名字

注意看，刚刚解释的这段代码，与逐项处理菜单列表的代码有很大不同。首先，我们使用了声明性的方式来处理菜单数据，即你说的对这些数据需要做什么："查找热量最高的三道菜的菜名。"你并没有去实现筛选（filter）、提取（map）或截断（limit）功能，Streams 库已经自带了。因此，Stream API 在决定如何优化这条流水线时更为灵活。例如，筛选、提取和截断操作可以一次进行，并在找到这三道菜后立即停止。下一章会介绍一个能体现这一点的例子。

在进一步介绍能对流做什么操作之前，先回过头来看看 Collection API 和新的 Stream API 的概念有何不同。

4.3　流与集合

Java 现有的集合概念和新的流概念都提供了接口，来配合代表元素型有序值的数据接口。所谓**有序**，就是说我们一般是按顺序取值，而不是随机取用。那这两者有什么区别呢？

先来打个直观的比方吧。比如说存在 DVD 里的电影，这就是一个集合（也许是字节，也许是帧，这个无所谓），因为它包含了整个数据结构。现在再来想想在互联网上通过视频流看同样的电影。现在这是一个流（字节流或帧流）。流媒体视频播放器只要提前下载用户观看位置的那几帧就可以了，这样不用等到流中大部分值计算出来，你就可以显示流的开始部分了（想想观看直播足球赛）。特别要注意，视频播放器可能没有将整个流作为集合，保存所需的内存缓冲区——而且要是非得等到最后一帧出现才能开始看，那等待的时间就太长了。出于实现的考虑，你也可以让视频播放器把流的一部分**缓存**在集合里，但和概念上的差异不是一回事。

粗略地说，集合与流之间的差异就在于什么时候进行计算。集合是一个内存中的数据结构，它包含数据结构中目前所有的值——集合中的每个元素都得先算出来才能添加到集合中（你可以往集合里加东西或者删东西，但是不管什么时候，集合中的每个元素都是放在内存里的，元素都得先算出来才能成为集合的一部分）。

相比之下，流则是在概念上固定的数据结构（你不能添加或删除元素），其元素是**按需计算**的。这对编程有很大的好处。第 6 章会展示构建一个质数流（2, 3, 5, 7, 11, …）有多简单，尽管质数有无穷多个。这个理念就是用户仅仅从流中提取需要的值，而这些值——在用户看不见的地方——只会按需生成。这是一种生产者-消费者的关系。从另一个角度来说，流就像是一个延迟创建的集合：只有在消费者要求的时候才会计算值（用管理学的话说这就是需求驱动，甚至是实时制造）。

与此相反，集合则是急切创建的（供应商驱动：先把仓库装满，再开始卖，就像那些昙花一现的圣诞新玩意儿一样）。以质数为例，要是想创建一个包含所有质数的集合，那这个程序算起来就没完没了了，因为总有新的质数要算，然后把它加到集合里面。当然这个集合是永远也创建不完的，消费者这辈子都见不着了。

图 4-3 用 DVD 对比在线流媒体的例子展示了流和集合之间的差异。

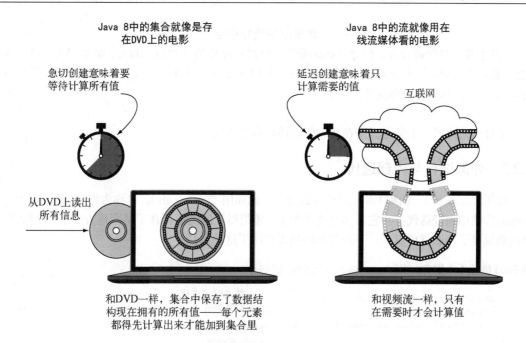

图 4-3 流与集合

另一个例子是用浏览器进行互联网搜索。假设你搜索的短语在 Google 或是网店里面有很多匹配项。你用不着等到所有结果和照片的集合下载完，而是得到一个流，里面有最好的 10 个或 20 个匹配项，还有一个按钮来查看下面 10 个或 20 个。当你作为消费者点击"下面 10 个"的时候，供应商就按需计算这些结果，然后再送回你的浏览器上显示。

4.3.1 只能遍历一次

请注意，和迭代器类似，流只能遍历一次。遍历完之后，我们就说这个流已经被消费掉了。你可以从原始数据源那里再获得一个新的流来重新遍历一遍，就像迭代器一样（这里假设它是集合之类的可重复的源，如果是 I/O 通道就"没戏"了）。例如，以下代码会抛出一个异常，说流已被消费掉了：

```
List<String> title = Arrays.asList("Modern", "Java", "In", "Action");
Stream<String> s = title.stream();
s.forEach(System.out::println);        ◄─┐打印标题中的每个单词
s.forEach(System.out::println);  ◄─────┘
                                 java.lang.IllegalStateException:
                                 流已被操作或关闭
```

所以要记得，流只能消费一次！

哲学中的流和集合

　　对于喜欢哲学的读者，你可以把流看作在时间中分布的一组值。相反，集合则是空间（这里就是计算机内存）中分布的一组值，在一个时间点上全体存在——你可以使用迭代器来访问 `for-each` 循环中的内部成员。

集合和流的另一个关键区别在于它们遍历数据的方式。

4.3.2　外部迭代与内部迭代

　　使用 `Collection` 接口需要用户去做迭代（比如用 `for-each`），这称为外部迭代。相反，`Stream` 库使用内部迭代——它帮你把迭代做了，还把得到的流值存在了某个地方，你只要给出一个函数说要干什么就可以了。下面的代码列表说明了这种区别。

代码清单 4-1　集合：用 `for-each` 循环外部迭代

```
List<String> names = new ArrayList<>();          显式顺序迭代
for(Dish dish: menu){                            菜单列表
    names.add(dish.getName());                   提取名称并将其
}                                                添加到累加器
```

　　请注意，`for-each` 还隐藏了迭代中的一些复杂性。`for-each` 结构是一个语法糖，它背后的东西用 `Iterator` 对象表达出来会更丑陋。

代码清单 4-2　集合：用背后的迭代器做外部迭代

```
List<String> names = new ArrayList<>();
Iterator<String> iterator = menu.iterator();
while(iterator.hasNext()) {
    Dish dish = iterator.next();                 显式迭代
    names.add(dish.getName());
}
```

代码清单 4-3　流：内部迭代

```
List<String> names = menu.stream()
                .map(Dish::getName)              用 getName 方法参数
                .collect(toList());              化 map，提取菜名
开始执行操作流
水线；没有迭代！
```

　　让我们用一个比喻来解释内部迭代的差异和好处吧。比方说你正在和你两岁的女儿索菲亚说话，希望她能把玩具收起来。

　　你："索菲亚，我们把玩具收起来吧。地上还有玩具吗？"
　　索菲亚："有，有球。"
　　你："好，把球放进盒子里。还有吗？"

索菲亚:"有,那是我的娃娃。"

你:"好,把娃娃放进盒子里。还有吗?"

索菲亚:"有,有我的书。"

你:"好,把书放进盒子里。还有吗?"

索菲亚:"没了,没有了。"

你:"好,我们收好啦。"

这正是你每天都要对 Java 集合所做的。你**外部**迭代一个集合,显式地取出每个项目再加以处理。如果你只需跟索菲亚说"把地上所有的玩具都放进盒子里"就好了。内部迭代比较好的原因有两个:第一,索菲亚可以选择一只手拿娃娃,另一只手拿球;第二,她可以决定先拿离盒子最近的那个东西,然后再拿别的。同样的道理,内部迭代时,项目可以透明地并行处理,或者以更优化的顺序进行处理。要是用 Java 过去的那种外部迭代方法,这些优化都是很困难的。这似乎有点儿鸡蛋里挑骨头,但这差不多就是 Java 8 引入流的理由了——Streams 库的内部迭代可以自动选择一种适合你硬件的数据表示和并行实现。与此相反,一旦选择了 for-each 这样的外部迭代,那你基本上就要自己管理所有的并行问题了(**自己管理**实际上意味着"某个良辰吉日我们会把它并行化"或"开始了关于任务和 synchronized 的漫长而艰苦的斗争")。Java 8 需要一个类似于 Collection 却没有迭代器的接口,于是就有了 Stream!图 4-4 说明了流(内部迭代)与集合(外部迭代)之间的差异。

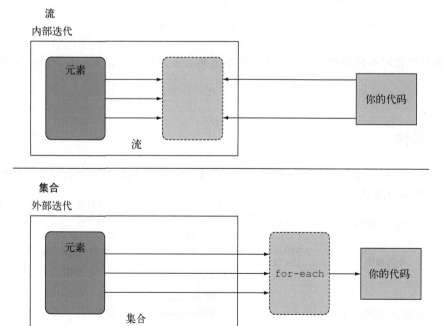

图 4-4 内部迭代与外部迭代

我们已经介绍了集合与流在概念上的差异，特别是流利用内部迭代自动地替你执行了迭代。但是，除非你预先定义好了能隐藏迭代的操作列表，例如 filter 或 map，否则这一特性对你不一定有用。大多数这类操作都接受 Lambda 表达式作为参数，因此你可以利用前几章介绍的方法对它的行为进行参数化。Java 语言的设计者为 Stream API 提供了大量的操作，可以表达非常复杂的数据处理查询逻辑。现在先简要地看一下这些操作，下一章中会配上例子详细讨论。 为了检验你对外部迭代和内部迭代的理解，请尝试一下测验 4.1。

测验 4.1：外部迭代与内部迭代

基于你对代码清单 4-1 和代码清单 4-2 中外部迭代的学习，请选择一种流操作来重构下面的代码。

```
List<String> highCaloricDishes = new ArrayList<>();
Iterator<String> iterator = menu.iterator();
while(iterator.hasNext()) {
    Dish dish = iterator.next();
    if(dish.getCalories() > 300) {
        highCaloricDishes.add(d.getName());
    }
}
```

答案：应该选择使用 filter 模式。

```
List<String> highCaloricDish =
    menu.stream()
        .filter(dish -> dish.getCalories() > 300)
        .collect(toList());
```

即使你现在对如何准确地编写流查询还不太熟悉也不必担心，下一章会深入探讨这部分内容。

4.4   流操作

java.util.stream.Stream 中的 Stream 接口定义了许多操作。它们可以分为两大类。再来看一下前面的例子：

你可以看到两类操作：

❑ filter、map 和 limit 可以连成一条流水线；
❑ collect 触发流水线执行并关闭它。

可以连接起来的流操作称为**中间操作**，关闭流的操作称为**终端操作**。图 4-5 中展示了这两类操作。这种区分有什么意义呢？

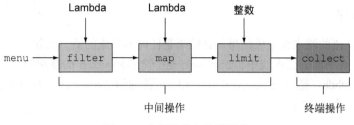

图 4-5 中间操作与终端操作

4.4.1 中间操作

诸如 `filter` 或 `sorted` 等中间操作会返回另一个流。这让多个操作可以连接起来形成一个查询。重要的是，除非流水线上触发一个终端操作，否则中间操作不会执行任何处理——它们很懒。这是因为中间操作一般都可以合并起来，在终端操作时一次性全部处理。

为了搞清楚流水线中到底发生了什么，我们把代码改一改，让每个 Lambda 都打印出当前处理的菜肴（就像很多演示和调试技巧一样，这种编程风格要是搁在生产代码里那就吓死人了，但是学习的时候可以直接看清楚求值的顺序）：

```
List<String> names =
    menu.stream()
        .filter(dish -> {
                        System.out.println("filtering:" + dish.getName());
            return dish.getCalories() > 300;
                })
        .map(dish -> {
                    System.out.println("mapping:" + dish.getName());
                    return dish.getName();
                })
        .limit(3)
        .collect(toList());
System.out.println(names);
```

打印当前筛选的菜肴 →

提取菜名时打印出来 ←

此代码执行时将打印：

```
filtering:pork
mapping:pork
filtering:beef
mapping:beef
filtering:chicken
mapping:chicken
[pork, beef, chicken]
```

你会发现，有好几种优化利用了流的延迟性质。第一，尽管很多菜的热量都高于 300 卡路里，但只选出了前三个！这是因为 `limit` 操作和一种称为**短路**的技巧，下一章会对此做详细解释。

第二，尽管 filter 和 map 是两个独立的操作，但它们合并到同一次遍历中了（我们把这种技术叫作循环合并）。

4.4.2　终端操作

终端操作会从流的流水线生成结果，其结果是任何不是流的值，比如 List、Integer，甚至 void。例如，在下面的流水线中，forEach 是一个返回 void 的终端操作，它会对源中的每道菜应用一个 Lambda。把 System.out.println 传递给 forEach，并要求它打印出由 menu 生成的流中的每一个 Dish：

```
menu.stream().forEach(System.out::println);
```

为了检验你对中间操作和终端操作的理解程度，试试测验 4.2 吧。

测验 4.2：中间操作与终端操作

在下列流水线中，你能找出中间操作和终端操作吗？

```
long count = menu.stream()
                 .filter(dish -> dish.getCalories() > 300)
                 .distinct()
                 .limit(3)
                 .count();
```

答案： 流水线中最后一个操作 count 返回一个 long，这是一个非 Stream 的值。因此它是一个终端操作。所有前面的操作，filter、distinct、limit，都是连接起来的，并返回一个 Stream，因此它们是中间操作。

4.4.3　使用流

总而言之，流的使用一般包括三件事：

- 一个数据源（如集合）来执行一个查询；
- 一个中间操作链，形成一条流的流水线；
- 一个终端操作，执行流水线，并能生成结果。

流的流水线背后的理念类似于构建器模式。在构建器模式中有一个调用链用来设置一套配置（对流来说这就是一个中间操作链），接着是调用 build 方法（对流来说就是终端操作）。

为方便起见，表 4-1 和表 4-2 总结了你前面在代码例子中看到的中间流操作和终端流操作。请注意这并不能涵盖 Stream API 提供的操作，你在下一章中还会看到更多。

表 4-1 中间操作

操　作	类　型	返回类型	操作参数	函数描述符
filter	中间	Stream<T>	Predicate<T>	T -> boolean
map	中间	Stream<R>	Function<T, R>	T -> R
limit	中间	Stream<T>		
sorted	中间	Stream<T>	Comparator<T>	(T, T) -> int
distinct	中间	Stream<T>		

表 4-2 终端操作

操　作	类　型	返回类型	目　的
forEach	终端	void	消费流中的每个元素并对其应用Lambda
count	终端	long	返回流中元素的个数
collect	终端	(generic)	把流归约成一个集合，比如List、Map，甚至是Integer。详见第6章

4

4.5　路线图

　　下一章会用案例详细介绍一些可以用的流操作，让你了解可以用它们表达什么样的查询。我们会看到很多模式，比如过滤、切片、查找、匹配、映射和归约，它们可以用来表达复杂的数据处理查询。

　　因为第 6 章会非常详细地讨论收集器，所以本章仅介绍把 collect() 终端操作（参见表 4-2）用于 collect(toList()) 的特殊情况。这一操作会创建一个与流具有相同元素的列表。

4.6　小结

以下是本章中的关键概念。

- ❑ 流是"从支持数据处理操作的源生成的一系列元素"。
- ❑ 流利用内部迭代：迭代通过 filter、map、sorted 等操作被抽象掉了。
- ❑ 流操作有两类：中间操作和终端操作。
- ❑ filter 和 map 等中间操作会返回一个流，并可以链接在一起。可以用它们来设置一条流水线，但并不会生成任何结果。
- ❑ forEach 和 count 等终端操作会返回一个非流的值，并处理流水线以返回结果。
- ❑ 流中的元素是按需计算的。

使用流

在上一章中你已看到了，流让你从**外部迭代**转向**内部迭代**。 这样，你就用不着写下面这样的代码来显式地管理数据集合的迭代（外部迭代）了：

```
List<Dish> vegetarianDishes = new ArrayList<>();
for(Dish d: menu){
    if(d.isVegetarian()){
        vegetarianDishes.add(d);
    }
}
```

你可以使用支持 `filter` 和 `collect` 操作的 Stream API 管理集合数据的迭代（内部迭代）。你只需要将筛选行为作为参数传递给 `filter` 方法就行了。

```
import static java.util.stream.Collectors.toList;
List<Dish> vegetarianDishes =
    menu.stream()
        .filter(Dish::isVegetarian)
        .collect(toList());
```

这种处理数据的方式很有用，因为你让 Stream API 管理如何处理数据。这样 Stream API 就可以在背后进行多种优化。此外，使用内部迭代的话，Stream API 可以决定并行运行你的代码。这要是用外部迭代的话就办不到了，因为你只能用单一线程挨个迭代。

通过本章，你能全面地了解 Stream API 支持的各种操作。我们会学习 Java 8 中 Stream 已经支持的操作和 Java 9 中 Stream 新增的操作。这些操作能帮助你实现复杂的数据查询，如筛选、切片、映射、查找、匹配和归约。接着，我们会了解一些比较特殊的流：数值流、由多个来源（譬如文件和数组）构成的流，以及无限流。

5.1 筛选

在本节中，我们来看看如何选择流中的元素：用谓词筛选，筛选出各不相同的元素。

5.1.1 用谓词筛选

Stream 接口支持 filter 方法（你现在应该很熟悉了）。该操作会接受一个**谓词**（一个返回 boolean 的函数）作为参数，并返回一个包括所有符合谓词的元素的流。例如，你可以像图 5-1 所示的这样，筛选出所有素菜，创建一张素食菜单。

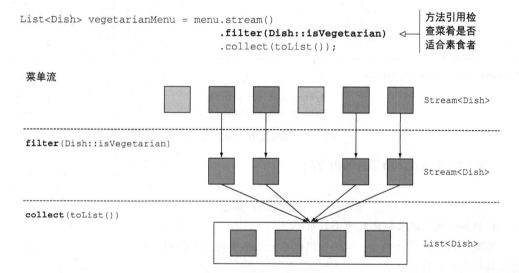

图 5-1 用谓词筛选一个流

5.1.2 筛选各异的元素

流还支持一个叫作 distinct 的方法，它会返回一个元素各异（根据流所生成元素的 hashCode 和 equals 方法实现）的流。例如，以下代码会筛选出列表中所有的偶数，并确保没有重复（使用 equals 方法进行比较）。图 5-2 直观地显示了这个过程。

```
List<Integer> numbers = Arrays.asList(1, 2, 1, 3, 3, 2, 4);
numbers.stream()
       .filter(i -> i % 2 == 0)
       .distinct()
       .forEach(System.out::println);
```

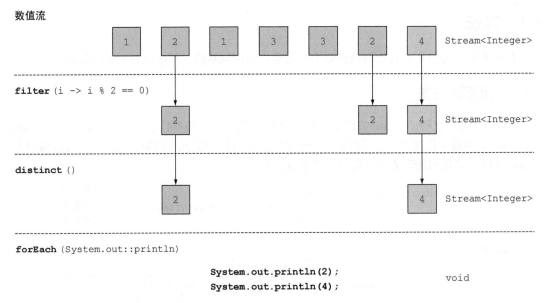

图 5-2　筛选流中各异的元素

在测验 5.1 上试试本节学过的内容吧。

测验 5.1：筛选

你将如何利用流来筛选前两个荤菜呢？

答案： 可以把 filter 和 limit 组合在一起来解决这个问题，并用 collect(toList()) 将流转换成一个列表。

```
List<Dish> dishes =
    menu.stream()
        .filter(dish -> dish.getType() == Dish.Type.MEAT)
        .limit(2)
        .collect(toList());
```

5.2　流的切片

本节会讨论如何通过其他方式选择或跳过流中的某些元素。使用 Stream 的一些操作结合谓词，你可以高效地选择或者丢弃流中的元素，譬如忽略流的前几个元素，或者按照设定的大小对流实施截短操作。

5.2.1　使用谓词对流进行切片

Java 9 引入了两个新方法，可以高效地选择流中的元素，这两个方法分别是：takeWhile 和 dropWhile。

1. 使用 takeWhile

假设你需要处理下面这个菜单列表：

```
List<Dish> specialMenu = Arrays.asList(
    new Dish("seasonal fruit", true, 120, Dish.Type.OTHER),
    new Dish("prawns", false, 300, Dish.Type.FISH),
    new Dish("rice", true, 350, Dish.Type.OTHER),
    new Dish("chicken", false, 400, Dish.Type.MEAT),
    new Dish("french fries", true, 530, Dish.Type.OTHER));
```

怎样才能从这些菜单中选出热量少于 320 卡路里的那些菜肴呢？你本能地想起了前面章节学习过的 filter 操作，它可以执行下面的动作：

```
List<Dish> filteredMenu
    = specialMenu.stream()
                 .filter(dish -> dish.getCalories() < 320)      由季节性的水果、
                 .collect(toList());                            虾构成的列表
```

然而，采用这种方式，初始列表中的元素已经按照热量进行了排序操作！这里采用 filter 的缺点是，你需要遍历整个流中的数据，对其中的每一个元素执行谓词操作。而你本可以在发现第一个热量大于（或者等于）320 卡路里的菜肴时就停止处理的。如果你要处理的列表规模不大，这不算什么大问题，但是，如果你要处理的是一个由海量元素构成的流，采用恰当的方式所带来的性能提升还是很可观的。然而，怎样才能达到期望的效果呢？takeWhile 操作就是为此而生的！它可以帮助你利用谓词对流进行分片（即便你要处理的流是无限流也毫无困难）。更妙的是，它会在遭遇第一个不符合要求的元素时停止处理。下面这段代码演示了如何使用 takeWhile：

```
List<Dish> slicedMenu1
    = specialMenu.stream()
                 .takeWhile(dish -> dish.getCalories() < 320)    由季节性的水果、
                 .collect(toList());                             虾构成的列表
```

2. 使用 dropWhile

如果你想要的是其他的元素，又该怎么办呢？譬如，你想要找出那些热量大于 320 卡路里的元素。你可以借助 dropWhile 操作达到这一目标：

```
List<Dish> slicedMenu2
    = specialMenu.stream()
                 .dropWhile(dish -> dish.getCalories() < 320)    由米饭、鸡肉以及炸
                 .collect(toList());                             薯条构成的列表
```

dropWhile 操作是对 takeWhile 操作的补充。它会从头开始，丢弃所有谓词结果为 false 的元素。一旦遭遇谓词计算的结果为 true，它就停止处理，并返回所有剩余的元素，即便要处理的对象是一个由无限数量元素构成的流，它也能工作得很好。

5.2.2   截短流

流支持 limit(n) 方法，该方法会返回另一个不超过给定长度的流。所需的长度作为参数传递给 limit。如果流是有序的，则最多会返回前 n 个元素。比如，你可以建立一个 List，选出热量超过 300 卡路里的头三道菜：

```
List<Dish> dishes = specialMenu
                        .stream()
                        .filter(dish -> dish.getCalories() > 300)
                        .limit(3)
                        .collect(toList());
```

列出米饭、鸡肉、炸薯条

图 5-3 展示了 filter 和 limit 的组合。你可以看到，该方法只选出了符合谓词的头三个元素，然后就立即返回了结果。

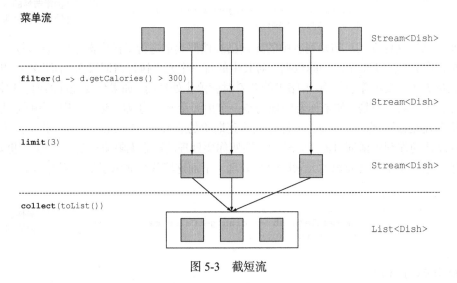

图 5-3   截短流

请注意，limit 也可以用在无序流上，比如源是一个 Set。这种情况下，limit 的结果不会以任何顺序排列。

5.2.3   跳过元素

流还支持 skip(n) 方法，返回一个扔掉了前 n 个元素的流。如果流中元素不足 n 个，则返回一个空流。请注意，limit(n) 和 skip(n) 是互补的！例如，下面的代码将跳过热量超过 300 卡路里的头两道菜，并返回剩下的。图 5-4 展示了这个查询。

```
List<Dish> dishes = menu.stream()
                        .filter(d -> d.getCalories() > 300)
                        .skip(2)
                        .collect(toList());
```

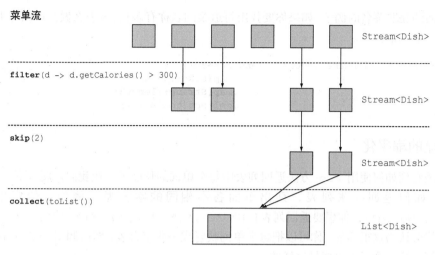

图 5-4　在流中跳过元素

5.3　映射

一个非常常见的数据处理套路就是从某些对象中选择信息。比如在 SQL 里,你可以从表中选择一列。Stream API 也通过 map 和 flatMap 方法提供了类似的工具。

5.3.1　对流中每一个元素应用函数

流支持 map 方法,它会接受一个函数作为参数。这个函数会被应用到每个元素上,并将其映射成一个新的元素(使用**映射**一词,是因为它和**转换**类似,但其中的细微差别在于它是"创建一个新版本"而不是去"修改")。例如,下面的代码把方法引用 Dish::getName 传给了 map 方法,来提取流中菜肴的名称:

```
List<String> dishNames = menu.stream()
                             .map(Dish::getName)
                             .collect(toList());
```

因为 getName 方法返回一个 String,所以 map 方法输出的流的类型就是 Stream <String>。

让我们看一个稍微不同的例子,来巩固一下对 map 的理解。给定一个单词列表,你想要返回另一个列表,显示每个单词中有几个字母。怎么做呢? 你需要对列表中的每个元素应用一个函数。这听起来正好该用 map 方法去做! 应用的函数应该接受一个单词,并返回其长度。你可以像下面这样,给 map 传递一个方法引用 String::length 来解决这个问题:

```
List<String> words = Arrays.asList("Modern", "Java", "In", "Action");
List<Integer> wordLengths = words.stream()
                                 .map(String::length)
                                 .collect(toList());
```

现在回到提取菜名的例子。如果你要找出每道菜的名称有多长，该怎么做？可以像下面这样，再链接上一个 map：

```
List<Integer> dishNameLengths = menu.stream()
                                .map(Dish::getName)
                                .map(String::length)
                                .collect(toList());
```

5.3.2　流的扁平化

你已经看到如何使用 map 方法返回列表中每个单词的长度了。让我们拓展一下：对于一张单词表，如何返回一张列表，列出里面**各不相同的字符**呢？例如，给定单词列表["Hello","World"]，你想要返回列表["H","e","l", "o","W","r","d"]。

你可能会认为这很容易，你可以把每个单词映射成一张字符表，然后调用 distinct 来过滤重复的字符。第一个版本可能是这样的：

```
words.stream()
    .map(word -> word.split(""))
    .distinct()
    .collect(toList());
```

这个方法的问题在于，传递给 map 方法的 Lambda 为每个单词返回了一个 String[]（String 列表）。因此，map 返回的流实际上是 Stream<String[]>类型的。你真正想要的是用 Stream<String>来表示一个字符流。图 5-5 说明了这个问题。

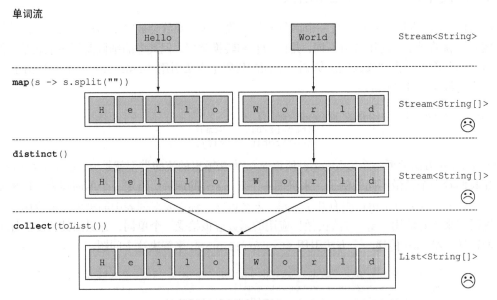

图 5-5　不正确地使用 map 找出单词列表中各不相同的字符

幸好可以用 flatMap 来解决这个问题！下面一步步来看怎么解决它。

1. 尝试使用 map 和 Arrays.stream()

首先，你需要一个字符流，而不是数组流。有一个叫作 Arrays.stream() 的方法可以接受一个数组并产生一个流，例如：

```
String[] arrayOfWords = {"Goodbye", "World"};
Stream<String> streamOfwords = Arrays.stream(arrayOfWords);
```

把它用在前面的那个流水线里，看看会发生什么：

```
words.stream()
    .map(word -> word.split(""))          ← 将每个单词转换为由
    .map(Arrays::stream)                      其字母构成的数组
    .distinct()                           ← 让每个数组变成
    .collect(toList());                      一个单独的流
```

当前的解决方案仍然搞不定！这是因为，你现在得到的是一个流的列表（更准确地说是 List<Stream<String>>）！的确，你先是把每个单词转换成一个字母数组，然后把每个数组变成了一个独立的流。

2. 使用 flatMap

你可以像下面这样使用 flatMap 来解决这个问题：

```
List<String> uniqueCharacters =
  words.stream()
      .map(word -> word.split(""))        ← 将每个单词转换为由
      .flatMap(Arrays::stream)                其字母构成的数组
      .distinct()                         ← 将各个生成流扁
      .collect(toList());                    平化为单个流
```

使用 flatMap 方法的效果是，各个数组并不是分别映射成一个流，而是映射成流的内容。所有使用 flatMap(Arrays::stream) 时生成的单个流都被合并起来，即扁平化为一个流。图 5-6 说明了使用 flatMap 方法的效果。把它和图 5-5 中 map 的效果比较一下。

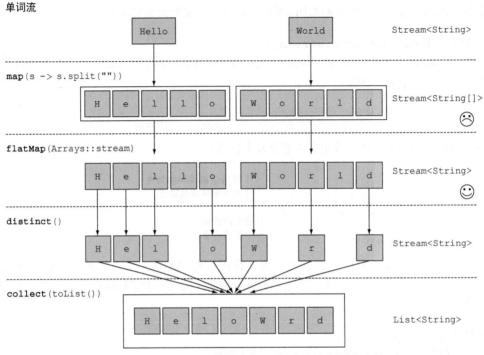

图 5-6 使用 flatMap 找出单词列表中各不相同的字符

一言以蔽之，flatMap 方法让你把一个流中的每个值都换成另一个流，然后把所有的流连接起来成为一个流。

第 11 章会讨论更高级的 Java 8 模式，比如使用新的 Optional 类进行 null 检查时会再来看看 flatMap。为巩固你对于 map 和 flatMap 的理解，试试测验 5.2 吧。

测验 5.2：映射

(1) 给定一个数字列表，如何返回一个由每个数的平方构成的列表呢？例如，给定[1, 2, 3, 4, 5]，应该返回[1, 4, 9, 16, 25]。

答案：你可以利用 map 方法的 Lambda，接受一个数字，并返回该数字平方的 Lambda 来解决这个问题。

```
List<Integer> numbers = Arrays.asList(1, 2, 3, 4, 5);
List<Integer> squares =
    numbers.stream()
           .map(n -> n * n)
           .collect(toList());
```

(2) 给定两个数字列表，如何返回所有的数对呢？例如，给定列表[1, 2, 3]和列表[3, 4]，应该返回[(1, 3), (1, 4), (2, 3), (2, 4), (3, 3), (3, 4)]。为简单起见，你可以用有两个元素的数组来代表数对。

答案：你可以使用两个 map 来迭代这两个列表，并生成数对。但这样会返回一个 Stream
<Stream<Integer[]>>。你需要让生成的流扁平化，以得到一个 Stream<Integer[]>。这
正是 flatMap 所做的：

```
List<Integer> numbers1 = Arrays.asList(1, 2, 3);
List<Integer> numbers2 = Arrays.asList(3, 4);
List<int[]> pairs =
    numbers1.stream()
            .flatMap(i -> numbers2.stream()
                                  .map(j -> new int[]{i, j})
            )
            .collect(toList());
```

(3) 如何扩展前一个例子，只返回总和能被 3 整除的数对呢？

答案：你在前面看到了，filter 可以配合谓词使用来筛选流中的元素。因为在 flatMap
操作后，你有了一个代表数对的 int[] 流，所以只需要一个谓词来检查总和是否能被 3 整除就
可以了：

```
List<Integer> numbers1 = Arrays.asList(1, 2, 3);
List<Integer> numbers2 = Arrays.asList(3, 4);
List<int[]> pairs =
    numbers1.stream()
            .flatMap(i ->
                numbers2.stream()
                        .filter(j -> (i + j) % 3 == 0)
                        .map(j -> new int[]{i, j})
            )
            .collect(toList());
```

结果是 [(2, 4), (3, 3)]。

5.4 查找和匹配

另一个常见的数据处理套路是看看数据集中的某些元素是否匹配一个给定的属性。Stream API
通过 allMatch、anyMatch、noneMatch、findFirst 和 findAny 方法提供了这样的工具。

5.4.1 检查谓词是否至少匹配一个元素

anyMatch 方法可以回答"流中是否有一个元素能匹配给定的谓词"。比如，你可以用它来
看看菜单里面是否有素食可选择：

```
if(menu.stream().anyMatch(Dish::isVegetarian)){
    System.out.println("The menu is (somewhat) vegetarian friendly!!");
}
```

anyMatch 方法返回一个 boolean，因此是一个终端操作。

5.4.2   检查谓词是否匹配所有元素

allMatch 方法的工作原理和 anyMatch 类似，但它会看看流中的元素是否都能匹配给定的谓词。比如，你可以用它来看看菜品是否有利健康（即所有菜的热量都低于 1000 卡路里）：

```
boolean isHealthy = menu.stream()
                        .allMatch(dish -> dish.getCalories() < 1000);
```

noneMatch

和 allMatch 相对的是 noneMatch。它可以确保流中没有任何元素与给定的谓词匹配。比如，你可以用 noneMatch 重写前面的例子：

```
boolean isHealthy = menu.stream()
                        .noneMatch(dish -> dish.getCalories() >= 1000);
```

anyMatch、allMatch 和 noneMatch 这三个操作都用到了所谓的**短路**，这就是大家熟悉的 Java 中&&和||运算符短路在流中的版本。

短路求值

有些操作不需要处理整个流就能得到结果。例如，假设你需要对一个用 and 连起来的大布尔表达式求值。不管表达式有多长，你只需找到一个表达式为 false，就可以推断整个表达式将返回 false，所以用不着计算整个表达式。这就是**短路**。

对于流而言，某些操作（例如 allMatch、anyMatch、noneMatch、findFirst 和 findAny）不用处理整个流就能得到结果。只要找到一个元素，就可以有结果了。同样，limit 也是一个短路操作：它只需要创建一个给定大小的流，而用不着处理流中所有的元素。在碰到无限大小的流的时候，这种操作就有用了：它们可以把无限流变成有限流。5.7 节会介绍无限流的例子。

5.4.3   查找元素

findAny 方法将返回当前流中的任意元素。它可以与其他流操作结合使用。比如，你可能想找到一道素食菜肴。可以结合使用 filter 和 findAny 方法来实现这个查询：

```
Optional<Dish> dish =
    menu.stream()
        .filter(Dish::isVegetarian)
        .findAny();
```

流水线将在后台进行优化使其只需走一遍，并在利用短路找到结果时立即结束。不过稍等一下，代码里面的 Optional 是个什么玩意儿？

Optional 简介

Optional<T>类（java.util.Optional）是一个容器类，代表一个值存在或不存在。在上面的代码中，findAny 可能什么元素都没找到。Java 8 的库设计人员引入了 Optional<T>，这样就不用返回众所周知容易出问题的 null 了。这里不会详细讨论 Optional，因为第 11 章会详细解释你的代码如何利用 Optional，避免和 null 检查相关的 bug。不过现在，了解一下 Optional 里面几种可以迫使你显式地检查值是否存在或处理值不存在的情形的方法也不错。

❑ isPresent()将在 Optional 包含值的时候返回 true, 否则返回 false。

❑ ifPresent(Consumer<T> block)会在值存在的时候执行给定的代码块。第 3 章介绍过 Consumer 函数式接口，它让你传递一个接受 T 类型参数，并返回 void 的 Lambda 表达式。

❑ T get()会在值存在时返回值，否则抛出一个 NoSuchElement 异常。

❑ T orElse(T other)会在值存在时返回值，否则返回一个默认值。

例如，在前面的代码中你需要显式地检查 Optional 对象中是否存在一道菜可以访问其名称：

```
menu.stream()
    .filter(Dish::isVegetarian)
    .findAny()                                          返回一个
                                                        Optional<Dish>
    .ifPresent(dish -> System.out.println(dish.getName()));
```

返回一个 Optional<Dish>

如果包含一个值就打印它，否则什么都不做

5.4.4　查找第一个元素

有些流由一个出现顺序（encounter order）来指定流中项目出现的逻辑顺序（比如由 List 或排序好的数据列生成的流）。对于这种流，你可能想要找到第一个元素。为此有一个 findFirst 方法，它的工作方式类似于 findAny。例如，给定一个数字列表，下面的代码能找出第一个平方能被 3 整除的数：

```
List<Integer> someNumbers = Arrays.asList(1, 2, 3, 4, 5);
Optional<Integer> firstSquareDivisibleByThree =
    someNumbers.stream()
            .map(n -> n * n)
            .filter(n -> n % 3 == 0)
            .findFirst(); // 9
```

何时使用 findFirst 和 findAny

你可能会想，为什么会同时有 findFirst 和 findAny 呢？答案是并行。找到第一个元素在并行上限制更多。如果你不关心返回的元素是哪个，请使用 findAny，因为它在使用并行流时限制较少。

5.5   归约

到目前为止，你见到过的终端操作都是返回一个 boolean（allMatch 之类的）、void（forEach）或 Optional 对象（findAny 等）。你也见过了使用 collect 来将流中的所有元素组合成一个 List。

在本节中，你将看到如何把一个流中的元素组合起来，使用 reduce 操作来表达更复杂的查询，比如"计算菜单中的总卡路里"或"菜单中卡路里最高的菜是哪一个"。此类查询需要将流中所有元素反复结合起来，得到一个值，比如一个 Integer。这样的查询可以被归类为**归约操作**（将流归约成一个值）。用函数式编程语言的术语来说，这称为**折叠**（fold），因为你可以将这个操作看成把一张长长的纸（你的流）反复折叠成一个小方块，而这就是折叠操作的结果。

5.5.1   元素求和

在研究如何使用 reduce 方法之前，先来看看如何使用 for-each 循环来对数字列表中的元素求和：

```
int sum = 0;
for (int x : numbers) {
    sum += x;
}
```

numbers 中的每个元素都用加法运算符反复迭代来得到结果。通过反复使用加法，你把一个数字列表**归约**成了一个数字。这段代码中有两个参数：

❑ 总和变量的初始值，在这里是 0；
❑ 将列表中所有元素结合在一起的操作，在这里是+。

要是还能把所有的数字相乘，而不必去复制粘贴这段代码，岂不是很好？这正是 reduce 操作的用武之地，它对这种重复应用的模式做了抽象。你可以像下面这样对流中所有的元素求和：

```
int sum = numbers.stream().reduce(0, (a, b) -> a + b);
```

reduce 接受两个参数：

❑ 一个初始值，这里是 0；
❑ 一个 BinaryOperator<T>来将两个元素结合起来产生一个新值，这里用的是 lambda (a, b) -> a + b。

你也很容易把所有的元素相乘，只需将另一个 Lambda(a, b) -> a * b 传递给 reduce 操作就可以了：

```
int product = numbers.stream().reduce(1, (a, b) -> a * b);
```

图 5-7 展示了 reduce 操作是如何作用于一个流的：Lambda 反复结合每个元素，直到包含整数 4、5、3、9 的流被归约成一个值。

数值流

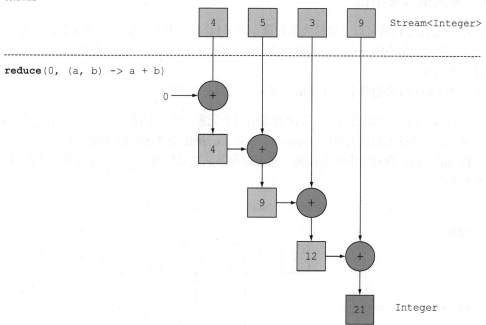

图 5-7 使用 reduce 来对流中的数字求和

让我们深入研究一下 reduce 操作是如何对一个数字流求和的。首先，0 作为 Lambda 的第一个参数（a），从流中获得 4 作为第二个参数（b）。0 + 4 得到 4，它成了新的累积值。然后再用累积值和流中下一个元素 5 调用 Lambda，产生新的累积值 9。接下来，再用累积值和下一个元素 3 调用 Lambda，得到 12。最后，用 12 和流中最后一个元素 9 调用 Lambda，得到最终结果 21。

你可以使用方法引用让这段代码更简洁。在 Java 8 中，Integer 类现在有了一个静态的 sum 方法来对两个数求和，这恰好是我们想要的，用不着反复用 Lambda 写同一段代码了：

```
int sum = numbers.stream().reduce(0, Integer::sum);
```

无初始值

reduce 还有一个重载的变体，它不接受初始值，但是会返回一个 Optional 对象：

```
Optional<Integer> sum = numbers.stream().reduce((a, b) -> (a + b));
```

为什么它返回一个 Optional<Integer> 呢？考虑流中没有任何元素的情况。reduce 操作无法返回其和，因为它没有初始值。这就是为什么结果被包裹在一个 Optional 对象里，以表明和可能不存在。现在看看用 reduce 还能做什么。

5.5.2 最大值和最小值

原来,只要用归约就可以计算最大值和最小值了!让我们来看看如何利用刚刚学到的 reduce 来计算流中最大或最小的元素。正如你在前面看到的, reduce 接受两个参数:

❑ 一个初始值;

❑ 一个 Lambda 来把两个流元素结合起来并产生一个新值。

Lambda 是一步步用加法运算符应用到流中每个元素上的,如图 5-7 所示。因此,你需要一个给定两个元素能够返回最大值的 Lambda。reduce 操作会考虑新值和流中下一个元素,并产生一个新的最大值,直到整个流消耗完! 你可以像下面这样使用 reduce 来计算流中的最大值,如图 5-8 所示。

```
Optional<Integer> max = numbers.stream().reduce(Integer::max);
```

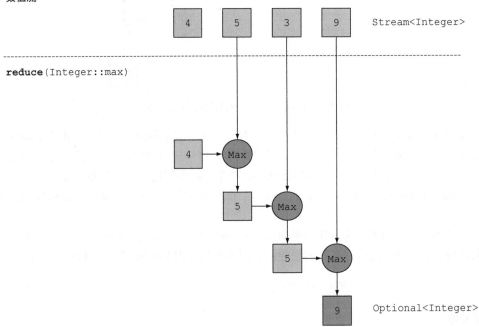

图 5-8 一个归约操作——计算最大值

要计算最小值,你需要把 Integer.min 传给 reduce 来替换 Integer.max:

```
Optional<Integer> min = numbers.stream().reduce(Integer::min);
```

你当然也可以写成 Lambda (x, y) -> x < y ? x : y 而不是 Integer::min,不过后者比较易读。

为了检验你对于 reduce 操作的理解程度,试试测验 5.3 吧!

测验 5.3：归约

怎样用 map 和 reduce 方法数一数流中有多少个菜呢？

答案：要解决这个问题，你可以把流中每个元素都映射成数字 1，然后用 reduce 求和。这相当于按顺序数流中的元素个数。

```
int count = menu.stream()
                .map(d -> 1)
                .reduce(0, (a, b) -> a + b);
```

map 和 reduce 的连接通常称为 map-reduce 模式，因 Google 用它来进行网络搜索而出名，因为它很容易并行化。请注意，在第 4 章中我们也看到了内置 count 方法可用来计算流中元素的个数：

```
long count = menu.stream().count();
```

归约方法的优势与并行化

相比于前面写的逐步迭代求和，使用 reduce 的好处在于，这里的迭代被内部迭代抽象掉了，这让内部实现得以选择并行执行 reduce 操作。而迭代式求和例子要更新共享变量 sum，这不是那么容易并行化的。如果你加入了同步，很可能会发现线程竞争抵消了并行本应带来的性能提升！这种计算的并行化需要另一种办法：将输入分块，分块求和，最后再合并起来。但这样的话代码看起来就完全不一样了。你在第 7 章会看到使用分支/合并框架来做是什么样子。但现在重要的是要认识到，可变的累加器模式对于并行化来说是死路一条。你需要一种新的模式，这正是 reduce 所提供的。你还将在第 7 章看到，使用流来对所有的元素并行求和时，你的代码几乎不用修改：stream() 换成了 parallelStream()。

```
int sum = numbers.parallelStream().reduce(0, Integer::sum);
```

但要并行执行这段代码也要付出一定代价，我们稍后会向你解释：传递给 reduce 的 Lambda 不能更改状态（如实例变量），而且操作必须满足结合律才可以按任意顺序执行。

到目前为止，你看到了产生一个 Integer 的归约例子：对流求和、流中的最大值，或是流中元素的个数。你将会在 5.7 节看到，诸如 sum 和 max 等内置的方法可以让常见归约模式的代码再简洁一点儿。下一章会讨论一种复杂的使用 collect 方法的归约。例如，如果你想要按类型对菜肴分组，也可以把流归约成一个 Map 而不是 Integer。

流操作：无状态和有状态

你已经看到了很多的流操作。乍一看流操作简直是灵丹妙药，而且只要在从集合生成流的时候把 Stream 换成 parallelStream 就可以实现并行。

当然，对于许多应用来说确实是这样，就像前面的那些例子。你可以把一张菜单变成流，用 filter 选出某一类的菜肴，然后对得到的流做 map 来对卡路里求和，最后 reduce 得到菜单的总热量。这个流计算甚至可以并行进行。但这些操作的特性并不相同。它们需要操作的内部状态还是有些问题的。

诸如 map 或 filter 等操作会从输入流中获取每一个元素，并在输出流中得到 0 或 1 个结果。这些操作一般都是**无状态的**：它们没有内部状态（假设用户提供的 Lambda 或方法引用没有内部可变状态）。

但诸如 reduce、sum、max 等操作需要内部状态来累积结果。在上面的情况下，内部状态很小。在我们的例子里就是一个 int 或 double。不管流中有多少元素要处理，内部状态都是**有界的**。

相反，诸如 sort 或 distinct 等操作一开始都与 filter 和 map 差不多——都是接受一个流，再生成一个流（中间操作），但有一个关键的区别。从流中排序和删除重复项时都需要知道先前的历史。例如，排序要求所有元素都放入缓冲区后才能给输出流加入一个项目，这一操作的存储要求是无界的。要是流比较大或是无限的，就可能会有问题（把质数流倒序会做什么呢？它应当返回最大的质数，但数学告诉我们它不存在）。我们把这些操作叫作**有状态操作**。

你现在已经看到了很多流操作，可以用来表达复杂的数据处理查询。表 5-1 总结了迄今讲过的操作。你可以在下一节中通过一个练习来实践一下。

表 5-1 中间操作和终端操作

操 作	类 型	返回类型	使用的类型/函数式接口	函数描述符
filter	中间	Stream<T>	Predicate<T>	T -> boolean
distinct	中间（有状态–无界）	Stream<T>		
takeWhile	中间	Stream<T>	Predicate<T>	T -> boolean
dropWhile	中间	Stream<T>	Predicate<T>	T -> boolean
skip	中间（有状态–无界）	Stream<T>	long	
limit	中间（有状态–无界）	Stream<T>	long	
map	中间	Stream<R>	Function<T, R>	T -> R
flatMap	中间	Stream<R>	Function<T,Stream<R>>	T -> Stream<R>
sorted	中间（有状态–无界）	Stream<T>	Comparator<T>	(T, T) -> int
anyMatch	终端	boolean	Predicate<T>	T -> boolean
noneMatch	终端	boolean	Predicate<T>	T -> boolean
allMatch	终端	boolean	Predicate<T>	T -> boolean
findAny	终端	Optional<T>		
findFirst	终端	Optional<T>		
forEach	终端	void	Consumer<T>	T -> void
collect	终端	R	Collector<T, A, R>	
reduce	终端（有状态–有界）	Optional<T>	BinaryOperator<T>	(T, T) -> T
count	终端	long		

5.6　付诸实践

在本节中，你会将迄今学到的关于流的知识付诸实践。我们来看一个不同的领域：执行交易的交易员。你的经理让你为八个查询找到答案。你能做到吗？5.6.2 节会给出答案，但你应该自己先尝试一下作为练习。

(1) 找出 2011 年发生的所有交易，并按交易额排序（从低到高）。

(2) 交易员都在哪些不同的城市工作过？

(3) 查找所有来自于剑桥的交易员，并按姓名排序。

(4) 返回所有交易员的姓名字符串，按字母顺序排序。

(5) 有没有交易员是在米兰工作的？

(6) 打印生活在剑桥的交易员的所有交易额。

(7) 所有交易中，最高的交易额是多少？

(8) 找到交易额最小的交易。

5.6.1　领域：交易员和交易

以下是你要处理的领域，一个 `Traders` 和 `Transactions` 的列表：

```
Trader raoul = new Trader("Raoul", "Cambridge");
Trader mario = new Trader("Mario","Milan");
Trader alan = new Trader("Alan","Cambridge");
Trader brian = new Trader("Brian","Cambridge");
List<Transaction> transactions = Arrays.asList(
    new Transaction(brian, 2011, 300),
    new Transaction(raoul, 2012, 1000),
    new Transaction(raoul, 2011, 400),
    new Transaction(mario, 2012, 710),
    new Transaction(mario, 2012, 700),
    new Transaction(alan, 2012, 950)
);
```

`Trader` 和 `Transaction` 类的定义如下：

```
public class Trader{
    private final String name;
    private final String city;
    public Trader(String n, String c){
        this.name = n;
        this.city = c;
    }
    public String getName(){
        return this.name;
    }
    public String getCity(){
        return this.city;
    }
    public String toString(){
```

```
            return "Trader:"+this.name + " in " + this.city;
        }
    }
    public class Transaction{
        private final Trader trader;
        private final int year;
        private final int value;
        public Transaction(Trader trader, int year, int value){
            this.trader = trader;
            this.year = year;
            this.value = value;
        }
        public Trader getTrader(){
            return this.trader;
        }
        public int getYear(){
            return this.year;
        }
        public int getValue(){
            return this.value;
        }
        public String toString(){
            return "{" + this.trader + ", " +
                    "year: "+this.year+", " +
                    "value:" + this.value +"}";
        }
    }
```

5.6.2 解答

解答在下面的代码清单中。你可以看看你对迄今所学知识的理解程度如何。干得不错！

代码清单 5-1 找出 2011 年发生的所有交易，并按交易额排序（从低到高）

```
List<Transaction> tr2011 =
    transactions.stream()
                                                              给 filter 传递一个谓词
                                                              来选择 2011 年的交易
        .filter(transaction -> transaction.getYear() == 2011)
        .sorted(comparing(Transaction::getValue))
                                                              按照交易额进行排序
        .collect(toList());
```
将生成的 Stream 中的所有
元素收集到一个 List 中

代码清单 5-2 交易员都在哪些不同的城市工作过

```
List<String> cities =
    transactions.stream()
                                                              提取与交易相关的每
                                                              位交易员的所在城市
        .map(transaction -> transaction.getTrader().getCity())
        .distinct()
                                                              只选择互不相同的城市
        .collect(toList());
```

这里还有一个新招：你可以去掉 distinct()，改用 toSet()，这样就会把流转换为集合。
你在第 6 章中会了解到更多相关内容。

```
Set<String> cities =
    transactions.stream()
                .map(transaction -> transaction.getTrader().getCity())
                .collect(toSet());
```

代码清单 5-3 查找所有来自于剑桥的交易员，并按姓名排序

```
List<Trader> traders =
    transactions.stream()
                .map(Transaction::getTrader)
                .filter(trader -> trader.getCity().equals("Cambridge"))
                .distinct()
                .sorted(comparing(Trader::getName))
                .collect(toList());
```

从交易中提取
所有交易员

仅选择位于剑
桥的交易员

确保没有任何重复

对生成的交易员流
按照姓名进行排序

代码清单 5-4 返回所有交易员的姓名字符串，按字母顺序排序

```
String traderStr =
    transactions.stream()
                .map(transaction -> transaction.getTrader().getName())
                .distinct()
                .sorted()
                .reduce("", (n1, n2) -> n1 + n2);
```

提取所有交易员姓名，生成一个
Strings 构成的 **Stream**

只选择不相同
的姓名

对姓名按字母顺序排序

逐个拼接每个名字，得到一个将
所有名字连接起来的 **String**

请注意，此解决方案效率不高（所有字符串都被反复连接，每次迭代的时候都要建立一个新的 String 对象）。下一章中，你将看到一个更为高效的解决方案，它像下面这样使用 joining（其内部会用到 StringBuilder）：

```
String traderStr =
    transactions.stream()
                .map(transaction -> transaction.getTrader().getName())
                .distinct()
                .sorted()
                .collect(joining());
```

代码清单 5-5 有没有交易员是在米兰工作的

```
boolean milanBased =
    transactions.stream()
                .anyMatch(transaction -> transaction.getTrader()
                                                    .getCity()
                                                    .equals("Milan"));
```

把一个谓词传递给 **anyMatch**，
检查是否有交易员在米兰工作

代码清单 5-6 打印生活在剑桥的交易员的所有交易额

选择住在剑桥的交易员
所进行的交易

```
transactions.stream()
            .filter(t -> "Cambridge".equals(t.getTrader().getCity()))
```

```
打印每 ⎤           .map(Transaction::getValue)        ◁──── 提取这些交易
    个值 ⎦──▶     .forEach(System.out::println);              的交易额
```

代码清单 5-7   所有交易中，最高的交易额是多少

```
Optional<Integer> highestValue =                    提取每项交易
    transactions.stream()                           的交易额
                .map(Transaction::getValue) ◁──────
                .reduce(Integer::max);      ◁──── 计算生成的流
                                                  中的最大值
```

代码清单 5-8   找到交易额最小的交易

```
Optional<Transaction> smallestTransaction =              通过反复比较每
    transactions.stream()                               个交易的交易额，
                .reduce((t1, t2) ->                      找出最小的交易
                    t1.getValue() < t2.getValue() ? t1 : t2); ◁──
```

你还可以做得更好。流支持 min 和 max 方法，它们可以接受一个 Comparator 作为参数，指定计算最小或最大值时要比较哪个键值：

```
Optional<Transaction> smallestTransaction =
    transactions.stream()
                .min(comparing(Transaction::getValue));
```

5.7   数值流

我们在前面看到了可以使用 reduce 方法计算流中元素的总和。例如，你可以像下面这样计算菜单的热量：

```
int calories = menu.stream()
                   .map(Dish::getCalories)
                   .reduce(0, Integer::sum);
```

这段代码的问题是，它有一个暗含的装箱成本。每个 Integer 都必须拆箱成一个基本类型，再进行求和。要是可以直接像下面这样调用 sum 方法，岂不是更好？

```
int calories = menu.stream()
                   .map(Dish::getCalories)
                   .sum();
```

但这是不可能的。问题在于 map 方法会生成一个 Stream<T>。虽然流中的元素是 Integer 类型，但 Stream 接口没有定义 sum 方法。为什么没有呢？比方说，你只有一个像 menu 那样的 Stream<Dish>，把各种菜加起来是没有任何意义的。但不要担心，Stream API 还提供了**基本类型流特化**，专门支持处理数值流的方法。

5.7.1 基本类型流特化

Java 8 引入了三个基本类型流特化接口来解决这个问题：IntStream、DoubleStream 和 LongStream，它们分别将流中的元素特化为 int、double 和 long，从而避免了潜在的装箱开销。每个接口都带来了进行常用数值归约的新方法，比如对数值流求和的 sum，找到最大元素的 max。此外还有在必要时再把它们转换回对象流的方法。要记住的是，这些特化的原因并不在于流的复杂性，而是装箱造成的复杂性——即类似 int 和 Integer 之间的效率差异。

1. 映射到数值流

将流转换为特化版本的常用方法是 mapToInt、mapToDouble 和 mapToLong。这些方法和前面说的 map 方法的工作方式一样，只是它们返回的是一个特化流，而不是 Stream<T>。例如，你可以像下面这样用 mapToInt 对 menu 中的卡路里求和：

```
int calories = menu.stream()
                   .mapToInt(Dish::getCalories)    ← 返回一个 Stream<Dish>
                   .sum();                          ← 返回一个 IntStream
```

这里，mapToInt 会从每道菜中提取热量（用一个 Integer 表示），并返回一个 IntStream（而不是 Stream<Integer>）。然后你就可以调用 IntStream 接口中定义的 sum 方法，对卡路里求和了！请注意，如果流是空的，sum 则默认返回 0。IntStream 还支持其他的方便方法，如 max、min、average 等。

2. 转换回对象流

同样，一旦有了数值流，你可能会想把它转换回非特化流。例如，IntStream 上的操作只能产生原始整数：IntStream 的 map 操作接受的 Lambda 必须接受 int 并返回 int（一个 IntUnaryOperator）。但是你可能想要生成另一类值，比如 Dish。为此，你需要访问 Stream 接口中定义的那些更广义的操作。要把原始流转换成一般流（每个 int 都会装箱成一个 Integer），可以使用 boxed 方法，如下所示：

```
IntStream intStream = menu.stream().mapToInt(Dish::getCalories);   ← 将 Stream 转换为数值流
Stream<Integer> stream = intStream.boxed();                         ← 将数值流转换为 Stream
```

你在下一节中会看到，在需要将数值范围装箱成为一般流时，boxed 尤其有用。

3. 默认值 OptionalInt

求和的那个例子很容易，因为它有一个默认值：0。但是，如果你要计算 IntStream 中的最大元素，就得换个法子了，因为 0 是错误的结果。如何区分没有元素的流和最大值真的是 0 的流呢？前面我们介绍了 Optional 类，这是一个可以表示值存在或不存在的容器。Optional 可以用 Integer、String 等参考类型来参数化。对于这三种基本类型流特化，Java 8 也提供了 Optional 版的基本类型特化，分别是 OptionalInt、OptionalDouble 和 OptionalLong。

例如，要找到 `IntStream` 中的最大元素，可以调用 `max` 方法，它会返回一个 `OptionalInt`：

```
OptionalInt maxCalories = menu.stream()
                              .mapToInt(Dish::getCalories)
                              .max();
```

现在，如果没有最大值的话，你就可以显式处理 `OptionalInt` 去定义一个默认值了：

```
int max = maxCalories.orElse(1);          ← 如果没有最大值的话，显式
                                            提供一个默认最大值
```

5.7.2　数值范围

和数字打交道时，有一个常用的东西就是数值范围。比如，假设你想要生成 1 和 100 之间的所有数字。Java 8 引入了两个可以用于 `IntStream` 和 `LongStream` 的静态方法，帮助生成这种范围：`range` 和 `rangeClosed`。这两个方法都是第一个参数接受起始值，第二个参数接受结束值。但 `range` 是不包含结束值的，`rangeClosed` 则包含结束值。来看一个例子：

```
表示范围  ┌→ IntStream evenNumbers = IntStream.rangeClosed(1, 100)
[1, 100]  │                          .filter(n -> n % 2 == 0);  ← 一个从 1 到 100
          │   System.out.println(evenNumbers.count());  ←            的偶数流
                                      从 1 到 100 有
                                      50 个偶数
```

这里用了 `rangeClosed` 方法来生成 1 到 100 之间的所有数字。它会产生一个流，然后你可以链接 `filter` 方法，只选出偶数。到目前为止还没有进行任何计算。最后，你对生成的流调用 `count`。因为 `count` 是一个终端操作，所以它会处理流，并返回结果 50，这正是 1 到 100（包括两端）中所有偶数的个数。请注意，比较一下，如果改用 `IntStream.range(1, 100)`，则结果将会是 49 个偶数，因为 `range` 是不包含结束值的。

5.7.3　数值流应用：勾股数

现在来看一个难一点儿的例子，让你巩固一下有关数值流以及到目前为止学过的所有流操作的知识。如果你接受这个挑战，任务就是创建一个勾股数流。

1. 勾股数

那么什么是勾股数（毕达哥拉斯三元数）呢？我们得回到从前。在一堂激动人心的数学课上，你了解到，古希腊数学家毕达哥拉斯发现了某些三元数(a, b, c)满足公式 $a * a + b * b = c * c$，其中 a、b、c 都是整数。例如，$(3, 4, 5)$就是一组有效的勾股数，因为 $3 \times 3 + 4 \times 4 = 5 \times 5$ 或 $9 + 16 = 25$。这样的三元数有无限组。例如，$(5, 12, 13)$、$(6, 8, 10)$和$(7, 24, 25)$都是有效的勾股数。勾股数很有用，因为它们描述的正好是直角三角形的三条边长，如图 5-9 所示。

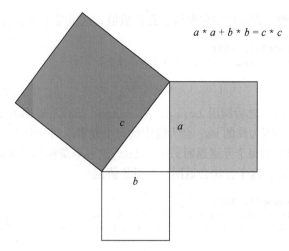

$$a * a + b * b = c * c$$

图 5-9 勾股定理（毕达哥拉斯定理）

2. 表示三元数

那么，怎么入手呢？第一步是定义一个三元数。虽然更恰当的做法是定义一个新的类来表示三元数，但这里你可以使用具有三个元素的 int 数组，比如 new int[]{3, 4, 5}，来表示勾股数(3, 4, 5)。现在你就可以用数组索引访问每个元素了。

3. 筛选成立的组合

假定有人提供了三元数中的前两个数字：a 和 b。怎么知道它是否能形成一组勾股数呢？你需要测试 $a * a + b * b$ 的平方根是不是整数。这个思想在 Java 中可以这么表述：Math.sqrt(a*a + b*b) % 1 == 0（对于浮点数 x，它的分数部分在 Java 中可以使用 x % 1.0 表示，譬如 5.0 这样的整数，它的分数部分是 0）。我们代码的 filter 操作中就借助了这一思想（稍后你会了解如何用其构建有效的代码）：

```
filter(b -> Math.sqrt(a*a + b*b) % 1 == 0)
```

假设环境代码为 a 提供了一个值，并且 stream 提供了 b 可能的值，filter 就能挑选出那些可以与 a 组成勾股数的 b。

4. 生成三元组

在筛选之后，你知道 a 和 b 能够组成一个正确的组合。现在需要创建一个三元组。你可以使用 map 操作，像下面这样把每个元素转换成一个勾股数组：

```
stream.filter(b -> Math.sqrt(a*a + b*b) % 1 == 0)
      .map(b -> new int[]{a, b, (int) Math.sqrt(a * a + b * b)});
```

5. 生成 b 值

胜利在望！现在你需要生成 b 的值。前面已经看到，Stream.rangeClosed 让你可以在给定区间内生成一个数值流。你可以用它来给 b 提供数值，这里是 1 到 100：

```
IntStream.rangeClosed(1, 100)
        .filter(b -> Math.sqrt(a*a + b*b) % 1 == 0)
        .boxed()
        .map(b -> new int[]{a, b, (int) Math.sqrt(a * a + b * b)});
```

请注意，你在 filter 之后调用 boxed，从 rangeClosed 返回的 IntStream 生成一个 Stream<Integer>。这是因为你的 map 会为流中的每个元素返回一个 int 数组。而 IntStream 中的 map 方法只能为流中的每个元素返回另一个 int，这可不是你想要的！你可以用 IntStream 的 mapToObj 方法改写它，这个方法会返回一个对象值流：

```
IntStream.rangeClosed(1, 100)
        .filter(b -> Math.sqrt(a*a + b*b) % 1 == 0)
        .mapToObj(b -> new int[]{a, b, (int) Math.sqrt(a * a + b * b)});
```

6. 生成值

这里有一个关键的假设：给出了 a 的值。现在，只要已知 a 的值，你就有了一个可以生成勾股数的流。如何解决这个问题呢？就像 b 一样，你需要为 a 生成数值！最终的解决方案如下所示：

```
Stream<int[]> pythagoreanTriples =
    IntStream.rangeClosed(1, 100).boxed()
            .flatMap(a ->
                IntStream.rangeClosed(a, 100)
                        .filter(b -> Math.sqrt(a*a + b*b) % 1 == 0)
                        .mapToObj(b ->
                            new int[]{a, b, (int)Math.sqrt(a * a + b * b)})
                );
```

好的，flatMap 又是怎么回事呢？首先，创建一个从 1 到 100 的数值范围来生成 a 的值。对每个给定的 a 值，创建一个三元数流。要是把 a 的值映射到三元数流的话，就会得到一个由流构成的流。flatMap 方法在做映射的同时，还会把所有生成的三元数流扁平化成一个流。这样你就得到了一个三元数流。还要注意，我们把 b 的范围改成了 a 到 100。没有必要再从 1 开始了，否则就会造成重复的三元数，例如(3,4,5)和(4,3,5)。

7. 运行代码

现在你可以运行解决方案，并且可以利用前面看到的 limit 命令，明确限定从生成的流中要返回多少组勾股数了：

```
pythagoreanTriples.limit(5)
                .forEach(t ->
                    System.out.println(t[0] + ", " + t[1] + ", " + t[2]));
```

这会打印：

```
3, 4, 5
5, 12, 13
6, 8, 10
7, 24, 25
8, 15, 17
```

8. 你还能做得更好吗

目前的解决办法并不是最优的，因为你要求两次平方根。让代码更为紧凑的一种可能的方法是，先生成所有的三元数(a*a, b*b, a*a+b*b)，然后再筛选符合条件的：

```
Stream<double[]> pythagoreanTriples2 =
    IntStream.rangeClosed(1, 100).boxed()
            .flatMap(a ->
                IntStream.rangeClosed(a, 100)
                    .mapToObj(                                       ← 产生三元数
                        b -> new double[]{a, b, Math.sqrt(a*a + b*b)})
    元组中的第三个
    元素必须是整数 →   .filter(t -> t[2] % 1 == 0));
```

5.8 构建流

希望到现在，我们已经让你相信，流对于表达数据处理查询是非常强大而有用的。到目前为止，你已经能够使用 stream 方法从集合生成流了。此外，我们还介绍了如何根据数值范围创建数值流。但创建流的方法还有许多！本节将介绍如何从值序列、数组、文件来创建流，甚至由生成函数来创建无限流！

5.8.1 由值创建流

你可以使用静态方法 Stream.of，通过显式值创建一个流。它可以接受任意数量的参数。例如，以下代码直接使用 Stream.of 创建了一个字符串流。然后，你可以将字符串转换为大写，再一个个打印出来：

```
Stream<String> stream = Stream.of("Modern ", "Java ", "In ", "Action");
stream.map(String::toUpperCase).forEach(System.out::println);
```

你可以使用 empty 得到一个空流，如下所示：

```
Stream<String> emptyStream = Stream.empty();
```

5.8.2 由可空对象创建流

Java 9 提供了一个新方法可以由一个可空对象创建流。使用流的过程中，你可能也碰到过这种情况，即你处理的对象有可能为空，而你又需要把它们转换成流（或者由 null 构成的空的流）进行处理。譬如，如果对象不存在指定键对应的属性，方法 System.getProperty 就会返回一个 null。为了使用流处理它，你需要显式地检查对象值是否为空，如下所示：

```
String homeValue = System.getProperty("home");
Stream<String> homeValueStream
    = homeValue == null ? Stream.empty() : Stream.of(value);
```

借助于 Stream.ofNullable，这段代码可以改写得更加简洁：

```
Stream<String> homeValueStream
    = Stream.ofNullable(System.getProperty("home"));
```

这种模式搭配 flatMap 处理由可空对象构成的流时尤其方便：

```
Stream<String> values =
    Stream.of("config", "home", "user")
          .flatMap(key -> Stream.ofNullable(System.getProperty(key)));
```

5.8.3   由数组创建流

你可以使用静态方法 Arrays.stream 从数组创建一个流。它接受一个数组作为参数。例如，你可以将一个基本类型 int 的数组转换成一个 IntStream，然后对 IntStream 求和以生成 int，如下所示：

```
int[] numbers = {2, 3, 5, 7, 11, 13};
int sum = Arrays.stream(numbers).sum();     ◁—— 总和是 41
```

5.8.4   由文件生成流

Java 中用于处理文件等 I/O 操作的 NIO API（非阻塞 I/O）已更新，以便利用 Stream API。java.nio.file.Files 中的很多静态方法都会返回一个流。例如，一个很有用的方法是 Files.lines，它会返回一个由指定文件中的各行构成的字符串流。使用你迄今所学的内容，你可以用这个方法看看一个文件中有多少各不相同的词：

```
long uniqueWords = 0;                                    流会自动关闭，因此不需要执行
try(Stream<String> lines =                               额外的 try-finally 操作
        Files.lines(Paths.get("data.txt"), Charset.defaultCharset())){
uniqueWords = lines.flatMap(line -> Arrays.stream(line.split(" ")))   ◁—— 生成单
                   .distinct()                                              词流
                   .count();          删除重
}                       数一数有多少    复项
catch(IOException e){   不重复的单词
}
  如果打开文件时出
  现异常则加以处理
```

你可以使用 Files.lines 得到一个流，其中的每个元素都是给定文件中的一行。因为流的源头是一个 I/O 资源，所以这个调用环绕在一个 try/catch 块中。事实上，调用 Files.lines 会打开一个 I/O 资源，这些 I/O 资源使用完毕后必须被关闭，否则会发生资源泄漏。在过去，你需要显式地声明一个 finally 块来完成这些回收工作。Stream 接口通过实现 AutoCloseable 接口，很方便地替大家解决了这一问题。这意味着资源的管理都由 try 代码块全权负责了。一

且你接收到 line 构成的流，就可以调用 line 的 split 方法，将行拆分成单词。请特别留意，flatMap 是如何生成一个扁平单词流的，而不是生成多个流，每一行一个单词流。最后，我们通过串接 distinct 和 count 方法，统计了流中有多少不重复的单词。

5.8.5　由函数生成流：创建无限流

Stream API 提供了两个静态方法来从函数生成流：Stream.iterate 和 Stream.generate。这两个操作可以创建所谓的**无限流**：不像从固定集合创建的流那样有固定大小的流。由 iterate 和 generate 产生的流会用给定的函数按需创建值，因此可以无穷无尽地计算下去！一般来说，应该使用 limit(n) 来对这种流加以限制，以避免打印无穷多个值。

1. 迭代
我们先来看一个 iterate 的简单例子，然后再解释：

```
Stream.iterate(0, n -> n + 2)
        .limit(10)
        .forEach(System.out::println);
```

iterate 方法接受一个初始值（在这里是 0），还有一个依次应用在每个产生的新值上的 Lambda（UnaryOperator<t>类型）。这里，使用 Lambda n -> n + 2，返回的是前一个元素加上 2。因此，iterate 方法生成了一个所有正偶数的流：流的第一个元素是初始值 0。然后加上 2 来生成新的值 2，再加上 2 来得到新的值 4，以此类推。这种 iterate 操作基本上是顺序的，因为结果取决于前一次应用。请注意，此操作将生成一个**无限流**——这个流没有结尾，因为值是按需计算的，可以永远计算下去。我们说这个流是**无界的**。正如前面所讨论的，这是流和集合之间的一个关键区别。我们使用 limit 方法来显式限制流的大小。这里只选择了前 10 个偶数。然后可以调用 forEach 终端操作来消费流，并分别打印每个元素。

一般来说，在需要依次生成一系列值的时候应该使用 iterate，比如一系列日期：1 月 31 日，2 月 1 日，以此类推。来看一个难一点儿的应用 iterate 的例子，试试测验 5.4。

测验 5.4：斐波那契元组序列

斐波那契数列是著名的经典编程练习。下面这个数列就是斐波那契数列的一部分：0, 1, 1, 2, 3, 5, 8, 13, 21, 34, 55…数列中开始的两个数字是 0 和 1，后续的每个数字都是前两个数字之和。

斐波那契元组序列与此类似，是数列中数字和其后续数字组成的元组构成的序列：(0, 1), (1, 1), (1, 2), (2, 3), (3, 5), (5, 8), (8, 13), (13, 21) …

你的任务是用 iterate 方法生成斐波那契元组序列中的前 20 个元素。

让我们帮你入手吧。第一个问题是，iterate 方法要接受一个 UnaryOperator<t>作为参数，而你需要一个像(0,1)这样的元组流。你还是可以（这次又是比较草率地）使用一个数组的两个元素来代表元组。例如，new int[]{0,1}就代表了斐波那契序列(0, 1)中的第一个元素。这就是 iterate 方法的初始值：

```
Stream.iterate(new int[]{0, 1}, ???)
    .limit(20)
    .forEach(t -> System.out.println("(" + t[0] + "," + t[1] +")"));
```

在这个测验中，你需要搞清楚???代表的代码是什么。请记住，iterate 会按顺序应用给定的 Lambda。

答案：

```
Stream.iterate(new int[]{0, 1},
            t -> new int[]{t[1], t[0]+t[1]})
    .limit(20)
    .forEach(t -> System.out.println("(" + t[0] + "," + t[1] +")"));
```

它是如何工作的呢？iterate 需要一个 Lambda 来确定后续的元素。对于元组(3, 5)，其后续元素是(5, 3+5) = (5, 8)。下一个是(8, 5+8)。看到这个模式了吗？给定一个元组，其后续的元素是($t[1], t[0] + t[1]$)。这可以用这个 Lambda 来计算：t->new int[]{t[1], t[0]+t[1]}。运行这段代码，你就得到了序列(0, 1), (1, 1), (1, 2), (2, 3), (3, 5), (5, 8), (8, 13), (13, 21)…请注意，如果你只想打印正常的斐波那契数列，可以使用 map 提取每个元组中的第一个元素：

```
Stream.iterate(new int[]{0, 1},
            t -> new int[]{t[1],t[0] + t[1]})
    .limit(10)
    .map(t -> t[0])
    .forEach(System.out::println);
```

这段代码将生成斐波那契数列：0, 1, 1, 2, 3, 5, 8, 13, 21, 34…

Java 9 对 iterate 方法进行了增强，它现在可以支持谓词操作了。譬如，你可以由 0 开始生成一个数字序列，一旦数字大于 100 就停下来：

```
IntStream.iterate(0, n -> n < 100, n -> n + 4)
        .forEach(System.out::println);
```

iterate 方法的第二个参数是一个谓词，它决定了迭代调用何时终止。注意，你可能会想，使用 filter 操作完全能实现同样的效果：

```
IntStream.iterate(0, n -> n + 4)
        .filter(n -> n < 100)
        .forEach(System.out::println);
```

非常不幸，事实并非如此。实际上，这段代码根本停不下来！原因在于，filter 根本无法了解数字是否需要持续递增，因此它只能不停地执行过滤操作！你可以使用 takeWhile 解决这个问题，它能对流执行短路操作：

```
IntStream.iterate(0, n -> n + 4)
        .takeWhile(n -> n < 100)
        .forEach(System.out::println);
```

然而，你不得不承认 iterate 结合谓词要简洁得多!

2.生成

与 iterate 方法类似，generate 方法也可让你按需生成一个无限流。但 generate 不是依次对每个新生成的值应用函数的。它接受一个 Supplier<T>类型的 Lambda 提供新的值。先来看一个简单的用法:

```
Stream.generate(Math::random)
      .limit(5)
      .forEach(System.out::println);
```

这段代码将生成一个流，其中有五个 0 到 1 之间的随机双精度数。例如，运行一次得到了下面的结果:

```
0.9410810294106129
0.6586270755634592
0.9592859117266873
0.13743396659487006
0.3942776037651241
```

Math.Random 静态方法被用作新值生成器。同样，你可以用 limit 方法显式限制流的大小，否则流将会无限长。

你可能想知道，generate 方法还有什么用途。我们使用的供应源（指向 Math.random 的方法引用）是无状态的:它不会在任何地方记录任何值，以备以后计算使用。但供应源不一定是无状态的。你可以创建存储状态的供应源，它可以修改状态，并在为流生成下一个值时使用。举个例子，我们将展示如何利用 generate 创建测验 5.4 中的斐波那契数列，这样你就可以和用 iterate 方法的办法比较一下。但很重要的一点是，在并行代码中使用有状态的供应源是不安全的。为了内容完整，本章结尾处介绍了斐波那契的有状态的 intsupplier，但通常应尽量避免使用! 第 7 章会进一步讨论这个操作的问题和副作用，以及并行流。

我们在这个例子中会使用 IntStream 说明避免装箱操作的代码。IntStream 的 generate 方法会接受一个 IntSupplier，而不是 Supplier<t>。例如，可以这样来生成一个全是 1 的无限流:

```
IntStream ones = IntStream.generate(() -> 1);
```

你在第 3 章中已经看到，Lambda 允许你创建函数式接口的实例，只要直接内联提供方法的实现就可以。你也可以像下面这样，通过实现 IntSupplier 接口中定义的 getAsInt 方法显式传递一个对象（虽然这看起来是无缘无故地绕圈子，也请你耐心看）:

```
IntStream twos = IntStream.generate(new IntSupplier(){
        public int getAsInt(){
            return 2;
        }
    });
```

generate 方法将使用给定的供应源,并反复调用 getAsInt 方法,而这个方法总是返回 2。但这里使用的匿名类和 Lambda 的区别在于,匿名类可以通过字段定义状态,而状态又可以用 getAsInt 方法来修改。这是一个副作用的例子。你迄今见过的所有 Lambda 都是没有副作用的,它们没有改变任何状态。

回到斐波那契数列的任务上,你现在需要做的是建立一个 IntSupplier,它要把前一项的值保存在状态中,以便 getAsInt 用它来计算下一项。此外,在下一次调用它的时候,还要更新 IntSupplier 的状态。下面的代码就是如何创建一个在调用时返回下一个斐波那契项的 IntSupplier:

```
IntSupplier fib = new IntSupplier(){
    private int previous = 0;
    private int current = 1;
    public int getAsInt(){
        int oldPrevious = this.previous;
        int nextValue = this.previous + this.current;
        this.previous = this.current;
        this.current = nextValue;
        return oldPrevious;
    }
};
IntStream.generate(fib).limit(10).forEach(System.out::println);
```

前面的代码创建了一个 IntSupplier 的实例。此对象有可变的状态:它在两个实例变量中记录了前一个斐波那契项和当前的斐波那契项。getAsInt 在调用时会改变对象的状态,由此在每次调用时产生新的值。相比之下,使用 iterate 的方法则是纯粹**不变的**:它没有修改现有状态,但在每次迭代时会创建新的元组。你将在第 7 章了解到,你应该始终采用**不变的方法**,以便并行处理流,并保持结果正确。

请注意,因为你处理的是一个无限流,所以必须使用 limit 操作来显式限制它的大小。否则,终端操作(这里是 forEach)将永远计算下去。同样,你不能对无限流做排序或归约,因为所有元素都需要处理,而这永远也完不成!

5.9　概述

这一章很长,但是很有收获!现在你可以更高效地处理集合了。事实上,流让你可以简洁地表达复杂的数据处理查询。此外,流可以透明地并行化。以下是你应从本章中学到的关键概念。

5.10　小结

以下是本章中的关键概念。

Stream API 可以表达复杂的数据处理查询。常用的流操作总结在表 5-1 中。

❑ 你可以使用 filter、distinct、takeWhile (Java 9)、dropWhile (Java 9)、skip 和 limit 对流做筛选和切片。

❑ 如果你明确地知道数据源是排序的，那么用 takeWhile 和 dropWhile 方法通常比 filter 高效得多。

❑ 你可以使用 map 和 flatMap 提取或转换流中的元素。

❑ 你可以使用 findFirst 和 findAny 方法查找流中的元素。你可以用 allMatch、noneMatch 和 anyMatch 方法让流匹配给定的谓词。

❑ 这些方法都利用了短路：找到结果就立即停止计算；没有必要处理整个流。

❑ 你可以利用 reduce 方法将流中所有的元素迭代合并成一个结果，例如求和或查找最大元素。

❑ filter 和 map 等操作是无状态的，它们并不存储任何状态。reduce 等操作要存储状态才能计算出一个值。sorted 和 distinct 等操作也要存储状态，因为它们需要把流中的所有元素缓存起来才能返回一个新的流。这种操作称为**有状态操作**。

❑ 流有三种基本的类型特化：IntStream、DoubleStream 和 LongStream。它们的操作也有相应的特化。

❑ 流不仅可以从集合创建，也可从值、数组、文件以及 iterate 与 generate 等特定方法创建。

❑ 无限流所包含的元素数量是无限的（想象一下所有可能的字符串构成的流）。这种情况是有可能的，因为流中的元素大多数都是**即时**产生的。使用 limit 方法，你可以由一个无限流创建一个有限流。

5

用流收集数据

　　我们在前一章中学到，流可以用类似于数据库的操作帮助你处理集合。你可以把 Java 8 的流看作花哨又懒惰的数据集迭代器。它们支持两种类型的操作：中间操作（如 filter 或 map）和终端操作（如 count、findFirst、forEach 和 reduce）。中间操作可以链接起来，将一个流转换为另一个流。这些操作不会消耗流，其目的是建立一个流水线。与此相反，终端操作会消耗流，以产生一个最终结果，例如返回流中的最大元素。它们通常可以通过优化流水线来缩短计算时间。

　　我们已经在第 4 章和第 5 章中用过 collect 终端操作了，当时主要是用来把 Stream 中所有的元素结合成一个 List。在本章中，你会发现 collect 是一个归约操作，就像 reduce 一样可以接受各种做法作为参数，将流中的元素累积成一个汇总结果。具体的做法是通过定义新的Collector 接口来定义的，因此区分 Collection、Collector 和 collect 是很重要的。

　　下面是一些查询的例子，看看你用 collect 和收集器能够做什么。

- ❑ 对一个交易列表按货币分组，获得该货币的所有交易额总和（返回一个 Map<Currency, Integer>）。
- ❑ 将交易列表分成两组：贵的和不贵的（返回一个 Map<Boolean, List<Transaction>>）。
- ❑ 创建多级分组，比如按城市对交易分组，然后进一步按照贵或不贵分组（返回一个 Map<String, Map<Boolean,List<Transaction>>>）。

　　激动吗？很好，先来看一个利用收集器的例子。想象一下，你有一个由 Transaction 构成的 List，并且想按照名义货币进行分组。在 Java 8 之前，哪怕像这种简单的用例实现起来都很啰唆，就像下面这样。

代码清单 6-1　用指令式风格对交易按照货币分组

迭代 **Transaction**
的 **List**

建立累积交易
分组的 **Map**

```
Map<Currency, List<Transaction>> transactionsByCurrencies =
                                    new HashMap<>();
for (Transaction transaction : transactions) {
    Currency currency = transaction.getCurrency();
    List<Transaction> transactionsForCurrency =
                        transactionsByCurrencies.get(currency);
    if (transactionsForCurrency == null) {
        transactionsForCurrency = new ArrayList<>();
        transactionsByCurrencies
                        .put(currency, transactionsForCurrency);
    }
    transactionsForCurrency.add(transaction);
}
```

提取 **Transaction**
的货币

将当前遍历的 **Transaction** 加入
同一货币的 **Transaction** 的 **List**

如果分组 **Map** 中没有
这种货币的条目，就
创建一个

　　如果你是一位经验丰富的 Java 程序员，那写这种东西可能挺顺手的，不过你必须承认，做这么简单的一件事就得写很多代码。更糟糕的是，读起来比写起来更费劲！代码的目的并不容易看出来，尽管换作白话是很直截了当："把列表中的交易按货币分组。"你在本章中会学到，用 Stream 中 collect 方法的一个更通用的 Collector 参数，就可以用一句话实现完全相同的结果，而用不着使用上一章中那个 toList 的特殊情况了：

```
Map<Currency, List<Transaction>> transactionsByCurrencies =
    transactions.stream().collect(groupingBy(Transaction::getCurrency));
```

这一比差得还真多，对吧？

6.1　收集器简介

　　前一个例子清楚地展示了函数式编程相对于指令式编程的一个主要优势：你只需指出希望的结果——"做什么"，而不用操心执行的步骤——"如何做"。在上一个例子里，传递给 collect 方法的参数是 Collector 接口的一个实现，也就是给 Stream 中元素做汇总的方法。上一章里的 toList 只是说"按顺序给每个元素生成一个列表"。在本例中，groupingBy 说的是"生成一个 Map，它的键是（货币）桶，值则是桶中那些元素的列表"。

　　要是做多级分组，指令式和函数式之间的区别就会更加明显：由于需要好多层嵌套循环和条件，指令式代码很快就变得更难阅读、更难维护和更难修改。相比之下，函数式版本只要再加上一个收集器就可以轻松地增强功能了，你会在 6.3 节中看到它。

6.1.1　收集器用作高级归约

　　刚刚的结论又引出了优秀的函数式 API 设计的另一个好处：更易复合和重用。收集器非常有用，因为用它可以简洁而灵活地定义 collect 用来生成结果集合的标准。更具体地说，对流调用 collect 方法将对流中的元素触发一个归约操作（由 Collector 来参数化）。图 6-1 所示的**归约操作**所做的工作和代码清单 6-1 中的指令式代码一样。它遍历流中的每个元素，并让 Collector 进行处理。

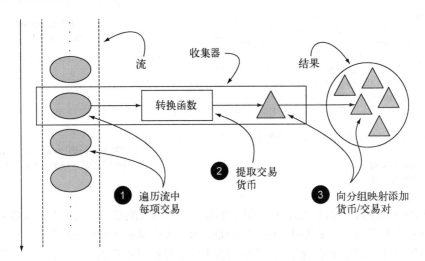

图 6-1　按货币对交易分组的归约过程

一般来说，Collector 会对元素应用一个转换函数（很多时候是不体现任何效果的恒等转换，例如 toList），并将结果累积在一个数据结构中，从而产生这一过程的最终输出。例如，在前面所示的交易分组的例子中，转换函数提取了每笔交易的货币，随后使用货币作为键，将交易本身累积在生成的 Map 中。

如货币的例子中所示，Collector 接口中方法的实现决定了如何对流执行归约操作。6.5 节和 6.6 节会研究如何创建自定义收集器。但 Collectors 实用类提供了很多静态工厂方法，可以方便地创建常见收集器的实例，只要拿来用就可以了。最直接和最常用的收集器是 toList 静态方法，它会把流中所有的元素收集到一个 List 中：

```
List<Transaction> transactions =
    transactionStream.collect(Collectors.toList());
```

6.1.2　预定义收集器

本章剩下的部分主要探讨预定义收集器的功能，也就是那些可以从 Collectors 类提供的工厂方法（例如 groupingBy）创建的收集器。它们主要提供了三大功能：

- ❑ 将流元素归约和汇总为一个值；
- ❑ 元素分组；
- ❑ 元素分区。

先来看看可以进行归约和汇总的收集器。它们在很多场合下都很方便，比如前面例子中提到的求一系列交易的总交易额。

然后你将看到如何对流中的元素进行分组，同时把前一个例子推广到多层次分组，或把不同的收集器结合起来，对每个子组进行进一步归约操作。我们还将谈到分组的特殊情况——**分区**，即使用谓词（返回一个布尔值的单参数函数）作为分组函数。

6.4 节节末有一张表，总结了本章中探讨的所有预定义收集器。在 6.5 节中你将了解更多有关 Collector 接口的内容。在 6.6 节中你会学到如何创建自己的自定义收集器，用于 Collectors 类的工厂方法无效的情况。

6.2 归约和汇总

为了说明从 Collectors 工厂类中能创建出多少种收集器实例，重用一下前一章的例子：包含一张佳肴列表的菜单！

就像你刚刚看到的，在需要将流项目重组成集合时，一般会使用收集器（Stream 方法 collect 的参数）。再宽泛一点来说，但凡要把流中所有的项目合并成一个结果时就可以用。这个结果可以是任何类型，可以复杂如代表一棵树的多级映射，或是简单如一个整数——也许代表了菜单的热量总和。这两种结果类型都会讨论：6.2.2 节讨论单个整数，6.3.1 节讨论多级分组。

先来举一个简单的例子，利用 counting 工厂方法返回的收集器，数一数菜单里有多少种菜：

```
long howManyDishes = menu.stream().collect(Collectors.counting());
```

这还可以写得更为直接：

```
long howManyDishes = menu.stream().count();
```

counting 收集器在和其他收集器联合使用的时候特别有用，后面会谈到这一点。

在本章后面的部分，我们假定你已导入了 Collectors 类的所有静态工厂方法：

```
import static java.util.stream.Collectors.*;
```

这样你就可以写 counting() 而用不着写 Collectors.counting() 之类的了。

让我们来继续探讨简单的预定义收集器，看看如何找到流中的最大值和最小值。

6.2.1 查找流中的最大值和最小值

假设你想要找出菜单中热量最高的菜。你可以使用两个收集器，Collectors.maxBy 和 Collectors.minBy，来计算流中的最大值或最小值。这两个收集器接受一个 Comparator 参数来比较流中的元素。你可以创建一个 Comparator 来根据所含热量对菜肴进行比较，并把它传递给 Collectors.maxBy：

```
Comparator<Dish> dishCaloriesComparator =
    Comparator.comparingInt(Dish::getCalories);
Optional<Dish> mostCalorieDish =
```

```
menu.stream()
    .collect(maxBy(dishCaloriesComparator)));
```

你可能在想 Optional<Dish>是怎么回事。要回答这个问题，需要问"要是 menu 为空怎么办"。那就没有要返回的菜肴了！Java 8 引入了 Optional，它是一个容器，可以包含值也可以不包含值。这里它完美地代表了可能也可能不返回菜肴的情况。第 5 章讲 findAny 方法的时候简要提到过它。现在不用担心，第 11 章会专门研究 Optional<T>及其操作。

另一个常见的返回单个值的归约操作是对流中对象的一个数值字段求和。或者你可能想要求平均数。这种操作被称为**汇总操作**。让我们来看看如何使用收集器表达汇总操作。

6.2.2　汇总

Collectors 类专门为汇总提供了一个工厂方法：Collectors.summingInt。它可接受一个把对象映射为求和所需 int 的函数，并返回一个收集器；该收集器在传递给普通的 collect 方法后即执行我们需要的汇总操作。举个例子来说，你可以这样求出菜单列表的总热量：

```
int totalCalories = menu.stream().collect(summingInt(Dish::getCalories));
```

这里的收集过程如图 6-2 所示。在遍历流时，会把每一道菜都映射为其热量，然后把这个数字累加到一个累加器（这里的初始值 0）。

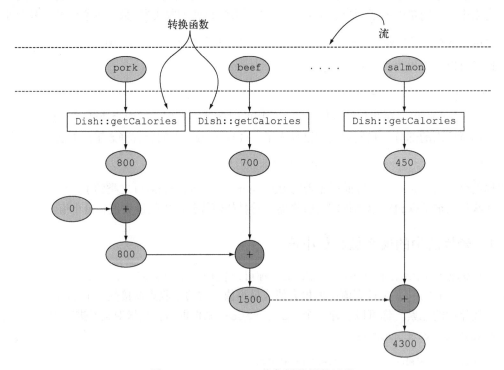

图 6-2　summingInt 收集器的累积过程

Collectors.summingLong 和 Collectors.summingDouble 方法的作用完全一样，可以用于求和字段为 long 或 double 的情况。

但汇总不仅仅是求和；还有 Collectors.averagingInt，连同对应的 averagingLong 和 averagingDouble 可以计算数值的平均数：

```
double avgCalories =
    menu.stream().collect(averagingInt(Dish::getCalories));
```

到目前为止，你已经看到了如何使用收集器来给流中的元素计数，找到这些元素数值属性的最大值和最小值，以及计算其总和和平均值。不过很多时候，你可能想要得到两个或更多这样的结果，而且你希望只需一次操作就可以完成。在这种情况下，你可以使用 summarizingInt 工厂方法返回的收集器。例如，通过一次 summarizing 操作你就可以数出菜单中元素的个数，并得到菜肴热量总和、平均值、最大值和最小值：

```
IntSummaryStatistics menuStatistics =
    menu.stream().collect(summarizingInt(Dish::getCalories));
```

这个收集器会把所有这些信息收集到一个叫作 IntSummaryStatistics 的类里，它提供了方便的取值（getter）方法来访问结果。打印 menuStatisticobject 会得到以下输出：

```
IntSummaryStatistics{count=9, sum=4300, min=120,
                average=477.777778, max=800}
```

同样，相应的 summarizingLong 和 summarizingDouble 工厂方法有相关的 LongSummary Statistics 和 DoubleSummaryStatistics 类型，适用于收集的属性是基本类型 long 或 double 的情况。

6.2.3　连接字符串

joining 工厂方法返回的收集器会把对流中每一个对象应用 toString 方法得到的所有字符串连接成一个字符串。这意味着你把菜单中所有菜肴的名称连接起来，如下所示：

```
String shortMenu = menu.stream().map(Dish::getName).collect(joining());
```

请注意，joining 在内部使用了 StringBuilder 来把生成的字符串逐个追加起来。此外还要注意，如果 Dish 类有一个 toString 方法来返回菜肴的名称，那你无需用提取每一道菜名称的函数来对原流做映射就能够得到相同的结果：

```
String shortMenu = menu.stream().collect(joining());
```

二者均可产生以下字符串：

porkbeefchickenfrench friesriceseason fruitpizzaprawnssalmon

但该字符串的可读性并不好。幸好，joining 工厂方法有一个重载版本可以接受元素之间的分界符，这样你就可以得到一个逗号分隔的菜肴名称列表：

```
String shortMenu = menu.stream().map(Dish::getName).collect(joining(", "));
```

正如预期的那样，它会生成：

```
pork, beef, chicken, french fries, rice, season fruit, pizza, prawns, salmon
```

到目前为止，我们已经探讨了各种将流归约到一个值的收集器。下一节会展示为什么所有这种形式的归约过程，其实都是 Collectors.reducing 工厂方法提供的更广义归约收集器的特殊情况。

6.2.4 广义的归约汇总

事实上，我们已经讨论的所有收集器，都是一个可以用 reducing 工厂方法定义的归约过程的特殊情况而已。Collectors.reducing 工厂方法是所有这些特殊情况的一般化。可以说，先前讨论的案例仅仅是为了方便程序员而已。（但是，请记得方便程序员和可读性是头等大事！）例如，可以用 reducing 方法创建的收集器来计算你菜单的总热量，如下所示：

```
int totalCalories = menu.stream().collect(reducing(
                                  0, Dish::getCalories, (i, j) -> i + j));
```

它需要三个参数。

❏ 第一个参数是归约操作的起始值，也是流中没有元素时的返回值，所以很显然对于数值和而言 0 是一个合适的值。

❏ 第二个参数就是你在 6.2.2 节中使用的函数，将菜肴转换成一个表示其所含热量的 int。

❏ 第三个参数是一个 BinaryOperator，将两个项目累积成一个同类型的值。这里它就是对两个 int 求和。

同样，你可以使用下面这样单参数形式的 reducing 来找到热量最高的菜，如下所示：

```
Optional<Dish> mostCalorieDish =
    menu.stream().collect(reducing(
        (d1, d2) -> d1.getCalories() > d2.getCalories() ? d1 : d2));
```

你可以把单参数 reducing 工厂方法创建的收集器看作三参数方法的特殊情况，它把流中的第一个项目作为起点，把**恒等函数**（即一个函数仅仅是返回其输入参数）作为一个转换函数。这也意味着，要是把单参数 reducing 收集器传递给空流的 collect 方法，收集器就没有起点；正如 6.2.1 节中所解释的，它将因此而返回一个 Optional<Dish>对象。

收集与归约

在上一章和本章中讨论了很多有关归约的内容。你可能想知道，Stream 接口的 collect 和 reduce 方法有何不同，因为两种方法通常会获得相同的结果。例如，你可以像下面这样使用 reduce 方法来实现 toList Collector 所做的工作：

```
Stream<Integer> stream = Arrays.asList(1, 2, 3, 4, 5, 6).stream();
List<Integer> numbers = stream.reduce(
                                new ArrayList<Integer>(),
                                (List<Integer> l, Integer e) -> {
                                        l.add(e);
                                        return l; },
                                (List<Integer> l1, List<Integer> l2) -> {
                                        l1.addAll(l2);
                                        return l1; });
```

这个解决方案有两个问题：一个语义问题和一个实际问题。语义问题在于，reduce 方法旨在把两个值结合起来生成一个新值，它是一个不可变的归约。与此相反，collect 方法的设计就是要改变容器，从而累积要输出的结果。这意味着，上面的代码片段是在滥用 reduce 方法，因为它在原地改变了作为累加器的 List。你在下一章中会更详细地看到，以错误的语义使用 reduce 方法还会造成一个实际问题：这个归约过程不能并行工作，因为由多个线程并发修改同一个数据结构可能会破坏 List 本身。在这种情况下，如果你想要线程安全，就需要每次分配一个新的 List，而对象分配又会影响性能。这就是 collect 方法特别适合表达可变容器上的归约的原因，更关键的是它适合并行操作，本章后面会谈到这一点。

1. 收集框架的灵活性：以不同的方法执行同样的操作

你还可以进一步简化前面使用 reducing 收集器的求和例子——引用 Integer 类的 sum 方法，而不用去写一个表达同一操作的 Lambda 表达式。这会得到以下程序：

```
int totalCalories = menu.stream().collect(reducing(0,        ←—— 初始值
                                Dish::getCalories,           ←—— 转换函数
累积│                           Integer::sum));
函数│——→
```

从逻辑上说，归约操作的工作原理如图 6-3 所示：利用累积函数，把一个初始化为起始值的累加器，和把转换函数应用到流中每个元素上得到的结果不断迭代合并起来。

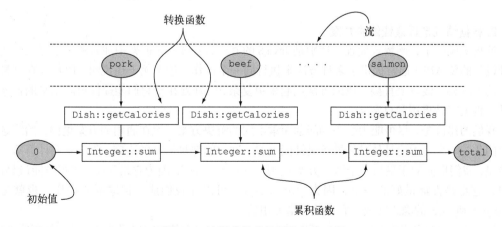

图 6-3   计算菜单总热量的归约过程

现实中，6.2 节开始时提到的 counting 收集器也是类似地利用三参数 reducing 工厂方法实现的。它把流中的每个元素都转换成一个值为 1 的 Long 型对象，然后再把它们相加：

```
public static <T> Collector<T, ?, Long> counting() {
    return reducing(0L, e -> 1L, Long::sum);
}
```

使用泛型?通配符

在刚刚提到的代码片段中，你可能已经注意到了?通配符，它用作 counting 工厂方法返回的收集器签名中的第二个泛型类型。对这种记法你应该已经很熟悉了，特别是如果你经常使用 Java 的集合框架的话。在这里，它仅仅意味着收集器的累加器类型未知，换句话说，累加器本身可以是任何类型。我们在这里原封不动地写出了 Collectors 类中原始定义的方法签名，但在本章其余部分将避免使用任何通配符表示法，以使讨论尽可能简单。

我们在第 5 章已经注意到，还有另一种方法不使用收集器也能执行相同操作——将菜肴流映射为每一道菜的热量，然后用前一个版本中使用的方法引用来归约得到的流：

```
int totalCalories =
    menu.stream().map(Dish::getCalories).reduce(Integer::sum).get();
```

请注意，就像流的任何单参数 reduce 操作一样，reduce(Integer::sum) 返回的不是 int 而是 Optional<Integer>，以便在空流的情况下安全地执行归约操作。然后你只需用 Optional 对象中的 get 方法来提取里面的值就行了。请注意，在这种情况下使用 get 方法是安全的，只是因为你已经确定菜肴流不为空。你在第 10 章还会进一步了解到，一般来说，使用允许提供默认值的方法，如 orElse 或 orElseGet 来解开 Optional 中包含的值更为安全。最后，更简洁的方法是把流映射到一个 IntStream，然后调用 sum 方法，你也可以得到相同的结果：

```
int totalCalories = menu.stream().mapToInt(Dish::getCalories).sum();
```

2. 根据情况选择最佳解决方案

这再次说明了，函数式编程（特别是 Java 8 的 Collections 框架中加入的基于函数式风格原理设计的新 API）通常提供了多种方法来执行同一个操作。这个例子还说明，收集器在某种程度上比 Stream 接口上直接提供的方法用起来更复杂，但好处在于它们能提供更高水平的抽象和概括，也更容易重用和自定义。

我们的建议是，尽可能为手头的问题探索不同的解决方案，但在通用的方案里面，始终选择最专门化的一个。无论是从可读性还是性能上看，这一般都是最好的决定。例如，要计算菜单的总热量，我们更倾向于最后一个解决方案（使用 IntStream），因为它最简明，也很可能最易读。同时，它也是性能最好的一个，因为 IntStream 可以让我们避免**自动拆箱**操作，也就是从 Integer 到 int 的隐式转换，它在这里毫无用处。

接下来，请看看测验 6.1，测试一下你对于 reducing 作为其他收集器的概括的理解程度如何。

测验 6.1：用 reducing 连接字符串

以下哪一种 reducing 收集器的用法能够合法地替代 joining 收集器(如 6.2.3 节用法)?

```
String shortMenu = menu.stream().map(Dish::getName).collect(joining());
```

(1) `String shortMenu = menu.stream().map(Dish::getName)`
`                          .collect( reducing    ( (s1, s2) -> s1 + s2 ) ).get();`

(2) `String shortMenu = menu.stream()`
`         .collect( reducing( (d1, d2) -> d1.getName() + d2.getName() ) ).get();`

(3) `String shortMenu = menu.stream()`
`         .collect( reducing( "",Dish::getName, (s1, s2) -> s1 + s2 ) );`

答案：语句(1)和语句(3)是有效的，语句(2)无法编译。

(1) 这会将每道菜转换为菜名，就像原先使用 joining 收集器的语句一样。然后用一个 String 作为累加器归约得到的字符串流，并将菜名逐个连接在它后面。

(2) 这无法编译，因为 reducing 接受的参数是一个 BinaryOperator<t>，也就是一个 BiFunction<T,T,T>。这就意味着它需要的函数必须能接受两个参数，然后返回一个相同类型的值，但这里用的 Lambda 表达式接受的参数是两个菜，返回的却是一个字符串。

(3) 这会把一个空字符串作为累加器来进行归约，在遍历菜肴流时，它会把每道菜转换成菜名，并追加到累加器上。请注意，前面讲过，reducing 要返回一个 Optional 并不需要三个参数，因为如果是空流的话，它的返回值更有意义——也就是作为累加器初始值的空字符串。

请注意，虽然语句(1)和语句(3)都能够合法地替代 joining 收集器，但是它们在这里是用来展示为何可以（至少在概念上）把 reducing 看作本章中讨论的所有其他收集器的概括。然而就实际应用而言，不管是从可读性还是性能方面考虑，我们始终建议使用 joining 收集器。

6.3 分组

一个常见的数据库操作是根据一个或多个属性对集合中的项目进行分组。就像前面讲到按货币对交易进行分组的例子一样，如果用指令式风格来实现的话，这个操作可能会很麻烦、啰唆而且容易出错。但是，如果用 Java 8 所推崇的函数式风格来重写的话，就很容易转化为一个非常容易看懂的语句。来看看这个功能的第二个例子：假设你要把菜单中的菜按照类型进行分类，将有肉的放一组，有鱼的放一组，其他的都放另一组。用 Collectors.groupingBy 工厂方法返回的收集器就可以轻松地完成这项任务，如下所示：

```
Map<Dish.Type, List<Dish>> dishesByType =
                    menu.stream().collect(groupingBy(Dish::getType));
```

其结果是下面的 Map：

```
{FISH=[prawns, salmon], OTHER=[french fries, rice, season fruit, pizza],
MEAT=[pork, beef, chicken]}
```

这里，你给 groupingBy 方法传递了一个 Function（以方法引用的形式），它提取了流中每一道 Dish 的 Dish.Type。我们把这个 Function 叫作**分类函数**，因为它用来把流中的元素分成不同的组。如图 6-4 所示，分组操作的结果是一个 Map，把分组函数返回的值作为映射的键，把流中所有具有这个分类值的项目的列表作为对应的映射值。在菜单分类的例子中，键就是菜的类型，值就是包含所有对应类型的菜肴的列表。

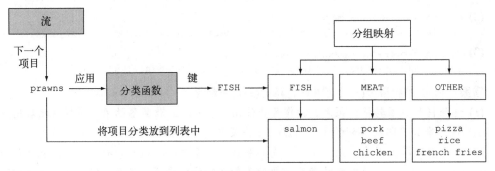

图 6-4　在分组过程中对流中的项目进行分类

但是，分类函数不一定像方法引用那样可用，因为你想用以分类的条件可能比简单的属性访问器更复杂。例如，你可能想把热量不到 400 卡路里的菜划为"低热量"（diet），把热量在 400 到 700 卡路里之间的菜划为"普通"（normal），而把高于 700 卡路里的菜划为"高热量"（fat）。由于 Dish 类的作者没有把这个操作写成一个方法，因此无法使用方法引用，但你可以把这个逻辑写成 Lambda 表达式：

```
public enum CaloricLevel { DIET, NORMAL, FAT }
Map<CaloricLevel, List<Dish>> dishesByCaloricLevel = menu.stream().collect(
        groupingBy(dish -> {
                if (dish.getCalories() <= 400) return CaloricLevel.DIET;
                else if (dish.getCalories() <= 700) return CaloricLevel.NORMAL;
                else return CaloricLevel.FAT;
        } ));
```

现在，你已经知道如何同时按照菜肴的类型和热量对菜单中的菜肴进行分组。然而，如果你还需要对最初分组的结果做进一步操作——这也是很典型的应用场景，又该如何做呢？接下来的一节会介绍如何解决这个问题。

6.3.1　操作分组的元素

执行完分组操作后，你往往还需要对每个分组中的元素执行操作。举个例子，假设你希望只按照菜肴的热量进行过滤操作，譬如找出那些热量大于 500 卡路里的菜肴。你可能会说，这种情况只要在分组之前执行过滤谓词就好了，如下所示：

```
Map<Dish.Type, List<Dish>> caloricDishesByType =
                menu.stream().filter(dish -> dish.getCalories() > 500)
                        .collect(groupingBy(Dish::getType));
```

这种解决方案可以工作，不过它伴随着相关的缺陷。如果你试着用它处理我们的菜单，得到的结果是下面这种 Map：

```
{OTHER=[french fries, pizza], MEAT=[pork, beef]}
```

发现问题了么？由于没有任何一道类型是 FISH 的菜符合我们的过滤谓词，这个键在结果映射中完全消失了。为了解决这个问题，Collectors 类重载了工厂方法 groupingBy，除了常见的分类函数，它的第二变量也接受一个 Collector 类型的参数。通过这种方式，我们把过滤谓词挪到了第二个 Collector 中，如下所示：

```
Map<Dish.Type, List<Dish>> caloricDishesByType =
    menu.stream()
        .collect(groupingBy(Dish::getType,
                    filtering(dish -> dish.getCalories() > 500, toList())));
```

filtering 方法也是 Collectors 类的一个静态工厂方法，它接受一个谓词对每一个分组中的元素执行过滤操作，你还可以更进一步地使用 Collector 对过滤的元素继续进行分组。通过这种方式，结果映射中依旧保存了 FISH 类型的条目，即便它映射的是一个空的列表：

```
{OTHER=[french fries, pizza], MEAT=[pork, beef], FISH=[]}
```

操作分组元素的另一种常见做法是使用一个映射函数对它们进行转换，这种方式也很有效。为了达成这个目标，Collectors 类通过 mapping 方法提供了另一个 Collector 函数，它接受一个映射函数和另一个 Collector 函数作为参数。作为参数的 Collector 会收集对每个元素执行该映射函数的运行结果。这与你之前看到的过滤收集器很相似。使用新的方法，你可以将每道菜肴的分类添加到它们各自的菜名中，如下所示：

```
Map<Dish.Type, List<String>> dishNamesByType =
    menu.stream()
        .collect(groupingBy(Dish::getType,
                    mapping(Dish::getName, toList())));
```

注意，这个例子中，结果映射的每个分组是一个由字符串构成的列表，而不是前面示例中的 Dish 类型。你还可以使用第三个 Collector 搭配 groupingBy，再进行一次 flatMap 转换，这样得到的就不是一个普通的映射了。为了演示这种机制是如何工作的，假设我们有一个映射，它为每道菜肴关联了一个标签列表，如下所示：

```
Map<String, List<String>> dishTags = new HashMap<>();
dishTags.put("pork", asList("greasy", "salty"));
dishTags.put("beef", asList("salty", "roasted"));
dishTags.put("chicken", asList("fried", "crisp"));
dishTags.put("french fries", asList("greasy", "fried"));
dishTags.put("rice", asList("light", "natural"));
dishTags.put("season fruit", asList("fresh", "natural"));
dishTags.put("pizza", asList("tasty", "salty"));
dishTags.put("prawns", asList("tasty", "roasted"));
dishTags.put("salmon", asList("delicious", "fresh"));
```

如果你需要提取出每组菜肴对应的标签，使用 flatMapping Collector 可以轻松实现：

```
Map<Dish.Type, Set<String>> dishNamesByType =
    menu.stream()
        .collect(groupingBy(Dish::getType,
                flatMapping(dish -> dishTags.get( dish.getName() ).stream(),
                        toSet()))));
```

我们会为每道菜肴获取一个标签列表。这与在上一章碰到的情况很像，需要执行一个 flatMap 操作，将两层的结果列表归并为一层。此外，也请注意，这一次我们会将每一组 flatMapping 操作的结果保存到一个 Set 中，而不是之前的 List 中，这么做是为了避免同一类型的多道菜由于关联了同样的标签而导致标签重复出现在结果集中。这一操作的结果映射如下所示：

```
{MEAT=[salty, greasy, roasted, fried, crisp], FISH=[roasted, tasty, fresh,
delicious], OTHER=[salty, greasy, natural, light, tasty, fresh, fried]}
```

截至目前，我们对菜单中的菜肴分组时使用的都是单一标准，譬如，按类型分，或者按热量分。然而，有些时候你可能希望同时使用多个标准进行分类，这种情况又该如何处理呢？分组操作的强大之处就在于它能高效地组合。来看看它是如何做到的这一点的。

6.3.2　多级分组

要实现多级分组，可以使用一个由双参数版本的 Collectors.groupingBy 工厂方法创建的收集器，它除了普通的分类函数之外，还可以接受 collector 类型的第二个参数。那么要进行二级分组的话，可以把一个内层 groupingBy 传递给外层 groupingBy，并定义一个为流中项目分类的二级标准，如代码清单 6-2 所示。

代码清单 6-2　多级分组

```
Map<Dish.Type, Map<CaloricLevel, List<Dish>>> dishesByTypeCaloricLevel =
menu.stream().collect(
        groupingBy(Dish::getType,                          ◁─┤ 一级分
        groupingBy(dish -> {                                   类函数
                if (dish.getCalories() <= 400) return CaloricLevel.DIET;
                else if (dish.getCalories() <= 700) return CaloricLevel.NORMAL;
                else return CaloricLevel.FAT;
        } )
        )
);
```
二级分
类函数

这个二级分组的结果就是像下面这样的两级 Map：

```
{MEAT={DIET=[chicken], NORMAL=[beef], FAT=[pork]},
 FISH={DIET=[prawns], NORMAL=[salmon]},
 OTHER={DIET=[rice, seasonal fruit], NORMAL=[french fries, pizza]}}
```

这里的外层 Map 的键就是第一级分类函数生成的值："fish, meat, other"，而这个 Map 的值又是一个 Map，键是二级分类函数生成的值："normal, diet, fat"。最后，第二级 Map 的值是流中元

素构成的 List，是分别应用第一级和第二级分类函数所得到的对应第一级和第二级键的值："salmon，pizza..." 这种多级分组操作可以扩展至任意层级，n 级分组就会得到一个代表 n 级树形结构的 n 级 Map。

图 6-5 显示了为什么结构相当于 n 维表格，并强调了分组操作的分类目的。

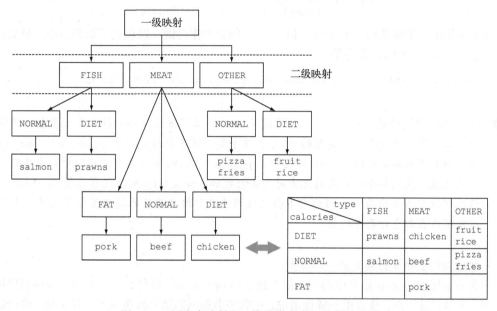

图 6-5　n 层嵌套映射和 n 维分类表之间的等价关系

一般来说，把 groupingBy 看作 "桶" 比较容易明白。第一个 groupingBy 给每个键建立了一个桶。然后再用下游的收集器去收集每个桶中的元素，以此得到 n 级分组。

6.3.3　按子组收集数据

在上一节中，我们看到可以把第二个 groupingBy 收集器传递给外层收集器来实现多级分组。但进一步说，传递给第一个 groupingBy 的第二个收集器可以是任何类型，而不一定是另一个 groupingBy。例如，要数一数菜单中每类菜有多少个，可以传递 counting 收集器作为 groupingBy 收集器的第二个参数：

```
Map<Dish.Type, Long> typesCount = menu.stream().collect(
                    groupingBy(Dish::getType, counting()));
```

其结果是下面的 Map：

```
{MEAT=3, FISH=2, OTHER=4}
```

还要注意，普通的单参数 groupingBy(f)（其中 f 是分类函数）实际上是 groupingBy(f, toList()) 的简便写法。

再举一个例子，你可以把前面用于查找菜单中热量最高的菜肴的收集器改一改，按照菜的**类型**分类：

```
Map<Dish.Type, Optional<Dish>> mostCaloricByType =
    menu.stream()
        .collect(groupingBy(Dish::getType,
                            maxBy(comparingInt(Dish::getCalories))));
```

这个分组的结果显然是一个 Map，以 Dish 的类型作为键，以包装了该类型中热量最高的 Dish 的 Optional<Dish>作为值：

```
{FISH=Optional[salmon], OTHER=Optional[pizza], MEAT=Optional[pork]}
```

注意　这个 Map 中的值是 Optional，因为这是 maxBy 工厂方法生成的收集器的类型，但实际上，如果菜单中没有某一类型的 Dish，这个类型就不会对应一个 Optional. empty()值，而且根本不会出现在 Map 的键中。groupingBy 收集器只有在应用分组条件后，第一次在流中找到某个键对应的元素时才会把键加入分组 Map 中。这意味着 Optional 包装器在这里不是很有用，因为它不会仅仅因为是归约收集器的返回类型而表达一个最终可能不存在却意外存在的值。

---

1. 把收集器的结果转换为另一种类型

因为分组操作的 Map 结果中的每个值上包装的 Optional 没什么用，所以你可能想要把它们去掉。要做到这一点，或者更一般地来说，把收集器返回的结果转换为另一种类型，你可以使用 Collectors.collectingAndThen 工厂方法返回的收集器，如下所示。

代码清单 6-3　查找每个子组中热量最高的 Dish

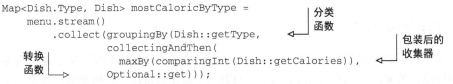

这个工厂方法接受两个参数——要转换的收集器以及转换函数，并返回另一个收集器。这个收集器相当于旧收集器的一个包装，collect 操作的最后一步就是将返回值用转换函数做一个映射。在这里，被包起来的收集器就是用 maxBy 建立的那个，而转换函数 Optional::get 则把返回的 Optional 中的值提取出来。前面已经说过，这个操作放在这里是安全的，因为 reducing 收集器永远都不会返回 Optional.empty()。其结果是下面的 Map：

```
{FISH=salmon, OTHER=pizza, MEAT=pork}
```

把好几个收集器嵌套起来很常见，它们之间到底发生了什么可能不那么明显。图 6-6 可以直观地展示它们是怎么工作的。从最外层开始逐层向里，注意以下几点。

❑ 收集器用虚线表示，因此 groupingBy 是最外层，根据菜肴的类型把菜单流分组，得到三个子流。

❑ groupingBy 收集器包裹着 collectingAndThen 收集器，因此分组操作得到的每个子流都用这第二个收集器做进一步归约。

❑ collectingAndThen 收集器又包裹着第三个收集器 maxBy。

❑ 随后由归约收集器进行子流的归约操作，然后包含它的 collectingAndThen 收集器会对其结果应用 Optional:get 转换函数。

❑ 对三个子流分别执行这一过程并转换而得到的三个值，也就是各个类型中热量最高的 Dish，将成为 groupingBy 收集器返回的 Map 中与各个分类键（Dish 的类型）相关联的值。

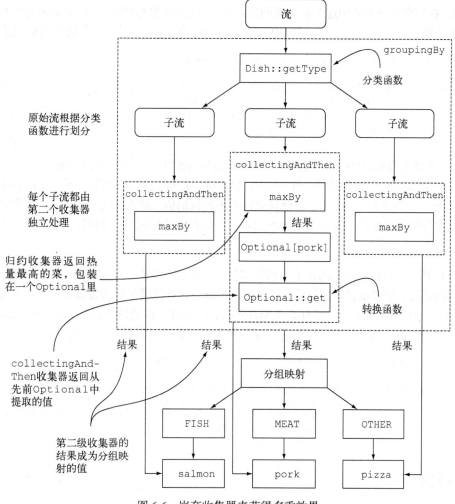

图 6-6　嵌套收集器来获得多重效果

2. 与 `groupingBy` 联合使用的其他收集器的例子

一般来说，通过 `groupingBy` 工厂方法的第二个参数传递的收集器将会对分到同一组中的所有流元素执行进一步归约操作。例如，你还重用求出所有菜肴热量总和的收集器，不过这次是对每一组 Dish 求和：

```
Map<Dish.Type, Integer> totalCaloriesByType =
            menu.stream().collect(groupingBy(Dish::getType,
                    summingInt(Dish::getCalories)));
```

然而常常和 `groupingBy` 联合使用的另一个收集器是 `mapping` 方法生成的。这个方法接受两个参数：一个函数对流中的元素做变换，另一个则将变换的结果对象收集起来。其目的是在累加之前对每个输入元素应用一个映射函数，这样就可以让接受特定类型元素的收集器适应不同类型的对象。我们来看一个使用这个收集器的实际例子。比方说你想要知道，对于每种类型的 Dish，菜单中都有哪些 CaloricLevel。可以把 `groupingBy` 和 `mapping` 收集器结合起来，如下所示：

```
Map<Dish.Type, Set<CaloricLevel>> caloricLevelsByType =
menu.stream().collect(
    groupingBy(Dish::getType, mapping(dish -> {
            if (dish.getCalories() <= 400) return CaloricLevel.DIET;
            else if (dish.getCalories() <= 700) return CaloricLevel.NORMAL;
            else return CaloricLevel.FAT; },
    toSet() )));
```

这里，就像前面见到过的，传递给映射方法的转换函数将 Dish 映射成了它的 CaloricLevel：生成的 CaloricLevel 流传递给一个 `toSet` 收集器，它和 `toList` 类似，不过是把流中的元素累积到一个 Set 而不是 List 中，以便仅保留各不相同的值。如先前的示例所示，这个映射收集器将会收集分组函数生成的各个子流中的元素，让你得到这样的 Map 结果：

```
{OTHER=[DIET, NORMAL], MEAT=[DIET, NORMAL, FAT], FISH=[DIET, NORMAL]}
```

由此你就可以轻松地做出选择了。如果你想吃鱼并且在减肥，那很容易找到一道菜；同样，如果你饥肠辘辘，想要很多热量的话，菜单中肉类部分就可以满足你的饕餮之欲了。请注意在上一个示例中，对于返回的 Set 是什么类型并没有任何保证。但通过使用 `toCollection`，你就可以有更多的控制。例如，你可以给它传递一个构造函数引用来要求 HashSet：

```
Map<Dish.Type, Set<CaloricLevel>> caloricLevelsByType =
menu.stream().collect(
    groupingBy(Dish::getType, mapping(dish -> {
            if (dish.getCalories() <= 400) return CaloricLevel.DIET;
            else if (dish.getCalories() <= 700) return CaloricLevel.NORMAL;
            else return CaloricLevel.FAT; },
    toCollection(HashSet::new) )));
```

6.4　分区

分区是分组的特殊情况：由一个谓词（返回一个布尔值的函数）作为分类函数，它称分区函数。分区函数返回一个布尔值，这意味着得到的分组 Map 的键类型是 Boolean，于是它最多可以分为两组——true 是一组，false 是一组。例如，如果你是素食者或是请了一位素食的朋友来共进晚餐，可能会想要把菜单按照素食和非素食分开：

```
Map<Boolean, List<Dish>> partitionedMenu =
        menu.stream().collect(partitioningBy(Dish::isVegetarian));  ←—— 分区函数
```

这会返回下面的 Map：

```
{false=[pork, beef, chicken, prawns, salmon],
 true=[french fries, rice, season fruit, pizza]}
```

那么通过 Map 中键为 true 的值，就可以找出所有的素食菜肴了：

```
List<Dish> vegetarianDishes = partitionedMenu.get(true);
```

请注意，用同样的分区谓词，对菜单 List 创建的流作筛选，然后把结果收集到另外一个 List 中也可以获得相同的结果：

```
List<Dish> vegetarianDishes =
        menu.stream().filter(Dish::isVegetarian).collect(toList());
```

6.4.1 分区的优势

分区的好处在于保留了分区函数返回 true 或 false 的两套流元素列表。在上一个例子中，要得到非素食 Dish 的 List，你可以使用两个筛选操作来访问 partitionedMenu 这个 Map 中 false 键的值：一个利用谓词，一个利用该谓词的非。而且就像你在分组中看到的，partitioningBy 工厂方法有一个重载版本，可以像下面这样传递第二个收集器：

```
Map<Boolean, Map<Dish.Type, List<Dish>>> vegetarianDishesByType =
menu.stream().collect(
        partitioningBy(Dish::isVegetarian,            ←—— 分区函数
                        groupingBy(Dish::getType)));    ←—— 第二个收集器
```

这将产生一个二级 Map：

```
{false={FISH=[prawns, salmon], MEAT=[pork, beef, chicken]},
 true={OTHER=[french fries, rice, season fruit, pizza]}}
```

这里，对于分区产生的素食和非素食子流，分别按类型对菜肴分组，得到了一个二级 Map，和 6.3.1 节的二级分组得到的结果类似。再举一个例子，你可以重用前面的代码来找到素食和非素食中热量最高的菜：

```
Map<Boolean, Dish> mostCaloricPartitionedByVegetarian =
menu.stream().collect(
    partitioningBy(Dish::isVegetarian,
        collectingAndThen(maxBy(comparingInt(Dish::getCalories)),
                            Optional::get)));
```

这将产生以下结果：

```
{false=pork, true=pizza}
```

本节开始时说过,你可以把分区看作分组的一种特殊情况。值得一提的是,由 partitioningBy 返回的 Map 实现其结构更紧凑,也更高效,这是因为它只包含两个键:true 和 false。实际上,它的内部实现就是一个特殊的 Map,只有两个字段。groupingBy 和 partitioningBy 收集器之间的相似之处并不止于此。你在下一个测验中会看到,还可以按照和 6.3.1 节中分组类似的方式进行多级分区。

测验 6.2:使用 partitioningBy

我们已经看到,和 groupingBy 收集器类似,partitioningBy 收集器也可以结合其他收集器使用。尤其是它可以与第二个 partitioningBy 收集器一起使用来实现多级分区。以下多级分区的结果会是什么呢?

```
(1) menu.stream().collect(partitioningBy(Dish::isVegetarian,
                           partitioningBy(d -> d.getCalories() > 500)));
(2) menu.stream().collect(partitioningBy(Dish::isVegetarian,
                           partitioningBy(Dish:: getType)));
(3) menu.stream().collect(partitioningBy(Dish::isVegetarian,
                           counting()));
```

答案:

(1) 这是一个有效的多级分区,产生以下二级 Map:

```
{false={false=[chicken, prawns, salmon], true=[pork, beef]},
 true={false=[rice, season fruit], true=[french fries, pizza]}}
```

(2) 这无法编译,因为 partitioningBy 需要一个谓词,也就是返回一个布尔值的函数。方法引用 Dish::getType 不能用作谓词。

(3) 它会计算每个分区中项目的数目,得到以下 Map:

```
{false=5, true=4}
```

作为使用 partitioningBy 收集器的最后一个例子,我们把菜单数据模型放在一边,来看一个更为复杂也更为有趣的例子:将数字分为质数和非质数。

6.4.2   将数字按质数和非质数分区

假设你要写一个方法,它接受参数 n(int 类型),并将前 n 个自然数分为质数和非质数。但首先,找出能够测试某一个待测数字是否是质数的谓词会很有帮助:

```
public boolean isPrime(int candidate) {
    return IntStream.range(2, candidate)          产生一个自然数范围,从2
                                                  开始,直至但不包括待测数
        .noneMatch(i -> candidate % i == 0);
}                                                 如果待测数字不能被流中
                                                  任何数字整除则返回 true
```

一个简单的优化是仅测试小于等于待测数平方根的因子：

```java
public boolean isPrime(int candidate) {
    int candidateRoot = (int) Math.sqrt((double) candidate);
    return IntStream.rangeClosed(2, candidateRoot)
                    .noneMatch(i -> candidate % i == 0);
}
```

现在最主要的一部分工作已经做好了。为了把前 *n* 个数字分为质数和非质数，只要创建一个包含这 *n* 个数的流，用刚刚写的 isPrime 方法作为谓词，再给 partitioningBy 收集器归约就好了：

```java
public Map<Boolean, List<Integer>> partitionPrimes(int n) {
    return IntStream.rangeClosed(2, n).boxed()
                    .collect(
                            partitioningBy(candidate -> isPrime(candidate)));
}
```

现在我们已经讨论过了 Collectors 类的静态工厂方法能够创建的所有收集器，并介绍了使用它们的实际例子。表 6-1 将它们汇总到一起，给出了它们应用到 Stream<T> 上返回的类型，以及它们用于一个叫作 menuStream 的 Stream<Dish> 上的实际例子。

表 6-1　Collectors 类的静态工厂方法

工厂方法	返回类型	用　　于
toList	List<T>	把流中所有项目收集到一个 List
使用示例：List<Dish> dishes = menuStream.collect(toList());		
toSet	Set<T>	把流中所有项目收集到一个 Set，删除重复项
使用示例：Set<Dish> dishes = menuStream.collect(toSet());		
toCollection	Collection<T>	把流中所有项目收集到给定的供应源创建的集合
使用示例：Collection<Dish> dishes = menuStream.collect(toCollection(), ArrayList::new);		
counting	Long	计算流中元素的个数
使用示例：long howManyDishes = menuStream.collect(counting());		
summingInt	Integer	对流中项目的一个整数属性求和
使用示例：int totalCalories = menuStream.collect(summingInt(Dish::getCalories));		
averagingInt	Double	计算流中项目 Integer 属性的平均值
使用示例：double avgCalories = menuStream.collect(averagingInt(Dish::getCalories));		
summarizingInt	IntSummaryStatistics	收集关于流中项目 Integer 属性的统计值，例如最大、最小、总和与平均值
使用示例：IntSummaryStatistics menuStatistics = menuStream.collect(summarizingInt(Dish::getCalories));		

6

（续）

工厂方法	返回类型	用 于
joining	String	连接对流中每个项目调用 toString 方法所生成的字符串
使用示例：String shortMenu = menuStream.map(Dish::getName).collect(joining(", "));		
maxBy	Optional\<T>	一个包裹了流中按照给定比较器选出的最大元素的 Optional，或如果流为空则为 Optional.empty()
使用示例：Optional\<Dish> fattest = menuStream.collect(maxBy(comparingInt(Dish::getCalories)));		
minBy	Optional\<T>	一个包裹了流中按照给定比较器选出的最小元素的 Optional，或如果流为空则为 Optional.empty()
使用示例：Optional\<Dish> lightest = menuStream.collect(minBy(comparingInt(Dish::getCalories)));		
reducing	归约操作产生的类型	从一个作为累加器的初始值开始，利用 BinaryOperator 与流中的元素逐个结合，从而将流归约为单个值
使用示例：int totalCalories = menuStream.collect(reducing(0, Dish::getCalories, Integer::sum));		
collectingAndThen	转换函数返回的类型	包裹另一个收集器，对其结果应用转换函数
使用示例：int howManyDishes = menuStream.collect(collectingAndThen(toList(), List::size));		
groupingBy	Map\<K, List\<T>>	根据项目的一个属性的值对流中的项目作分组，并将属性值作为结果 Map 的键
使用示例：Map\<Dish.Type,List\<Dish>> dishesByType = menuStream.collect(groupingBy(Dish::getType));		
partitioningBy	Map\<Boolean, List\<T>>	根据对流中每个项目应用谓词的结果来对项目进行分区
使用示例：Map\<Boolean,List\<Dish>> vegetarianDishes = menuStream.collect(partitioningBy(Dish::isVegetarian));		

本章开头提到过，所有这些收集器都是对 Collector 接口的实现，因此本章剩余部分会详细讨论这个接口。我们会看看这个接口中的方法，然后探讨如何实现你自己的收集器。

6.5 收集器接口

Collector 接口包含了一系列方法，为实现具体的归约操作（即收集器）提供了范本。我们已经看过了 Collector 接口中实现的许多收集器，例如 toList 或 groupingBy。这也意味着，你可以为 Collector 接口提供自己的实现，从而自由地创建自定义归约操作。6.6 节将展示如何实现 Collector 接口来创建一个收集器，来比先前更高效地将数值流划分为质数和非质数。

要开始使用 Collector 接口，先看看本章开始时讲到的一个收集器——toList 工厂方法，它会把流中的所有元素收集成一个 List。我们当时说在日常工作中经常会用到这个收集器，而且它也是写起来比较直观的一个，至少理论上如此。通过仔细研究这个收集器是怎么实现的，我

们可以很好地了解 Collector 接口是怎么定义的，以及它的方法所返回的函数在内部是如何为
collect 方法所用的。

　　首先在下面的列表中看看 Collector 接口的定义，它列出了接口的签名以及声明的五个
方法。

代码清单6-4　Collector 接口

```
public interface Collector<T, A, R> {
    Supplier<A> supplier();
    BiConsumer<A, T> accumulator();
    Function<A, R> finisher();
    BinaryOperator<A> combiner();
    Set<Characteristics> characteristics();
}
```

本列表适用以下定义。

❑ T 是流中要收集的项目的泛型。

❑ A 是累加器的类型，累加器是在收集过程中用于累积部分结果的对象。

❑ R 是收集操作得到的对象（通常但并不一定是集合）的类型。

　　例如，你可以实现一个 ToListCollector<T>类，将 Stream<T>中的所有元素收集到一个
List<T>里，它的签名如下：

```
public class ToListCollector<T> implements Collector<T, List<T>, List<T>>
```

我们很快就会澄清，这里用于累积的对象也将是收集过程的最终结果。

6.5.1　理解 Collector 接口声明的方法

　　现在可以一个个来分析 Collector 接口声明的五个方法了。通过分析，你会注意到，前四
个方法都会返回一个会被 collect 方法调用的函数，第五个方法 characteristics 则提供了
一系列特征，也就是一个提示列表，告诉 collect 方法在执行归约操作的时候可以应用哪些优
化（比如并行化）。

1. 建立新的结果容器：supplier 方法

　　supplier 方法必须返回一个结果为空的 Supplier，也就是一个无参数函数，在调用时它
会创建一个空的累加器实例，供数据收集过程使用。很明显，对于将累加器本身作为结果返回的
收集器，比如我们的 ToListCollector，在对空流执行操作的时候，这个空的累加器也代表了
收集过程的结果。在我们的 ToListCollector 中，supplier 返回一个空的 List，如下所示：

```
public Supplier<List<T>> supplier() {
    return () -> new ArrayList<T>();
}
```

请注意你也可以只传递一个构造函数引用：

```
public Supplier<List<T>> supplier() {
    return ArrayList::new;
}
```

2. 将元素添加到结果容器：`accumulator` 方法

`accumulator` 方法会返回执行归约操作的函数。当遍历到流中第 n 个元素，这个函数执行时会有两个参数：保存归约结果的累加器（已收集了流中的前 n–1 个项目），还有第 n 个元素本身。该函数将返回 `void`，因为累加器是原位更新，即函数的执行改变了它的内部状态以体现遍历的元素的效果。对于 `ToListCollector`，这个函数仅仅会把当前项目添加至已经遍历过的项目的列表：

```
public BiConsumer<List<T>, T> accumulator() {
    return (list, item) -> list.add(item);
}
```

你也可以使用方法引用，这会更为简洁：

```
public BiConsumer<List<T>, T> accumulator() {
    return List::add;
}
```

3. 对结果容器应用最终转换：`finisher` 方法

在遍历完流后，`finisher` 方法必须返回在累积过程的最后要调用的一个函数，以便将累加器对象转换为整个集合操作的最终结果。通常，就像 `ToListCollector` 的情况一样，累加器对象恰好符合预期的最终结果，因此无须进行转换。所以 `finisher` 方法只需返回 identity 函数：

```
public Function<List<T>, List<T>> finisher() {
    return Function.identity();
}
```

这三个方法已经足以对流进行顺序归约，至少从逻辑上看可以按图 6-7 进行。实践中的实现细节可能还要复杂一点，一方面是因为流的延迟性质，可能在 `collect` 操作之前还需要完成其他中间操作的流水线，另一方面则是理论上可能要进行并行归约。

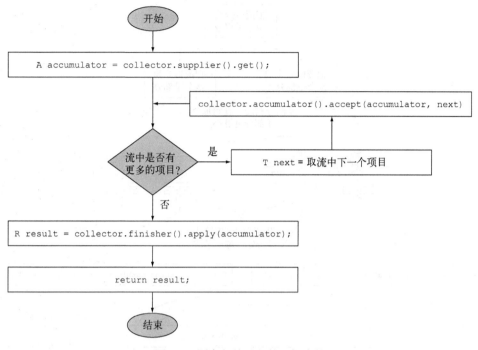

图 6-7　顺序归约过程的逻辑步骤

4. 合并两个结果容器：**combiner** 方法

四个方法中的最后一个——combiner 方法会返回一个供归约操作使用的函数，它定义了对流的各个子部分进行并行处理时，各个子部分归约所得的累加器要如何合并。对于 toList 而言，这个方法的实现非常简单，只要把从流的第二子部分收集到的项目列表加到遍历第一子部分时得到的列表后面就行了：

```
public BinaryOperator<List<T>> combiner() {
    return (list1, list2) -> {
        list1.addAll(list2);
        return list1; }
}
```

有了这第四个方法，就可以对流进行并行归约了。它会用到 Java 7 中引入的分支/合并框架和 Spliterator 抽象，下一章会对此进行介绍。这个过程类似于图 6-8 所示，这里会详细介绍。

- ❑ 原始**流**会以递归方式拆分为子流，直到定义流是否需要进一步拆分的一个条件为非（如果分布式工作单位太小，并行计算往往比顺序计算要慢，而且要是生成的并行任务比处理器内核数多很多的话就毫无意义了）。
- ❑ 现在，所有的**子流**都可以并行处理，即对每个子流应用图 6-7 所示的顺序归约算法。
- ❑ 最后，使用收集器 combiner 方法返回的函数，将所有的部分结果两两合并。这时会把原始流每次拆分时得到的子流对应的结果合并起来。

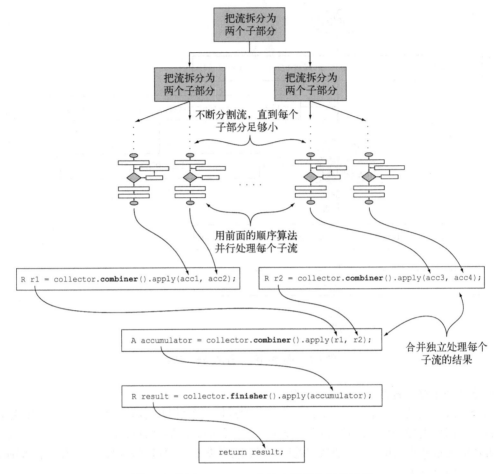

图 6-8　使用 combiner 方法来并行化归约过程

5. characteristics 方法

最后一个方法——characteristics 会返回一个不可变的 Characteristics 集合，它定义了收集器的行为——尤其是关于流是否可以并行归约，以及可以使用哪些优化的提示。Characteristics 是一个包含三个项目的枚举。

- ❏ UNORDERED——归约结果不受流中项目的遍历和累积顺序的影响。
- ❏ CONCURRENT——accumulator 函数可以从多个线程同时调用，且该收集器可以并行归约流。如果收集器没有标为 UNORDERED，那它仅在用于无序数据源时才可以并行归约。
- ❏ IDENTITY_FINISH——这表明完成器方法返回的函数是一个恒等函数，可以跳过。这种情况下，累加器对象将会直接用作归约过程的最终结果。这也意味着，将累加器 A 不加检查地转换为结果 R 是安全的。

迄今开发的 `ToListCollector` 是 `IDENTITY_FINISH` 的，因为用来累积流中元素的 `List`已经是我们要的最终结果，用不着进一步转换了，但它并不是 `UNORDERED`，因为用在有序流上的时候，我们还是希望顺序能够保留在得到的 `List` 中。最后，它是 `CONCURRENT` 的，但我们刚才说过了，仅仅在背后的数据源无序时才会并行处理。

6.5.2 全部融合到一起

前一小节中谈到的五个方法足够我们开发自己的 `ToListCollector` 了。你可以把它们都融合起来，如下面的代码清单所示。

代码清单 6-5 `ToListCollector`

```java
import java.util.*;
import java.util.function.*;
import java.util.stream.Collector;
import static java.util.stream.Collector.Characteristics.*;
public class ToListCollector<T> implements Collector<T, List<T>, List<T>> {
    @Override
    public Supplier<List<T>> supplier() {          // 创建集合操作
        return ArrayList::new;                      // 的起始点
    }
    @Override
    public BiConsumer<List<T>, T> accumulator() {  // 累积遍历过的
        return List::add;                          // 项目，原位修
    }                                              // 改累加器
    @Override
    public Function<List<T>, List<T>> finisher() {
        return Function.identity();                // 恒等函数
    }
    @Override
    public BinaryOperator<List<T>> combiner() {    // 修改第一个累加器，
        return (list1, list2) -> {                 // 将其与第二个累加
            list1.addAll(list2);                   // 器的内容合并
            return list1;
        };                                          // 返回修改后的
    }                                               // 第一个累加器
    @Override
    public Set<Characteristics> characteristics() {
        return Collections.unmodifiableSet(EnumSet.of(
            IDENTITY_FINISH, CONCURRENT));          // 为收集器添加 IDENTITY_FINISH
    }                                               // 和 CONCURRENT 标志
}
```

请注意，这个实现与 `Collectors.toList` 方法并不完全相同，但区别仅仅是一些小的优化。这些优化的一个主要方面是 Java API 所提供的收集器在需要返回空列表时使用了 `Collections.emptyList()` 这个单例（singleton）。这意味着它可安全地替代原生 Java，来收集菜单流中的所有 `Dish` 的列表：

```java
List<Dish> dishes = menuStream.collect(new ToListCollector<Dish>());
```

这个实现和标准的

```
List<Dish> dishes = menuStream.collect(toList());
```

构造之间的其他差异在于，toList 是一个工厂，而 ToListCollector 必须用 new 来实例化。

进行自定义收集而不去实现 Collector

对于 IDENTITY_FINISH 的收集操作，还有一种方法可以得到同样的结果而无须从头实现新的 Collector 接口。Stream 有一个重载的 collect 方法可以接受另外三个函数——supplier、accumulator 和 combiner，其语义和 Collector 接口的相应方法返回的函数完全相同。所以比如说，我们可以像下面这样把菜肴流中的项目收集到一个 List 中：

```
List<Dish> dishes = menuStream.collect(
                    ArrayList::new,  ┤── 供应源
                    List::add,       ◄── 累加器
                    List::addAll);   ◄┐
                                      └ 组合器
```

我们认为，这第二种形式虽然比前一个写法更为紧凑和简洁，却不那么易读。此外，以恰当的类来实现自己的自定义收集器有助于重用并可避免代码重复。另外值得注意的是，这第二个 collect 方法不能传递任何 Characteristics，所以它永远都是一个 IDENTITY_FINISH 和 CONCURRENT 但并非 UNORDERED 的收集器。

在下一节中，我们会让你实现收集器的新知识更上一层楼。你将会为一个更为复杂，但更为具体、更有说服力的用例开发自己的自定义收集器。

6.6　开发你自己的收集器以获得更好的性能

在 6.4 节讨论分区的时候，我们用 Collectors 类提供的一个方便的工厂方法创建了一个收集器，它将前 n 个自然数划分为质数和非质数，如下所示。

代码清单 6-6　将前 n 个自然数按质数和非质数分区

```
public Map<Boolean, List<Integer>> partitionPrimes(int n) {
    return IntStream.rangeClosed(2, n).boxed()
                    .collect(partitioningBy(candidate -> isPrime(candidate)));
}
```

当时，通过限制除数不超过被测试数的平方根，我们对最初的 isPrime 方法做了一些改进：

```
public boolean isPrime(int candidate) {
    int candidateRoot = (int) Math.sqrt((double) candidate);
    return IntStream.rangeClosed(2, candidateRoot)
                    .noneMatch(i -> candidate % i == 0);
}
```

还有没有办法来获得更好的性能呢？答案是"有"，但为此你必须开发一个自定义收集器。

6.6.1　仅用质数做除数

一个可能的优化是仅看被测试数是不是能够被质数整除。要是除数本身都不是质数就用不着测了。所以我们可以仅用被测试数之前的质数来测试。然而我们目前所见的预定义收集器的问题，也就是必须自己开发一个收集器的原因在于，在收集过程中是没有办法访问部分结果的。这意味着，当测试某一个数字是否是质数的时候，你没法访问目前已经找到的其他质数的列表。

假设你有这个列表，那就可以把它传给 isPrime 方法，将方法重写如下：

```
public static boolean isPrime(List<Integer> primes, int candidate) {
    return primes.stream().noneMatch(i -> candidate % i == 0);
}
```

而且还应该应用先前的优化，仅仅用小于被测数平方根的质数来测试。因此，你需要想办法在下一个质数大于被测数平方根时立即停止测试。可以使用 Stream 的 takeWhile 的方法：

```
public static boolean isPrime(List<Integer> primes, int candidate){
    int candidateRoot = (int) Math.sqrt((double) candidate);
    return primes.stream()
                 .takeWhile(i -> i <= candidateRoot)
                 .noneMatch(i -> candidate % i == 0);
}
```

测验 6.3：用 Java 8 模拟 takeWhile

Java 9 引入了 takeWhile 方法，如果你用的还是 Java 8，那么非常不幸，你无法使用这种解决方案。怎样避免这种局限，用 Java 8 提供的功能实现类似的效果呢？

答案：你可以实现自己的 takeWhile 方法，它接受一个排序列表和一个谓词，返回列表元素中符合该谓词条件的最长子列表，代码如下所示：

```
public static <A> List<A> takeWhile(List<A> list, Predicate<A> p) {
    int i = 0;
    for (A item : list) {                ← 检查列表中的当前元素
        if (!p.test(item)) {                是否符合谓词的约束
            return list.subList(0, i);   ← 如果当前元素不符合
        }                                   谓词要求，返回测试
        i++;                                元素的前序子列表
    }
    return list;      ← 列表中的所有元素
}                        都符合该谓词时，
                         返回该列表
```

采用这种方式，你可以重写 isPrime 方法，只对那些不大于其平方根的候选素数进行测试：

```
public static boolean isPrime(List<Integer> primes, int candidate){
    int candidateRoot = (int) Math.sqrt((double) candidate);
    return takeWhile(primes, i -> i <= candidateRoot)
                 .stream()
                 .noneMatch(p -> candidate % p == 0);
}
```

> 注意，与 Stream API 提供的版本不同，采用这种方式实现的版本是即时的。理想情况下，我们更希望采用 Java 9 那种由 Stream 提供的 takeWhile，它具有延迟求值的特性，还能结合 noneMatch 来操作。

有了这个新的 isPrime 方法在手，你就可以实现自己的自定义收集器了。首先你需要声明一个实现 Collector 接口的新类，接着要实现 Collector 接口所需的五个方法。

1. 第 1 步：定义 Collector 类的签名
让我们从类签名开始吧，记得 Collector 接口的定义是：

```
public interface Collector<T, A, R>
```

其中 T、A 和 R 分别是流中元素的类型、用于累积部分结果的对象类型，以及 collect 操作最终结果的类型。这里应该收集 Integer 流，而累加器和结果类型则都是 Map<Boolean, List<Integer>>（和先前代码清单 6-6 中分区操作得到的结果 Map 相同），键是 true 和 false，值则分别是质数和非质数的 List：

```
public class PrimeNumbersCollector
             implements Collector<Integer,                ← 流中元素
                                  Map<Boolean, List<Integer>>,    的类型
                                  Map<Boolean, List<Integer>>>
```
collect 操作的结果类型 ┤→　　　　　　　　　　　　　　　　　← 累加器类型

2. 第 2 步：实现归约过程
接下来，你需要实现 Collector 接口中声明的五个方法。supplier 方法会返回一个在调用时创建累加器的函数：

```
public Supplier<Map<Boolean, List<Integer>>> supplier() {
    return () -> new HashMap<Boolean, List<Integer>>() {{
        put(true, new ArrayList<Integer>());
        put(false, new ArrayList<Integer>());
    }};
}
```

这里不但创建了用作累加器的 Map，还为 true 和 false 两个键初始化了对应的空列表。在收集过程中会把质数和非质数分别添加到这里。收集器中最重要的方法是 accumulator，因为它定义了如何收集流中元素的逻辑。这里它也是实现前面所讲的优化的关键。现在在任何一次迭代中，都可以访问收集过程的部分结果，也就是包含迄今找到的质数的累加器：

```
public BiConsumer<Map<Boolean, List<Integer>>, Integer> accumulator() {
    return (Map<Boolean, List<Integer>> acc, Integer candidate) -> {
        acc.get( isPrime(acc.get(true), candidate) )      ← 根据 isPrime 的
            .add(candidate);                                 结果，获取质数
    };                                                       或非质数列表
}
```
将被测数添加到相应的列表中

在这个方法中，你调用了 isPrime 方法，将待测试是否为质数的数以及迄今找到的质数列表（也就是累积 Map 中 true 键对应的值）传递给它。这次调用的结果随后被用作获取质数或非质数列表的键，这样就可以把新的被测数添加到恰当的列表中。

3. 第3步：让收集器并行工作（如果可能）

下一个方法要在并行收集时把两个部分累加器合并起来，这里，它只需要合并两个 Map，即将第二个 Map 中质数和非质数列表中的所有数字合并到第一个 Map 的对应列表中就行了：

```java
public BinaryOperator<Map<Boolean, List<Integer>>> combiner() {
    return (Map<Boolean, List<Integer>> map1,
            Map<Boolean, List<Integer>> map2) -> {
                map1.get(true).addAll(map2.get(true));
                map1.get(false).addAll(map2.get(false));
                return map1;
            };
}
```

请注意，实际上这个收集器是不能并行使用的，因为该算法本身是顺序的。这意味着永远都不会调用 combiner 方法，你可以把它的实现留空（更好的做法是抛出一个 Unsupported-OperationException 异常）。为了让这个例子完整，我们还是决定实现它。

4. 第4步：finisher 方法和收集器的 characteristics 方法

最后两个方法的实现都很简单。前面说过，accumulator 正好就是收集器的结果，用不着进一步转换，那么 finisher 方法就返回 identity 函数：

```java
public Function<Map<Boolean, List<Integer>>,
                Map<Boolean, List<Integer>>> finisher() {
    return Function.identity();
}
```

就 characteristics 方法而言，我们已经说过，它既不是 CONCURRENT 也不是 UNORDERED，却是 IDENTITY_FINISH 的：

```java
public Set<Characteristics> characteristics() {
    return Collections.unmodifiableSet(EnumSet.of(IDENTITY_FINISH));
}
```

下面列出了最后实现的 PrimeNumbersCollector。

代码清单 6-7 PrimeNumbersCollector

```java
public class PrimeNumbersCollector
    implements Collector<Integer,
            Map<Boolean, List<Integer>>,
            Map<Boolean, List<Integer>>> {
    @Override
    public Supplier<Map<Boolean, List<Integer>>> supplier() {
        return () -> new HashMap<Boolean, List<Integer>>() {{
```

从一个有两个空 **List** 的 **Map** 开始收集过程

```
                    put(true, new ArrayList<Integer>());
                    put(false, new ArrayList<Integer>());
                }};
        }
        @Override
        public BiConsumer<Map<Boolean, List<Integer>>, Integer> accumulator() {
            return (Map<Boolean, List<Integer>> acc, Integer candidate) -> {
                acc.get( isPrime( acc.get(true),
                    candidate) )
                    .add(candidate);
            };
        }
        @Override
        public BinaryOperator<Map<Boolean, List<Integer>>> combiner() {
            return (Map<Boolean, List<Integer>> map1,
                    Map<Boolean, List<Integer>> map2) -> {
                        map1.get(true).addAll(map2.get(true));
                        map1.get(false).addAll(map2.get(false));
                        return map1;
                };
        }
        @Override
        public Function<Map<Boolean, List<Integer>>,
                    Map<Boolean, List<Integer>>> finisher() {
                        return Function.identity();
        }
        @Override
        public Set<Characteristics> characteristics() {
            return Collections.unmodifiableSet(EnumSet.of(IDENTITY_FINISH));
        }
}
```

将已经找到的质数列表传递给 isPrime 方法

根据 isPrime 方法的返回值，从 Map 中取质数或非质数列表，把当前的被测数加进去

将第二个 Map 合并到第一个

收集过程最后无须转换，因此用 identity 函数收尾

这个收集器是 IDENTITY_FINISH，但既不是 UNORDERED 也不是 CONCURRENT，因为质数是按顺序发现的

现在你可以用这个新的自定义收集器来代替 6.4 节中用 partitioningBy 工厂方法创建的那个，并获得完全相同的结果了：

```
public Map<Boolean, List<Integer>>
                    partitionPrimesWithCustomCollector(int n) {
    return IntStream.rangeClosed(2, n).boxed()
                    .collect(new PrimeNumbersCollector());
}
```

6.6.2   比较收集器的性能

用 partitioningBy 工厂方法创建的收集器和你刚刚开发的自定义收集器在功能上是一样的，但是有没有实现用自定义收集器超越 partitioningBy 收集器性能的目标呢？现在让我们写个测试框架来跑一下吧：

```
public class CollectorHarness {
    public static void main(String[] args) {
```

```
                    long fastest = Long.MAX_VALUE;
                    for (int i = 0; i < 10; i++) {                 运行测试          将前一百万个
                        long start = System.nanoTime();           10 次             自然数按质数
                        partitionPrimes(1_000_000);                                 和非质数分区
   取运行时间            long duration = (System.nanoTime() - start) / 1_000_000;
   的毫秒值              if (duration < fastest) fastest = duration;                检查这个执行
                    }                                                                是否是最快的
                    System.out.println(                                             一个
                        "Fastest execution done in " + fastest + " msecs");
                }
            }
```

请注意，更为科学的测试方法是用一个诸如 JMH 的框架，但我们不想在这里把问题搞得更复杂。对这个例子而言，这个小小的测试类提供的结果足够准确了。这个类会先把前一百万个自然数分为质数和非质数，利用 partitioningBy 工厂方法创建的收集器调用方法 10 次，记下最快的一次运行。在英特尔 i5 2.4 GHz 的机器上运行得到了以下结果：

```
Fastest execution done in 4716 msecs
```

现在把测试框架的 partitionPrimes 换成 partitionPrimesWithCustomCollector，以便测试我们开发的自定义收集器的性能。现在，程序打印：

```
Fastest execution done in 3201 msecs
```

还不错！这意味着开发自定义收集器并不是白费工夫，原因有二：第一，你学会了如何在需要的时候实现自己的收集器；第二，你获得了大约 32% 的性能提升。

最后还有一点很重要，就像代码清单 6-5 中的 ToListCollector 那样，也可以通过把实现 PrimeNumbersCollector 核心逻辑的三个函数传给 collect 方法的重载版本来获得同样的结果：

```
public Map<Boolean, List<Integer>> partitionPrimesWithCustomCollector
        (int n) {
    IntStream.rangeClosed(2, n).boxed()
        .collect(
            () -> new HashMap<Boolean, List<Integer>>() {{      供应源
                put(true, new ArrayList<Integer>());
                put(false, new ArrayList<Integer>());
            }},
            (acc, candidate) -> {                                累加器
                acc.get( isPrime(acc.get(true), candidate) )
                    .add(candidate);
            },
            (map1, map2) -> {                                    组合器
                map1.get(true).addAll(map2.get(true));
                map1.get(false).addAll(map2.get(false));
            });
}
```

你看，这样就可以避免为实现 Collector 接口创建一个全新的类；得到的代码更紧凑，虽然可能可读性会差一点，可重用性会差一点。

6.7　小结

以下是本章中的关键概念。

❑ collect 是一个终端操作，它接受的参数是将流中元素累积到汇总结果的各种方式（称为收集器）。

❑ 预定义收集器包括将流元素归约和汇总到一个值，例如计算最小值、最大值或平均值。这些收集器总结在表 6-1 中。

❑ 预定义收集器可以用 groupingBy 对流中元素进行分组，或用 partitioningBy 进行分区。

❑ 收集器可以高效地复合起来，进行多级分组、分区和归约。

❑ 你可以实现 Collector 接口中定义的方法来开发自己的收集器。

第 7 章

并行数据处理与性能

7

本章内容
- 用并行流并行处理数据
- 并行流的性能分析
- 分支/合并框架
- 使用Spliterator分割流

通过前面三章，我们已经知道新的 Stream 接口能让你以声明的方式操纵数据集。我们还解释了由外部迭代切换到内部迭代后，原生 Java 库可以更好地控制流元素的处理。为加速数据集的处理，往往需要进行额外的显式优化，新的方式将 Java 程序员从之前的优化工作中解脱了出来。迄今为止，使用 Stream 最重要的好处是现在能对这些集合执行操作流水线，可以充分利用计算机的多个核了。

例如，Java 7 之前，要对集合数据执行并行处理非常麻烦。第一，你得明确地把包含数据的数据结构拆分成若干子部分。第二，你要给每个子部分分配一个独立的线程。第三，你需要在恰当的时候对它们进行同步来避免不希望出现的竞争条件，等待所有线程完成，最后把这些部分结果合并起来。Java 7 引入了一个名为"**分支/合并**"的框架，能让这些操作更稳定、更不易出错。7.2 节会探讨这一框架。

在本章中，你将了解 Stream 接口如何让你不太费力就能对数据集执行并行操作。它允许你声明性地将顺序流转变成并行流。此外，你还将了解 Java 是如何做到这一点的，或者更确切的说，流是如何在幕后应用 Java 7 引入的分支/合并框架的。你还会发现，了解并行流内部是如何工作的很重要，因为如果你忽视这一方面，就可能因误用而得到意外的结果，而这个意外结果极有可能是错误的。

并行处理各个数据块之前，并行流会被划分为一系列的数据块，我们会特别演示某些切分方式在一定情况下恰恰是造成无法解释错误结果的根源。藉此，你将会了解如何通过实现和使用自己的 Spliterator 来控制这个划分过程。

7

7.1　并行流

　　第 4 章简要提到过使用 Stream 接口能非常方便地并行处理其元素：对收集源调用 parallel-Stream 方法就能将集合转换为并行流。**并行流就是一个把内容拆分成多个数据块，用不同线程分别处理每个数据块的流。**这样一来，你就可以自动地把工作负荷分配到多核处理器的所有核，让它们都忙起来。我们用一个简单的例子来验证一下这个思想。

　　假设你需要写一个方法，接受数字 *n* 作为参数，并返回从 1 到给定参数的所有数字的和。一个直接（也许有点土）的方法是生成由一个数字组成的无限流，将它限制到传入的数目，然后使用对两个数字求和的 BinaryOperator 来归约这个流，代码如下所示：

```
public long sequentialSum(long n) {
    return Stream.iterate(1L, i -> i + 1)      ← 生成自然数无限流
                 .limit(n)                      ← 限制到前 n 个数
                 .reduce(0L, Long::sum);        ← 对所有数字求和来归约流
}
```

　　如果采用更为传统的 Java 术语，上述代码与下面这种迭代方式其实是等价的：

```
public long iterativeSum(long n) {
    long result = 0;
    for (long i = 1L; i <= n; i++) {
        result += i;
    }
    return result;
}
```

　　这似乎是利用并行处理的好机会，特别是 *n* 很大的时候。那怎么入手呢？你要对结果变量进行同步吗？用多少个线程呢？谁负责生成数呢？谁来做加法呢？

　　根本用不着担心。用并行流的话，这问题就简单多了！

7.1.1　将顺序流转换为并行流

　　对顺序流调用 parallel 方法，你可以将流转换成并行流，让前面的函数式归约过程（也就是求和）并行执行：

```
public long parallelSum(long n) {
    return Stream.iterate(1L, i -> i + 1)
                 .limit(n)
                 .parallel()                    ← 将流转换为并行流
                 .reduce(0L, Long::sum);
}
```

　　在上面的代码中，对流中所有数字求和的归约过程，其执行方式与 5.4.1 节介绍的大同小异，不同之处在于现在 Stream 由内部被分成了几块。因此能对不同的块执行独立并行的归约操作，如图 7-1 所示。最后，各个子流部分归约的返回值会被同一个归约操作整合，得到整个原始流的归约结果。

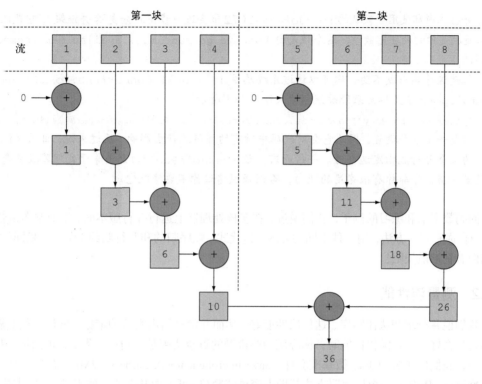

图 7-1 并行归约操作

请注意，实际上，对顺序流调用 parallel 方法并不意味着流本身有任何实际的变化。它其实仅仅在内部设置了一个 boolean 标志，表示你想让调用 parallel 之后进行的所有操作都并行执行。类似地，你只需要对并行流调用 sequential 方法就可以把它变成顺序流。请注意，你可能以为把这两个方法结合起来，就可以更精细地控制遍历流时哪些操作要并行执行，哪些要顺序执行。例如，你可以这样做：

```
stream.parallel()
      .filter(...)
      .sequential()
      .map(...)
      .parallel()
      .reduce();
```

但最后一次 parallel 或 sequential 调用会影响整个流水线。在本例中，流水线会并行执行，因为最后调用的是它。

配置并行流使用的线程池

看看流的 parallel 方法，你可能会想，并行流用的线程是从哪儿来的？有多少个？怎么自定义这个过程呢？

并行流内部使用了默认的 ForkJoinPool（7.2 节会进一步讲到分支/合并框架），它默认的线程数量就是你的处理器数量，这个值是由 Runtime.getRuntime().availableProcessors() 得到的。

但是这并非一成不变，你可以通过系统属性 java.util.concurrent.ForkJoinPool.common.parallelism 来修改线程池大小，如下所示：

```
System.setProperty("java.util.concurrent.ForkJoinPool.common.parallelism","12");
```

这是一个全局设置，因此它会对代码中所有的并行流产生影响。反过来说，目前我们还无法专为某个并行流指定这个值。一般而言，让 ForkJoinPool 的大小等于处理器数量是个不错的默认值，除非你有很充足的理由，否则强烈建议你不要修改它。

回到数字求和练习的例子，我们说过，在多核处理器上运行并行版本时，会有显著的性能提升。现在你有三个方法，用三种不同的方式（迭代式、顺序归约和并行归约）做完全相同的操作，让我们看看谁最快吧！

7.1.2　测量流性能

我们说并行求和法比顺序、迭代法性能好，然而并没有给出实锤的依据。软件工程上靠猜绝对不是什么好主意！优化性能时，你应该始终遵循的黄金法则是：测量，测量，再测量。基于这个思想，我们使用名为 Java 微基准套件（Java microbenchmark harness，JMH）的库实现了一个微基准测试。JMH 是一个以声明方式帮助大家创建简单、可靠微基准测试的工具集，它支持 Java，也支持可以运行在 Java 虚拟机（Java virtual machine，JVM）上的其他语言。事实上，为运行于 JVM 上的程序创建正确且有价值的基准测试并不是件容易事儿，因为你需要考虑大量可能影响性能的因素，譬如 HotSpot 虚拟机的热身时间。恰当的热身时间可以提升虚拟机对字节码的优化，减小垃圾收集的开销。如果你使用 Maven 作为编译工具，那么启动 JMH 只需要在你项目的 pom.xml 文件（该文件定义了 Maven 的构建过程）中添加几行依赖，如下所示：

```
<dependency>
  <groupId>org.openjdk.jmh</groupId>
  <artifactId>jmh-core</artifactId>
  <version>1.17.4</version>
</dependency>
<dependency>
  <groupId>org.openjdk.jmh</groupId>
  <artifactId>jmh-generator-annprocess</artifactId>
  <version>1.17.4</version>
</dependency>
```

上述第一个库是 JMH 的核心实现，第二个库包含了帮助产生 Java 归档（JAR）文件的注解处理器，一旦你在 Maven 配置文件中添加了下面的配置，就可以通过它非常方便地执行微基准测试了：

```
<build>
    <plugin>
      <groupId>org.apache.maven.plugins</groupId>
      <artifactId>maven-shade-plugin</artifactId>
      <executions>
        <execution>
          <phase>package</phase>
          <goals><goal>shade</goal></goals>
          <configuration>
            <finalName>benchmarks</finalName>
            <transformers>
              <transformer implementation="org.apache.maven.plugins.shade.
                                  resource.ManifestResourceTransformer">
                <mainClass>org.openjdk.jmh.Main</mainClass>
              </transformer>
            </transformers>
          </configuration>
        </execution>
      </executions>
    </plugin>
  </plugins>
</build>
```

做完这一步，你就能很轻松地对本节开头介绍的 sequentialSum 方法执行基准测试了，如下所示。

代码清单 7-1　测量对前 n 个自然数求和的函数的性能

```
@BenchmarkMode(Mode.AverageTime)          测量用于执行基准测试目
@OutputTimeUnit(TimeUnit.MILLISECONDS)    标方法所花费的平均时间
@Fork(2, jvmArgs={"-Xms4G", "-Xmx4G"})    以毫秒为单位，打印
public class ParallelStreamBenchmark {    输出基准测试的结果
    private static final long N= 10_000_000L;  采用 4Gb 的堆，执行
                                               基准测试两次以获得
                                               更可靠的结果
基准测试的  @Benchmark
目标方法    public long sequentialSum() {
        return Stream.iterate(1L, i -> i + 1).limit(N)
                    .reduce( 0L, Long::sum);
    }
    @TearDown(Level.Invocation)            尽量在每次基准测
    public void tearDown() {               试迭代结束后都进
        System.gc();                       行一次垃圾回收
    }
}
```

编译这个类时，你之前配置的 Maven 插件会生成一个名为 benchmarks.jar 的 JAR 文件，你可以像下面这样执行它：

```
java -jar ./target/benchmarks.jar ParallelStreamBenchmark
```

我们为基准测试特别配置了大的堆，希望尽量避免垃圾回收带来的影响。出于同样的原因，

还试图在每次基准测试迭代完成之后强制进行垃圾回收。不得不说，即便已经做了这些准备，基准测试的结果也不可尽信。太多的因素都可能影响执行的时间，譬如你的机器配备了多少个 CPU 核！你可以尝试在自己的机器上执行本书代码库中的代码，看看结果是什么情况。

通过前一种方式启动，命令会让 JMH 执行 20 次基准测试的方法，帮助 HotSpot 对代码进行充分地热身，接着再次执行 20 次以上的迭代，以计算基准测试的最终结果。这 20+20 次迭代是 JMH 缺失的行为，不过你可以通过 JMH 声明，或者更简单的命令行选项 -w 和 -i 标志位设置新的值。在配备了 Intel i7-4600U 2.1 GHz 四核 CPU 的机器上执行该基准测试，打印输出的结果如下：

```
Benchmark                                  Mode  Cnt     Score    Error  Units
ParallelStreamBenchmark.sequentialSum      avgt   40   121.843 ±  3.062  ms/op
```

你应该可以预见到，采用传统 `for` 循环迭代的版本，其执行速度会快很多，因为它在更低层执行，更重要的是这种情况不需要对基础类型值执行任何装箱或者拆箱操作。通过在基准测试类添加第二个方法，可以验证这一直觉，如代码清单 7-1 所示，该方法也使用 @Benchmark 进行了注解：

```
@Benchmark
public long iterativeSum() {
    long result = 0;
    for (long i = 1L; i <= N; i++) {
        result += i;
    }
    return result;
}
```

在测试机上执行第二个基准测试（你可能还需要注释掉第一个基准测试，避免它再次执行），我们得到了下面这组数据：

```
Benchmark                                  Mode  Cnt    Score    Error  Units
ParallelStreamBenchmark.iterativeSum       avgt   40    3.278 ± 0.192  ms/op
```

结果确认了我们的假设：跟预期一致，迭代版本与前一个采用顺序流版本比较起来，执行速度快了 40 多倍。现在，采用并发流的版本做同样的事情，把该方法加入基准测试类。我们得到了下面这组数据：

```
Benchmark                                  Mode  Cnt     Score     Error  Units
ParallelStreamBenchmark.parallelSum        avgt   40   604.059 ± 55.288  ms/op
```

这个结果令人相当失望，求和方法的并行版本并没能充分利用四核 CPU 的处理能力，与顺序版本比起来，它甚至慢了五倍！你如何解释这个意外的结果呢？实际上这儿存在两个相互交缠的问题：

❑ iterate 生成的是装箱的对象，必须拆箱成数字才能求和；
❑ 我们很难把 iterate 分成多个独立块来并行执行。
第二个问题更有意思一点，因为你必须意识到某些流操作比其他操作更容易并行化。具体来说，iterate 很难分割成能够独立执行的小块，因为每次应用这个函数都要依赖前一次应用的结果，如图 7-2 所示。

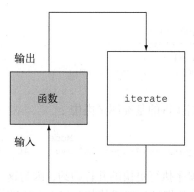

输出

函数

iterate

输入

图 7-2 iterate 在本质上是顺序的

这意味着，在这个特定情况下，归约进程不是像图 7-1 那样进行的。整张数字列表在归约过程开始时没有准备好，因而无法有效地把流划分为小块来并行处理。把流标记成并行，你其实是给顺序处理增加了开销，它还要把每次求和操作分到一个不同的线程上。

这就说明了并行编程可能很复杂，有时候甚至有点违反直觉。如果用得不对（比如采用了一个不易并行化的操作，如 iterate），它甚至可能让程序的整体性能更差，所以在调用那个看似神奇的 parallel 操作时，了解背后到底发生了什么是很有必要的。

使用更有针对性的方法

那到底要怎么利用多核处理器，用流来高效地并行求和呢？第 5 章中讨论过一个叫 LongStream.rangeClosed 的方法。这个方法与 iterate 相比有两个优点。

- □ LongStream.rangeClosed 直接产生基本类型的 long 数字，没有装箱拆箱的开销。
- □ LongStream.rangeClosed 会生成数字范围，很容易拆分为独立的小块。例如，范围 1~20 可分为 1~5、6~10、11~15 和 16~20。

首先，把下面的方法添加到基准测试类中，看看采用顺序流时的性能如何，拆箱的开销到底要不要紧：

```
@Benchmark
public long rangedSum() {
    return LongStream.rangeClosed(1, N)
                     .reduce(0L, Long::sum);
}
```

这一次的输出是：

```
Benchmark                            Mode  Cnt  Score   Error  Units
ParallelStreamBenchmark.rangedSum    avgt   40  5.315 ± 0.285  ms/op
```

这个数值流比前面那个用 iterate 工厂方法生成数字的顺序执行版本要快得多，因为数值流避免了非针对性流那些没必要的自动装箱和拆箱操作。由此可见，选择适当的数据结构往往比并行化算法更重要。但要是对这个新版本应用并行流呢？

```
@Benchmark
public long parallelRangedSum() {
    return LongStream.rangeClosed(1, N)
                     .parallel()
                     .reduce(0L, Long::sum);
}
```

现在把这个方法添加到我们获得的基准测试类中：

```
Benchmark                                     Mode  Cnt  Score   Error  Units
ParallelStreamBenchmark.parallelRangedSum     avgt   40  2.677 ± 0.214  ms/op
```

终于，我们得到了一个比顺序执行更快的并行归约，因为这一次归约操作可以像图 7-1 那样执行了。这也表明，使用正确的数据结构然后使其并行工作能够保证最佳的性能。注意，最新的版本也比最初的迭代版本快大约 20%，这表明如果使用恰当，函数式程序风格能帮助我们充分利用现代多核处理器的并行处理能力，并且，与命令式编程比较起来，这种方式更简单，也更直接。

尽管如此，请记住，并行化并不是没有代价的。并行化过程本身需要对流做递归划分，把每个子流的归约操作分配到不同的线程，然后把这些操作的结果合并成一个值。但在多个核之间移动数据的代价也可能比你想的要大，所以很重要的一点是要保证在核中并行执行工作的时间比在核之间传输数据的时间长。总而言之，很多情况下不可能或不方便并行化。然而，在使用并行 Stream 加速代码之前，你必须确保用得对；如果结果错了，算得快就毫无意义了。让我们来看一个常见的陷阱。

7.1.3 正确使用并行流

错用并行流而产生错误的首要原因，就是使用的算法改变了某些共享状态。下面是另一种实现对前 n 个自然数求和的方法，但这会改变一个共享累加器：

```
public long sideEffectSum(long n) {
    Accumulator accumulator = new Accumulator();
    LongStream.rangeClosed(1, n).forEach(accumulator::add);
    return accumulator.total;
}
public class Accumulator {
    public long total = 0;
    public void add(long value) { total += value; }
}
```

这种代码非常普遍，特别是对那些熟悉指令式编程范式的程序员来说。这段代码和你习惯的那种指令式迭代数字列表的方式很像：初始化一个累加器，一个个遍历列表中的元素，把它们和累加器相加。

那这种代码又有什么问题呢？不幸的是，它真的无可救药，因为它在本质上就是顺序的。每次访问 total 都会出现数据竞争。如果你尝试用同步来修复，那就完全失去并行的意义了。为了说明这一点，试着把 Stream 变成并行的：

```
public long sideEffectParallelSum(long n) {
    Accumulator accumulator = new Accumulator();
    LongStream.rangeClosed(1, n).parallel().forEach(accumulator::add);
    return accumulator.total;
}
```

用代码清单 7-1 中的测试框架来执行这个方法，并打印每次执行的结果：

```
System.out.println("SideEffect parallel sum done in: " +
    measurePerf(ParallelStreams::sideEffectParallelSum, 10_000_000L) + "
    msecs" );
```

你可能会得到类似于下面这种输出：

```
Result: 5959989000692
Result: 7425264100768
Result: 6827235020033
Result: 7192970417739
Result: 6714157975331
Result: 7497810541907
Result: 6435348440385
Result: 6999349840672
Result: 7435914379978
Result: 7715125932481
SideEffect parallel sum done in: 49 msecs
```

这回方法的性能无关紧要了，唯一要紧的是每次执行都会返回不同的结果，都离正确值 50000005000000 差很远。这是由于多个线程在同时访问累加器，执行 total += value，而这一句虽然看似简单，却不是一个原子操作。问题的根源在于，forEach 中调用的方法有副作用，它会改变多个线程共享的对象的可变状态。要是你想用并行 Stream 又不想引发类似的意外，就必须避免这种情况。

现在你知道了，共享可变状态会影响并行流以及并行计算。第 18 章和第 19 章详细讨论函数式编程的时候，还会谈到这一点。现在，记住要避免共享可变状态，确保并行 Stream 得到正确的结果。接下来，我们会看到一些实用建议，你可以由此判断什么时候可以利用并行流来提升性能。

7.1.4 高效使用并行流

一般而言，想给出任何关于什么时候该用并行流的定量建议都是不可能也毫无意义的，因为任何类似于"仅当超过 1000 个元素的时候才用并行流"的建议对于某台特定机器上的某个特定操作可能是对的，但在略有差异的另一种情况下可能就是大错特错。尽管如此，我们至少可以提出一些定性意见，帮你决定某个特定情况下是否有必要使用并行流。

❑ 如果有疑问，测量。把顺序流转成并行流轻而易举，却不一定是好事。本节中已经指出，并行流并不总是比顺序流快。此外，并行流有时候会和你的直觉不一致，所以在考虑选择顺序流还是并行流时，第一个也是最重要的建议就是用适当的基准来检查其性能。

❑ 留意装箱。自动装箱和拆箱操作会大大降低性能。Java 8 中有基本类型流（IntStream、LongStream 和 DoubleStream）来避免这种操作，但凡有可能都应该用这些流。

❑ 有些操作本身在并行流上的性能就比顺序流差。特别是 limit 和 findFirst 等依赖于元素顺序的操作，它们在并行流上执行的代价非常大。例如，findAny 会比 findFirst 性能好，因为它不一定要按顺序来执行。你总是可以调用 unordered 方法来把有序流变成无序流。那么，如果你需要流中的 N 个元素而不是专门要前 N 个的话，对无序并行流调用 limit 可能会比单个有序流（比如数据源是一个 List）更高效。

❑ 还要考虑流的操作流水线的总计算成本。设 N 是要处理的元素的总数，Q 是一个元素通过流水线的大致处理成本，则 N*Q 就是这个对成本的一个粗略的定性估计。Q 值较高就意味着使用并行流时性能好的可能性比较大。

❑ 对于较小的数据量，选择并行流几乎从来都不是一个好的决定。并行处理少数几个元素的好处还抵不上并行化造成的额外开销。

❑ 要考虑流背后的数据结构是否易于分解。例如，ArrayList 的拆分效率比 LinkedList 高得多，因为前者用不着遍历就可以平均拆分，后者则必须遍历。另外，用 range 工厂方法创建的基本类型流也可以快速分解。最后，你将在 7.3 节中学到，可以自己实现 Spliterator 来完全掌控分解过程。

❑ 流自身的特点以及流水线中的中间操作修改流的方式，都可能会改变分解过程的性能。例如，一个 SIZED 流可以分成大小相等的两部分，这样每个部分都可以比较高效地并行处理，但筛选操作可能丢弃的元素个数无法预测，从而导致流本身的大小未知。

❑ 还要考虑终端操作中合并步骤的代价是大是小（例如 Collector 中的 combiner 方法）。如果这一步代价很大，那么组合每个子流产生的部分结果所付出的代价就可能会超出通过并行流得到的性能提升。

表 7-1 按照可分解性总结了一些流数据源适不适于并行。

表 7-1 流的数据源和可分解性

源	可分解性
ArrayList	极佳
LinkedList	差
IntStream.range	极佳
Stream.iterate	差
HashSet	好
TreeSet	好

最后，我们还要强调并行流背后使用的基础架构是 Java 7 中引入的分支/合并框架。并行汇总的示例证明了要想正确使用并行流，了解它的内部原理至关重要，所以下一节会仔细研究分支/合并框架。

7.2 分支/合并框架

分支/合并框架的目的是以递归方式将可以并行的任务拆分成更小的任务，然后将每个子任务的结果合并起来生成整体结果。它是 ExecutorService 接口的一个实现，它把子任务分配给线程池（称为 ForkJoinPool）中的工作线程。首先来看看如何定义任务和子任务。

7.2.1 使用 RecursiveTask

要把任务提交到这个池，必须创建 RecursiveTask<R>的一个子类，其中 R 是并行化任务（以及所有子任务）产生的结果类型，或者如果任务不返回结果，则是 RecursiveAction 类型（当然它可能会更新其他非局部机构）。要定义 RecursiveTask，只需实现它唯一的抽象方法 compute：

```
protected abstract R compute();
```

这个方法同时定义了将任务拆分成子任务的逻辑，以及无法再拆分或不方便再拆分时，生成单个子任务结果的逻辑。正由于此，这个方法的实现类似于下面的伪代码：

```
if (任务足够小或不可分) {
    顺序计算该任务
} else {
    将任务分成两个子任务
    递归调用本方法，拆分每个子任务，等待所有子任务完成
    合并每个子任务的结果
}
```

一般来说，并没有确切的标准决定一个任务是否应该再拆分，但有几种试探方法可以帮助你做出这一决定。7.2.2 节会进一步澄清。递归的任务拆分过程如图 7-3 所示。

你可能已经注意到，这只不过是著名的分治算法的并行版本而已。这里举一个用分支/合并框架的实际例子，还以前面的例子为基础，让我们试着用这个框架为一个数字范围（这里用一个 long[]数组表示）求和。如前所述，你需要先为 RecursiveTask 类做一个实现，就是下面代码清单中的 ForkJoinSumCalculator。

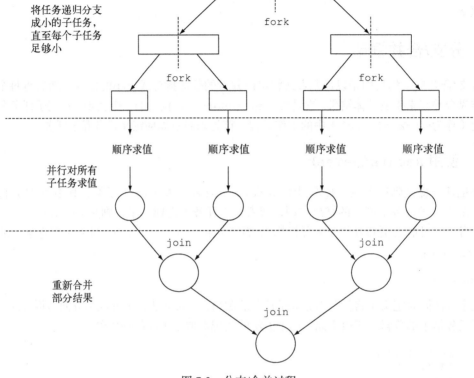

图 7-3   分支/合并过程

代码清单 7-2   用分支/合并框架执行并行求和

由子任务处理的子数
组的起始和终止位置

扩展 RecursiveTask
来创建可以用于分支/
合并框架的任务

```
public class ForkJoinSumCalculator
        extends java.util.concurrent.RecursiveTask<Long> {
    private final long[] numbers;
    private final int start;
    private final int end;
    public static final long THRESHOLD = 10_000;
    public ForkJoinSumCalculator(long[] numbers) {
        this(numbers, 0, numbers.length);
    }
    private ForkJoinSumCalculator(long[] numbers, int start, int end) {
        this.numbers = numbers;
        this.start = start;
        this.end = end;
    }
    @Override
    protected Long compute() {
```

要求和的
数字数组

将任务分解
为子任务的
阈值大小

公共构造函数用
于创建主任务

私有构造函数用于以递归
方式为主任务创建子任务

重写 RecursiveTask
抽象方法

该任务负责求和的子数组大小

```
int length = end - start;
if (length <= THRESHOLD) {
    return computeSequentially();
}
```

如果大小小于或等于阈值，就顺序计算结果

创建一个子任务来为数组的前一半求和

```
ForkJoinSumCalculator leftTask =
    new ForkJoinSumCalculator(numbers, start, start + length/2);
leftTask.fork();
ForkJoinSumCalculator rightTask =
    new ForkJoinSumCalculator(numbers, start + length/2, end);
Long rightResult = rightTask.compute();
Long leftResult = leftTask.join();
return leftResult + rightResult;
}
```

利用 `ForkJoinPool` 的另一个线程异步地执行新创建的子任务

创建一个子任务来为数组的后一半求和

同步执行第二个子任务，有可能进行进一步的递归划分

```
private long computeSequentially() {
    long sum = 0;
    for (int i = start; i < end; i++) {
        sum += numbers[i];
    }
    return sum;
}
}
```

读取第一个子任务的结果，如果尚未完成就等待

大小小于阈值时所采用的一个简单的顺序算法

整合两个子任务的计算结果

现在编写一个方法来并行对前 *n* 个自然数求和就很简单了。你只需把想要的数字数组传给 `ForkJoinSumCalculator` 的构造函数：

```
public static long forkJoinSum(long n) {
    long[] numbers = LongStream.rangeClosed(1, n).toArray();
    ForkJoinTask<Long> task = new ForkJoinSumCalculator(numbers);
    return new ForkJoinPool().invoke(task);
}
```

这里用了一个 `LongStream` 来生成包含前 *n* 个自然数的数组，然后创建一个 `ForkJoinTask`（`RecursiveTask` 的父类），并把数组传递给代码清单 7-2 所示的 `ForkJoinSumCalculator` 的公共构造函数。最后，你创建了一个新的 `ForkJoinPool`，并把任务传给它的调用方法 。在 `ForkJoinPool` 中执行时，最后一个方法返回的值就是 `ForkJoinSumCalculator` 类定义的任务结果。

请注意在实际应用时，使用多个 `ForkJoinPool` 是没有什么意义的。正是出于这个原因，一般来说把它实例化一次，然后把实例保存在静态字段中，使之成为单例，这样就可以在软件中任何部分方便地重用了。这里创建时用了其默认的无参数构造函数，这意味着想让线程池使用 JVM 能够使用的所有处理器。更确切地说，该构造函数将使用 `Runtime.availableProcessors` 的返回值来决定线程池使用的线程数。请注意 `availableProcessors` 方法虽然看起来是处理器，但它实际上返回的是可用核的数量，包括超线程生成的虚拟核。

运行 ForkJoinSumCalculator

当把 `ForkJoinSumCalculator` 任务传给 `ForkJoinPool` 时，这个任务就由池中的一个线程执行，这个线程会调用任务的 `compute` 方法。该方法会检查任务是否小到足以顺序执行，如

果不够小则会把要求和的数组分成两半，分给两个新的 ForkJoinSumCalculator，而它们也由 ForkJoinPool 安排执行。因此，这一过程可以递归重复，把原任务分为更小的任务，直到满足不方便或不可能再进一步拆分的条件（本例中是求和的项目数小于等于 10 000）。这时会顺序计算每个任务的结果，然后由分支过程创建的（隐含的）任务二叉树遍历回到它的根。接下来会合并每个子任务的部分结果，从而得到总任务的结果。这一过程如图 7-4 所示。

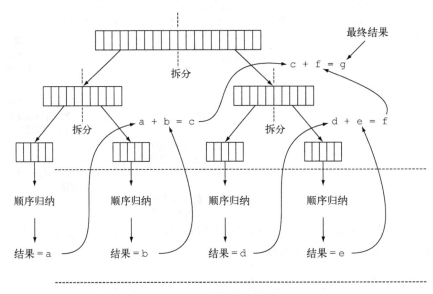

图 7-4 分支/合并算法

你可以再用一次本章开始时写的测试框架，来看看显式使用分支/合并框架的求和方法的性能：

```
System.out.println("ForkJoin sum done in: " + measureSumPerf(
    ForkJoinSumCalculator::forkJoinSum, 10_000_000) + " msecs" );
```

它生成以下输出：

```
ForkJoin sum done in: 41 msecs
```

这个性能看起来比用并行流的版本要差，但这只是因为必须先要把整个数字流都放进一个 long[]，之后才能在 ForkJoinSumCalculator 任务中使用它。

7.2.2 使用分支/合并框架的最佳做法

虽然分支/合并框架还算简单易用，但不幸的是它也很容易被误用。以下是几个有效使用它的最佳做法。

- ❑ 对一个任务调用 join 方法会阻塞调用方，直到该任务做出结果。因此，有必要在两个子任务的计算都开始之后再调用它。否则，你得到的版本会比原始的顺序算法更慢且更复杂，因为每个子任务都必须等待另一个子任务完成才能启动。

❏ 不应该在 `RecursiveTask` 内部使用 `ForkJoinPool` 的 `invoke` 方法。相反，你应该始终直接调用 `compute` 或 `fork` 方法，只有顺序代码才应该用 `invoke` 来启动并行计算。

❏ 对子任务调用 `fork` 方法可以把它排进 `ForkJoinPool`。同时对左边和右边的子任务调用它似乎很自然，但这样做的效率要比直接对其中一个调用 `compute` 低。这样做你可以为其中一个子任务重用同一线程，从而避免在线程池中多分配一个任务造成的开销。

❏ 调试使用分支/合并框架的并行计算可能有点棘手。特别是你平常都在你喜欢的 IDE 里面看栈跟踪（stack trace）来找问题，但放在分支/合并计算上就不行了，因为调用 `compute` 的线程并不是概念上的调用方，后者是调用 `fork` 的那个。

❏ 和并行流一样，你不应理所当然地认为在多核处理器上使用分支/合并框架就比顺序计算快。我们已经说过，一个任务可以分解成多个独立的子任务，才能让性能在并行化时有所提升。所有这些子任务的运行时间都应该比分出新任务所花的时间长。一个惯用方法是把输入/输出放在一个子任务里，计算放在另一个里，这样计算就可以和输入/输出同时进行。此外，在比较同一算法的顺序和并行版本的性能时还有别的因素要考虑。就像任何其他 Java 代码一样，分支/合并框架需要"预热"或者说要执行几遍才会被 JIT 编译器优化。这就是为什么在测量性能之前跑几遍程序很重要，我们的测试框架就是这么做的。同时还要知道，编译器内置的优化可能会为顺序版本带来一些优势（例如执行死码分析——删去从未被使用的计算）。

对于分支/合并拆分策略还有最后一点补充：你必须选择一个标准，来决定子任务是要进一步拆分还是已小到可以顺序求值。下一节中会就此给出一些提示。

7.2.3 工作窃取

在 `ForkJoinSumCalculator` 的例子中，我们决定在要求和的数组中最多包含 10 000 个项目时就不再创建子任务了。这个选择是很随意的，但大多数情况下也很难找到一个好的启发式方法来确定它，只能试几个不同的值来尝试优化它。在我们的测试案例中，我们先用了一个有 1000 万项目的数组，意味着 `ForkJoinSumCalculator` 至少会分出 1000 个子任务来。这似乎有点浪费资源，因为我们用来运行它的机器上只有四个核。在这个特定例子中可能确实是这样，因为所有的任务都受 CPU 约束，预计所花的时间也差不多。

但分出大量的小任务一般来说都是一个好的选择。这是因为，理想情况下，划分并行任务时，应该让每个任务都用完全相同的时间完成，让所有的 CPU 核都同样繁忙。不幸的是，实际中，每个子任务所花的时间可能天差地别，要么是因为划分策略效率低，要么是有不可预知的原因，比如磁盘访问慢，或是需要和外部服务协调执行。

分支/合并框架工程用一种称为工作窃取（work stealing）的技术来解决这个问题。在实际应用中，这意味着这些任务差不多被平均分配到 `ForkJoinPool` 中的所有线程上。每个线程都为分配给它的任务保存一个双向链式队列，每完成一个任务，就会从队列头上取出下一个任务开始执行。基于前面所述的原因，某个线程可能早早完成了分配给它的所有任务，也就是它的队列已经空了，而其他的线程还很忙。这时，这个线程并没有闲下来，而是随机选了一个别的线程，从队列的尾巴上"偷走"一个任务。这个过程一直继续下去，直到所有的任务都执行完毕，所有的队列都清空。这就是为什么要划成许多小任务而不是少数几个大任务，这有助于更好地在工作线程之间平衡负载。

一般来说，这种工作窃取算法用于在池中的工作线程之间重新分配和平衡任务。图 7-5 展示了这个过程。当工作线程队列中有一个任务被分成两个子任务时，一个子任务就被闲置的工作线程"偷走"了。如前所述，这个过程可以不断递归，直到规定子任务应顺序执行的条件为真。

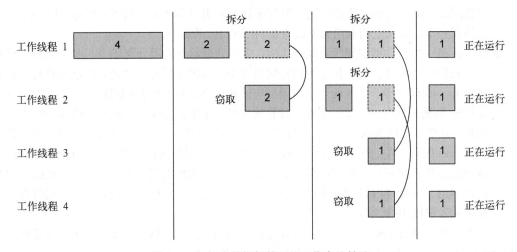

图 7-5　分支/合并框架使用的工作窃取算法

现在你应该清楚流如何使用分支/合并框架来并行处理它的项目了，不过还有一点没有讲。本节中我们分析了一个例子，你明确地指定了将数字数组拆分成多个任务的逻辑。但是，使用本章前面讲的并行流时就用不着这么做了，这就意味着，肯定有一种自动机制来为你拆分流。这种新的自动机制称为 Spliterator，下一节会讨论。

7.3　Spliterator

Spliterator 是 Java 8 中加入的另一个新接口，这个名字代表"可分迭代器"（splitable iterator）。和 Iterator 一样，Spliterator 也用于遍历数据源中的元素，但它是为了并行执行而设计的。虽然在实践中可能用不着自己开发 Spliterator，但了解一下它的实现方式会让你对并行流的工作原理有更深入的了解。Java 8 已经为集合框架中包含的所有数据结构提供了一个默认的 Spliterator 实现。集合实现了 Spliterator 接口，接口提供了一个默认的 spliterator() 方法（你将会在第 13 章中学到关于默认方法的更多信息）。这个接口定义了若干方法，如下面的代码清单所示。

代码清单 7-3　Spliterator 接口

```
public interface Spliterator<T> {
    boolean tryAdvance(Consumer<? super T> action);
```

```
    Spliterator<T> trySplit();
    long estimateSize();
    int characteristics();
}
```

与往常一样，T 是 Spliterator 遍历的元素的类型。tryAdvance 方法的行为类似于普通的 Iterator，因为它会按顺序一个一个使用 Spliterator 中的元素，并且如果还有其他元素要遍历就返回 true。但 trySplit 是专为 Spliterator 接口设计的，因为它可以把一些元素划出去分给第二个 Spliterator（由该方法返回），让它们两个并行处理。Spliterator 还可通过 estimateSize 方法估计还剩下多少元素要遍历，因为即使不那么确切，能快速算出来是一个值也有助于让拆分均匀一点。

重要的是，要了解这个拆分过程在内部是如何执行的，以便在需要时能够掌控它。因此，下一节会详细地分析它。

7.3.1 拆分过程

将 Stream 拆分成多个部分的算法是一个递归过程，如图 7-6 所示。第一步是对第一个 Spliterator 调用 trySplit，生成第二个 Spliterator。第二步是对这两个 Spliterator 调用 trysplit,这样总共就有了四个 Spliterator。这个框架不断对 Spliterator 调用 trySplit 直到它返回 null，表明它处理的数据结构不能再分割，如第三步所示。最后，这个递归拆分过程到第四步就终止了，这时所有的 Spliterator 在调用 trySplit 时都返回了 null。

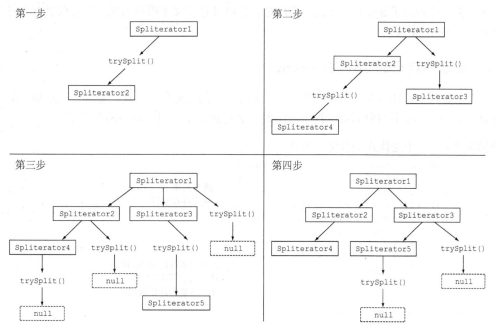

图 7-6 递归拆分过程

这个拆分过程也受 Spliterator 本身的特性影响，而特性是通过 characteristics 方法声明的。

Spliterator 的特性

Spliterator 接口声明的最后一个抽象方法是 characteristics，它将返回一个 int，代表 Spliterator 本身特性集的编码。使用 Spliterator 的客户可以用这些特性来更好地控制和优化它的使用。表 7-2 总结了这些特性（不幸的是，虽然它们在概念上与收集器的特性有重叠，编码却不一样）。这些特性是在 Spliterator 接口中定义的 int 常量。

表 7-2　Spliterator 的特性

特　　性	含　　义
ORDERED	元素有既定的顺序（例如 List），因此 Spliterator 在遍历和划分时也会遵循这一顺序
DISTINCT	对于任意一对遍历过的元素 x 和 y，x.equals(y) 返回 false
SORTED	遍历的元素按照一个预定义的顺序排序
SIZED	该 Spliterator 由一个已知大小的源建立（例如 Set），因此 estimatedSize() 返回的是准确值
NON-NULL	保证遍历的元素不会为 null
IMMUTABLE	Spliterator 的数据源不能修改。这意味着在遍历时不能添加、删除或修改任何元素
CONCURRENT	该 Spliterator 的数据源可以被其他线程同时修改而无须同步
SUBSIZED	该 Spliterator 和所有从它拆分出来的 Spliterator 都是 SIZED

现在你已经看到了 Spliterator 接口是什么以及它定义了哪些方法，你可以试着自己实现一个 Spliterator 了。

7.3.2　实现你自己的 Spliterator

下面来看一个可能需要你自己实现 Spliterator 的实际例子。我们要开发一个简单的方法来数数一个 String 中的单词数。这个方法的一个迭代版本可以写成下面的样子。

代码清单 7-4　一个迭代式词数统计方法

```
public int countWordsIteratively(String s) {
    int counter = 0;
    boolean lastSpace = true;
    for (char c : s.toCharArray()) {            逐个遍历 String
        if (Character.isWhitespace(c)) {        中的所有字符
            lastSpace = true;
        } else {
            if (lastSpace) counter++;           上一个字符是空格，而当
            lastSpace = false;                  前遍历的字符不是空格
        }                                       时，将单词计数器加一
    }
    return counter;
}
```

把这个方法用在但丁的《神曲》的《地狱篇》的第一句话上：

```
final String SENTENCE =
            " Nel   mezzo del cammin  di nostra  vita " +
            "mi  ritrovai in una  selva oscura" +
            " ché la  dritta via era   smarrita ";
System.out.println("Found " + countWordsIteratively(SENTENCE) + " words");
```

请注意，我们在句子里添加了一些额外的随机空格，以演示这个迭代实现即使在两个词之间存在多个空格时也能正常工作。正如我们所料，这段代码将打印以下内容：

```
Found 19 words
```

理想情况下，你会想要用更为函数式的风格来实现它，因为就像前面说过的，这样你就可以用并行 Stream 来并行化这个过程，而无须显式地处理线程和同步问题。

1. 以函数式风格重写单词计数器

首先你需要把 String 转换成一个流。不幸的是，基本类型的流仅限于 int、long 和 double，所以你只能用 Stream<Character>：

```
Stream<Character> stream = IntStream.range(0, SENTENCE.length())
                                    .mapToObj(SENTENCE::charAt);
```

你可以对这个流做归约来计算字数。在归约流时，你得保留由两个变量组成的状态：一个 int 用来计算到目前为止数过的字数，还有一个 boolean 用来记得上一个遇到的 Character 是不是空格。因为 Java 没有元组（tuple，用来表示由异类元素组成的有序列表的结构，不需要包装对象），所以你必须创建一个新类 WordCounter 来把这个状态封装起来，如下所示。

代码清单 7-5　用来在遍历 Character 流时计数的类

```
class WordCounter {
    private final int counter;
    private final boolean lastSpace;
    public WordCounter(int counter, boolean lastSpace) {
        this.counter = counter;
        this.lastSpace = lastSpace;
    }
    public WordCounter accumulate(Character c) {      ◁  和迭代算法一样，accumulate
        if (Character.isWhitespace(c)) {                  方法一个个遍历 Character
            return lastSpace ?
                    this :
                    new WordCounter(counter, true);
        } else {                                       ◁  上一个字符是空格，
            return lastSpace ?                             而当前遍历的字符
                    new WordCounter(counter + 1, false) :    不是空格时，将单词
                    this;                                   计数器加一
        }
    }
    public WordCounter combine(WordCounter wordCounter) {   ◁  合并两个 WordCounter，
        return new WordCounter(counter + wordCounter.counter,    把其计数器加起来
```

```
                                        wordCounter.lastSpace);
    }
    public int getCounter() {
        return counter;
    }
}
```

仅需要计数器
的总和，无须关
心 `lastSpace`

这段代码中，`accumulate` 方法定义了如何更改 `WordCounter` 的状态，或者更确切地说是用哪个状态来建立新的 `WordCounter`，因为这个类是不可变的。理解这一点非常重要。我们特意采用了一个不可变类来收集状态信息，以便在接下来的步骤中能并发地进行处理。每次遍历到 Stream 中的一个新的 `Character` 时，就会调用 `accumulate` 方法。具体来说，就像代码清单 7-4 中的 `countWordsIteratively` 方法一样，当上一个字符是空格，新字符不是空格时，计数器就加一。图 7-7 展示了 `accumulate` 方法遍历到新的 `Character` 时，`WordCounter` 的状态转换。调用第二个方法 `combine` 时，会对作用于 `Character` 流的两个不同子部分的两个 `WordCounter` 的部分结果进行汇总，也就是把两个 `WordCounter` 内部的计数器加起来。

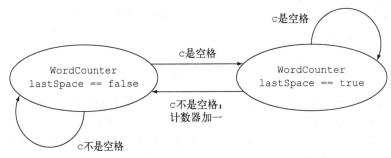

图 7-7   遍历到新的 `Character` c 时 `WordCounter` 的状态转换

现在你已经写好了在 `WordCounter` 中累计字符，以及在 `WordCounter` 中把它们结合起来的逻辑，那写一个方法来归约 `Character` 流就很简单了：

```
private int countWords(Stream<Character> stream) {
    WordCounter wordCounter = stream.reduce(new WordCounter(0, true),
                                    WordCounter::accumulate,
                                    WordCounter::combine);
    return wordCounter.getCounter();
}
```

现在你就可以试一试这个方法，给它由包含但丁的《神曲》中《地狱篇》第一句的 String 创建的流：

```
Stream<Character> stream = IntStream.range(0, SENTENCE.length())
                                .mapToObj(SENTENCE::charAt);
System.out.println("Found " + countWords(stream) + " words");
```

你可以和迭代版本比较一下输出：

```
Found 19 words
```

到现在为止都很好，但我们以函数式实现 `WordCounter` 的主要原因之一就是能轻松地并行处理，来看看具体是如何实现的。

2. 让 WordCounter 并行工作

你可以尝试用并行流来加快字数统计，如下所示：

```
System.out.println("Found " + countWords(stream.parallel()) + " words");
```

不幸的是，这次的输出是：

```
Found 25 words
```

显然有些不对，可到底是哪里不对呢？问题的根源并不难找。因为原始的 String 在任意位置拆分，所以有时一个词会被分为两个词，然后数了两次。这就说明，拆分流会影响结果，而把顺序流换成并行流就可能使结果出错。

如何解决这个问题呢？解决方案就是要确保 String 不是在随机位置拆开的，而只能在词尾拆开。要做到这一点，你必须为 Character 实现一个 Spliterator，它只能在两个词之间拆开 String（如下所示），然后由此创建并行流。

代码清单 7-6 WordCounterSpliterator

```
class WordCounterSpliterator implements Spliterator<Character> {
    private final String string;
    private int currentChar = 0;
    public WordCounterSpliterator(String string) {
        this.string = string;
    }
    @Override
    public boolean tryAdvance(Consumer<? super Character> action) {
        action.accept(string.charAt(currentChar++));        处理当前字符
        return currentChar < string.length();                如果还有字符
    }                                                          要处理，则返
    @Override                                                  回 true
    public Spliterator<Character> trySplit() {
        int currentSize = string.length() - currentChar;
        if (currentSize < 10) {                              返回 null 表示要
            return null;                                      解析的 String 已
        }                                                      经足够小，可以顺
        for (int splitPos = currentSize / 2 + currentChar;    序处理
                splitPos < string.length(); splitPos++) {
            if (Character.isWhitespace(string.charAt(splitPos))) {
                Spliterator<Character> spliterator =
                    new WordCounterSpliterator(string.substring(currentChar,
                                                                splitPos));
                currentChar = splitPos;
                return spliterator;
            }
        }
        return null;
    }
    @Override
    public long estimateSize() {
```

将试探拆分位置设定为要解析的 String 的中间

让拆分位置前进直到下一个空格

创建一个新 WordCounter-Spliterator 来解析 String 从开始到拆分位置的部分

将这个 WordCounterSpliterator 的起始位置设为拆分位置

发现一个空格并创建了新的 Spliterator，所以退出循环

7

```
        return string.length() - currentChar;
    }
    @Override
    public int characteristics() {
        return ORDERED + SIZED + SUBSIZED + NONNULL + IMMUTABLE;
    }
}
```

这个 Spliterator 由要解析的 String 创建, 并遍历了其中的 Character, 同时保存了当前正在遍历的索引。让我们快速回顾一下实现了 Spliterator 接口的 WordCounter-Spliterator 中的各个函数。

- tryAdvance 方法把 String 当前索引位置的 Character 传给了 Consumer, 并让位置加一。作为参数传递的 Consumer 是一个 Java 内部类, 在遍历流时将要处理的 Character 传给了一系列要对其执行的函数。这里只有一个归约函数, 即 WordCounter 类的 accumulate 方法。如果新的指针位置小于 String 的总长, 且还有要遍历的 Character, 则 tryAdvance 返回 true。

- trySplit 方法是 Spliterator 中最重要的一个方法, 因为它定义了拆分要遍历的数据结构的逻辑。就像在代码清单 7-1 中实现的 RecursiveTask 的 compute 方法一样 (分支/合并框架的使用方式), 首先要设定不再进一步拆分的下限。这里用了一个非常低的下限——10 个 Character, 仅仅是为了保证程序会对那个比较短的 String 做几次拆分。在实际应用中, 就像分支/合并的例子那样, 你肯定要用更高的下限来避免生成太多的任务。如果剩余的 Character 数量低于下限, 你就返回 null 表示无须进一步拆分。相反, 如果你需要执行拆分, 就把试探的拆分位置设在要解析的 String 块的中间。但我们没有直接使用这个拆分位置, 因为要避免把词在中间断开, 于是就往前找, 直到找到一个空格。一旦找到了适当的拆分位置, 就可以创建一个新的 Spliterator 来遍历从当前位置到拆分位置的子串。把当前位置 this 设为拆分位置, 因为之前的部分将由新的 Spliterator 来处理, 最后返回。

- 还需要遍历的元素的 estimatedSize 就是这个 Spliterator 解析的 String 的总长度和当前遍历的位置的差。

- 最后, characteristic 方法告诉框架这个 Spliterator 是 ORDERED (顺序就是 String 中各个 Character 的次序)、SIZED (estimatedSize 方法的返回值是精确的)、SUBSIZED (trySplit 方法创建的其他 Spliterator 也有确切大小)、NON-NULL (String 中不能有为 null 的 Character) 和 IMMUTABLE (在解析 String 时不能再添加 Character, 因为 String 本身是一个不可变类) 的。

3. 运用 WordCounterSpliterator

现在就可以用这个新的 WordCounterSpliterator 来处理并行流了, 如下所示:

```
Spliterator<Character> spliterator = new WordCounterSpliterator(SENTENCE);
Stream<Character> stream = StreamSupport.stream(spliterator, true);
```

传给 `StreamSupport.stream` 工厂方法的第二个布尔参数意味着你想创建一个并行流。把这个并行流传给 `countWords` 方法：

```
System.out.println("Found " + countWords(stream) + " words");
```

可以得到意料之中的正确输出：

```
Found 19 words
```

你已经看到了 `Spliterator` 如何让你控制拆分数据结构的策略。`Spliterator` 还有最后一个值得注意的功能，就是可以在第一次遍历、第一次拆分或第一次查询估计大小时绑定元素的数据源，而不是在创建时就绑定。这种情况下，它称为**延迟绑定**（late-binding）的 `Spliterator`。我们专门用附录 C 来展示如何开发一个工具类来利用这个功能在同一个流上执行多个操作。

7.4 小结

以下是本章中的关键概念。

❑ 内部迭代让你可以并行处理一个流，而无须在代码中显式使用和协调不同的线程。

❑ 虽然并行处理一个流很容易，但是不能保证程序在所有情况下都运行得更快。并行软件的行为和性能有时是违反直觉的，因此一定要测量，确保你并没有把程序拖得更慢。

❑ 像并行流那样对一个数据集并行执行操作可以提升性能，特别是要处理的元素数量庞大，或处理单个元素特别耗时的时候。

❑ 从性能角度来看，使用正确的数据结构，如尽可能利用原始流而不是一般化的流，几乎总是比尝试并行化某些操作更为重要。

❑ 分支/合并框架让你得以用递归方式将可以并行的任务拆分成更小的任务，在不同的线程上执行，然后将各个子任务的结果合并起来生成整体结果。

❑ `Spliterator` 定义了并行流如何拆分它要遍历的数据。

7

Part 3

使用流和 Lambda 进行高效编程

第三部分探索 Java 8 和 Java 9 的多个主题，这些主题中的技巧能让你的 Java 代码更高效，并能帮助你利用现代的编程习语改进代码库。这一部分的出发点是介绍高级的编程思想，本书后续内容并不依赖于此。

第 8 章是这一版新增的，探讨 Java 8 和 Java 9 对 Collection API 的增强。内容涵盖如何使用集合工厂，如何使用新的编程模式处理 List 和 Set，以及使用 Map 的惯用模式。

第 9 章探讨如何利用 Java 8 的新功能和一些秘诀来改善现有的代码。此外，该章还探讨了一些重要的软件开发技术，如设计模式、重构、测试和调试。

第 10 章也是这一版新增的，介绍依据领域特定语言（domain-specific language, DSL）实现 API 的思想。这不仅是一种强大的 API 设计方法，而且正变得越来越流行。Java 中已经有 API 采用这种模式实现，譬如 Comparator、Stream 以及 Collector 接口。

Collection API 的增强功能

本章内容
- ❑ 如何使用集合工厂
- ❑ 学习使用新的惯用模式处理 List 和 Set
- ❑ 学习通过惯用模式处理 Map

作为 Java 程序员，如果你不知道或者没有使用过 Collection API，就太孤陋寡闻了。几乎每一个 Java 应用都或多或少会用到 Collection。通过前面章节的学习，你已经看到将 Collection API 和 Stream API 结合起来构造数据处理查询有多强大。不过，Collection API 也存在种种不尽如人意的地方，使其使用起来比较烦琐，很多时候还容易出错。

通过本章，你会了解 Java 8 和 Java 9 中 Collection API 的新特性，这些特性能让你的编程工作事半功倍。首先，我们会介绍 Java 9 新引入的集合工厂，它可以极大地简化创建小规模 List、Set 以及 Map 的流程。接下来会介绍如何使用 Java 8 的增强功能，移除或者替换 List 和 Set 中的元素。最后会学习处理 Map 的一些新方法。

第 9 章将探讨大量重构遗留 Java 代码的方法。

8.1 集合工厂

Java 9 引入了一些新的方法，可以很简便地创建由少量对象构成的 Collection。首先，我们会探讨为什么程序员需要新方法，然后会介绍如何使用新的工厂方法创建对象。

先来回顾一下如何使用 Java 创建一个由少量元素构成的列表。譬如，你想要收集准备一起度假的朋友的名字。下面是一种实现方法：

```
List<String> friends = new ArrayList<>();
friends.add("Raphael");
friends.add("Olivia");
friends.add("Thibaut");
```

不过，这种方式很冗长，仅仅为了保存三个人名就写了这么多代码！实现同样的功能，更简洁的方式是使用 Arrays.asList() 工厂方法：

```
List<String> friends
    = Arrays.asList("Raphael", "Olivia", "Thibaut");
```

通过上面的代码，你创建了一个固定大小的列表，列表的元素可以更新，但不能增加或者删除。如果你尝试向其中添加元素，JVM 就会抛出一个 UnsupportedModificationException 异常。使用 Set 方法更新元素是允许的，如下所示：

```
List<String> friends = Arrays.asList("Raphael", "Olivia");
friends.set(0, "Richard");
friends.add("Thibaut");         ←┤ 抛出一个 UnsupportedModificationException 异常
```

这种行为让人有点儿意外，不过也可以解释，因为通过工厂方法创建的 Collection 的底层是大小固定的可变数组。

那么创建 Set 也有工厂方法吗？非常抱歉，目前 Java 中还没有 Arrays.asSet()这种工厂方法，你得通过别的方法实现类似的效果。譬如，你可以向 HashSet 的构造器传递一个列表，如下所示：

```
Set<String> friends "
    = new HashSet<>(Arrays.asList("Raphael", "Olivia", Thibaut"));
```

或者，你还可以使用 Stream API：

```
Set<String> friends
    = Stream.of("Raphael", "Olivia", "Thibaut")
            .collect(Collectors.toSet());
```

然而，这两种方案都并非完美，背后都有不必要的对象分配。此外，还得注意，你最终得到的是一个可变的 Set。

那 Map 呢？目前还没有优雅的方式来创建小规模的 Map，不过别担心，Java 9 新增的工厂方法可以简化小规模 List、Set 或者 Map 的创建。

让我们开始探索 Java 中创建集合的新方法吧。首先从 List 的新特性入手。

8

集合常量

    包括 Python、Groovy 在内的多种语言都支持集合常量，你可以通过譬如[42, 1, 5]这样的语法格式创建含有三个数字的集合。Java 并没有提供集合常量的语法支持，原因是这种语言上的变化往往伴随着高昂的维护成本，并且会限制将来可能使用的语法。与此相反，Java 9 通过增强 Collection API，另辟蹊径地增加了对集合常量的支持。

8.1.1 List 工厂

通过工厂方法 List.of 可以非常容易地创建一个列表，例如：

```
List<String> friends = List.of("Raphael", "Olivia", "Thibaut");
System.out.println(friends);     ←┐ [Raphael, Olivia, Thibaut]
```

不过，你可能会发现一些比较奇怪的情况。试着往你的朋友列表里添加一个元素：

```
List<String> friends = List.of("Raphael", "Olivia", "Thibaut");
friends.add("Chih-Chun");
```

执行这段代码时，你会遇到一个 java.lang.UnsupportedOperationException 异常。事实上，你刚刚创建的这个列表是一个只读列表。如果你试着使用 set() 方法替换它的一个成员，也会抛出一个类似的异常。所以，你也不能通过调用 set 修改它。不过，这种限制是好事，因为它可以保护你的集合，以免被意外地修改。你依然能够创建一个由可变元素构成的列表。如果你需要一个可变列表，也可以通过手动创建。最后，请留意一点，为了避免不可预知的缺陷，同时以更紧凑的方式存储内部数据，不要在工厂方法创建的列表中存放 null 元素。

> **重载（overloading）和变参（vararg）**
>
> 如果你进一步审视 List 接口，会发现 List.of 包含了多个重载的版本，包括：
>
> ```
> static <E> List<E> of(E e1, E e2, E e3, E e4)
> static <E> List<E> of(E e1, E e2, E e3, E e4, E e5)
> ```
>
> 你可能想知道 Java API 为什么不提供一个使用可变参数的方法，像下面这样接受任意数目的元素：
>
> ```
> static <E> List<E> of(E... elements)
> ```
>
> "知其然，更要知其所以然"，变参版本的函数需要额外分配一个数组，这个数组被封装于列表中。使用变参版本的方法，你就要负担分配数组、初始化以及最后对它进行垃圾回收的开销。使用定长（最多为 10 个）元素版本的函数，就没有这部分开销。注意，如果使用 List.of 创建超过 10 个元素的列表，这种情况下实际调用的还是变参类型的函数。类似的情况也会出现在 Set.of 和 Map.of 中。

可能你会问能不能使用 Stream API 而不是新的集合工厂方法来创建这种列表。毕竟前面章节里曾经使用收集器的 Collectors.toList() 方法将流转换为了列表。我的建议是除非你需要进行某种形式的数据处理并对数据进行转换，否则应该尽量使用工厂方法。工厂方法使用起来更简单，实现也更容易，并且在大多数情况下就够用了。

现在，你应该已经了解了 List 新引入的工厂方法，接下来继续讨论 Set。

8.1.2　Set 工厂

你可以用类似于 List.of 的方式，创建列表元素的不可变 Set 集合：

```
Set<String> friends = Set.of("Raphael", "Olivia", "Thibaut");    [Raphael,Olivia,
System.out.println(friends);                                      Thibaut]
```

如果你试图使用一个包含重复元素的列表创建 Set，就会收到一个 IllegalArgument-Exception 异常。这个异常反映了 Set 这种数据结构所遵守的原则，即它所包含的所有元素都是唯一的：

```
Set<String> friends = Set.of("Raphael", "Olivia", "Olivia");   ←
                                java.lang.IllegalArgumentException:
                                重复元素: Olivia
```

Java 语言中另一种流行的数据结构是 Map。接下来会学习创建 Map 的新方法。

8.1.3 Map 工厂

跟创建 List 和 Set 比较起来，创建 Map 稍显复杂，因为你需要同时传递键和值。Java 9 中提供了两种初始化一个不可变 Map 的方式。你可以使用工厂方法 Map.of，该方法交替地以列表中的元素作为键和值，如下所示：

```
Map<String, Integer> ageOfFriends                              {Olivia=25,
    = Map.of("Raphael", 30, "Olivia", 25, "Thibaut", 26);      Raphael=30,
System.out.println(ageOfFriends);                              Thibaut=26}
                                                            ←
```

如果你只需要创建不到 10 个键值对的小型 Map，那么使用这种方法比较方便。如果键值对的规模比较大，则可以考虑使用另外一种叫作 Map.ofEntries 的工厂方法，这种工厂方法接受以变长参数列表形式组织的 Map.Entry<K, V>对象作为参数。使用第二种方法，你需要创建额外的对象，从而实现对键和值的封装，如下所示：

```
import static java.util.Map.entry;
Map<String, Integer> ageOfFriends
    = Map.ofEntries(entry("Raphael", 30),                    {Olivia=25,
                    entry("Olivia", 25),                     Raphael=30,
                    entry("Thibaut", 26));                   Thibaut=26}
System.out.println(ageOfFriends);                          ←
```

Map.entry 是一个新的用于创建 Map.Entry 对象的工厂方法。

测验 8.1

以下代码片段的输出是什么？

```
List<String> actors = List.of("Keanu", "Jessica")
actors.set(0, "Brad");
System.out.println(actors)
```

答案：执行该代码片段会抛出一个 UnsupportedOperationException 异常，因为由 List.of 方法构造的集合对象是不可修改的。

至此，我们已经介绍完了 Java 9 中新引入的用于创建集合对象的工厂方法，使用工厂方法创建集合非常简单。不过在实际项目中，你还是需要对集合进行处理。下一节会介绍 List 和 Set 的几个新的增强功能，这些功能别出心裁地将一些通用处理模式抽象出来，极大地方便了集合的处理。

8.2　使用 `List` 和 `Set`

Java 8 在 `List` 和 `Set` 的接口中新引入了以下方法。

☐ `removeIf` 移除集合中匹配指定谓词的元素。实现了 `List` 和 `Set` 的所有类都提供了该方法（事实上，这个方法继承自 `Collection` 接口）。

☐ `replaceAll` 用于 `List` 接口中，它使用一个函数（`UnaryOperator`）替换元素。

☐ `sort` 也用于 `List` 接口中，对列表自身的元素进行排序。

以上所有方法都作用于调用对象本身。换句话说，它们改变的是集合自身，这一点跟流的操作有很大的不同，流的操作会生成一个新（复制）的结果。为什么要添加这些新方法呢？因为集合的修改烦琐而且容易出错。所以 Java 8 的开发团队添加了 `removeIf` 和 `replaceAll` 来解决这一问题。

8.2.1　`removeIf` 方法

来看看下面这段代码，它试图从所有的交易记录中删除那些以数字打头的引用代码（reference code）的交易：

```
for (Transaction transaction : transactions) {
    if(Character.isDigit(transaction.getReferenceCode().charAt(0))) {
        transactions.remove(transaction);
    }
}
```

发现其中的问题了吗？非常不幸，这段代码可能导致 ConcurrentModificationException。为什么会这样？因为在底层实现上，`for-each` 循环使用了一个迭代器对象，所以代码的执行会像下面这样：

```
for (Iterator<Transaction> iterator = transactions.iterator();
     iterator.hasNext(); ) {
  Transaction transaction = iterator.next();
  if(Character.isDigit(transaction.getReferenceCode().charAt(0))) {
      transactions.remove(transaction);
  }
}
```
◁── 问题在这儿，我们使用了两个不同的对象来迭代和修改集合

注意，在这段代码中，集合由两个不同的对象管理着：

☐ `Iterator` 对象，它使用 `next()` 和 `hasNext()` 方法查询源；

☐ `Collection` 对象，它通过调用 `remove()` 方法删除集合中的元素。

因此，迭代器对象的状态没有与集合对象的状态同步，反之亦然。为了解决这个问题，你只能显式地使用 `Iterator` 对象，并通过它调用 `remove()` 方法：

```
for (Iterator<Transaction> iterator = transactions.iterator();
     iterator.hasNext(); ) {
  Transaction transaction = iterator.next();
```

```
        if(Character.isDigit(transaction.getReferenceCode().charAt(0))) {
            iterator.remove();
        }
    }
```

如此一来这段代码就变得非常烦琐。现在，你使用 Java 8 提供的 removeIf 方法可以取代这段代码中的逻辑，该方法不仅简单，还可以避免前述的缺陷。removeIf 方法接受一个用于判断删除哪一个元素的谓词作为参数：

```
transactions.removeIf(transaction ->
        Character.isDigit(transaction.getReferenceCode().charAt(0)));
```

不过，有些时候，你想要做的不是删除列表中的元素，而是替换它们。为了解决这个问题，Java 8 新增了 replaceAll 方法。

8.2.2 replaceAll 方法

List 接口提供的 replaceAll 方法让你可以使用一个新的元素替换列表中满足要求的每个元素。你可以使用 Stream API 解决这一问题，如下所示：

```
referenceCodes.stream()                              ⟵⎯| [a12, C14, b13]
            .map(code -> Character.toUpperCase(code.charAt(0)) +
    code.substring(1))
            .collect(Collectors.toList())           输出 A12,
            .forEach(System.out::println);          ⟵⎯| C14, B13
```

这段代码会生成一个新的字符串集合。然而，你想要的是更新现有集合的方法。你还可以使用 ListIterator 对象（该对象提供了 set() 方法，其可以替换集合中的元素）：

```
for (ListIterator<String> iterator = referenceCodes.listIterator();
    iterator.hasNext(); ) {
  String code = iterator.next();
  iterator.set(Character.toUpperCase(code.charAt(0)) + code.substring(1));
}
```

如你所见，这段代码相当烦琐。此外，刚才介绍过，把 Iterator 对象和集合对象混在一起使用比较容易出错，特别是还需要修改集合对象的场景。在 Java 8 中，你可以通过下面这种简单的代码实现同样的逻辑：

```
referenceCodes.replaceAll(code -> Character.toUpperCase(code.charAt(0)) +
    code.substring(1));
```

我们已经学习了 List 和 Set 的新特性，不过别忘了还有 Map。下一节将介绍 Map 接口的新特性。

8.3 使用 Map

Java 8 在 Map 接口中新引入了几个默认方法（第 13 章会详细介绍默认方法，目前你可以把它当作接口中预先实现好了的方法）。增加这些新操作的目的是通过提供惯用模式，减少重复实现的开销，以帮助大家编写更加简洁的代码。接下来我们会逐一了解这些新增的操作，首先介绍全新的 forEach 方法。

8.3.1　forEach 方法

一直以来，遍历 Map 中的键和值都是非常笨拙的操作。实际上，你需要使用 Map.Entry<K, V>迭代器访问 Map 集合中的每一个元素：

```
for(Map.Entry<String, Integer> entry: ageOfFriends.entrySet()) {
    String friend = entry.getKey();
    Integer age = entry.getValue();
    System.out.println(friend + " is " + age + " years old");
}
```

从 Java 8 开始，Map 接口开始支持 forEach 方法，该方法接受一个 BiConsumer，以 Map 的键和值作为参数。使用 forEach 方法会让你的代码更简洁：

```
ageOfFriends.forEach((friend, age) -> System.out.println(friend + " is " +
    age + " years old"));
```

与迭代相关的一个问题是对集合中元素的排序。Java 8 引入了几个新的方法，可以方便地对 Map 中的元素进行比较。

8.3.2　排序

有两种新的工具可以帮助你对 Map 中的键或值排序，它们是：

❑ Entry.comparingByValue

❑ Entry.comparingByKey

比如下面的代码：

```
Map<String, String> favouriteMovies
        = Map.ofEntries(entry("Raphael", "Star Wars"),
        entry("Cristina", "Matrix"),
        entry("Olivia",
        "James Bond"));

favouriteMovies
  .entrySet()
  .stream()
  .sorted(Entry.comparingByKey())           ← 按照人名的
  .forEachOrdered(System.out::println);        字母顺序对
                                               流中的元素
                                               进行排序
```

按照顺序，输出如下：

```
Cristina=Matrix
Olivia=James Bond
Raphael=Star Wars
```

HashMap 及其性能

为了提升 HashMap 的性能，Java 8 更新了 HashMap 的内部数据结构。通常情况下，Map 的项都存放在依据键的散列值选择的桶（bucket）中。然而，如果大量的键返回同一个散列值，HashMap 的性能就会急剧下降，因为桶是由链接列表（LinkedList）实现的，而它的时间复杂度是 O(n)。现在，如果桶变得过大，它们就会动态地被排序树替换，新数据结构的查询时间复杂度是 O(log(n))，能极大地提高碰撞元素的查询速度。注意，只有当键是字符串或者数字类型的可比较对象时，这种排序树的数据结构变换才可能发生。

还有一种通用模式没有讨论，即你要查找的键在 Map 中不存在该怎么办。新的 getOrDefault 方法可以解决这一问题。

8.3.3 getOrDefault 方法

你要查找的键在 Map 中并不存在时，就会收到一个空引用，你需要检查返回值以避免遭遇 NullPointerException。处理这种情况的一种通用做法是提供一个默认值。使用 getOrDefault 方法，你可以轻松地在代码中应用这一思想。getOrDefault 以接受的第一个参数作为键，第二个参数作为默认值（在 Map 中找不到指定的键时，该默认值会作为返回值）：

```
Map<String, String> favouriteMovies
        = Map.ofEntries(entry("Raphael", "Star Wars"),
        entry("Olivia", "James Bond"));
        System.out.println(favouriteMovies.getOrDefault("Olivia", "Matrix"));
        System.out.println(favouriteMovies.getOrDefault("Thibaut", "Matrix"));
```

输出 Matrix　　　　　　　　　　　　　　　　　　　　　　　　　　输出 James Bond

注意，如果键在 Map 中存在，但碰巧被赋予的值是 null，那么 getOrDefault 还是会返回 null。此外，无论该键存在与否，你作为参数传入的表达式每次都会被执行。

Java 8 还包含了其他几个依据键或值存在或不存在的状况进行相关处理的高级方法。下一节会学习这些新的方法。

8.3.4 计算模式

有些时候，你希望依据键在 Map 中存在或者缺失的状况，有条件地执行某个操作，并存储计算的结果。例如，你希望缓存某个昂贵操作的结果，将其保存在一个键对应的值中。如果该键存在，就不需要再次展开计算。解决这个问题有三种新的途径：

❑ computeIfAbsent——如果指定的键没有对应的值（没有该键或者该键对应的值是空），那么使用该键计算新的值，并将其添加到 Map 中；

❑ computeIfPresent——如果指定的键在 Map 中存在，就计算该键的新值，并将其添加到 Map 中；

❑ compute——使用指定的键计算新的值，并将其存储到 Map 中。

8

computeIfAbsent 的一个应用场景是缓存信息。假设你要解析一系列文件中每一个行的内容并计算它们的 SHA-256 值。如果你之前已经处理过这些数据，就没有必要重复计算。

设想你已经使用 Map 实现了一种缓存，现在你使用 MessageDigest 的实例来计算 SHA-256 的散列值：

```
Map<String, byte[]> dataToHash = new HashMap<>();
MessageDigest messageDigest = MessageDigest.getInstance("SHA-256");
```

接着，你可以遍历已有的数据，并缓存计算的结果：

```
lines.forEach(line ->
    dataToHash.computeIfAbsent(line,          ← line 是 Map
                                              中查找的键
                          this::calculateDigest));   ← 如果键不存在，
                                                      就执行该操作

private byte[] calculateDigest(String key) {
    return messageDigest.digest(key.getBytes(StandardCharsets.UTF_8));   ←
}                                             计算给定键散列
                                              值的辅助方法
```

这一模式对于存储多个值的 Map 也是非常有帮助的，其可以简化 Map 的处理。如果你需要向 Map<K, List<V>>中添加一个元素，那么需要确保该条目已经初始化了。这种模式实施起来会比较烦琐。假设你想要为你的朋友 Raphael 创建一个电影列表：

```
String friend = "Raphael";
List<String> movies = friendsToMovies.get(friend);   ← 检查列表已经
if(movies == null) {                                    完成了初始化
    movies = new ArrayList<>();
    friendsToMovies.put(friend, movies);
}                                              ← 添加电影
movies.add("Star Wars");
                                               {Raphael: [Star Wars]}
System.out.println(friendsToMovies);    ←
```

怎样才能用 computeIfAbsent 替代上面的代码呢？它要具备这样的能力：如果键不存在就计算该键的值，并将其添加到 Map 中，否则就直接返回当前 Map 中对应键的值。可以像下面这样使用该方法：

```
friendsToMovies.computeIfAbsent("Raphael", name -> new ArrayList<>())
              .add("Star Wars");         ← {Raphael: [Star Wars]}
```

如果 Map 中存在键对应的值，并且该值不为空，computeIfPresent 方法就计算该键的新值。请注意一个微妙的地方：如果生成结果的方法返回的值为空，那么当前的映射就会从 Map 中移除。不过，如果你需要从 Map 中删除一个映射，那新引入的重载版本的 remove 方法更适合这一任务。下一节会学习该方法。

8.3.5　删除模式

你已经知道使用 remove 方法可以从 Map 中删除指定键对应的映射条目。Java 8 提供了一个

重载版本的 `remove` 方法，现在你可以删除 Map 中某个键对应某个特定值的映射对。之前的版本中，要实现类似的功能，你可能需要编写下面这样的代码（我们并不想贬低汤姆·克鲁斯，不过《侠探杰克 2》的口碑实在是太差了）：

```
String key = "Raphael";
String value = "Jack Reacher 2";
if (favouriteMovies.containsKey(key) &&
        Objects.equals(favouriteMovies.get(key), value)) {
    favouriteMovies.remove(key);
    return true;
}
else {
    return false;
}
```

要实现同样的功能，你只需要下面这一行代码。是不是简单直观很多？

```
favouriteMovies.remove(key, value);
```

下一节会继续介绍替换和删除 Map 中元素的方法。

8.3.6　替换模式

Map 中提供了两种新的方法来替换其内部映射项，分别是：

- ❑ `replaceAll`——通过 `BiFunction` 替换 Map 中每个项的值。该方法的工作模式类似于之前介绍过的 List 的 `replaceAll` 方法；
- ❑ `Replace`——如果键存在，就可以通过该方法替换 Map 中该键对应的值。它是对原有 `replace` 方法的重载，可以仅在原有键对应某个特定的值时才进行替换。

你可以用下面的方式格式化 Map 中所有的值：

```
Map<String, String> favouriteMovies = new HashMap<>();       ←  因为要使用 replaceAll 方法，
favouriteMovies.put("Raphael", "Star Wars");                    所以只能创建可变的 Map
favouriteMovies.put("Olivia", "james bond");
favouriteMovies.replaceAll((friend, movie) -> movie.toUpperCase());
System.out.println(favouriteMovies);                         ←  {Olivia=JAMES BOND,
                                                                Raphael=STAR WARS}
```

我们介绍的替换模式仅支持单一 Map。如果需要合并两个 Map 并替换中间的值该怎么办呢？可以使用新的 `merge` 方法来完成该任务。

8.3.7　merge 方法

假设你需要合并两个临时的 Map，它们可能是两个不同联系人群构成的 Map。可以像下面这样，使用 `putAll` 完成这一任务：

```
Map<String, String> family = Map.ofEntries(
    entry("Teo", "Star Wars"), entry("Cristina", "James Bond"));
```

```
Map<String, String> friends = Map.ofEntries(
    entry("Raphael", "Star Wars"));
Map<String, String> everyone = new HashMap<>(family);
everyone.putAll(friends);
System.out.println(everyone);
```

复制 friends
的所有条目到
everyone 中

{Cristina=James Bond, Raphael=
Star Wars, Teo=Star Wars}

只要你的 Map 中不含有重复的键，这段代码就会工作得非常好。如果你想要在合并时对值有更加灵活的控制，那么可以考虑使用 Java 8 中新引入的 merge 方法。该方法使用 BiFunction 方法处理重复的键。例如，Cristina 同时在"家庭"和"朋友"这两个群里，但其在不同群中对应的电影不同：

```
Map<String, String> family = Map.ofEntries(
    entry("Teo", "Star Wars"), entry("Cristina", "James Bond"));
Map<String, String> friends = Map.ofEntries(
    entry("Raphael", "Star Wars"), entry("Cristina", "Matrix"));
```

可以用 merge 方法结合 forEach 来解决该冲突。下面这段代码连接了键重复的两部电影名：

```
Map<String, String> everyone = new HashMap<>(family);
friends.forEach((k, v) ->
    everyone.merge(k, v, (movie1, movie2) -> movie1 + " & " + movie2));
System.out.println(everyone);
```

如果存在重复的键，
就连接两个值

输出{Raphael=Star Wars, Cristina=James
Bond & Matrix, Teo=Star Wars}

注意，merge 方法处理空值的方法相当复杂，在 Javadoc 文档中是这么描述的：

> 如果指定的键并没有关联值，或者关联的是一个空值，那么[merge]会将它关联到指定的非空值。否则，[merge]会用给定映射函数的[返回值]替换该值，如果映射函数的返回值为空就删除[该键]。

还可以用 merge 执行初始化检查。例如，你有一个记录电影被观看了多少次的 Map。你得先检查代表某电影的键存在于 Map 中，之后才可以增加它的值：

```
Map<String, Long> moviesToCount = new HashMap<>();
String movieName = "James Bond";
long count = moviesToCount.get(movieName);
if(count == null) {
    moviesToCount.put(movieName, 1);
}
else {
    moviesToCount.put(moviename, count + 1);
}
```

采用新的方法，这段代码可以重写如下：

```
moviesToCount.merge(movieName, 1L, (key, count) -> count + 1L);
```

传递给 merge 方法的第二个参数是 1L。Javadoc 文档中说该参数是"与键关联的非空值，该值将与现有的值合并，如果没有当前值，或者该键关联的当今值为空，就将该键关联到非空值"。因为该键的返回值是空，所以第一轮里键的值被赋值为 1。接下来的一轮，由于键已经初始化为 1，

因此后续的操作由 `BiFunction` 方法对 `count` 进行递增。

你已经学完了 `Map` 接口的新特性。`Map` 的 "嫡亲" `ConcurrentHashMap` 也新增了功能。我们会在接下来的内容中学习。

测验 8.2

请思考，下面这段代码实现了什么功能，可以使用哪些惯用方法对它进行简化：

```java
Map<String, Integer> movies = new HashMap<>();
movies.put("JamesBond", 20);
movies.put("Matrix", 15);
movies.put("Harry Potter", 5);
Iterator<Map.Entry<String, Integer>> iterator =
                movies.entrySet().iterator();
while(iterator.hasNext()) {
    Map.Entry<String, Integer> entry = iterator.next();
    if(entry.getValue() < 10) {
        iterator.remove();
    }
}
System.out.println(movies);          ← {Matrix=15,
                                        JamesBond=20}
```

答案：可以对 `Map` 的集合项使用 `removeIf` 方法，该方法接受一个谓词，依据谓词的结果删除元素。

```java
movies.entrySet().removeIf(entry -> entry.getValue() < 10);
```

8.4 改进的 ConcurrentHashMap

引入 `ConcurrentHashMap` 类是为了提供一个更加现代的 `HashMap`，以更好地应对高并发的场景。`ConcurrentHashMap` 允许执行并发的添加和更新操作，其内部实现基于分段锁。与另一种解决方案——同步式的 `Hashtable` 相比较，`ConcurrentHashMap` 的读写性能都更好（注意，标准的 `HashMap` 是不带同步的）。

8.4.1 归约和搜索

`ConcurrentHashMap` 类支持三种新的操作，让我们回忆一下在流中学习到的内容：

❑ forEach——对每个(键, 值)对执行指定的操作；
❑ reduce——依据归约函数整合所有(键, 值)对的计算结果；
❑ search——对每个(键, 值)对执行一个函数，直到函数取得一个非空值。

每种操作支持四种形式的参数，接受函数使用键、值、`Map.Entry` 以及(键, 值)对作为参数：

❑ 使用键（forEachKey, reduceKeys, searchKeys）；
❑ 使用值（forEachValue, reduceValues, searchValues）；
❑ 使用 `Map.Entry` 对象（forEachEntry, reduceEntries, searchEntries）；
❑ 使用键和值（forEach, reduce, search）。

注意，所有这些操作都不会对 ConcurrentHashMap 的状态上锁，它们只是在运行中动态地对对象加锁。执行操作的函数不应对执行顺序或其他对象或可能在运行中变化的值有任何的依赖。

此外，你还需要为所有操作设定一个并行阈值。如果当前 Map 的规模比指定的阈值小，方法就只能顺序执行。使用通用线程池时，如果把并行阈值设置为 1 将获得最大的并行度。将阈值设定为 Long.MAX_VALUE 时，方法将以单线程的方式运行。除非你的软件架构经过高度的资源优化，否则通常情况下，建议你遵守这些原则。

接下来的这个例子使用 reduceValues 方法来获取 Map 的最大值：

```
                                              一个可能有多个键和值更新的
                                              ConcurrentHashMap 对象
ConcurrentHashMap<String, Long> map = new ConcurrentHashMap<>();  ◄─┘
long parallelismThreshold = 1;
Optional<Integer> maxValue =
    Optional.ofNullable(map.reduceValues(parallelismThreshold, Long::max));
```

请留意，int、long、double 等基础类型的归约操作（reduceValuesToInt、reduce-KeysToLong 等）会更加高效，因为它们没有额外的封装开销。

8.4.2   计数

ConcurrentHashMap 类提供了一个新的 mappingCount 方法，能以长整形 long 返回 Map 中的映射数目。你应该尽量在新的代码中使用它，而不是继续使用返回 int 的 size 方法。这样做能让你的代码更具扩展性，更好地适应将来的需要，因为总有一天 Map 中映射的数目可能会超过 int 能表示的范畴。

8.4.3   Set 视图

ConcurrentHashMap 类还提供了一个新的 keySet 方法，该方法以 Set 的形式返回 ConcurrentHashMap 的一个视图（Map 中的变化会反映在返回的 Set 中，反之亦然）。你也可以使用新的静态方法 newKeySet 创建一个由 ConcurrentHashMap 构成的 Set。

8.5   小结

以下是本章中的关键概念。

❑ Java 9 支持集合工厂，使用 List.of、Set.of、Map.of 以及 Map.ofEntries 可以创建小型不可变的 List、Set 和 Map。

❑ 集合工厂返回的对象都是不可变的，这意味着创建之后你不能修改它们的状态。

❑ List 接口支持默认方法 removeIf、replaceAll 和 sort。

❑ Set 接口支持默认方法 removeIf。

❑ Map 接口为常见模式提供了几种新的默认方法，并降低了出现缺陷的概率。

❑ ConcurrentHashMap 支持从 Map 中继承的新默认方法，并提供了线程安全的实现。

重构、测试和调试

本章内容
- ❑ 如何使用 Lambda 表达式重构代码
- ❑ Lambda 表达式对面向对象的设计模式的影响
- ❑ Lambda 表达式的测试
- ❑ 如何调试使用Lambda表达式和Stream API的代码

通过本书的前八章，我们了解了 Lambda 和 Stream API 的强大威力。你可能主要在新项目的代码中使用这些特性。如果你创建的是全新的 Java 项目，这是极好的时机，你可以轻装上阵，迅速地将新特性应用到项目中。然而不幸的是，大多数情况下你没有机会从头开始一个全新的项目。很多时候，你不得不面对的是用老版 Java 接口编写的遗留代码。

这些就是本章要讨论的内容。我们会介绍几种方法，帮助你重构代码，以适配使用 Lambda 表达式，让你维护的代码具备更好的可读性和灵活性。除此之外，还会讨论目前比较流行的几种面向对象的设计模式，包括策略模式、模板方法模式、观察者模式、责任链模式，以及工厂模式，在结合 Lambda 表达式之后变得更简洁的情况。最后会介绍如何测试和调试使用 Lambda 表达式和 Stream API 的代码。

第 10 章会探讨一种更宽泛意义上的代码重构，帮助大家进一步提升程序逻辑的可读性：编写领域特定语言。

9.1　为改善可读性和灵活性重构代码

从本书的开篇我们就一直在强调，利用 Lambda 表达式，你可以写出更简洁、更灵活的代码。用"更简洁"来描述 Lambda 表达式是因为相较于匿名类，Lambda 表达式可以帮助我们用更紧凑的方式描述程序的行为。第 3 章中也提到过，如果你希望将一个既有的方法作为参数传递给另一个方法，那么方法引用无疑是我们推荐的方法，利用这种方法能写出非常简洁的代码。

采用 Lambda 表达式之后，你的代码会变得更加灵活，因为 Lambda 表达式鼓励大家使用第 2 章中介绍过的行为参数化的方式。在这种方式下，应对需求的变化时，你的代码可以依据传入的参数动态选择和执行相应的行为。

这一节会将所有这些综合在一起，通过例子展示如何运用前几章介绍的 Lambda 表达式、方法引用以及 Stream 接口等特性重构遗留代码，改善程序的可读性和灵活性。

9.1.1   改善代码的可读性

改善代码的可读性到底意味着什么？我们很难定义什么是好的可读性，因为这可能非常主观。通常的理解是，"别人理解这段代码的难易程度"。改善可读性意味着你要确保你的代码能非常容易地被包括自己在内的所有人理解和维护。为了确保你的代码能被其他人理解，有几个步骤可以尝试，比如确保你的代码附有良好的文档，并严格遵守编程规范。

跟之前的版本相比较，Java 8 的新特性也可以帮助提升代码的可读性。使用 Java 8，你可以减少冗长的代码，让代码更易于理解。通过方法引用和 Stream API，你的代码会变得更直观。

这里会介绍三种简单的重构，利用 Lambda 表达式、方法引用以及 Stream 改善程序代码的可读性：

- □ 重构代码，用 Lambda 表达式取代匿名类；
- □ 用方法引用重构 Lambda 表达式；
- □ 用 Stream API 重构命令式的数据处理。

9.1.2   从匿名类到 Lambda 表达式的转换

你值得尝试的第一种重构，也是简单的方式，是将实现单一抽象方法的匿名类转换为 Lambda 表达式。为什么呢？前面几章的介绍应该足以说服你，因为匿名类是极其烦琐且容易出错的。采用 Lambda 表达式之后，你的代码会更简洁，可读性更好。比如第 3 章的例子，创建 Runnable 对象的匿名类，及其对应的 Lambda 表达式实现如下：

```
Runnable r1 = new Runnable(){          传统的方式，
    public void run(){                 使用匿名类
        System.out.println("Hello");
    }
};
                                       新的方式，使用
Runnable r2 = () -> System.out.println("Hello");   Lambda 表达式
```

但是在某些情况下，将匿名类转换为 Lambda 表达式可能是一个比较复杂的过程。[①] 首先，匿名类和 Lambda 表达式中的 this 和 super 的含义是不同的。在匿名类中，this 代表的是类自身，但是在 Lambda 中，它代表的是包含类。其次，匿名类可以屏蔽包含类的变量，而 Lambda 表达式不能（它们会导致编译错误），譬如下面这段代码：

```
int a = 10;
Runnable r1 = () -> {        编译错误
    int a = 2;
    System.out.println(a);
```

---

① 这篇文章对转换的整个过程进行了深入细致的描述，值得一读：http://dig.cs.illinois.edu/papers/lambdaRefactoring.pdf。

```
    };
    Runnable r2 = new Runnable(){
        public void run(){
            int a = 2;                    ◄—————   一切正常!
            System.out.println(a);
        }
    };
```

最后，在涉及重载的上下文里，将匿名类转换为 Lambda 表达式可能导致最终的代码更加晦涩。实际上，匿名类的类型是在初始化时确定的，而 Lambda 的类型取决于它的上下文。通过下面这个例子，我们可以了解问题是如何发生的。假设你用与 Runnable 同样的签名声明了一个函数接口，我们称之为 Task（你希望采用与你的业务模型更贴切的接口名时，就可能做这样的变更）：

```
interface Task{
    public void execute();
}
public static void doSomething(Runnable r){ r.run(); }
public static void doSomething(Task a){ a.execute(); }
```

现在，你再传递一个匿名类实现的 Task，不会碰到任何问题：

```
doSomething(new Task() {
    public void execute() {
        System.out.println("Danger danger!!");
    }
});
```

但是将这种匿名类转换为 Lambda 表达式时，就导致了一种晦涩的方法调用，因为 Runnable 和 Task 都是合法的目标类型：

```
doSomething(() -> System.out.println("Danger danger!!"));   ◄—
                    麻烦来了: doSomething(Runnable)和
                    doSomething(Task)都匹配该类型
```

你可以对 Task 尝试使用显式的类型转换来解决这种模棱两可的情况：

```
doSomething((Task)() -> System.out.println("Danger danger!!"));
```

但是不要因此而放弃对 Lambda 的尝试。好消息是，目前大多数的集成开发环境，比如 NetBeans、Eclipse 和 IntelliJ 都支持这种重构，它们能自动地帮你检查，避免发生这些问题。

9.1.3 从 Lambda 表达式到方法引用的转换

Lambda 表达式非常适用于需要传递代码片段的场景。不过，为了改善代码的可读性，也请尽量使用方法引用。因为方法名往往能更直观地表达代码的意图。比如，第 6 章中曾经展示过下面这段代码，它的功能是按照食物的热量级别对菜肴进行分类：

```
Map<CaloricLevel, List<Dish>> dishesByCaloricLevel =
    menu.stream()
        .collect(
            groupingBy(dish -> {
                if (dish.getCalories() <= 400) return CaloricLevel.DIET;
                else if (dish.getCalories() <= 700) return CaloricLevel.NORMAL;
                else return CaloricLevel.FAT;
            }));
```

你可以将 Lambda 表达式的内容抽取到一个单独的方法中，将其作为参数传递给 groupingBy 方法。变换之后，代码变得更加简洁，程序的意图也更加清晰了：

```
Map<CaloricLevel, List<Dish>> dishesByCaloricLevel =
    menu.stream().collect(groupingBy(Dish::getCaloricLevel));    ←
```

将 Lambda 表达式
抽取到一个方法内

为了实现这个方案，你还需要在 Dish 类中添加 getCaloricLevel 方法：

```
public class Dish{
    ...
    public CaloricLevel getCaloricLevel(){
        if (this.getCalories() <= 400) return CaloricLevel.DIET;
        else if (this.getCalories() <= 700) return CaloricLevel.NORMAL;
        else return CaloricLevel.FAT;
    }
}
```

除此之外，还应该尽量考虑使用静态辅助方法，比如 comparing 和 maxBy。这些方法设计之初就考虑了会结合方法引用一起使用。通过示例，我们看到相对于第 3 章中的对应代码，优化过的代码更清晰地表达了它的设计意图：

你需要考虑如何
实现比较算法

```
inventory.sort(
    (Apple a1, Apple a2) -> a1.getWeight().compareTo(a2.getWeight()));    ←
inventory.sort(comparing(Apple::getWeight));    ←
```

读起来就像问题
描述，非常清晰

此外，很多通用的归约操作，比如 sum 和 maximum，都有内建的辅助方法可以和方法引用结合使用。在我们的示例代码中，使用 Collectors 接口可以轻松得到和或者最大值，与采用 Lambda 表达式和底层的归约操作比起来，这种方式要直观得多。与其编写：

```
int totalCalories =
    menu.stream().map(Dish::getCalories)
                 .reduce(0, (c1, c2) -> c1 + c2);
```

不如尝试使用内置的集合类，它能更清晰地表达问题陈述是什么。下面的代码中，我们使用了集合类 summingInt（方法的名词很直观地解释了它的功能）：

```
int totalCalories = menu.stream().collect(summingInt(Dish::getCalories));
```

9.1.4 从命令式的数据处理切换到 Stream

建议你将所有使用迭代器这种数据处理模式处理集合的代码都转换成 Stream API 的方式。为什么呢？因为 Stream API 能更清晰地表达数据处理管道的意图。除此之外，通过短路和延迟载入以及利用第 7 章介绍的现代计算机的多核架构，我们可以对 Stream 进行优化。

比如，下面的命令式代码使用了两种模式：筛选和抽取，这两种模式被混在了一起，这样的代码结构迫使程序员必须彻底搞清楚程序的每个细节才能理解代码的功能。此外，实现需要并行运行的程序所面对的困难也多得多（具体细节可以参考 7.2 节的分支/合并框架）：

```
List<String> dishNames = new ArrayList<>();
for(Dish dish: menu){
    if(dish.getCalories() > 300){
        dishNames.add(dish.getName());
    }
}
```

替代方案使用 Stream API，采用这种方式编写的代码读起来更像是问题陈述，并行化也非常容易：

```
menu.parallelStream()
    .filter(d -> d.getCalories() > 300)
    .map(Dish::getName)
    .collect(toList());
```

不幸的是，将命令式的代码结构转换为 Stream API 的形式是个困难的任务，因为你需要考虑控制流语句，比如 break、continue 和 return，并选择使用恰当的流操作。好消息是已经有一些工具，比如 LambdaFicator，可以帮助我们完成这个任务 。

9.1.5 增加代码的灵活性

第 2 章和第 3 章曾经介绍过 Lambda 表达式有利于行为参数化。你可以使用不同的 Lambda 表示不同的行为，并将它们作为参数传递给函数去处理执行。这种方式可以帮助我们淡定从容地面对需求的变化。比如，我们可以用多种方式为 Predicate 创建筛选条件，或者使用 Comparator 对多种对象进行比较。现在，来看看哪些模式可以马上应用到你的代码中，让你享受 Lambda 表达式带来的便利。

1. 采用函数接口

首先，你必须意识到，没有函数接口，就无法使用 Lambda 表达式。因此，你需要在代码中引入函数接口。听起来很合理，但是在什么情况下使用它们呢？这里介绍两种通用的模式，你可以依照这两种模式重构代码，以利用 Lambda 表达式带来的灵活性，它们分别是：有条件的延迟执行和环绕执行。除此之外，下一节还将介绍一些基于面向对象的设计模式，比如策略模式或者模板方法，这些在使用 Lambda 表达式重写后会更简洁。

9

2. 有条件的延迟执行

我们经常看到这样的代码，控制语句被混杂在业务逻辑代码之中。典型的情况包括进行安全性检查以及日志输出。比如，下面的这段代码，它使用了 Java 语言内置的 `Logger` 类：

```
if (logger.isLoggable(Log.FINER)){
    logger.finer("Problem: " + generateDiagnostic());
}
```

这段代码有什么问题吗？其实问题不少。

□ 日志器的状态（它支持哪些日志等级）通过 `isLoggable` 方法暴露给了客户端代码。

□ 为什么要在每次输出一条日志之前都去查询日志器对象的状态？这只能搞砸你的代码。

更好的方案是使用 `log` 方法，该方法在输出日志消息之前，会在内部检查日志对象是否已经设置为恰当的日志等级：

```
logger.log(Level.FINER, "Problem: " + generateDiagnostic());
```

这种方法更好的原因是你不再需要在代码中插入那些条件判断，与此同时日志器的状态也不再被暴露出去。不过，这段代码依旧存在一个问题：日志消息的输出与否每次都需要判断，即使你已经传递了参数，不开启日志。

这就是 Lambda 表达式可以施展拳脚的地方。你需要做的仅仅是延迟消息构造，如此一来，日志就只会在某些特定的情况下才开启（以此为例，当日志器的级别设置为 `FINER` 时）。显然，Java 8 API 的设计者们已经意识到这个问题，并由此引入了一个对 `log` 方法的重载版本，这个版本的 `log` 方法接受一个 `Supplier` 作为参数。这个替代版本的 `log` 方法的函数签名如下：

```
public void log(Level level, Supplier<String> msgSupplier)
```

你可以通过下面的方式对它进行调用：

```
logger.log(Level.FINER, () -> "Problem: " + generateDiagnostic());
```

如果日志器的级别设置恰当，`log` 方法会在内部执行作为参数传递进来的 Lambda 表达式。这里介绍的 `log` 方法的内部实现如下：

```
public void log(Level level, Supplier<String> msgSupplier){
    if(logger.isLoggable(level)){
        log(level, msgSupplier.get());   ◄──┐ 执行 Lambda
    }                                        │ 表达式
}
```

从这个故事里我们学到了什么呢？如果你发现你需要频繁地从客户端代码去查询一个对象的状态（比如前文例子中的日志器的状态），只是为了传递参数、调用该对象的一个方法（比如输出一条日志），那么可以考虑实现一个新的方法，以 Lambda 或者方法引用作为参数，新方法在检查完该对象的状态之后才调用原来的方法。你的代码会因此而变得更易读（结构更清晰），封装性更好（对象的状态也不会暴露给客户端代码了）。

3. 环绕执行

第 3 章介绍过另一种值得考虑的模式，那就是环绕执行。如果你发现虽然你的业务代码千差万别，但是它们拥有同样的准备和清理阶段，这时，你完全可以将这部分代码用 Lambda 实现。这种方式的好处是可以重用准备和清理阶段的逻辑，减少重复冗余的代码。

下面这段代码你在第 3 章中已经看过，再回顾一次。它在打开和关闭文件时使用了同样的逻辑，但在处理文件时可以使用不同的 Lambda 进行参数化。

```
String oneLine =
    processFile((BufferedReader b) -> b.readLine());          <—— 传入一个 Lambda 表达式
String twoLines =
    processFile((BufferedReader b) -> b.readLine() + b.readLine());   <—  传入另一
public static String processFile(BufferedReaderProcessor p) throws           个 Lambda
    IOException {                                                             表达式
    try(BufferedReader br = new BufferedReader(new
    FileReader("ModernJavaInAction/chap9/data.txt"))) {
        return p.process(br);                                 <—— 将 BufferedReaderProcessor
    }                                                             作为执行参数传入
}
public interface BufferedReaderProcessor {                     <—— 使用 Lambda 表达式的
    String process(BufferedReader b) throws IOException;          函数接口，该接口能够
}                                                                抛出一个 IOException
```

这一优化是凭借函数式接口 `BufferedReaderProcessor` 达成的，通过这个接口，你可以传递各种 Lamba 表达式对 `BufferedReader` 对象进行处理。

通过这一节，你已经了解了如何通过不同方式来改善代码的可读性和灵活性。接下来，你会了解 Lambada 表达式如何避免常规面向对象设计中的僵化的模板代码。

9.2　使用 Lambda 重构面向对象的设计模式

新的语言特性常常让现存的编程模式或设计黯然失色。比如，Java 5 引入了 `for-each` 循环，由于它的稳健性和简洁性，已经替代了很多显式使用迭代器的情形。Java 7 推出的菱形操作符（<>）帮助大家在创建实例时无须显式使用泛型，一定程度上推动了 Java 程序员们采用类型接口（type interface）进行程序设计。

对设计经验的归纳总结被称为**设计模式**[①]。设计模式是一种可重用的蓝图，设计软件时，如果你愿意，可以复用这些方式或方法来解决一些常见问题。这看起来很像传统建筑工程师的工作方式，对典型的场景（比如悬挂桥、拱桥等）都定义有可重用的解决方案。例如，**访问者模式**常用于分离程序的算法和它的操作对象。**单例模式**一般用于限制类的实例化，仅生成一份对象。

Lambda 表达式为程序员的工具箱又新添了一件利器。它们为解决传统设计模式所面对的问题提供了新的解决方案，不但如此，采用这些方案往往更高效、更简单。使用 Lambda 表达式后，

---

① 如果你希望更进一步了解设计模式，请参阅由 Erich Gamma、Richard Helm、Ralph Johnson 和 John Vlissides 编写的《设计模式：可复用面向对象软件的基础》。

很多现存的略显臃肿的面向对象设计模式能够用更精简的方式实现了。这一节会针对五个设计模式展开讨论，它们分别是：

- 策略模式；
- 模板方法；
- 观察者模式；
- 责任链模式；
- 工厂模式。

我们会展示 Lambda 表达式是如何另辟蹊径解决设计模式原来试图解决的问题的。

9.2.1   策略模式

策略模式代表了解决一类算法的通用解决方案，你可以在运行时选择使用哪种方案。在第 2 章中你已经简略地了解过这种模式了，当时我们介绍了如何使用不同的条件（比如苹果的重量，或者颜色）来筛选库存中的苹果。你可以将这一模式应用到更广泛的领域，比如使用不同的标准来验证输入的有效性，使用不同的方式来分析或者格式化输入。

策略模式包含三部分内容，如图 9-1 所示。

- 一个代表某个算法的接口（Strategy 接口）。
- 一个或多个该接口的具体实现，它们代表了算法的多种实现（比如，实体类 ConcreteStrategyA 或者 ConcreteStrategyB）。
- 一个或多个使用策略对象的客户。

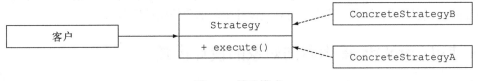

图 9-1　策略模式

假设你希望验证输入的内容是否根据标准进行了恰当的格式化（比如只包含小写字母或数字）。你可以从定义一个验证文本（以 String 的形式表示）的接口入手：

```
public interface ValidationStrategy {
    boolean execute(String s);
}
```

其次，你定义了该接口的一个或多个具体实现：

```
public class IsAllLowerCase implements ValidationStrategy {
    public boolean execute(String s){
        return s.matches("[a-z]+");
    }
}
public class IsNumeric implements ValidationStrategy {
```

```
    public boolean execute(String s){
        return s.matches("\\d+");
    }
}
```

之后，你就可以在你的程序中使用这些略有差异的验证策略了：

```
public class Validator{
    private final ValidationStrategy strategy;
    public Validator(ValidationStrategy v){
        this.strategy = v;
    }
    public boolean validate(String s){
        return strategy.execute(s);
    }
}
Validator numericValidator = new Validator(new IsNumeric());          ┐返回 false
boolean b1 = numericValidator.validate("aaaa");              ←─────┘
Validator lowerCaseValidator = new Validator(new IsAllLowerCase ());
boolean b2 = lowerCaseValidator.validate("bbbb");              ←──┐返回 true
                                                                  └
```

使用 Lambda 表达式

到现在为止，你应该已经意识到 `ValidationStrategy` 是一个函数接口了。除此之外，它还与 `Predicate<String>` 具有同样的函数描述。这意味着我们不需要声明新的类来实现不同的策略，通过直接传递 Lambda 表达式就能达到同样的目的，并且还更简洁：

```
Validator numericValidator =
    new Validator((String s) -> s.matches("[a-z]+"));   ←─┐直接传递
boolean b1 = numericValidator.validate("aaaa");            │Lambda
Validator lowerCaseValidator =                             │表达式
    new Validator((String s) -> s.matches("\\d+"));   ←───┘
boolean b2 = lowerCaseValidator.validate("bbbb");
```

正如你看到的，Lambda 表达式避免了采用策略设计模式时僵化的模板代码。如果你仔细分析一下个中缘由，可能会发现，Lambda 表达式实际已经对部分代码（或策略）进行了封装，而这就是创建策略设计模式的初衷。因此，强烈建议对类似的问题，你应该尽量使用 Lambda 表达式来解决。

9.2.2 模板方法

如果你需要采用某个算法的框架，同时又希望有一定的灵活度，能对它的某些部分进行改进，那么采用模板方法设计模式是比较通用的方案。好吧，这样讲听起来有些抽象。换句话说，模板方法模式在你"希望使用这个算法，但是需要对其中的某些行进行改进，才能达到希望的效果"时是非常有用的。

让我们从一个例子着手，看看这个模式是如何工作的。假设你需要编写一个简单的在线银行应用。通常，用户需要输入一个用户账户，之后应用才能从银行的数据库中得到用户的详细信息，最终完成一些让用户满意的操作。不同分行的在线银行应用让客户满意的方式可能略有不同，比如给客户的账户发放红利，或者仅仅是少发送一些推广文件。你可能通过下面的抽象类方式来实现在线银行应用：

```
abstract class OnlineBanking {
    public void processCustomer(int id){
        Customer c = Database.getCustomerWithId(id);
        makeCustomerHappy(c);
    }
    abstract void makeCustomerHappy(Customer c);
}
```

`processCustomer` 方法搭建了在线银行算法的框架：获取客户提供的 ID，然后提供服务让用户满意。不同的支行可以通过继承 `OnlineBanking` 类，对 `makeCustomerHappy` 方法提供差异化的实现。

使用 Lambda 表达式

使用你偏爱的 Lambda 表达式同样可以解决这些问题（创建算法框架，让具体的实现插入某些部分）。你想要插入的不同算法组件可以通过 Lambda 表达式或者方法引用的方式实现。

这里我们向 `processCustomer` 方法引入了第二个参数，它是一个 `Consumer<Customer>` 类型的参数，与前文定义的 `makeCustomerHappy` 的特征保持一致：

```
public void processCustomer(int id, Consumer<Customer> makeCustomerHappy){
    Customer c = Database.getCustomerWithId(id);
    makeCustomerHappy.accept(c);
}
```

现在，你可以很方便地通过传递 Lambda 表达式，直接插入不同的行为，不再需要继承 `OnlineBanking` 类了：

```
new OnlineBankingLambda().processCustomer(1337, (Customer c) ->
    System.out.println("Hello " + c.getName()));
```

这是又一个例子，佐证了 Lamba 表达式能帮助你解决设计模式与生俱来的设计僵化问题。

9.2.3 观察者模式

观察者模式是一种比较常见的方案，某些事件发生时（比如状态转变），如果一个对象（通常称之为**主题**）需要自动地通知其他多个对象（称为**观察者**），就会采用该方案。创建图形用户界面（GUI）程序时，你经常会使用该设计模式。这种情况下，你会在图形用户界面组件（比如按钮）上注册一系列的观察者。如果点击按钮，观察者就会收到通知，并随即执行某个特定的行为。 但是观察者模式并不局限于图形用户界面。比如，观察者设计模式也适用于股票交易的情形，多个券商（观察者）可能都希望对某一支股票价格（主题）的变动做出响应。图 9-2 通过 UML 图解释了观察者模式。

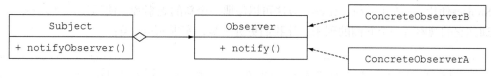

图 9-2　观察者模式

让我们写点儿代码来看看观察者模式在实际中多么有用。你需要为 Twitter 这样的应用设计并实现一个定制化的通知系统。想法很简单：好几家报纸机构，比如美国《纽约时报》、英国《卫报》以及法国《世界报》都订阅了新闻推文，他们希望当接收的新闻中包含他们感兴趣的关键字时，能得到特别通知。

首先，你需要一个 Observer 接口，它将不同的观察者聚合在一起。它仅有一个名为 notify 的方法，一旦接收到一条新的新闻，该方法就会被调用：

```
interface Observer {
    void notify(String tweet);
}
```

现在，你可以声明不同的观察者（比如，这里是三家不同的报纸机构），依据新闻中不同的关键字分别定义不同的行为：

```
class NYTimes implements Observer{
    public void notify(String tweet) {
        if(tweet != null && tweet.contains("money")){
            System.out.println("Breaking news in NY! " + tweet);
        }
    }
}
class Guardian implements Observer{
    public void notify(String tweet) {
        if(tweet != null && tweet.contains("queen")){
            System.out.println("Yet more news from London... " + tweet);
        }
    }
}
class LeMonde implements Observer{
    public void notify(String tweet) {
        if(tweet != null && tweet.contains("wine")){
            System.out.println("Today cheese, wine and news! " + tweet);
        }
    }
}
```

你还遗漏了最重要的部分：Subject！让我们为它定义一个接口：

```
interface Subject{
    void registerObserver(Observer o);
    void notifyObservers(String tweet);
}
```

Subject 使用 `registerObserver` 方法可以注册一个新的观察者，使用 `notifyObservers` 方法通知它的观察者一个新闻的到来。让我们更进一步，实现 `Feed` 类：

```
class Feed implements Subject{
    private final List<Observer> observers = new ArrayList<>();
    public void registerObserver(Observer o) {
        this.observers.add(o);
    }
    public void notifyObservers(String tweet) {
        observers.forEach(o -> o.notify(tweet));
    }
}
```

这是一个非常直观的实现：Feed 类在内部维护了一个观察者列表，一条新闻到达时，它就进行通知。你可以创建一个实例应用，对新闻主题和观察者进行封装，如下所示：

```
Feed f = new Feed();
f.registerObserver(new NYTimes());
f.registerObserver(new Guardian());
f.registerObserver(new LeMonde());
f.notifyObservers("The queen said her favourite book is Modern Java in Action!");
```

毫不意外，《卫报》会特别关注这条新闻！

使用 Lambda 表达式

你可能会疑惑 Lambda 表达式在观察者设计模式中如何发挥它的作用。不知道你有没有注意到，Observer 接口的所有实现类都提供了一个方法：notify。新闻到达时，它们都只是对同一段代码封装执行。Lambda 表达式的设计初衷就是要消除这样的僵化代码。使用 Lambda 表达式后，你无须显式地实例化三个观察者对象，直接传递 Lambda 表达式表示需要执行的行为即可：

```
f.registerObserver((String tweet) -> {
        if(tweet != null && tweet.contains("money")){
            System.out.println("Breaking news in NY! " + tweet);
        }
});
f.registerObserver((String tweet) -> {
        if(tweet != null && tweet.contains("queen")){
            System.out.println("Yet more news from London... " + tweet);
        }
});
```

那么，是否随时随地都可以使用 Lambda 表达式呢？答案是否定的！前文介绍的例子中，Lambda 适配得很好，那是因为需要执行的动作都很简单，因此才能很方便地消除僵化代码。但是，观察者的逻辑有可能十分复杂，它们可能还持有状态，抑或定义了多个方法，诸如此类。在这些情形下，你还是应该继续使用类的方式。

9.2.4　责任链模式

责任链模式是一种创建处理对象序列（比如操作序列）的通用方案。一个处理对象可能需要在完成一些工作之后，将结果传递给另一个对象，这个对象接着做一些工作，再转交给下一个处理对象，以此类推。

通常，这种模式是通过定义一个代表处理对象的抽象类来实现的，在抽象类中会定义一个字段来记录后续对象。一旦对象完成它的工作，处理对象就会将它的工作转交给它的后继。代码中，这段逻辑看起来是下面这样：

```
public abstract class ProcessingObject<T> {
    protected ProcessingObject<T> successor;
    public void setSuccessor(ProcessingObject<T> successor){
        this.successor = successor;
    }
    public T handle(T input){
        T r = handleWork(input);
        if(successor != null){
            return successor.handle(r);
        }
        return r;
    }
    abstract protected T handleWork(T input);
}
```

图 9-3 以 UML 的方式阐释了责任链模式。

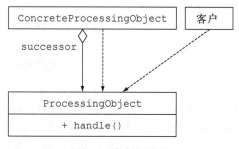

图 9-3　责任链模式

可能你已经注意到，这就是 9.2.2 节介绍的模板方法设计模式。handle 方法提供了如何进行工作处理的框架。不同的处理对象可以通过继承 ProcessingObject 类，提供 handleWork 方法来进行创建。

下面来看看如何使用该设计模式。你可以创建两个处理对象，它们的功能是进行一些文本处理工作。

```
public class HeaderTextProcessing extends ProcessingObject<String> {
    public String handleWork(String text){
        return "From Raoul, Mario and Alan: " + text;
```

```
        }
    }
public class SpellCheckerProcessing extends ProcessingObject<String> {
    public String handleWork(String text){
        return text.replaceAll("labda", "lambda");    ◁── 糟糕，我们漏掉了 Lambda
    }                                                       中的 m 字符
}
```

现在你可以将这两个处理对象结合起来，构造一个操作序列：

```
ProcessingObject<String> p1 = new HeaderTextProcessing();      将两个处理对
ProcessingObject<String> p2 = new SpellCheckerProcessing();    象链接起来
p1.setSuccessor(p2);                                        ◁──
String result = p1.handle("Aren't labdas really sexy?!!");
System.out.println(result);    ◁──
                                   打印输出 "From Raoul, Mario and
                                   Alan: Aren't lambdas really sexy?!!"
```

使用 Lambda 表达式

稍等！这个模式看起来像是在链接（也就是构造）函数。第 3 章探讨过如何构造 Lambda 表达式。你可以将处理对象作为 `Function<String, String>` 的一个实例，或者更确切地说作为 `UnaryOperator<String>` 的一个实例。为了链接这些函数，你需要使用 `andThen` 方法对其进行构造。

```
UnaryOperator<String> headerProcessing =                          第一个处理
    (String text) -> "From Raoul, Mario and Alan: " + text;  ◁──  对象
UnaryOperator<String> spellCheckerProcessing =                    第二个处理
    (String text) -> text.replaceAll("labda", "lambda");    ◁──  对象
Function<String, String> pipeline =
    headerProcessing.andThen(spellCheckerProcessing);       ◁──
String result = pipeline.apply("Aren't labdas really sexy?!!");
                                        将两个方法结合起来，
                                        结果就是一个操作链
```

9.2.5 工厂模式

使用工厂模式，你无须向客户暴露实例化的逻辑就能完成对象的创建。假定你为一家银行工作，他们需要一种方式创建不同的金融产品：贷款、期权、股票，等等。

通常，你会创建一个工厂类，它包含一个负责实现不同对象的方法，如下所示：

```
public class ProductFactory {
    public static Product createProduct(String name){
        switch(name){
            case "loan": return new Loan();
            case "stock": return new Stock();
            case "bond": return new Bond();
            default: throw new RuntimeException("No such product " + name);
        }
    }
}
```

这里贷款（Loan）、股票（Stock）和债券（Bond）都是产品（Product）的子类。createProduct 方法可以通过附加的逻辑来设置每个创建的产品。但是带来的好处也显而易见，你在创建对象时不用再担心会将构造函数或者配置暴露给客户，这使得客户创建产品时更加简单：

```
Product p = ProductFactory.createProduct("loan");
```

使用 Lambda 表达式

第 3 章中，我们已经知道可以像引用方法一样引用构造函数。比如，下面就是一个引用贷款（Loan）构造函数的示例：

```
Supplier<Product> loanSupplier = Loan::new;
Loan loan = loanSupplier.get();
```

通过这种方式，你可以重构之前的代码，创建一个 Map，将产品名映射到对应的构造函数：

```
final static Map<String, Supplier<Product>> map = new HashMap<>();
static {
    map.put("loan", Loan::new);
    map.put("stock", Stock::new);
    map.put("bond", Bond::new);
}
```

现在，你可以像之前使用工厂设计模式那样，利用这个 Map 来实例化不同的产品。

```
public static Product createProduct(String name){
    Supplier<Product> p = map.get(name);
    if(p != null) return p.get();
    throw new IllegalArgumentException("No such product " + name);
}
```

这是个全新的尝试，它使用 Java 8 中的新特性达到了传统工厂模式同样的效果。但是，如果工厂方法 createProduct 需要接受多个传递给产品构造方法的参数，那这种方式的扩展性不是很好。所以除了简单的 Supplier 接口外，你还必须提供一个函数接口。

假设你希望保存具有三个参数（两个参数为 Integer 类型，一个参数为 String 类型）的构造函数。为了完成这个任务，你需要创建一个特殊的函数接口 TriFunction。最终的结果是 Map 变得更加复杂。

```
public interface TriFunction<T, U, V, R>{
    R apply(T t, U u, V v);
}
Map<String, TriFunction<Integer, Integer, String, Product>> map
    = new HashMap<>();
```

你已经了解了如何使用 Lambda 表达式编写和重构代码。接下来，我们会介绍如何确保新编写代码的正确性。

9.3　测试 Lambda 表达式

现在你的代码中已经充溢着 Lambda 表达式，看起来不错，也很简洁。但是，大多数时候，我们受雇进行的程序开发工作的要求并不是编写优美的代码，而是编写正确的代码。

通常而言，好的软件工程实践一定少不了单元测试，借此保证程序的行为与预期一致。你编写测试用例，通过这些测试用例确保你代码中的每个组成部分都实现预期的结果。比如，图形应用的一个简单的 Point 类，可以定义如下：

```
public class Point{
    private final int x;
    private final int y;
    private Point(int x, int y) {
        this.x = x;
        this.y = y;
    }
    public int getX() { return x; }
    public int getY() { return y; }
    public Point moveRightBy(int x){
        return new Point(this.x + x, this.y);
    }
}
```

下面的单元测试会检查 moveRightBy 方法的行为是否与预期一致：

```
@Test
public void testMoveRightBy() throws Exception {
    Point p1 = new Point(5, 5);
    Point p2 = p1.moveRightBy(10);
    assertEquals(15, p2.getX());
    assertEquals(5, p2.getY());
}
```

9.3.1　测试可见 Lambda 函数的行为

由于 moveRightBy 方法声明为 public，测试工作变得相对容易。你可以在用例内部完成测试。但是 Lambda 并无函数名（毕竟它们都是匿名函数），因此要对你代码中的 Lambda 函数进行测试实际上比较困难，因为你无法通过函数名的方式调用它们。

有些时候，你可以借助某个字段访问 Lambda 函数，这种情况，你可以利用这些字段，通过它们对封装在 Lambda 函数内的逻辑进行测试。假设你在 Point 类中添加了静态字段 compare-ByXAndThenY，通过该字段，使用方法引用你可以访问 Comparator 对象：

```
public class Point{
    public final static Comparator<Point> compareByXAndThenY =
        comparing(Point::getX).thenComparing(Point::getY);
    ...
}
```

还记得吗，Lambda 表达式会生成函数接口的一个实例。由此，你可以测试该实例的行为。

这个例子中，我们可以使用不同的参数，对 `Comparator` 对象类型实例 `compareByXAndThenY` 的 `compare` 方法进行调用，验证它们的行为是否符合预期：

```
@Test
public void testComparingTwoPoints() throws Exception {
    Point p1 = new Point(10, 15);
    Point p2 = new Point(10, 20);
    int result = Point.compareByXAndThenY.compare(p1 , p2);
    assertTrue(result < 0);
}
```

9.3.2　测试使用 Lambda 的方法的行为

但是 Lambda 的初衷是将一部分逻辑封装起来给另一个方法使用。从这个角度出发，你不应该将 Lambda 表达式声明为 public，它们仅是具体的实现细节。相反，我们需要对使用 Lambda 表达式的方法进行测试。比如下面这个方法 `moveAllPointsRightBy`：

```
public static List<Point> moveAllPointsRightBy(List<Point> points, int x){
    return points.stream()
                 .map(p -> new Point(p.getX() + x, p.getY()))
                 .collect(toList());
}
```

我们没必要对 Lambda 表达式 `p -> new Point(p.getX() + x,p.getY())` 进行测试，它只是 `moveAllPointsRightBy` 内部的实现细节。我们更应该关注的是方法 `moveAllPoints-RightBy` 的行为：

```
@Test
public void testMoveAllPointsRightBy() throws Exception{
    List<Point> points =
        Arrays.asList(new Point(5, 5), new Point(10, 5));
    List<Point> expectedPoints =
        Arrays.asList(new Point(15, 5), new Point(20, 5));
    List<Point> newPoints = Point.moveAllPointsRightBy(points, 10);
    assertEquals(expectedPoints, newPoints);
}
```

注意，在上面的单元测试中，`Point` 类恰当地实现 `equals` 方法非常重要，否则该测试的结果就取决于 `Object` 类的默认实现。

9.3.3　将复杂的 Lambda 表达式分为不同的方法

可能你会碰到非常复杂的 Lambda 表达式，包含大量的业务逻辑，比如需要处理复杂情况的定价算法。你无法在测试程序中引用 Lambda 表达式，这种情况该如何处理呢？一种策略是将 Lambda 表达式转换为方法引用（这时你往往需要声明一个新的常规方法），9.1.3 节详细讨论过这种情况。这之后，你可以用常规的方式对新的方法进行测试。

9

9.3.4　高阶函数的测试

接受函数作为参数的方法或者返回一个函数的方法（所谓的"高阶函数"，higher-order function，第 19 章会深入展开介绍）更难测试。如果一个方法接受 Lambda 表达式作为参数，那么你可以采用的一个方案是使用不同的 Lambda 表达式对它进行测试。比如，你可以使用不同的谓词对第 2 章中创建的 `filter` 方法进行测试。

```
@Test
public void testFilter() throws Exception{
    List<Integer> numbers = Arrays.asList(1, 2, 3, 4);
    List<Integer> even = filter(numbers, i -> i % 2 == 0);
    List<Integer> smallerThanThree = filter(numbers, i -> i < 3);
    assertEquals(Arrays.asList(2, 4), even);
    assertEquals(Arrays.asList(1, 2), smallerThanThree);
}
```

如果被测试方法的返回值是另一个方法，该如何处理呢？你可以仿照之前处理 Comparator 的方法，把它当成一个函数接口，对它的功能进行测试。

然而，事情可能不会一帆风顺，你的测试可能会返回错误，报告说你使用 Lambda 表达式的方式不对。因此，我们现在进入调试的环节。

9.4　调试

调试有问题的代码时，程序员的兵器库里有两大经典武器，分别是：

❑ 查看栈跟踪；

❑ 输出日志。

Lambda 表达式和流的引入同时也会给你的程序调试带来挑战。本节会探讨二者的影响。

9.4.1　查看栈跟踪

你的程序突然停止运行（比如突然抛出一个异常），这时你首先要调查程序在什么地方发生了异常以及为什么会发生该异常。这时栈帧就非常有用了。程序的每次方法调用都会产生相应的调用信息，包括程序中方法调用的位置、该方法调用使用的参数，以及被调用方法的本地变量。这些信息被保存在栈帧上。

程序失败时，你会得到它的**栈跟踪**，通过一个又一个栈帧，你可以了解程序失败时的概略信息。换句话说，通过这些你能得到程序失败时的方法调用列表。这些方法调用列表最终会帮助你发现问题出现的原因。

使用 Lambda 表达式

不幸的是，由于 Lambda 表达式没有名字，因此它的栈跟踪可能很难分析。在下面这段简单的代码中，我们刻意地引入了一些错误：

```
import java.util.*;
public class Debugging{
    public static void main(String[] args) {
        List<Point> points = Arrays.asList(new Point(12, 2), null);
        points.stream().map(p -> p.getX()).forEach(System.out::println);
    }
}
```

运行这段代码会产生下面的栈跟踪（javac 版本不同，栈跟踪也会不同）：

```
Exception in thread "main" java.lang.NullPointerException
    at Debugging.lambda$main$0(Debugging.java:6)         这行中的$0
    at Debugging$$Lambda$5/284720968.apply(Unknown Source)  是什么意思？
    at java.util.stream.ReferencePipeline$3$1.accept(ReferencePipeline
    .java:193)
    at java.util.Spliterators$ArraySpliterator.forEachRemaining(Spliterators
    .java:948)
...
```

讨厌！发生了什么？这段程序当然会失败，因为 Points 列表的第二个元素是空（null）。这时你的程序实际是在试图处理一个空引用。由于 Stream 流水线发生了错误，因此构成 Stream 流水线的整个方法调用序列都暴露在你面前了。不过，你留意到了吗？栈跟踪中还包含下面这样类似加密的内容：

```
    at Debugging.lambda$main$0(Debugging.java:6)
    at Debugging$$Lambda$5/284720968.apply(Unknown Source)
```

这些表示错误发生在 Lambda 表达式内部。因为 Lambda 表达式没有名字，所以编译器只能为它们指定一个名字。在这个例子中，它的名字是 lambda$main$0，看起来非常不直观。如果你使用了大量的类，其中又包含多个 Lambda 表达式，这就成了一个非常头痛的问题。

即使你使用了方法引用，还是有可能出现栈无法显示你使用的方法名的情况。将之前的 Lambda 表达式 p-> p.getX() 替换为方法引用 Point::getX 也会产生难于分析的栈跟踪：

```
points.stream().map(Point::getX).forEach(System.out::println);
Exception in thread "main" java.lang.NullPointerException    这一行表示
    at Debugging$$Lambda$5/284720968.apply(Unknown Source)    什么呢？
    at java.util.stream.ReferencePipeline$3$1.accept(ReferencePipeline
    .java:193)
...
```

注意，如果方法引用指向的是同一个类中声明的方法，那么它的名称是可以在栈跟踪中显示的。比如，来看下面这个例子：

```
import java.util.*;
public class Debugging{
    public static void main(String[] args) {
        List<Integer> numbers = Arrays.asList(1, 2, 3);
        numbers.stream().map(Debugging::divideByZero).forEach(System
            .out::println);
    }
```

```
public static int divideByZero(int n){
    return n / 0;
}
}
```

方法 divideByZero 在栈跟踪中就正确地显示了：

```
Exception in thread "main" java.lang.ArithmeticException: / by zero
    at Debugging.divideByZero(Debugging.java:10)
    at Debugging$$Lambda$1/999966131.apply(Unknown Source)
    at java.util.stream.ReferencePipeline$3$1.accept(ReferencePipeline
    .java:193)
...
```

divideByZero 正确
地输出到栈跟踪中

总的来说，我们需要特别注意，涉及 Lambda 表达式的栈跟踪可能非常难理解。这是 Java 编译器未来版本可以改进的一个方面。

9.4.2 使用日志调试

假设你试图对流操作中的流水线进行调试，该从何入手呢？可以像下面的例子那样，使用 forEach 将流操作的结果日志输出到屏幕上或者记录到日志文件中：

```
List<Integer> numbers = Arrays.asList(2, 3, 4, 5);
numbers.stream()
    .map(x -> x + 17)
    .filter(x -> x % 2 == 0)
    .limit(3)
    .forEach(System.out::println);
```

这段代码的输出如下：

```
20
22
```

不幸的是，一旦调用 forEach，整个流就会恢复运行。到底哪种方式能更有效地帮助我们理解 Stream 流水线中的每个操作（比如 map、filter、limit）产生的输出呢？

这正是流操作方法 peek 大显身手的时候。peek 的设计初衷就是在流的每个元素恢复运行之前，插入执行一个动作。但是它不像 forEach 那样恢复整个流的运行，而是在一个元素上完成操作之后，只会将操作顺承到流水线中的下一个操作。图 9-4 解释了 peek 的操作流程。

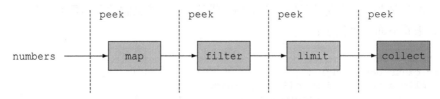

图 9-4 使用 peek 查看 Stream 流水线中的数据流的值

下面的这段代码使用 peek 输出了 Stream 流水线操作之前和操作之后的中间值：

```
List<Integer> result =
  numbers.stream()
        .peek(x -> System.out.println("from stream: " + x))
        .map(x -> x + 17)
        .peek(x -> System.out.println("after map: " + x))
        .filter(x -> x % 2 == 0)
        .peek(x -> System.out.println("after filter: " + x))
        .limit(3)
        .peek(x -> System.out.println("after limit: " + x))
        .collect(toList());
```

输出来自数据源的
当前元素值

输出 map 操作
的结果

输出经过 filter 操作
之后，剩下的元素个数

输出经过 limit 操作之后，
剩下的元素个数

通过 peek 操作能清楚地了解流水线操作中每一步的输出结果：

```
from stream: 2
after map: 19
from stream: 3
after map: 20
after filter: 20
after limit: 20
from stream: 4
after map: 21
from stream: 5
after map: 22
after filter: 22
after limit: 22
```

9.5　小结

以下是本章中的关键概念。

❑ Lambda 表达式能提升代码的可读性和灵活性。

❑ 如果你的代码中使用了匿名类，那么尽量用 Lambda 表达式替换它们，但是要注意二者间语义的微妙差别，比如关键字 this，以及变量隐藏。

❑ 跟 Lambda 表达式比起来，方法引用的可读性更好。

❑ 尽量使用 Stream API 替换迭代式的集合处理。

❑ Lambda 表达式有助于避免使用面向对象设计模式时容易出现的僵化的模板代码，典型的比如策略模式、模板方法、观察者模式、责任链模式，以及工厂模式。

❑ 即使采用了 Lambda 表达式，也同样可以进行单元测试，但是通常你应该关注使用了 Lambda 表达式的方法的行为。

❑ 尽量将复杂的 Lambda 表达式抽象到普通方法中。

❑ Lambda 表达式会让栈跟踪的分析变得更为复杂。

❑ 流提供的 peek 方法在分析 Stream 流水线时，能将中间变量的值输出到日志中，是非常有用的工具。

9

第 10 章

基于 Lambda 的领域特定语言 10

本章内容

☐ 领域特定语言（domain-specifc language, DSL）及其形式

☐ 为你的 API 添加 DSL 都有哪些优缺点

☐ 除了简单的基于 Java 的 DSL 之外，JVM 还有哪些领域特定语言可供选择

☐ 从现代 Java 接口和类中学习领域特定语言

☐ 高效实现基于 Java 的 DSL 都有哪些模式和技巧

☐ 常见Java库以及工具是如何使用这些模式的

开发者们经常忽略一点，编程语言首先是一门语言。任何语言的主要目标都是以最清晰、最容易理解的方式传递信息。也许一个优雅的软件的最重要特质就是能清楚明了地表达它的意图；或者，就像著名的计算机科学家 Harold Abelson 所说的那样："我们编写程序首先是给人阅读的，机器只是偶尔执行一下。"

代码的易读性和易理解性在软件中的重要性甚至更胜一筹，因为软件需要对应用的核心业务逻辑进行建模。如果程序员书写的代码可以在开发团队与领域专家团队之间共享，并且很容易被双方理解的话，对提升团队的生产力将非常有利。这样一来，领域专家在软件开发的早期就可以介入开发流程，从业务需求的角度对软件的正确性进行验证。缺陷和误解可以在很早的阶段就被发现并解决。

为了达到这个目标，通常的做法是使用领域特定语言（DSL）来表达应用的业务逻辑。DSL是一种小型语言，它们大多都不通用，为某个特定领域客制化而生。DSL 使用该领域特有的术语。如果你对 Maven 和 Ant 比较熟悉，就可以将它们看成描述构建过程的 DSL。你可能还熟悉 HTML，它是为描述网页结构而定制化的语言。历史上，Java 由于它的僵硬与极度烦琐，很少被用于实现精简 DSL，即使有人用它创建了 DSL，也不便于非技术岗的人阅读和理解。不过，现在由于 Java 支持了 Lambda 表达式，你的工具箱中新增了一个强大的工具！实际上，我们在第 3 章就已经看到了 Lambda 表达式在降低代码复杂度方面的巨大威力，还记得它对示例程序"信号/噪声比"的改进吗？

设想一下如何用 Java 实现一个数据库。实现一个数据库时，程序员需要编写大量非常细节的底层代码，譬如选择哪一块磁盘存储指定的数据，为表建立索引，处理并发事务，等等。开发这样的一个数据库只有相当资深的程序员才能够胜任。假设你现在需要编写一个程序执行第 4 章和第 5 章中探讨过的那种查询，即"找出菜单中热量小于 400 卡路里的所有菜肴"。

持传统思维观点的专家程序员可能很快就给出了底层风格的实现代码，并认为这简直就是小菜一碟：

```
while (block != null) {
    read(block, buffer)
    for (every record in buffer) {
        if (record.calorie < 400) {
            System.out.println (record.name);
        }
    }
    block = buffer.next();
}
```

上面这个解决方案有两个主要问题：缺乏经验的程序员很难创建这样的程序（它需要程序员对诸如锁、I/O 或者磁盘分配这样的细节有足够深入的理解），更重要的一点，这段代码的出发点是系统，而不是从应用角度出发。

一个用户导向型的程序员可能会问"为什么你不能给我提供一个 SQL 接口呢？这样我就可以编写 SELECT name FROM menu WHERE calorie < 400 这样的语句拿到需要的数据了。这里的 menu 是一张 SQL 的表，它保存了餐馆的菜单记录。采用这种方式我的开发效率会高很多，比由系统层出发的考虑快了不知道多少倍！谁关心那些系统底层的细节啊！"这种观点似乎也很难反驳！从本质上讲，这位程序员就是在要求使用 DSL 去操作数据，而不是用单纯的 Java 代码。严格来讲，这种类型的 DSL 应该叫"外部 DSL"，因为它期望数据库提供一套 API 去解析和处理由纯文本编写的 SQL 语句。本章后续内容中会介绍更多外部 DSL 和内部 DSL 的区别。

但是如果回顾一下第 4 章和第 5 章的内容，你大概会意识到如果使用 Stream API，那么这段代码可以更加精简，如下所示：

```
menu.stream()
    .filter(d -> d.getCalories() < 400)
    .map(Dish::getName)
    .forEach(System.out::println)
```

这段代码中使用了链接（chaining）方法，这是 Stream API 的典型特征之一，也经常被称为**流畅式**（fluent style），相对于 Java 中循环复杂的控制流，这种方式理解起来容易多了。

这种格式高效地复制到了 DSL 中。这里提到的 DSL，不是外部 DSL，而是内部 DSL。在内部 DSL 中，应用层原语被作为 Java 方法导出，用于操作代表数据库的一个或多个类的类型，与此相对的就是那些外部 DSL 中非 Java 格式的原语，譬如前面提到的 SQL 语句 SELECT FROM。

从本质上讲，设计一个 DSL 包括决定哪些操作应该由应用程序员执行（还要特别小心，尽量避免暴露系统层的概念，以免引入不必要的污染），并为程序员提供这些对应的操作。

对于内部 DSL，这个流程意味着需要暴露恰当的类和方法，以使代码的编写逻辑更流畅。创建外部 DSL 需要付出更大的代价，你不仅要设计 DSL 的语法，还需要为 DSL 实现解析器和执行器（evaluator）。不过这些都是值得的，如果你的设计没什么问题，那么初级程序员也可以快速且有效地完成代码的编写（这样你就有了源源不断的现金流，让你的公司能够在市场上屹立不败），而不需要直接改动你优美（不过对新手而言难于理解）的系统代码！

本章会通过几个例子和用例使你了解什么是 DSL，什么时候你需要实现一个 DSL，以及由此你能获得什么好处。接着会介绍几个 Java 8 API 中引入的小型 DSL。你还将学习如何借助于同样的模式创建自己的 DSL。最终，我们会一起分析目前市面上广为使用的几个 Java 库和框架，看看它们是如何应用这些技巧，凭借一系列的 DSL 提供的功能，让它们的 API 更易于使用的。

10.1   领域特定语言

DSL 是为了解决某个特定业务领域问题的一种自定义语言。譬如，你可能正在开发一个财务出纳软件。你的业务领域包括了像银行存款证明这样的概念以及对账这样的操作。你可以创建一个定制的 DSL 来描述该领域的问题。在 Java 中，你需要实现一系列的类和方法来描述这个领域。某种程度上，可以把 DSL 当成与特定领域建立联系的 API。

DSL 并非通用编程语言，它对能执行的操作以及其中涉及的概念都做了限定，其只针对某个领域，这意味着使用 DSL 可以减少程序员受到的干扰，让他们能够更专注于解决重要的业务问题。你的 DSL 应该有能力帮助程序员从无关的事物中解脱出来，只处理该领域的复杂性。别的底层实现细节都应该被隐藏——其原理就像将类方法的底层实现细节声明为私有一样。以这种方式设计的 DSL 才是一个用户友好的 DSL。

那么 DSL 到底是什么呢？DSL 不是简单的文本描述。它也不是让领域专家实现底层业务逻辑的语言。以下两个原因会驱动你开发一个 DSL。

- **沟通为王。**你的代码应该能清晰地表达它的意图，而且要能被"非程序员"所理解。只有这样，领域专家才能及时加入以验证代码是否符合业务需求。
- **代码只编写一次，但会被阅读很多次。**代码的可读性对软件的可维护性非常重要。换句话说，写代码时应该尽量保持结构优美、注释清晰，这样才能方便他人阅读。

设计良好的 DSL 能带来非常多的益处。尽管如此，开发并使用定制的 DSL 既有其优点也有其弊端。下一小节会深入探讨这些优点和弊端，这样你在决定是否应该为某个场景创建 DSL 时才能有所依据。

10.1.1   DSL 的优点和弊端

与软件工程中很多其他的技术与解决方案一样，DSL 也并非"银弹"。利用 DSL 处理你的领域问题既有其优势也有其弊端。DSL 是你的宝贵资产，其原因很直白，因为它提升了你代码的抽象层次，使其能更加专注于业务目标，继而具有更好的可读性。不过它也可能成为你的负担，因为实现 DSL 的是独立的代码，这部分代码也需要测试和维护。因此，深入研究 DSL 能带来的好处与可能存在的弊端对于你评估是否要为你的项目添加 DSL，确保其能带来正面收益至关重要。DSL 具有以下优点。

- □ **简洁**——DSL 提供的 API 非常贴心地封装了业务逻辑，让你可以避免编写重复的代码，最终你的代码将会非常简洁。

- □ **可读性**——DSL 使用领域中的术语描述功能和行为，让代码的逻辑很容易理解，即使是不懂代码的非领域专家也能轻松上手。由于 DSL 的这个特性，代码和领域知识能在你的组织内无缝地分享与沟通。

- □ **可维护性**——构建于设计良好的 DSL 之上的代码既易于维护又便于修改。可维护性对于业务相关的代码尤其重要，应用这部分的代码很可能需要经常变更。

- □ **高层的抽象性**——DSL 中提供的操作与领域中的抽象在同一层次，因此隐藏了那些与领域问题不直接相关的细节。

- □ **专注**——使用专门为表述业务领域规则而设计的语言，可以帮助程序员更专注于代码的某个部分。结果是生产效率得到了提升。

- □ **关注点隔离**——使用专用的语言描述业务逻辑使得与业务相关的代码可以同应用的基础架构代码相分离。以这种方式设计的代码将更容易维护。

讲了那么多优点，DSL 也有其短板。在你的代码中加入 DSL 可能会带来下面的弊端。

- □ **DSL 的设计比较困难**——要想用精简有限的语言描述领域知识本身就是件困难的事情。

- □ **开发代价**——向你的代码库中加入 DSL 是一项长期投资，尤其是其启动开销很大，这在项目的早期可能导致进度延迟。此外，DSL 的维护和演化还需要占用额外的工程开销。

- □ **额外的中间层**——DSL 会在额外的一层中封装你的领域模型，这一层的设计应该尽可能地薄，只有这样才能避免带来性能问题。

- □ **又一门要掌握的语言**——当今时代，开发者已经习惯了使用多种语言进行开发。然而，在你的项目中加入新的 DSL 意味着你和你的团队又需要掌握一门新的语言。如果你决定在你的项目中使用多个 DSL 以处理来自不同业务领域的作业，并将它们无缝地整合在一起，那这种代价就更大了，因为 DSL 的演化也是各自独立的。

- □ **宿主语言的局限性**——有些通用型的语言（比如 Java）一向以其烦琐和僵硬而闻名。这些语言使得设计一个用户友好的 DSL 变得相当困难。实际上，构建于这种烦琐语言之上的 DSL 已经受限于其臃肿的语法，使得其代码几乎不具备可读性。好消息是，Java 8 引入的 Lambda 表达式提供了一个强大的新工具可以缓解这个问题。

要依据这个优缺点的列表，决定是否为你的项目添加一个 DSL 并不是件容易的事情。除了实现自己的 DSL，你还有一些其他的选择。在你研究到底该用哪种模式和策略开发一个可读性好又容易使用的 DSL 之前，先快速了解一下 Java 8 及之后版本提供的可选项：它们提供了哪些解决方案，都适合什么样的环境。

10

10.1.2 JVM 中已提供的 DSL 解决方案

本节会学习 DSL 的分类。除此之外，还会介绍除了通过 Java 实现 DSL 之外，你还有哪些选择。接下来，我们会介绍如何利用 Java 提供的特性实现一个 DSL。

按照 Martin Fowler[①]引入的对 DSL 最常见的划分方法，DSL 可以分成内部 DSL 和外部 DSL。内部 DSL（也被称作嵌入式 DSL）借由现有的宿主语言（可以是纯 Java 代码，也可以是其他语言）实现，而外部 DSL 通常被称为独立 DSL（stand-alone DSL），因为它们都是从无到有进行创建，其语法与宿主语言几乎完全无关。

除此之外，JVM 还为你提供了第三个备选项，这是一种介于内部 DSL 与外部 DSL 之间的解决方案：可以在 JVM 上运行另一种通用编程语言，而这种语言比 Java 自身更灵活、更有表现力，譬如 Scala，或者 Groovy。我们把这样的第三种选项称为"多语言 DSL"（polyglot DSL）。

接下来的内容中会依次介绍这三种类型的 DSL。

1. 内部 DSL

由于本书是关于 Java 的，因此当我们提到内部 DSL 时，当然指的是用 Java 语言编写的 DSL。历史上，Java 并不是一种"适合编写 DSL"的语言，因为它结构臃肿、语法僵化，我们很难用它写出可读性好、简洁、同时又有表现力的 DSL。这个问题随着 Lambda 表达式的引入被逐渐解决了。正如我们在第 3 章中看到的那样，Lambda 能以简洁的方式进行行为参数化，这一点非常有用。实际上，大量地使用 Lambda 之后，代码不再像匿名内部类那样冗长，以这种方式实现的"信号/噪声比" DSL 也更容易被接受。为了演示信号/噪声比，你可以试试用 Java 7 的语法，搭配 Java 8 新引入的 forEach 方法，打印输出一个 String 列表：

```
List<String> numbers = Arrays.asList("one", "two", "three");
numbers.forEach( new Consumer<String>() {
    @Override
    public void accept( String s ) {
        System.out.println(s);
    }
} );
```

这段代码中，加粗的部分是我们想要传递的"代码信号"。所有其他部分的代码都是语法上的噪声，并没有带来任何额外的价值，在 Java 8 中也不再需要（去掉也许更好）。匿名内部类可以通过 Lambda 表达式替代，如下所示：

```
numbers.forEach(s -> System.out.println(s));
```

或者，你可以采用更精简的方式，传递一个方法引用，达到同样的效果：

```
numbers.forEach(System.out::println);
```

---

① 马丁·富勒是一个软件开发方面的著作者和国际知名演说家，他专注于面向对象分析与设计、统一建模语言、领域建模，以及敏捷软件开发方法，包括极限编程。

当你希望你的用户不需要花费太多的精力在实现技术上时，使用 Java 构建你自己的 DSL 可能是一个不错的选择。如果 Java 语法不是什么大问题的话，那么选择使用纯 Java 开发你的 DSL 有很多优点。

❑ 学习如何实现一个良好的 DSL 所需的那些模式和技巧，与学习一门新的语言及其工具链，并将其用于开发外部 DSL 比较起来，所花费的精力和时间要少得多。

❑ 如果你的 DSL 用纯 Java 编写，它就能与其他的代码一起编译。由于不需要集成新的语言编译器或者其他用于生成外部 DSL 的工具，你在编译成本这块不会有任何新增开销。

❑ 你的开发团队不需要花时间去熟悉新的语言，也不需要去研究那些他们不熟悉的、复杂的外部工具。

❑ 你 DSL 的用户能够使用跟你一样的集成开发环境，充分利用集成开发环境所提供的所有特性，譬如自动补全、代码重构等。虽然现代 IDE 也在不断地改进它们对别的基于 JVM 的流行语言的支持，但是目前为止还没有哪一种语言的支持能达到跟 Java 同等的程度。

❑ 如果你需要实现多种 DSL 来支撑你领域的多个部分，或者支持多个领域，如果它们都是用纯 Java 编写的，那整合它们不会是一个大问题。

整合 DSL 还有另外一种选择，如果你的 DSL 同样都基于 Java 字节码，那么可以通过整合基于 JVM 的编程语言达到同样的效果。我们把这些 DSL 叫作"多语言 DSL"，下一节中对其进行了介绍。

2. 多语言 DSL

现在，JVM 上可以运行的语言可能已经超过了 100 种，其中很多语言，譬如 Scala 和 Groovy，都非常流行，大批的开发者对它们很熟悉。其他语言，包括 JRuby 和 JPython，是由别的知名的编程语言迁移到 JVM 上的。最后，还有一些新兴语言，譬如 Kotlin 和 Ceylon，最近也获得了很多的关注，因为它们声称能提供与 Scala 比肩的特性，并且天然更简单，学习曲线更平滑。所有的这些语言都比 Java 新，设计之初没那么多限制，语法也不那么冗长。这种特质非常重要，由于编程语言具有内建的简洁性，用它实现的 DSL 也不会太烦琐。

Scala 提供了几个特别适合用于开发 DSL 的特性，譬如柯里化、隐式转换等。第 20 章会对 Scala 进行一个概略的介绍，并将它与 Java 进行比较。就目前而言，我们只想通过一个简单的例子，让你对这些特性能达到什么效果有一个感性的认识。

假设你要构建一个工具函数，持续执行另一个函数 f 指定的次数。刚开始，你可能会考虑按照下面这种递归的方式用 Scala 语言实现（不用担心看不懂这些语法，目前最重要的是理解其中的思想）。

```
def times(i: Int, f: => Unit): Unit = {
  f                                    ←──┤ 执行 f 函数
  if (i > 1) times(i - 1, f)  ←──┐ 如果计数器 i 为正，
}                                         就将其减一，递归调
                                          用该函数指定的次数
```

10

注意在 Scala 中，使用一个非常大的值 i 调用该函数也不会导致栈溢出，而这在 Java 中一定

会发生，因为 Scala 对尾部调用进行了优化，这意味着对 times 函数的递归调用不会被加入到栈中。关于这个主题，第 18 章和第 19 章会有更多的介绍。你可以使用该函数重复调用另外一个函数（譬如下面这个例子，持续打印输出"Hello World"三次），如下所示：

```
times(3, println("Hello World"))
```

如果你对 times 函数进行柯里化，或者将它的参数划分到两个分组之中（第 19 章会详细讨论"柯里化"），如下所示：

```
def times(i: Int)(f: => Unit): Unit = {
  f
  if (i > 1 times(i - 1)(f)
}
```

把要执行的函数作为参数传递到花括号中很多次的话，你可以获得同样的效果：

```
times(3) {
  println("Hello World")
}
```

最后，在 Scala 中你可以定义一个隐式转换将 Int 转换为一个匿名类，而这只需要一个函数，该函数接受一个需要重复执行的函数作为参数。再次强调一下，不用担心现在看不懂这里的语法及细节。这个例子的目标就是让你了解 Java 之外还有哪些可能的选项。

```
implicit def intToTimes(i: Int) = new {      ⎯┐ 定义一个由 Int 向匿
  def times(f: => Unit): Unit = {             ⎯┘ 名类的隐式转换
    def times(i: Int, f: => Unit): Unit = {   ⎯⎯ 这个类只有一个 times
      f                                           函数，它接受另一个函数
      if (i > 1) times(i - 1, f)                  f 作为参数
    }
    times(i, f)  ⎯┐                           第二个 times 函数接受两个参数，它定
  }             调用内部的                       义于第一个 times 函数的作用域之内
}               times 函数
```

通过这种方式，你基于 Scala 内建的小型 DSL 就可以调用一个函数，让它打印输出"Hello World"三次，如下所示：

```
3 times {
  println("Hello World")
}
```

如你所见，最终的 DSL 没有任何语法噪声，它非常容易理解，即便是不懂程序设计的人也没有什么困难。这里的数字 3 会自动地被编译器转换为类的实例，并将变量保存到字段 i 中。接着 times 函数接受一个要被重复执行的函数作为参数，被不带"点"的符号调用。

在 Java 中要得到类似的效果几乎是不可能的，由此可见使用"DSL 友好"的语言能带来的好处多么明显。然而，这一选择也带有一些明显的不足，包括如下几点。

❑ 你得学习新的语言，或者你的团队中已经有人熟练掌握了这门语言。用这些语言开发一个优雅的 DSL 通常会用到一些相对比较高级的特性，只对新的语言有一些浅尝辄止的肤浅认识是远远不够的。

❑ 由于需要编译由两种甚至多种语言编写的源代码，你需要整合多个编译器，而这会让你的构建流程变得更加复杂。

❑ 最后，虽然运行于 JVM 上的主流语言都声称与 Java 百分百兼容，但是让它们与 Java 实现互操作经常还是需要进行各种尴尬的妥协。此外，这种互操作有时还会导致性能问题。譬如，Scala 和 Java 的集合类型不是完全兼容的，因此当一个 Scala 的集合需要传递给一个 Java 函数，或者反之情况出现时，原始的集合都需要进行一次转换，将其转换为目标语言原生 API 支持的格式。

3. 外部 DSL

在你的项目中添加 DSL 还有第三种选项，那就是实现一个外部 DSL。选择这种方式，你得从头开始设计一个新的语言，它要有自己的语法和语义。你还得建立独立的基础架构去解析新语言，分析解析的输出，生成对应的代码来执行你的外部 DSL。这可是个大工程！完成这些任务所需的技能也很高，不太容易迅速掌握。如果你希望沿着这个方向发展，那么可以看看 ANTLR，这是个应用很广的解析生成器，它也是伴随着 Java 一路成长而来的工具。

此外，即便是从头设计一种一致的编程语言也并非易事。比较常见的问题是外部 DSL 经常发生越界，去管一些设计之初并不期望它去管的事情。

开发外部 DSL 能带来的最大好处是它给你提供了几乎无限的灵活性。外部 DSL 的出现，让你有可能设计一种完全适合你领域和偏好的语言。如果你干得不错，那么最终的语言将具有极其良好的可读性，非常适合描述和解决你领域中的问题。此外，它还有个正面的结果，即通过外部 DSL 编写的业务代码与使用 Java 开发的基础架构代码之间泾渭分明，很容易区分。然而，这种分离是把双刃剑，因为它同时也在 DSL 与宿主语言之间人为地创建了一层屏障。

本章接下来的部分会学习如何创建使其更有效的基于 Java 内部 DSL 的模式和技巧。我们会探讨这些想法如何在原生 Java API 的设计中得到应用，特别是 Java 8 及之后版本中新增的那部分 API 是如何应用的。

10.2　现代 Java API 中的小型 DSL

最先使用 Java 新的函数式能力的 API 是原生 Java API 自身。Java 8 之前，原生 Java API 就已经有几个带单一抽象方法的接口，不过使用这些抽象接口需要实现匿名内部类，10.1 节分析过，采用这种方式语法非常臃肿。Lambda 表达式以及方法引用（从 DSL 的角度而言，这可能是更重要的因素）的引入改变了游戏的规则，让函数式接口成为了 Java API 设计的基石。

Java 8 中的 Comparator 接口已经更新采用了这种新的方法。在本书第 13 章中，你会知道接口可以同时包含静态方法和默认方法。目前而言，Comparator 接口是一个很好的例子，其能帮助我们理解 Lambda 是怎样改善原生 Java API 的可重用性和组合性的。

假设你有一个表示人(Persons)的对象列表,你希望按照人的年龄对这些对象排序。Lambda 出现之前, 你只能通过内部类实现 Comparator 接口, 如下所示:

```
Collections.sort(persons, new Comparator<Person>() {
    public int compare(Person p1, Person p2) {
        return p1.getAge() - p2.getAge();
    }
});
```

与在本书中看到的其他例子一样, 你可以用更紧凑的 Lambda 表达式替换内部类:

```
Collections.sort(people, (p1, p2) -> p1.getAge() - p2.getAge());
```

采用这一技巧极大地改善了你代码的可读性,减少了那些无关痛痒的干扰因素对你理解代码逻辑的影响[①]。不过, Java 也提供了一系列的静态工具方法, 它们可以帮助你以更具可读性的方式创建 Comparator 对象。这些静态方法包含在 Comparator 接口中。通过静态导入 Comparator.comparing 方法, 你可以重写上述排序示例, 如下所示:

```
Collections.sort(persons, comparing(p -> p.getAge()));
```

你甚至可以更进一步, 用方法引用替换掉代码中的 Lambda:

```
Collections.sort(persons, comparing(Person::getAge));
```

这种方法能带来的好处还可以更大。如果你想按照年龄的逆序对人进行排序,那么可以尝试使用实例方法 reverse (这也是在 Java 8 中引入的新特性):

```
Collections.sort(persons, comparing(Person::getAge).reverse());
```

更进一步, 如果你希望同样年龄的人可以按照姓名的字母顺序排序, 那么可以构造一个 Comparator, 对人的名字进行比较:

```
Collections.sort(persons, comparing(Person::getAge)
                        .thenComparing(Person::getName));
```

最后, 你可以使用 List 接口中新增的 sort 方法对排序对象做进一步整理:

```
persons.sort(comparing(Person::getAge)
            .thenComparing(Person::getName));
```

这个小小的 API 可以被看成是集合排序领域的一个微型 DSL。虽然它的范畴很有限, 但是已经显示了良好的设计, 它利用 Lambda 和方法引用改善了你代码的可读性、重用性以及可组合性。

接下来的一节会探讨 Java 8 中用法最多、运用最广泛、可读性改善也更明显的类:Stream API。

---

① 原文中的术语为 "信噪比"。

10.2.1　把 Stream API 当成 DSL 去操作集合

Stream 接口是小型内部 DSL 引入原生 Java API 非常好的一个例子。事实上，Stream 是一个紧凑却强大的 DSL，它可以对集合中的元素进行过滤、排序、转换、归并等操作。假设你需要读取一个日志文件，取出其中包含"ERROR"关键字的前 40 行，并将其存放到一个 List<String> 对象中。你可以以命令式的风格执行这项任务，代码清单如下。

代码清单 10-1　以命令式的风格读取日志文件中的错误行

```
List<String> errors = new ArrayList<>();
int errorCount = 0;
BufferedReader bufferedReader
    = new BufferedReader(new FileReader(fileName));
String line = bufferedReader.readLine();
while (errorCount < 40 && line != null) {
    if (line.startsWith("ERROR")) {
        errors.add(line);
            errorCount++;
    }
    line = bufferedReader.readLine();
}
```

为简洁起见，上述代码没有进行任何错误处理。即便如此，这段代码看起来还是异常臃肿，它的意图并不简洁明了。另一个破坏可读性和可维护性的因素是它没有执行关注点隔离。我们可以观察到，同样功能的代码散落于多个语句中。譬如，以逐行方式读取文件的代码出现在了三个地方，分别位于：

❑ FileReader 创建的地方；
❑ while 循环的第二个条件判断，检查文件是否已经到了结尾；
❑ while 循环的末尾，它需要读取文件的下一行。

类似地，限制列表只收集前 40 行结果的代码也散落在三个语句中：

❑ 初始化变量 errorCount 时；
❑ while 循环的第一个条件；
❑ 发现日志中存在以"ERROR"打头的行时递增计数器的语句。

借助于 Stream 接口，我们能以更加函数式的风格达到同样的效果，并且更简单且更紧凑，代码清单如下。

代码清单 10-2　以函数式的风格读取日志文件中的错误行

打开文件并创建一个字符串流，每个字符串对应于文件中的一行

```
List<String> errors = Files.lines(Paths.get(fileName))
                           .filter(line -> line.startsWith("ERROR"))
                           .limit(40)
                           .collect(toList());
```

对结果做限制，只取前 40 行

过滤出以"ERROR"打头的行

收集结果，将字符串归并到一个列表

10

Files.lines 是一个静态工具方法，它返回一个 Stream<String>，每一个 String 代表解析文件中的一行。这里是代码中唯一一处以逐行方式读取文件的地方。同样的，limit(40) 这一行语句就完成了对结果数据的限制，我们只收集前 40 行错误日志。异常简洁明了！你还能想到更具可读性的方式吗？

Stream API 的流畅风格是另一个值得探讨的话题，这也是设计良好的 DSL 的典型。所有的中间操作都是延迟的，返回值是一个可以进行流水线的操作序列。终止操作都是积极式的（eager），会触发计算整个流水线的结果。

是时候探讨另一个小型 DSL 的 API 了。接下来要讨论的是与 Stream 接口的 collect 方法经常一起使用的 API：Collectors API。

10.2.2 将 Collectors 作为 DSL 汇总数据

通过前面的学习，你已经知道 Stream 接口可以作为 DSL 操作数据列表。同样，Collector 接口也可以作为 DSL，对数据进行分析汇总。第 6 章介绍过 Collector 接口，包括如何使用它对流中的元素进行收集、分组和划分。我们也介绍过通过 Collectors 类的静态工厂方法，可以非常方便地创建各种类型的 Collector 对象，并汇总它们。现在，让我们从 DSL 的角度审视下这些方法是如何设计的。特别是，Comparator 接口可以整合在一起支持多字段排序，而 Collector 接口也可以整合在一起支持多层分组（multilevel grouping）。譬如，你可以对汽车列表进行分组，先按照它们的品牌，然后按照它们的颜色，如下所示：

```
Map<String, Map<Color, List<Car>>> carsByBrandAndColor =
        cars.stream().collect(groupingBy(Car::getBrand,
                                         groupingBy(Car::getColor)));
```

与你曾经连接两个 Comparator 的方式比较起来，你注意到这里有什么不同吗？通过流畅方式组合两个 Comparator，你定义了一个多域的 Comparator：

```
Comparator<Person> comparator =
        comparing(Person::getAge).thenComparing(Person::getName);
```

而 Collectors API 允许你以嵌套 Collector 的方式创建多层的 Collector：

```
Collector<? super Car, ?, Map<Brand, Map<Color, List<Car>>>>
    carGroupingCollector =
    groupingBy(Car::getBrand, groupingBy(Car::getColor));
```

通常情况下，我们认为流畅风格比嵌套风格的可读性好很多，这一点在组合涉及三个及以上组件时就愈加明显了。这种风格上的差异是为了别具一格吗？事实上，它反映的是一个刻意的设计选择，因为最内层的 Collector 需要首先执行，然而逻辑上，它是最后被执行的一组。这个例子中，我们通过几个静态方法嵌套了 Collector 的创建，而没有使用流畅的连接方式，所以最内层的分组会首先执行，然而从代码上一眼看过去，它似乎应该是最后执行的。

实现一个代理 groupingBy 工厂方法的 GroupingBuilder 可能更容易一些（除了在定义中使用泛型），然而你需要允许多个分组操作可以流畅地组合。代码清单如下。

代码清单 10-3   一个流畅分组的 `collectors` 构建器

```java
import static java.util.stream.Collectors.groupingBy;

public class GroupingBuilder<T, D, K> {
    private final Collector<? super T, ?, Map<K, D>> collector;

    private GroupingBuilder(Collector<? super T, ?, Map<K, D>> collector) {
        this.collector = collector;
    }

    public Collector<? super T, ?, Map<K, D>> get() {
        return collector;
    }

    public <J> GroupingBuilder<T, Map<K, D>, J>
                        after(Function<? super T, ? extends J> classifier) {
        return new GroupingBuilder<>(groupingBy(classifier, collector));
    }

    public static <T, D, K> GroupingBuilder<T, List<T>, K>
                        groupOn(Function<? super T, ? extends K> classifier) {
        return new GroupingBuilder<>(groupingBy(classifier));
    }
}
```

这个流畅构建器有什么问题吗？如果你尝试用一下，就发现问题了：

```java
Collector<? super Car, ?, Map<Brand, Map<Color, List<Car>>>>
    carGroupingCollector =
        groupOn(Car::getColor).after(Car::getBrand).get()
```

如你所见，这个工具类的使用不太直观，因为分组函数需要以嵌套分组层次的逆序方式书写。如果你试图修复这个次序问题，重构这个流畅函数，就会发现非常不幸，Java 的类型系统不允许你这么做！

通过更近距离观察原生 Java API 以及它们设计决策背后的逻辑，你已经逐渐学习了一些可以帮助你创建可读性好的 DSL 的模式和技巧。接下来的一节会继续学习开发有效 DSL 的技巧。

10.3   使用 Java 创建 DSL 的模式与技巧

DSL 提供了用户友好、可读性强的 API，能帮你高效地处理特定的领域模型。我们由定义一个简单的领域模型展开本节内容，接着会讨论在此模型之上创建 DSL 有哪些模式可用。

本节例子的领域模型包括三样东西。首先是简单的 Java beans，用于对指定市场的股票报价进行建模：

```java
public class Stock {

    private String symbol;
    private String market;

    public String getSymbol() {
        return symbol;
    }
    public void setSymbol(String symbol) {
        this.symbol = symbol;
    }

    public String getMarket() {
        return market;
    }
    public void setMarket(String market) {
        this.market = market;
    }
}
```

其次是按照给定价格买入或者卖出指定数量股票的交易：

```java
public class Trade {

    public enum Type { BUY, SELL }
    private Type type;

    private Stock stock;
    private int quantity;
    private double price;

    public Type getType() {
        return type;
    }
    public void setType(Type type) {
        this.type = type;
    }

    public int getQuantity() {
        return quantity;
    }
    public void setQuantity(int quantity) {
        this.quantity = quantity;
    }

    public double getPrice() {
        return price;
    }
    public void setPrice(double price) {
        this.price = price;
    }

    public Stock getStock() {
        return stock;
```

```
    }
    public void setStock(Stock stock) {
        this.stock = stock;
    }

    public double getValue() {
        return quantity * price;
    }
}
```

最后是客户提交的要求完成一个或多个交易的订单：

```
public class Order {

    private String customer;
    private List<Trade> trades = new ArrayList<>();

    public void addTrade(Trade trade) {
        trades.add(trade);
    }

    public String getCustomer() {
        return customer;
    }
    public void setCustomer(String customer) {
        this.customer = customer;
    }

    public double getValue() {
        return trades.stream().mapToDouble(Trade::getValue).sum();
    }
}
```

这个领域模型很直白。譬如，创建表示订单的对象非常烦琐。如果你要为你的客户 BigBank 定义一个包含两项交易的订单，代码清单如下。

代码清单 10-4　直接使用领域对象的 API 创建股票交易订单

```
Order order = new Order();
order.setCustomer("BigBank");

Trade trade1 = new Trade();
trade1.setType(Trade.Type.BUY);

Stock stock1 = new Stock();
stock1.setSymbol("IBM");
stock1.setMarket("NYSE");

trade1.setStock(stock1);
trade1.setPrice(125.00);
trade1.setQuantity(80);
order.addTrade(trade1);

Trade trade2 = new Trade();
```

```
trade2.setType(Trade.Type.BUY);

Stock stock2 = new Stock();
stock2.setSymbol("GOOGLE");
stock2.setMarket("NASDAQ");

trade2.setStock(stock2);
trade2.setPrice(375.00);
trade2.setQuantity(50);
order.addTrade(trade2);
```

这段代码的烦琐程度让人几乎无法接受,你不可能期望一个非开发人员领域专家能够快速理解并验证它。你需要一个能够反映你的领域模型并能通过直接且直观方式修改它的 DSL。你有很多途径能达到这一效果。接下来的一节会讨论这些途径的优缺点。

10.3.1　方法链接

方法链接(method chaining)是我们要探讨的第一个 DSL 类型,也是最常见的类型。它允许你用单链方法调用定义一个交易订单。下面的代码清单是这种类型 DSL 的一个示例。

代码清单 10-5　使用方法链接创建一个股票交易订单

```
Order order = forCustomer( "BigBank" )
                     .buy( 80 )
                     .stock( "IBM" )
                        .on( "NYSE" )
                     .at( 125.00 )
                     .sell( 50 )
                     .stock( "GOOGLE" )
                        .on( "NASDAQ" )
                     .at( 375.00 )
                  .end();
```

这段代码现在看起来清爽多了,这是个重大的改进,难道你不这样觉得吗?现在你的领域专家不用花太多精力就能理解这段代码。不过,怎样实现 DSL 才能达到这个效果呢?你需要几个能通过流畅 API 创建领域对象的构建器。顶层的构建器创建并封装订单,一个或多个交易可以被添加到订单之中,代码清单如下。

代码清单 10-6　提供方法链接 DSL 的订单构建器

```
public class MethodChainingOrderBuilder {              由构建器
                                                      封装的订
    public final Order order = new Order();   ◁───    单对象
                                                              静态工厂方
    private MethodChainingOrderBuilder(String customer) {     法,用于创建
        order.setCustomer(customer);                          指定客户订
    }                                                         单的构建器

    public static MethodChainingOrderBuilder forCustomer(String customer) {
        return new MethodChainingOrderBuilder(customer);   ◁──┘
```

```
        }

        public TradeBuilder buy(int quantity) {
            return new TradeBuilder(this, Trade.Type.BUY, quantity);
        }

        public TradeBuilder sell(int quantity) {
            return new TradeBuilder(this, Trade.Type.SELL, quantity);
        }

        public MethodChainingOrderBuilder addTrade(Trade trade) {
            order.addTrade(trade);
            return this;
        }

        public Order end() {
            return order;
        }
    }
```

创建一个 **TradeBuilder**，构造一个购买股票的交易

创建一个 **TradeBuilder**，构造一个卖出股票的交易

向订单中添加交易

返回订单构建器自身，允许你流畅地创建和添加新的交易

终止创建订单并返回它

订单构建器的 buy() 和 sell() 方法创建并返回另一个构建器，该构建器会构建一个交易，并将其添加到本订单中：

```
public class TradeBuilder {
    private final MethodChainingOrderBuilder builder;
    public final Trade trade = new Trade();

    private TradeBuilder(MethodChainingOrderBuilder builder,
                         Trade.Type type, int quantity) {
        this.builder = builder;
        trade.setType( type );
        trade.setQuantity( quantity );
    }

    public StockBuilder stock(String symbol) {
        return new StockBuilder(builder, trade, symbol);
    }
}
```

TradeBuilder 的唯一一个公有方法用于创建更深一层的构建器，这个构建器会创建股票类的实例：

```
public class StockBuilder {
    private final MethodChainingOrderBuilder builder;
    private final Trade trade;
    private final Stock stock = new Stock();

    private StockBuilder(MethodChainingOrderBuilder builder,
                         Trade trade, String symbol) {
        this.builder = builder;
        this.trade = trade;
        stock.setSymbol(symbol);
    }
```

10

```
    public TradeBuilderWithStock on(String market) {
        stock.setMarket(market);
        trade.setStock(stock);
        return new TradeBuilderWithStock(builder, trade);
    }
}
```

StockBuilder 仅有一个方法 on()，它负责设定股票的市场，将股票添加到交易中，并返回上一个构建器：

```
public class TradeBuilderWithStock {
    private final MethodChainingOrderBuilder builder;
    private final Trade trade;

    public TradeBuilderWithStock(MethodChainingOrderBuilder builder,
                                 Trade trade) {
        this.builder = builder;
        this.trade = trade;
    }

    public MethodChainingOrderBuilder at(double price) {
        trade.setPrice(price);
        return builder.addTrade(trade);
    }
}
```

公有方法 TradeBuilderWithStock 设定了交易股票的单位价格，并返回了原始的订单构建器。如你所见，使用这个方法你可以流畅地向订单中添加交易，直到终结方法 MethodChaining-OrderBuilder 被调用。做出使用多个构建器类——尤其是使用两个不同的交易构建器的选择，是为了强制该 DSL 的用户调用它的流畅 API 之前明确其调用顺序，确保在用户启动创建下一个交易之前交易的配置都没有问题。这种方式的另一个好处是，用于设置订单的参数都保存在构建器的范畴之内。这种方式极大地减少了静态方法的使用，使得方法名可以作为命名参数传递，从而进一步改善了这种风格 DSL 的代码可读性。最后，使用该技巧的流畅 DSL 可能的语义噪声也最少。

非常不幸，这个方法也有其弊端。主要的问题是，方法链接需要实现非常冗长的构建器。为了将顶层构建器与底层构建器相融合，需要使用大量的胶水代码。另一个明显的缺点是，你之前可能要求你领域中对象的嵌套层次遵守统一的缩进规范，而在这种 DSL 中你没有有效的方法强制执行同样的标准。

下一节将研究具有完全不同特性的第二个 DSL 类型。

10.3.2 使用嵌套函数

嵌套函数 DSL（nested function DSL）模式的名称源于它使用嵌套于其他函数的函数来生成领域模型。下面的代码清单就是使用这种 DSL 风格的一个例子。

代码清单 10-7　使用嵌套函数创建股票交易订单

```
Order order = order("BigBank",
                    buy(80,
                        stock("IBM", on("NYSE")),
                        at(125.00)),
                    sell(50,
                        stock("GOOGLE", on("NASDAQ")),
                        at(375.00))
                    );
```

实现这种 DSL 风格所需的代码比我们在 10.3.1 节中看到的更加精简。

如下面代码清单中的 NestedFunctionOrderBuilder 所示，你可以用这种 DSL 风格为你的用户提供 API（假设下面代码清单中需要的所有静态方法都已经默认导入）。

代码清单 10-8　提供嵌套函数 DSL 的订单构建器

```
public class NestedFunctionOrderBuilder {

    public static Order order(String customer, Trade... trades) {      ← 为指定用户
        Order order = new Order();                                        创建订单
        order.setCustomer(customer);
        Stream.of(trades).forEach(order::addTrade);    ← 将所有的交易
        return order;                                     添加到订单
    }

    public static Trade buy(int quantity, Stock stock, double price) {
        return buildTrade(quantity, stock, price, Trade.Type.BUY);
    }

    public static Trade sell(int quantity, Stock stock, double price) {
        return buildTrade(quantity, stock, price, Trade.Type.SELL);
    }

    private static Trade buildTrade(int quantity, Stock stock, double price,
                                    Trade.Type buy) {
        Trade trade = new Trade();
        trade.setQuantity(quantity);
        trade.setType(buy);
        trade.setStock(stock);
        trade.setPrice(price);
        return trade;
    }

    public static double at(double price) {    ← 用于定义交易股票单位
        return price;                             价格的虚拟方法
    }

    public static Stock stock(String symbol, String market) {
        Stock stock = new Stock();
        stock.setSymbol(symbol);
        stock.setMarket(market);
```

创建一个
买入股票
的交易

创建一个
卖出股票
的交易

创建交易
股票

10

```
        return stock;
    }
    public static String on(String market) {   ◁─┐   定义股票交易
        return market;                                市场的桩方法
    }
}
```

　　跟方法链接比较起来，这种技术的优点是你领域对象的层次结构（这个例子中，一个订单包含一个或多个交易，每个交易对应一支股票）由于函数的嵌套包含关系一目了然，非常清晰。

　　不过这种方法也存在一定的问题。你可能也注意到了，最终的 DSL 包含了大量的圆括号。此外，传递给静态方法的参数列表必须严格地预先定义好。如果你的领域中的对象存在一些可选字段，那么你需要为那些方法分别实现对应的重载版本，这样你才可以忽略那些缺失的参数。最后，不同参数的意义是由其位置决定的，而不是变量名。你可以创建几个桩方 法来缓解最后一个问题，就像我们在 NestedFunctionOrderBuilder 中的 at()和 on()方法一样，其唯一的功能就是声明参数的角色。

　　到目前为止，我们介绍的这两个 DSL 模式都不怎么需要使用 Lambda 表达式。接下来一节要介绍的第三个技巧利用了 Java 8 的函数式能力。

10.3.3　使用 Lambda 表达式的函数序列

　　接下来要介绍的 DSL 模式利用了 Lambda 表达式定义的函数序列（function sequencing）。基于我们经常使用的股票交易模型，实现该风格的 DSL 后，你可以定义一个订单，代码清单如下。

代码清单 10-9　使用函数序列创建股票交易订单

```
Order order = order( o -> {
    o.forCustomer( "BigBank" );
    o.buy( t -> {
        t.quantity( 80 );
        t.price( 125.00 );
        t.stock( s -> {
            s.symbol( "IBM" );
            s.market( "NYSE" );
        } );
    });
    o.sell( t -> {
        t.quantity( 50 );
        t.price( 375.00 );
        t.stock( s -> {
            s.symbol( "GOOGLE" );
            s.market( "NASDAQ" );
        } );
    });
} );
```

　　为了实现这个方法，你需要创建几个接受 Lambda 表达式的构建器，调用它们从而生成领域模型。这些构建器保存了要创建对象的中间状态，这一点同之前使用方法链接实现 DSL 一样。

方法链接模式中，你通过顶层构建器创建顺序，而这一次，构建器接受一个 Comsumer 对象作为参数，DSL 的用户可以使用 Lambda 表达式实现它们。下面是实现这种方法的途径。

代码清单 10-10　一个提供函数序列 DSL 的订单构建器

```
public class LambdaOrderBuilder {

    private Order order = new Order();              ← 构建器封装
                                                      的订单对象

    public static Order order(Consumer<LambdaOrderBuilder> consumer) {
        LambdaOrderBuilder builder = new LambdaOrderBuilder();
        consumer.accept(builder);                  ← 执行传递给订单构建
        return builder.order;                      ← 器的 Lambda 表达式
    }
                                                     返回执行 OrderBuilder 的
                                                     Consumer 所生成的订单
    public void forCustomer(String customer) {
        order.setCustomer(customer);
    }                                              设置下
                                                   单的客
    public void buy(Consumer<TradeBuilder> consumer) {   户名    使用 TradeBuilder
        trade(consumer, Trade.Type.BUY);           ←      创建一个购买股票的
    }                                                     交易

    public void sell(Consumer<TradeBuilder> consumer) {  使用 TradeBuilder
        trade(consumer, Trade.Type.SELL);          ←      创建一个卖出股票的
    }                                                     交易

    private void trade(Consumer<TradeBuilder> consumer, Trade.Type type) {
        TradeBuilder builder = new TradeBuilder();
        builder.trade.setType(type);
        consumer.accept(builder);
        order.addTrade(builder.trade);             ← 执行传递给 TradeBuilder
    }                                                 的 Lambda 表达式
}        将执行 TradeBuilder 的 Consumer
         生成的交易添加到订单中
```

订单构建器的 buy() 和 sell() 方法接受的两个 Lambda 表达式是 Consumer <TradeBuilder>。一旦执行，这些方法会生成买入或者卖出的交易，如下所示：

```
public class TradeBuilder {
    private Trade trade = new Trade();

    public void quantity(int quantity) {
        trade.setQuantity( quantity );
    }

    public void price(double price) {
        trade.setPrice( price );
    }

    public void stock(Consumer<StockBuilder> consumer) {
        StockBuilder builder = new StockBuilder();
        consumer.accept(builder);
```

```
        trade.setStock(builder.stock);
    }
}
```

最后，TradeBuilder 接受了第三个构建器的 Consumer，它定义了交易的股票：

```
public class StockBuilder {
    private Stock stock = new Stock();

    public void symbol(String symbol) {
        stock.setSymbol( symbol );
    }

    public void market(String market) {
        stock.setMarket( market );
    }
}
```

这种模式整合了前两种 DSL 风格的优点。它可以像方法链接模式那样以流畅方式定义交易顺序。此外，通过不同 Lambda 表达式的嵌套层次，它也像嵌套函数的风格那样，保留了领域对象的层次结构。

然而，它也有缺点。采用这种方式需要编写大量的配置代码，并且 DSL 自身也会受到 Java 8 Lambda 表达式语法的干扰。

到底选择这三种 DSL 风格中的哪一种主要还是看你的品味。为你的领域模型寻找合适的选项创建领域语言需要一点儿经验。此外，将两个甚至多个 DSL 整合为一个也是有可能的，下一节会讨论这部分内容。

10.3.4　把它们都放到一起

正如你看到的那样，所有这三种 DSL 模式都有其优点与弊端，然而并没有什么限制阻止你在一个 DSL 中同时使用这三种模式。你可以开发一个新的 DSL 定义你自己的股票交易顺序，代码清单如下。

代码清单 10-11　使用多个 DSL 模式创建股票交易订单

```
Order order =
        forCustomer( "BigBank",
                     buy( t -> t.quantity( 80 )          ← 设定顶层订
                              .stock( "IBM" )               单熟悉的嵌
                              .on( "NYSE" )                 套函数
                              .at( 125.00 )),
                     sell( t -> t.quantity( 50 )         ← 创建单个交易的
                               .stock( "GOOGLE" )            Lambda 表达式
                               .on( "NASDAQ" )
                               .at( 125.00 )) );
```

Lambda 表达式中使用了方法链接，用于生成交易对象

这个例子整合使用了嵌套函数模式与 Lambda 方法。每个交易通过一个 TradeBuilder 的 Consumer 创建，TradeBuilder 借由 Lambda 表达式实现，代码清单如下。

代码清单 10-12 一个提供多种风格混合 DSL 的订单构建器

```java
public class MixedBuilder {

    public static Order forCustomer(String customer,
                                    TradeBuilder... builders) {
        Order order = new Order();
        order.setCustomer(customer);
        Stream.of(builders).forEach(b -> order.addTrade(b.trade));
        return order;
    }

    public static TradeBuilder buy(Consumer<TradeBuilder> consumer) {
        return buildTrade(consumer, Trade.Type.BUY);
    }

    public static TradeBuilder sell(Consumer<TradeBuilder> consumer) {
        return buildTrade(consumer, Trade.Type.SELL);
    }

    private static TradeBuilder buildTrade(Consumer<TradeBuilder> consumer,
                                           Trade.Type buy) {
        TradeBuilder builder = new TradeBuilder();
        builder.trade.setType(buy);
        consumer.accept(builder);
        return builder;
    }
}
```

最终，它内部使用的辅助类 TradeBuilder 和 StockBuilder（本段之后就是其实现代码）
提供了实现方法链接模式的流畅 API。做完这个决定，你就可以开始编写 Lambda 表达式的主体
了，通过它就能以最精简的方式生成交易：

```java
public class TradeBuilder {
    private Trade trade = new Trade();

    public TradeBuilder quantity(int quantity) {
        trade.setQuantity(quantity);
        return this;
    }

    public TradeBuilder at(double price) {
        trade.setPrice(price);
        return this;
    }

    public StockBuilder stock(String symbol) {
        return new StockBuilder(this, trade, symbol);
    }
}

public class StockBuilder {
    private final TradeBuilder builder;
```

```
    private final Trade trade;
    private final Stock stock = new Stock();

    private StockBuilder(TradeBuilder builder, Trade trade, String symbol){
        this.builder = builder;
        this.trade = trade;
        stock.setSymbol(symbol);
    }

    public TradeBuilder on(String market) {
        stock.setMarket(market);
        trade.setStock(stock);
        return builder;
    }
}
```

代码清单 10-12 演示的就是本章所讨论的如何将三种 DSL 整合在一起,实现一个更具可读性的 DSL。采用这种方式,你还能充分利用各种 DSL 的优点,不过它也有一个小小的不足: 最终的 DSL 与单一模式的 DSL 比较起来看上去没那么一致,DSL 的用户很可能需要更多的时间学习。

至此,你已经成功使用 Lambda 创建了 DSL。不过,正如我们在 Comparator 和 Stream API 中所看到的,使用方法引用能进一步改善很多 DSL 的可读性。我们会在下一节中,借助股票交易领域模型,通过一个实际的例子进一步展示这一点。

10.3.5　在 DSL 中使用方法引用

这一节中,我们试图为你的股票交易领域模型添加一个简单的新特性。该特性的主要功能是在订单的净值基础之上,再追加零项或多项税,从而计算订单的最终价格。代码清单如下。

代码清单 10-13　依据订单净值计算的税

```
public class Tax {
    public static double regional(double value) {
        return value * 1.1;
    }

    public static double general(double value) {
        return value * 1.3;
    }

    public static double surcharge(double value) {
        return value * 1.05;
    }
}
```

实现这种税费计算最简单的方法是使用一个接收订单和布尔型标志的静态方法(布尔型标志用于判断哪些税适用)。代码清单如下。

代码清单 10-14 使用布尔型标志集合判断哪些税适用，按照订单净值计算订单的税费

```java
public static double calculate(Order order, boolean useRegional,
                              boolean useGeneral, boolean useSurcharge) {
    double value = order.getValue();
    if (useRegional) value = Tax.regional(value);
    if (useGeneral) value = Tax.general(value);
    if (useSurcharge) value = Tax.surcharge(value);
    return value;
}
```

通过这种方式，可以计算出包括地区税和附加税在内的订单的最终价格，而不是总的税费，如下所示：

```java
double value = calculate(order, true, false, true);
```

这种实现的可读性问题很明显：我们很难记得布尔型变量的正确顺序，从而理解哪些税计算了，哪些税没有计算。解决这个问题的经典做法是实现一个税率计算器（TaxCalculator），它提供了一个精简 DSL，可以一个接一个流畅地设置布尔型标志，代码清单如下。

代码清单 10-15 一个以流畅方式定义所需税费的税费计算器

```java
public class TaxCalculator {
    private boolean useRegional;
    private boolean useGeneral;
    private boolean useSurcharge;

    public TaxCalculator withTaxRegional() {
        useRegional = true;
        return this;
    }

    public TaxCalculator withTaxGeneral() {
        useGeneral= true;
        return this;
    }

    public TaxCalculator withTaxSurcharge() {
        useSurcharge = true;
        return this;
    }

    public double calculate(Order order) {
        return calculate(order, useRegional, useGeneral, useSurcharge);
    }
}
```

如何使用这个 TaxCalculator 一目了然，如果你希望在订单的净值之上加上地区税以及附加税的话，可以采用下面的方式：

```java
double value = new TaxCalculator().withTaxRegional()
                                  .withTaxSurcharge()
                                  .calculate(order);
```

10

这个解决方案的主要问题是它很冗长。由于你需要为你领域中的每一种税定义一个布尔变量以及方法，因此它无法灵活地扩展。使用 Java 的函数式特性，你能获得同样的可读性，同时还能更精简和灵活。怎样才能做到呢？可以参考下面的代码清单重构你的 TaxCalculator。

代码清单 10-16　一个流畅地整合了纳税函数的税费计算器

```
public class TaxCalculator {
    public DoubleUnaryOperator taxFunction = d -> d;          ← 计算订单所
                                                                需缴纳所有
                                                                税费的函数

    public TaxCalculator with(DoubleUnaryOperator f) {        ← 整合当前的税
        taxFunction = taxFunction.andThen(f);                   费以及作为参
        return this;                                            数传入的税费，
    }                                                           得到新的税费
                                                                计算函数

    public double calculate(Order order) {
        return taxFunction.applyAsDouble(order.getValue());  ←
    }
}                                                            通过传递订单的净值给
                                                             税费计算函数，计算得
返回当前对象（this），这个动作使得税                         出最终的订单价格
费计算函数能够流畅地进行连接操作
```

采用这个方案，你只需要一个字段：传入订单的净值时，通过 TaxCalculator 类一次性地计算所有税费的函数。这个函数刚开始是一个恒等函数（identity function）。这时，还没有加入任何的税费，因此订单的最终值与净值是一样的。新的税目通过 with() 方法加入时，当前的税费计算函数会整合这些项目得到最终的税费，通过这种方式，所有加入的税费都借由一个单独的函数完成了。最终，当一个订单传递给 calculate() 方法时，税费计算函数会整合所有的税目，再结合订单的净值就计算出了订单最终的价格。重构后的 TaxCalculator 如下所示：

```
double value = new TaxCalculator().with(Tax::regional)
                                  .with(Tax::surcharge)
                                  .calculate(order);
```

这个解决方案使用了方法引用，读起来很容易理解，代码也很简洁。此外，它还很灵活，如果有新的税目需要添加到 Tax 类，不需要修改函数式的 TaxCalculator 就能直接使用。

我们已经讨论了 Java 8 及更新的版本中实现 DSL 的各种技术，这些技术和策略在 Java 的工具和框架中应用的情况如何呢？这是个有趣的话题，接下来的一节就会涉及。

10.4　Java 8 DSL 的实际应用

在 10.3 节中，我们学习了使用 Java 开发 DSL 的三种模式，包括它们的优缺点。表 10-1 总结了迄今为止我们介绍的所有内容。

表 10-1　DSL 模式及其优缺点

模 式 名	优 点	缺 点
方法链接	❑ 方法名可以作为关键字参数	❑ 实现起来代码很冗长
	❑ 与 optional 参数的兼容性很好	❑ 需要使用胶水语言整合多个构建器
	❑ 可以强制 DSL 的用户按照预定义的顺序调用方法	❑ 领域对象的层级只能通过代码的缩进公约定义
	❑ 很少使用或者基本不使用静态方法	
	❑ 可能的语法噪声很低	
嵌套函数	❑ 实现代码比较简洁	❑ 大量使用了静态方法
	❑ 领域对象的层次与函数嵌套保持一致	❑ 参数通过位置而非变量名识别
		❑ 支持可选参数需要实现重载方法
使用 Lambda 的函数序列	❑ 对可选参数的支持很好	❑ 实现代码很冗长
	❑ 很少或者基本不使用静态方法	❑ DSL 中的 Lambda 表达式会带来更多的语法噪声
	❑ 领域对象的层次与 Lambda 的嵌套保持一致	
	❑ 不需要为支持构建器而使用胶水语言	

接下来我们会通过分析这些模式在三个著名 Java 库中的应用来对之前介绍的内容做一个总结。这三个库分别是：一个 SQL 映射工具、一个行为驱动的开发框架以及一个实现企业级集成模式的工具。

10.4.1　jOOQ

SQL 是最通用且应用最广泛的 DSL。基于这个事实，如果我跟你说有人为 Java 编写了一个很不错的 DSL，通过它可以编写和执行 SQL 语句，你应该不会感到意外。jOOQ 作为类型安全的嵌入式语言，是直接用 Java 实现的一种内部 DSL。源代码生成器逆向工程了数据库模式，如此一来 Java 编译器就可以对复杂的 SQL 语句进行类型检查了。你可以使用这种逆向工程生成的信息对你的数据库进行操作。下面是一个数据库查询的简单示例：

```
SELECT * FROM BOOK
WHERE BOOK.PUBLISHED_IN = 2016
ORDER BY BOOK.TITLE
```

使用 jOOQ DSL 可以将其重写为下面这种形式：

```
create.selectFrom(BOOK)
      .where(BOOK.PUBLISHED_IN.eq(2016))
      .orderBy(BOOK.TITLE)
```

10

jOOQ DSL 的另一个非常好用的特性是它能够与 Stream API 无缝联合使用。这一特性让你可以使用流畅语句在内存中对 SQL 查询的结果进行操作，代码清单如下。

代码清单 10-17 使用 JOOQ DSL 从数据库中查询图书信息

```
                                                              创建 SQL 数据
开始使用 Stream API 处理                                         库的连接
从数据库中取得的数据
Class.forName("org.h2.Driver");
try (Connection c =
        getConnection("jdbc:h2:~/sql-goodies-with-mapping", "sa", "")) {  ◄
    DSL.using(c)                                          使用刚刚创建的
        .select(BOOK.AUTHOR, BOOK.TITLE)          ◄       数据库连接启动
        .where(BOOK.PUBLISHED_IN.eq(2016))                jOOQ SQL 语句
    .orderBy(BOOK.TITLE)
    .fetch()                                              通过 jOOQ DL 定
                                                  ◄       义 SQL 语句
►   .stream()
►   .collect(groupingBy(
            r -> r.getValue(BOOK.AUTHOR),                 从数据库中返回数据，
            LinkedHashMap::new,                           jOOQ 语句终止于此
            mapping(r -> r.getValue(BOOK.TITLE), toList())))
        .forEach((author, titles) ->             ◄
    System.out.println(author + " is author of " + titles));
}
                                                          把作者名及其所著
                                                          书名一起打印出来
```

（左侧标注：按照作者对图书进行分类）

很明显，jOOQ DSL 选择使用的主要 DSL 模式是方法链接。实际上，这个模式（支持可选参数，某些方法只能按照预先定义的顺序执行调用）的很多特征对模仿格式规范的 SQL 查询语法都非常重要。这些特性以及它们很小的语法噪声，使得方法链接模式非常适合 jOOQ 的需求。

10.4.2 Cucumber

行为驱动开发（behavior-driven development，BDD）是测试驱动开发的延伸，它使用由结构化语句构成的简单领域特定脚本语言描述业务场景，这些业务场景可以是多种多样的。与其他的 BDD 框架一样，Cucumber 可以将这种结构化语句转化为可执行的测试用例。因此，采用这种开发技术的脚本既能作为可执行的测试，也能作为该业务特性的接受标准。BDD 还专注于帮助大家快速地发布高优先级、可验证的业务价值，同时通过让领域专家和程序员共享业务词汇，减少他们在需求理解上的差异。

这些概念听起来都很抽象，我们接下来会借助一个 BDD 工具——Cucumber，作为实际的例子进行介绍。Cucumber 可以帮助开发者通过纯英文书写业务场景，如下所示：

```
Feature: Buy stock
  Scenario: Buy 10 IBM stocks
    Given the price of a "IBM" stock is 125$
    When I buy 10 "IBM"
    Then the order value should be 1250$
```

Cucumber 使用声明将业务需求分成了三部分：需求定义的前提（Given）、测试时对领域对象的实际调用（When），以及检查测试用例结果的断言（Then）。

定义测试场景的脚本使用外部 DSL 编写，它的关键字数量有限，除此之外你可以随心所欲地书写语句，没有别的规则。测试用例会通过正则表达式匹配这些语句，捕获其中的变量，将其

作为参数传递给实现测试的方法自身。以 10.3 节开始时介绍的股票交易领域模型为例，我们可以开发一个 Cucumber 测试用例，检查股票交易订单是否计算正确，代码清单如下。

代码清单 10-18   使用 Cucumber 注解实现一个测试场景

```java
public class BuyStocksSteps {
    private Map<String, Integer> stockUnitPrices = new HashMap<>();
    private Order order = new Order();

    @Given("^the price of a \"(.*?)\" stock is (\\d+)\\$$")      ← 定义该场景的前置条件和股票的
    public void setUnitPrice(String stockName, int unitPrice) {     单位价格
        stockUnitValues.put(stockName, unitPrice);              ← 保存股票的单位价格
    }

    @When("^I buy (\\d+) \"(.*?)\"$")                           ← 定义测试领域模型时的动作
    public void buyStocks(int quantity, String stockName) {
        Trade trade = new Trade();                             ← 生成相应的领域模型
        trade.setType(Trade.Type.BUY);

        Stock stock = new Stock();
        stock.setSymbol(stockName);

        trade.setStock(stock);
        trade.setPrice(stockUnitPrices.get(stockName));
        trade.setQuantity(quantity);
        order.addTrade(trade);
    }

    @Then("^the order value should be (\\d+)\\$$")             ← 定义期望的场景输出
    public void checkOrderValue(int expectedValue) {
        assertEquals(expectedValue, order.getValue());       ← 检查测试的断言
    }
}
```

Java 8 引入的 Lambda 表达式赋予了 Cucumber 新的活力，借助于新语法，你可以使用带两个参数的方法替换掉注释，这两个参数分别是：包含之前注释中期望值的正则表达式以及实现测试方法的 Lambda 表达式。使用第二种标记法，你可以像下面这样重写测试场景：

```java
public class BuyStocksSteps implements cucumber.api.java8.En {
    private Map<String, Integer> stockUnitPrices = new HashMap<>();
    private Order order = new Order();
    public BuyStocksSteps() {
        Given("^the price of a \"(.*?)\" stock is (\\d+)\\$$",
                (String stockName, int unitPrice) -> {
                    stockUnitValues.put(stockName, unitPrice);
        });
        // ……为了简洁起见，我们省略了更多的 Lambda，譬如什么情况要做什么
    }
}
```

第二种实现方法明显更加紧凑。尤其是使用匿名 Lambda 替换了测试方法后，你再也不用绞尽脑汁地替方法构思有意义的名字了（测试场景中，这并不会为可读性带来太多的提升）。

10

Cucumber 的 DSL 非常简单，但是它展示了如何有效地整合外部 DSL 与内部 DSL，并且（再一次）证明了使用 Lambda 可以写出更精简、更具可读性的代码。

10.4.3　Spring Integration

为了支持著名的企业集成模式[①]，Spring Integration 扩展了基于 Spring 编程模型的依赖注入。Spring Integration 的首要目标是要提供一个简单的模型用于实现复杂的企业整合方案，并推广异步、消息驱动架构的采用。

有了 Spring Integration 之后，在基于 Spring 的应用中开发轻量级的远程服务（remoting）、消息（messaging），以及计划任务（scheduling）都很方便。这些特性可以借由形式丰富的流畅 DSL 实现，而这并不只是基于 Spring 传统 XML 配置文件构建的语法糖。

Spring Integration 实现了创建基于消息的应用所需的所有常用模式，包括管道（channel）、消息处理节点（endpoint）、轮询器（poller）、管道拦截器（channel interceptor）。为了改善可读性，处理节点在该 DSL 中被表述为动词，集成的过程就是将这些处理节点组合成一个或多个消息流。下面这段代码就是一个展示 Spring Integration 如何工作的例子，虽然简单，但是"五脏俱全"。

代码清单 10-19　使用 Spring Integration DSL 配置一个 Spring Integration 的工作流

```java
@Configuration
@EnableIntegration
public class MyConfiguration {

    @Bean
    public MessageSource<?> integerMessageSource() {
        MethodInvokingMessageSource source =
                new MethodInvokingMessageSource();        // 创建一个新消息源，每次调用是以原子操作的方式递增一个整型变量
        source.setObject(new AtomicInteger());
        source.setMethodName("getAndIncrement");
        return source;
    }

    @Bean
    public DirectChannel inputChannel() {                 // 管道传送由消息源发送过来的数据
        return new DirectChannel();
    }

    @Bean
    public IntegrationFlow myFlow() {                     // 以方法链接方式通过一个构建器创建 IntegrationFlow
        return IntegrationFlows
                .from(this.integerMessageSource(),        // 以之前定义的 MessageSource 作为 IntegrationFlow 的来源
                    c -> c.poller(Pollers.fixedRate(10)))  // 轮询 MessageSource，对它传递的数据队列执行出队操作，取出数据
                .channel(this.inputChannel())
                .filter((Integer p) -> p % 2 == 0)         // 过滤出那些偶数
```

[①] 详情请参考由 Gregor Hohpe 和 Bobby Woolf 在 2004 年出版的 *Enterprise Integration Patterns: Designing, Building, and Deploying Messaging Solutions*。

```
                    .transform(Object::toString)
                    .channel(MessageChannels.queue("queueChannel"))
                    .get();
        }
    }
```

终止 **IntegrationFlow** 的构建执行，并返回结果

将 **queueChannel** 作为该 **IntegrationFlow** 的输出管道

将由 **MessageSource** 获取的整数转换为字符串类型

这段代码中，方法 `myFlow()` 构建 `IntegrationFlow` 时使用了 Spring Integration DSL。它使用的是 `IntegrationFlow` 类提供的流畅构建器，该构建器采用的就是方法链接模式。这个例子中，最终的流会以固定的频率轮询 `MessageSource`，生成一个整数序列，过滤出其中的偶数，再将它们转化为字符串，最终将结果发送给输出管道，这种行为与 Java 8 原生的 Stream API 非常像。该 API 允许你将消息发送给流中的任何一个组件，只要你知道它的 `inputChannel` 名。如果流始于一个直接管道（direct channel），而非一个 `MessageSource`，你完全可以使用 Lambda 表达式定义该 `IntegrationFlow`，如下所示：

```
@Bean
public IntegrationFlow myFlow() {
    return flow -> flow.filter((Integer p) -> p % 2 == 0)
                       .transform(Object::toString)
                       .handle(System.out::println);
}
```

如你所见，目前 Spring Integration DSL 中使用最广泛的模式是方法链接。这种模式非常适合 `IntegrationFlow` 构建器的主要用途：创建一个执行消息传递和数据转换的流。然而，正如我们在上一个例子中看到的那样，它也并非只用一种模式，构建顶层对象时它也使用了 Lambda 表达式的函数序列（有些情况下，也是为了解决方法内部更加复杂的参数传递问题）。

10.5 小结

以下是本章中的关键概念。

- 引入 DSL 的主要目的是为了弥补程序员与领域专家之间对程序认知理解上的差异。对于编写实现应用程序业务逻辑的代码的程序员来说，很可能对程序应用领域的业务逻辑理解不深，甚至完全不了解。以一种"非程序员"也能理解的方式书写业务逻辑并不能把领域专家们变成专业的程序员，却使得他们在项目早期就能阅读程序的逻辑并对其进行验证。
- DSL 的两大主要分类分别是**内部** DSL（采用与开发应用相同的语言开发的 DSL）和**外部** DSL（采用与开发应用不同的语言开发的 DSL）。内部 DSL 所需的开发代价比较小，不过它的语法会受宿主语言限制。**外部** DSL 提供了更高的灵活性，但是实现难度比较大。
- 可以利用 JVM 上已经存在的另一种语言开发多语言 DSL，譬如 Scala 或者 Groovy。这些新型语言通常都比 Java 更加简洁，也更灵活。然而，要将 Java 与它们整合在一起使用需

10

要修改构建流程，而这并不是一项小工程，并且 Java 与这些语言的互操作也远没达到完全无缝的程度。

❑ 由于自身冗长、烦琐以及僵硬的语法，Java 并非创建内部 DSL 的理想语言，然而随着 Lambda 表达式及方法引用在 Java 8 中的引入，这种情况有所好转。

❑ 现代 Java 语言已经以原生 API 的方式提供了很多小型 DSL。这些 DSL，譬如 Stream 和 Collectors 类中的那些方法，都非常有用，使用起来也极其方便，特别是你需要对集合中的数据进行排序、过滤、转换或者分组的时候，非常值得一试。

❑ 在 Java 中实现 DSL 有三种主要模式，分别是方法链接、嵌套函数以及函数序列。每种模式都有其优点和弊端。不过，你可以在一个 DSL 中整合这三种 DSL，尽量地扬长避短，充分发挥各种模式的长处。

❑ 很多 Java 框架和库都可以通过 DSL 使用其特性。本章介绍了其中的三种，分别是：jOOQ，一种 SQL 映射工具；Cucumber，一种基于行为驱动的开发框架；Spring Integration，一种实现企业集成模式的 Spring 扩展库。

Part 4

无所不在的 Java

第四部分介绍 Java 8 和 Java 9 中新增的多个特性，这些特性能帮助程序员事半功倍地编写代码，让程序更加稳定可靠。我们首先从 Java 8 新增的两个 API 入手。

第 11 章介绍 java.util.Optional 类，它能让你设计出更好的 API，并减少空指针异常。

第 12 章首先探讨新的日期和时间 API，这相对于以前涉及日期和时间时容易出错的 API 是一大改进。然后探讨 Java 8 和 Java 9 为支持实现大型系统并推动其持续演化所作的改进。

第 13 章讨论默认方法是什么，如何利用它们来以兼容的方式演变 API，一些实际的应用模式，以及有效使用默认方法的规则。

第 14 章是这一版新增的，探讨 Java 的模块系统——它是 Java 9 的主要改进，使大型系统能够以文档化和可执行的方式进行模块化，而不是简单地将一堆包杂乱无章地堆在一起。

用 Optional 取代 null

本章内容

- □ null 引用引发的问题，以及为什么要避免 null 引用
- □ 从 null 到 Optional：以 null 安全的方式重写你的域模型
- □ 让 Optional 发光发热：去除代码中对 null 的检查
- □ 读取 Optional 中可能值的几种方法
- □ 对可能缺失值的再思考

如果你作为 Java 程序员曾经遭遇过 NullPointerException，请举起手。如果这是你最常遭遇的异常，请继续举手。非常可惜，这个时刻，我们无法看到对方，但是我相信很多人的手这个时刻是举着的。我们还猜想你可能也有这样的想法："毫无疑问，我承认，对任何一位 Java 程序员来说，无论是初出茅庐的新人，还是久经江湖的专家，NullPointerException 都是他心中的痛，可是我们又无能为力，因为这就是我们为了使用方便甚至不可避免的像 null 引用这样的构造所付出的代价。"这就是程序设计世界里大家都持有的观点，然而，这可能并非事实的全部真相，只是我们根深蒂固的一种偏见。

1965 年，英国一位名为 Tony Hoare 的计算机科学家在设计 ALGOL W 语言时提出了 null 引用的想法。ALGOL W 是第一批在堆上分配记录的类型语言之一。Hoare 选择 null 引用这种方式，"只是因为这种方法实现起来非常容易"。虽然他的设计初衷就是要"通过编译器的自动检测机制，确保所有使用引用的地方都是绝对安全的"，他还是决定为 null 引用开个绿灯，因为他认为这是为**不存在的值**建模最容易的方式。很多年后，他开始为自己曾经做过这样的决定而后悔不迭，把它称为"我价值百万的重大失误"。我们已经看到它带来的后果——程序员对对象的字段进行检查，判断它的值是否为期望的格式，最终却发现查看的并不是一个对象，而是一个空指针，它会立即抛出一个让人厌烦的 NullPointerException 异常。

实际上，Hoare 低估了过去五十年来数百万程序员为修复 null 引用所耗费的代价。近十年出现的大多数现代程序设计语言[①]，包括 Java，都采用了同样的设计方式，其原因是为了与更老

---

① 为数不多的几个最著名的例外是典型的函数式语言，比如 Haskell、ML；这些语言中引入了**代数数据类型**，允许显式地声明数据类型，明确地定义了特殊变量值（比如 null）能否使用在定义类型的类型（type-by-type basis）中。

的语言保持兼容，或者就像 Hoare 曾经陈述的那样，"仅仅是因为这样实现起来更加容易"。让我们从一个简单的例子入手，看看使用 null 都有什么样的问题。

11.1 如何为缺失的值建模

假设你需要处理下面这样的嵌套对象，这是一个拥有汽车及汽车保险的客户。

代码清单 11-1 Person/Car/Insurance 的数据模型

```java
public class Person {
    private Car car;
    public Car getCar() { return car; }
}
public class Car {
    private Insurance insurance;
    public Insurance getInsurance() { return insurance; }
}
public class Insurance {
    private String name;
    public String getName() { return name; }
}
```

那么，下面这段代码存在怎样的问题呢？

```java
public String getCarInsuranceName(Person person) {
    return person.getCar().getInsurance().getName();
}
```

这段代码看起来相当正常，但是现实生活中很多人没有汽车。所以调用 getCar 方法的结果会怎样呢？在实践中，一种比较常见的做法是返回一个 null 引用，表示该值的缺失，即用户没有汽车。而接下来，对 getInsurance 的调用会返回 null 引用的 insurance，这会导致运行时出现一个 NullPointerException，终止程序的运行。但这还不是全部。如果返回的 person 值为 null 会怎样？如果 getInsurance 的返回值也是 null，结果又会怎样？

11.1.1 采用防御式检查减少 NullPointerException

怎样做才能避免这种不期而至的 NullPointerException 呢？通常，你可以在需要的地方添加 null 的检查（过于激进的防御式检查甚至会在不太需要的地方添加检测代码），并且添加的方式往往各有不同。下面这个例子是我们试图在方法中避免 NullPointerException 的第一次尝试。

代码清单 11-2 null-安全的第一种尝试：深层质疑

```java
public String getCarInsuranceName(Person person) {
```

11

```
        if (person != null) {
            Car car = person.getCar();
            if (car != null) {
                Insurance insurance = car.getInsurance();
                if (insurance != null) {
                    return insurance.getName();
                }
            }
        }
        return "Unknown";
    }
```

每个 null 检查
都会增加调用
链上剩余代码
的嵌套层数

　　这个方法每次引用一个变量都会做一次 null 检查，如果引用链上的任何一个遍历的解变量值为 null，它就返回一个值为“Unknown”的字符串。唯一的例外是保险公司的名字，你不需要对它进行检查，原因很简单，因为任何一家公司必定有个名字。注意到了吗，由于你掌握业务领域的知识，因此避免了最后这个检查，但这并不会直接反映在你建模数据的 Java 类之中。

　　我们将代码清单 11-2 标记为“深层质疑”，原因是它不断重复着一种模式：每次你不确定一个变量是否为 null 时，都需要添加一个进一步嵌套的 if 块，这也增加了代码缩进的层数。很明显，这种方式不具备扩展性，同时还牺牲了代码的可读性。面对这种窘境，你也许愿意尝试另一种方案。下面的代码清单中试图通过一种不同的方式避免这种问题。

代码清单 11-3　null-安全的第二种尝试：过多的退出语句

```
public String getCarInsuranceName(Person person) {
    if (person == null) {
        return "Unknown";
    }
    Car car = person.getCar();
    if (car == null) {
        return "Unknown";
    }
    Insurance insurance = car.getInsurance();
    if (insurance == null) {
        return "Unknown";
    }
    return insurance.getName();
}
```

每个 null 检
查都会添加
新的退出点

　　在第二种尝试中，你试图避免深层递归的 if 语句块，采用了一种不同的策略：每次遭遇 null 变量，都返回一个字符串常量“Unknown”。然而，这种方案远非理想，现在这个方法有了四个截然不同的退出点，使得代码的维护异常艰难。更糟的是，发生 null 时返回的默认值，即字符串“Unknown”在三个不同的地方重复出现——出现拼写错误的概率不小！当然，你可能会说，我们可以用把它们抽取到一个常量中的方式避免这种问题。

　　进一步而言，这种流程是极易出错的。如果你忘记检查那个可能为 null 的属性会怎样？通过这一章的学习，你会了解使用 null 来表示变量值的缺失是大错特错的。你需要更优雅的方式来对缺失的变量值建模。

11.1.2 null 带来的种种问题

让我们一起回顾一下到目前为止进行的讨论，在 Java 程序开发中使用 null 会带来理论和实际操作上的种种问题。

- **它是错误之源。**

  NullPointerException 是目前 Java 程序开发中最典型的异常。

- **它会使你的代码膨胀。**

  它让你的代码充斥着深度嵌套的 null 检查，代码的可读性糟糕透顶。

- **它自身是毫无意义的。**

  null 自身没有任何的语义，尤其是，它代表的是在静态类型语言中以一种错误的方式对缺失变量值的建模。

- **它破坏了 Java 的哲学。**

  Java 一直试图避免让程序员意识到指针的存在，唯一的例外是：null 指针。

- **它在 Java 的类型系统上开了个口子。**

  null 并不属于任何类型，这意味着它可以被赋值给任意引用类型的变量。这会导致问题，原因是当这个变量被传递到系统中的另一个部分后，你将无法获知这个 null 变量最初的赋值到底是什么类型。

为了解业界针对这个问题给出的解决方案，我们一起简单看看其他语言提供了哪些功能。

11.1.3 其他语言中 null 的替代品

近年来出现的语言，比如 Groovy，通过引入**安全导航操作符**（safe navigation operator，标记为?）可以安全访问可能为 null 的变量。为了理解它是如何工作的，让我们看看下面这段 Groovy 代码，它的功能是获取某个用户替他的汽车保险的保险公司的名称：

```
def carInsuranceName = person?.car?.insurance?.name
```

这段代码的表述相当清晰。person 对象可能没有 car 对象，你试图通过赋一个 null 给 Person 对象的 car 引用，对这种可能性建模。类似地，car 也可能没有 insurance。Groovy 的安全导航操作符能够避免在访问这些可能为 null 引用的变量时抛出 NullPointer-Exception，在调用链中的变量遭遇 null 时将 null 引用沿着调用链传递下去，返回一个 null。

关于 Java 7 的讨论中曾经建议过一个类似的功能，不过后来又被舍弃了。不知道为什么，我们在 Java 中似乎并不特别期待出现一种安全导航操作符。几乎所有的 Java 程序员碰到 NullPointerException 时的第一冲动就是添加一个 if 语句，在调用方法使用该变量之前检查它的值是否为 null，快速地搞定问题。如果你按照这种方式解决问题，丝毫不考虑你的算法或者数据模型在这种状况下是否应该返回一个 null，那么其实并没有真正解决这个问题，只是暂时地掩盖了它，使得下次该问题的调查和修复更加困难，而你很可能就是下个星期或下个月要面对这个问题的人。刚才的那种方式实际上是掩耳盗铃，只是在清扫地毯下的灰尘。而 Groovy

的 null 安全解引用操作符也只是一个更强大的扫把，让我们可以毫无顾忌地犯错。你不会忘记做这样的检查，因为类型系统会强制你进行这样的操作。

另一些函数式语言，比如 Haskell 和 Scala，试图从另一个角度处理这个问题。Haskell 中包含了一个 Maybe 类型，它本质上是对 Optional 值的封装。Maybe 类型的变量可以是指定类型的值，也可以什么都不是。但是它并没有 null 引用的概念。Scala 有类似的数据结构，名字叫 Option[T]，它既可以包含类型为 T 的变量，也可以不包含该变量，第 20 章会详细讨论这种类型。要使用这种类型，你必须显式地调用 Option 类型的 available 操作，检查该变量是否有值，而这其实也是一种变相的"null 检查"。有了这些机制之后，你再也不用担心忘记检查变量是否为空了——因为类型系统默认会强制进行检查。

好了，似乎有些跑题了，刚才这些听起来都十分抽象。你可能会疑惑："那么 Java 8 提供了什么呢？"嗯，实际上 Java 8 从"Optional 值"的想法中汲取了灵感，引入了一个名为 java.util.Optional<T>的新的类。本章会展示使用这种方式对可能缺失的值建模，而不是直接将 null 赋值给变量所带来的好处。我们还会阐释从 null 到 Optional 的迁移，你需要反思的是：如何在你的域模型中使用 Optional 值。最后，我们会介绍新的 Optional 类提供的功能，并附几个实际的例子，展示如何有效地使用这些特性。最终，你将学会如何设计更好的 API——用户只需要阅读方法签名就能知道它是否接受一个 Optional 的值。

11.2　Optional 类入门

汲取 Haskell 和 Scala 的灵感，Java 8 中引入了一个新的类 java.util.Optional<T>。该类封装了 Optional 类型的值。举例来说，如果你知道一个人可能有也可能没有汽车，那么 Person 类内部的 car 变量就不应该声明为 Car 类型，因为按照这种设计，一旦碰到某人没有汽车的情况，car 就会被赋值为空引用。正确的设计是，将 car 变量声明为 Optional<Car>类型，如图 11-1 所示。

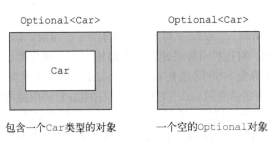

图 11-1　使用 Optional 定义的 Car 类

变量存在时，Optional 类只是对类简单封装。变量不存在时，缺失的值会被建模成一个"空"的 Optional 对象，由方法 Optional.empty()返回。Optional.empty()方法是一个静态工厂方法，它返回 Optional 类的特定单一实例。你可能还有疑惑，null 引用和 Optional.empty()有什么本质的区别吗？从语义上讲，你可以把它们当作一回事儿，但是实际中它们之间的差别非

常大：如果你尝试解引用一个 null，那么一定会触发 NullPointerException，不过使用
Optional.empty()就完全没事儿，它是 Optional 类的一个有效对象，多种场景都能调用，
非常有用。关于这一点，接下来的部分会详细介绍。

使用 Optional 而不是 null 的一个非常重要而又实际的语义区别是，第一个例子中，我们
在声明变量时使用的是 Optional<Car>类型，而不是 Car 类型，这句声明非常清楚地表明了这
里发生变量缺失是允许的。与此相反，使用 Car 这样的类型，可能将变量赋值为 null，这意味
着你需要独立面对这些，你只能依赖你对业务模型的理解，判断一个 null 是否属于该变量的有
效范畴。

牢记上面这些原则，你现在可以使用 Optional 类对代码清单 11-1 中最初的代码进行重构，
结果如下。

代码清单 11-4　使用 Optional 重新定义 Person/Car/Insurance 的数据模型

```
public class Person {                        人可能有汽车，也可能没有汽车，因此
    private Optional<Car> car;               将这个字段声明为 Optional
    public Optional<Car> getCar() { return car; }
}
public class Car {                           汽车可能进行了保险，也可能没有保险，
    private Optional<Insurance> insurance;   所以将这个字段声明为 Optional
    public Optional<Insurance> getInsurance() { return insurance; }
}
public class Insurance {          保险公司必须
    private String name;          有名字
    public String getName() { return name; }
}
```

发现 Optional 是如何丰富模型的语义了吧。代码中 person 引用的是 Optional<Car>，
而 car 引用的是 Optional<Insurance>，这种方式非常清晰地表达了你的模型中一个 person
可能拥有也可能没有 car 的情形；同样，car 可能进行了保险，也可能没有保险。

与此同时，我们看到 insurance 公司的名称被声明成 String 类型，而不是 Optional-
<String>，这非常清楚地表明声明为 insurance 公司的类型必须提供公司名称。使用这种方
式，一旦解引用 insurance 公司名称时发生 NullPointerException，你就能非常确定地知
道出错的原因，不再需要为其添加 null 的检查，因为 null 的检查只会掩盖问题，并未真正地
修复问题。insurance 公司必须有个名称，所以，如果你遇到一个公司没有名称，你需要调查
你的数据出了什么问题，而不应该再添加一段代码，将这个问题隐藏。

在你的代码中始终如一地使用 Optional，能非常清晰地界定出变量值的缺失是结构上的问
题，还是算法上的缺陷，抑或是数据中的问题。另外，我们还想特别强调，引入 Optional 类的
意图并非要消除每一个 null 引用。与此相反，它的目标是帮助你更好地设计出普通的 API，让
程序员看到方法签名，就能了解它是否接受一个 Optional 的值。这种强制会让你更积极地将变
量从 Optional 中解包出来，直面缺失的变量值。

11.3   应用 **Optional** 的几种模式

到目前为止，一切都很顺利。你已经知道了如何使用 Optional 类型来声明你的域模型，也了解了这种方式与直接使用 null 引用表示变量值的缺失的优劣。但是，该如何使用呢？用这种方式能做什么，或者怎样使用 Optional 封装的值呢？

11.3.1   创建 **Optional** 对象

使用 Optional 之前，你首先需要学习的是如何创建 Optional 对象。完成这一任务有多种方法。

1. 声明一个空的 **Optional**

正如前文所述，你可以通过静态工厂方法 Optional.empty 创建一个空的 Optional 对象：

```
Optional<Car> optCar = Optional.empty();
```

2. 依据一个非空值创建 **Optional**

你还可以使用静态工厂方法 Optional.of 依据一个非空值创建一个 Optional 对象：

```
Optional<Car> optCar = Optional.of(car);
```

如果 car 是一个 null，这段代码就会立即抛出一个 NullPointerException，而不是等到你试图访问 car 的属性值时才返回一个错误。

3. 可接受 **null** 的 **Optional**

最后，使用静态工厂方法 Optional.ofNullable，你可以创建一个允许 null 值的 Optional 对象：

```
Optional<Car> optCar = Optional.ofNullable(car);
```

如果 car 是 null，那么得到的 Optional 对象就是个空对象。

你可能已经猜到，我们还需要继续研究"如何获取 Optional 变量中的值"。尤其是，Optional 提供了一个 get 方法，它能非常精准地完成这项工作，后面会详细介绍这部分内容。不过 get 方法在遭遇到空的 Optional 对象时也会抛出异常，所以不按照约定的方式使用它，又会让我们再度陷入由 null 引起的代码维护的梦魇。因此，我们首先从无须显式检查的 Optional 值的使用入手，这些方法与 Stream 中的某些操作极其相似。

11.3.2   使用 **map** 从 **Optional** 对象中提取和转换值

从对象中提取信息是一种比较常见的模式。比如，你可能想要从 insurance 公司对象中提取公司的名称。提取名称之前，你需要检查 insurance 对象是否为 null，代码如下所示：

```
String name = null;
if(insurance != null){
    name = insurance.getName();
}
```

为了支持这种模式，Optional 提供了一个 map 方法。它的工作方式如下（这里继续借用了代码清单 11-4 的模式）：

```
Optional<Insurance> optInsurance = Optional.ofNullable(insurance);
Optional<String> name = optInsurance.map(Insurance::getName);
```

从概念上看，这与我们在第 4 章和第 5 章中看到的流的 map 方法相差无几。map 操作会将提供的函数应用于流的每个元素。你可以把 Optional 对象看成一种特殊的集合数据，它至多包含一个元素。如果 Optional 包含一个值，那函数就将该值作为参数传递给 map，对该值进行转换。如果 Optional 为空，就什么也不做。图 11-2 对这种相似性进行了说明，展示了把一个将正方形转换为三角形的函数，分别传递给正方形和 Optional 正方形流的 map 方法之后的结果。

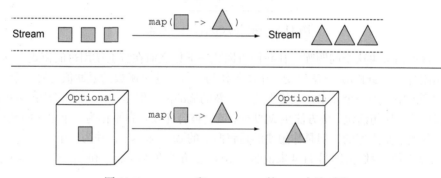

图 11-2　Stream 和 Optional 的 map 方法对比

这看起来挺有用，但是你怎样才能应用起来，重构代码清单 11-1 的代码呢？那段代码里用安全的方式链接了多个方法。

```
public String getCarInsuranceName(Person person) {
    return person.getCar().getInsurance().getName();
}
```

为了达到这个目的，需要求助 Optional 提供的另一个方法 flatMap。

11.3.3　使用 flatMap 链接 Optional 对象

由于我们刚刚学习了如何使用 map，你的第一反应可能是可以利用 map 重写之前的代码，如下所示：

```
Optional<Person> optPerson = Optional.of(person);
Optional<String> name =
    optPerson.map(Person::getCar)
            .map(Car::getInsurance)
            .map(Insurance::getName);
```

不幸的是，这段代码无法通过编译。为什么呢？`optPerson` 是 `Optional<Person>`类型的变量，调用 `map` 方法应该没有问题。但 `getCar` 返回的是一个 `Optional<Car>`类型的对象（如代码清单 11-4 所示），这意味着 `map` 操作的结果是一个 `Optional<Optional<Car>>`类型的对象。因此，它对 `getInsurance` 的调用是非法的，因为最外层的 `Optional` 对象包含了另一个 `Optional` 对象的值，而它当然不会支持 `getInsurance` 方法。图 11-3 说明了你会遭遇的嵌套式 `Optional` 结构。

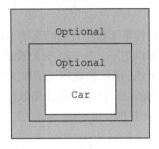

图 11-3　两层的 `Optional` 对象

所以，该如何解决这个问题呢？让我们再回顾一下你之前在流上使用过的模式： `flatMap` 方法。使用流时，`flatMap` 方法接受一个函数作为参数，这个函数的返回值是另一个流。这个方法会应用到流中的每一个元素，最终形成一个新的流的流。但是 `flagMap` 会用流的内容替换每个新生成的流。换句话说，由方法生成的各个流会被合并或者扁平化为一个单一的流。这里你希望的结果其实也是类似的，但是你想要的是将两层的 `Optional` 合并为一个。

跟图 11-2 类似，我们借助图 11-4 来说明 `flatMap` 方法在 `Stream` 和 `Optional` 类之间的相似性。

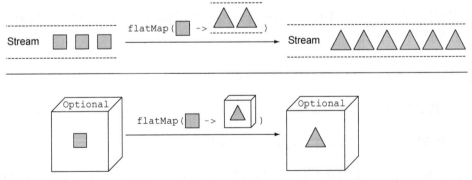

图 11-4　`Stream` 和 `Optional` 的 `flagMap` 方法对比

这里传给流的 `flatMap` 方法的函数，会转换每个正方形到一个包含两个三角形的流中。如果将该函数应用于简单的 `map`，那么 `map` 结果将是包含了其他三个流的流，这三个流都分别包含两个三角形。如果该函数应用于 `flatMap` 方法，结果则不一样，`flatMap` 会将平两层结构的流为总计包含六个三角形的单层流。类似地，传递给 Optional 的 flatMap 方法的函数，会转换原始 Optional 中的正方形到一个 Optional 中（包含一个三角形）。如果函数传递给 map 方法，那么 map 结果是包含了一个 Optional 的 Optional，相应地，最里层的 Optional 包含一个三角形。但 flatMap 会将平两层结构的 Optional 为一个包含了一个三角形的单层结构 Optional。

1. 使用 Optional 获取 car 的保险公司名称

相信现在你已经对 Optional 的 map 和 flatMap 方法有了一定的了解，让我们看看如何应用。代码清单 11-2 和代码清单 11-3 的示例用基于 Optional 的数据模式重写之后，如代码清单 11-5 所示。

代码清单 11-5　使用 Optional 获取 car 的 insurance 名称

```
public String getCarInsuranceName(Optional<Person> person) {
    return person.flatMap(Person::getCar)
                 .flatMap(Car::getInsurance)
                 .map(Insurance::getName)
                 .orElse("Unknown");
}
```
如果 Optional 的结果值为空，设置默认值

通过比较代码清单 11-5 和之前的两个代码清单，可以看到，处理潜在可能缺失的值时，使用 Optional 具有明显的优势。这一次，你可以用非常容易却又普适的方法实现之前你期望的效果——不再需要使用那么多的条件分支，也不会增加代码的复杂性。

从具体的代码实现来看，首先我们注意到你修改了代码清单 11-2 和代码清单 11-3 中的 getCarInsuranceName 方法的签名，因为我们很明确地知道存在这样的用例，即一个不存在的 Person 被传递给了方法，比如，Person 是使用某个标识符从数据库中查询出来的，你想要对数据库中不存在指定标识符对应的用户数据的情况进行建模。你可以将方法的参数类型由 Person 改为 Optional<Person>，对这种特殊情况进行建模。

我们再一次看到了这种方式的优点，它通过类型系统让你的域模型中隐藏的知识显式地体现在你的代码中，换句话说，你永远都不应该忘记语言的首要功能就是沟通，即使对程序设计语言而言也没有什么不同。声明方法接受一个 Optional 参数，或者将结果作为 Optional 类型返回，让你的同事或者未来你方法的使用者，很清楚地知道它可以接受空值，或者可能返回一个空值。

2. 使用 Optional 解引用串接的 Person/Car/Insurance 对象

由 Optional<Person>对象，我们可以结合使用之前介绍的 map 和 flatMap 方法，从 Person 中解引用出 Car，从 Car 中解引用出 Insurance，从 Insurance 对象中解引用出包含 insurance 公司名称的字符串。图 11-5 对这种流水线式的操作进行了说明。

11

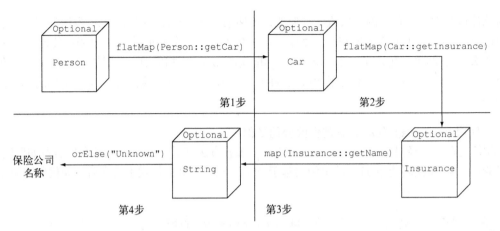

图 11-5　使用 Optional 解引用串接的 Person/Car/Insurance

这里，我们从以 Optional 封装的 Person 入手，对其调用 flatMap(Person::getCar)。如前所述，这种调用逻辑上可以划分为两步。第一步，某个 Function 作为参数，被传递给由 Optional 封装的 Person 对象，对其进行转换。在这个场景中，Function 的具体表现是一个方法引用，即对 Person 对象的 getCar 方法进行调用。由于该方法返回一个 Optional<Car> 类型的对象，因此 Optional 内的 Person 也被转换成了这种对象的实例，结果就是一个两层的 Optional 对象，最终它们会被 flagMap 操作合并。从纯理论的角度而言，你可以将这种合并操作简单地看成把两个 Optional 对象结合在一起，如果其中有一个对象为空，就构成一个空的 Optional 对象。如果你对一个空的 Optional 对象调用 flatMap，那实际情况又会如何呢？结果不会发生任何改变，返回值也是个空的 Optional 对象。与此相反，如果 Optional 封装了一个 Person 对象，传递给 flapMap 的 Function，就会应用到 Person 上对其进行处理。在这个例子中，由于 Function 的返回值已经是一个 Optional 对象，因此 flapMap 方法就直接将其返回了。

第二步与第一步大同小异，它会将 Optional<Car>转换为 Optional<Insurance>。第三步则会将 Optional<Insurance> 转化为 Optional<String> 对象，由于 Insurance.getName()方法的返回类型为 String，这里就不再需要进行 flapMap 操作了。

截至目前，返回的 Optional 可能是两种情况：如果调用链上的任何一个方法返回一个空的 Optional，那么结果就为空，否则返回的值就是你期望的保险公司的名称。那么，你如何读出这个值呢？毕竟你最后得到的这个对象还是个 Optional<String>，它可能包含保险公司的名称，也可能为空。代码清单 11-5 使用了一个名为 orElse 的方法，当 Optional 的值为空时，它会为其设定一个默认值。除此之外，还有很多其他的方法可以为 Optional 设定默认值，或者解析出 Optional 代表的值。接下来我们会对此做进一步的探讨。

在域模型中使用 Optional，以及为什么它们无法序列化

在代码清单 11-4 中，我们展示了如何在你的域模型中使用 Optional，将允许缺失或者暂无定义的变量值用特殊的形式标记出来。然而，Optional 类设计者的初衷并非如此，他们构思时怀揣的是另一个用例。这一点，Java 语言的架构师 Brian Goetz 曾经非常明确地陈述过，Optional 的设计初衷仅仅是要支持能返回 Optional 对象的语法。

由于 Optional 类设计时就没特别考虑将其作为类的字段使用，因此它也并未实现 Serializable 接口。由于这个原因，如果你的应用使用了某些要求序列化的库或者框架，在域模型中使用 Optional，有可能引发应用程序故障。然而，我们相信，通过前面的介绍，你已经看到用 Optional 声明域模型中的某些类型是个不错的主意，尤其是你需要遍历有可能全部或部分为空，或者可能不存在的对象时。如果你一定要实现序列化的域模型，作为替代方案，建议你像下面这个例子那样，提供一个能访问声明为 Optional、变量值可能缺失的接口，如下所示：

```
public class Person {
    private Car car;
    public Optional<Car> getCarAsOptional() {
        return Optional.ofNullable(car);
    }
}
```

11.3.4　操纵由 Optional 对象构成的 Stream

Java 9 引入了 Optional 的 stream() 方法，使用该方法可以把一个含值的 Optional 对象转换成由该值构成的 Stream 对象，或者把一个空的 Optional 对象转换成等价的空 Stream。这一技术为典型流处理场景带来了极大的便利：当你要处理的对象是由 Optional 对象构成的 Stream 时，你需要将这个 Stream 转换为由原 Stream 中非空 Optional 对象值组成的新 Stream。本节会通过一个实际例子演示为什么你需要处理由 Optional 对象构成的 Stream，以及如何执行这种操作。

代码清单 11-6 的例子使用了代码清单 11-4 中定义的领域模型 Person/Car/Insurance。假设你需要实现一个方法，该方法接受一个由 Person 构成的列表 List<Person>，返回该列表中拥有一辆汽车的人所使用的保险公司名称集合 Set<String>。

代码清单 11-6 找出 person 列表所使用的保险公司名称（不含重复项）

将 person 列表转换为 Optional
<Car>组成的流，car 是列表中
person 名下的汽车

对每个 Optional<Car> 执行 flatMap 操作，
将其转换成对应的 Optional<Insurance>
对象

```
public Set<String> getCarInsuranceNames(List<Person> persons) {
    return persons.stream()
                  .map(Person::getCar)
                  .map(optCar -> optCar.flatMap(Car::getInsurance))
```

```
.map(optIns -> optIns.map(Insurance::getName))
.flatMap(Optional::stream)
.collect(toSet());
```

将 **Stream<Optional<String>>** 转换为 **Stream<String>** 对象，只保留流中那些存在保险公司名的对象

将每个 **Optional<Insurance>** 映射成包含对应保险公司名字的 **Optional<String>**

收集处理的结果字符串，将其保存到一个不含重复值的 **Set** 中

很多时候，操纵流元素都需要链接一长串的转换、过滤或者其他的操作，现在处理的复杂度又进一步增大了，因为每个元素会被封装到 Optional 对象中。还记得么，建模时我们假设 person 对象可能没有汽车，执行 getCar()方法时，它返回的是一个 Optional<Car>对象，而不是一个简单的 Car 对象。因此，第一次 map 转换之后，你得到的是一个由 Optional<Car>对象构成的 Stream<Optional<Car>>。接下来的两个 map 操作帮助你将 Optional<Car>转换成了 Optional<Insurance>，接着转换成了 Optional<String>。这些跟你在代码清单 11-5 中所做的几乎一样，唯一的区别是现在是对 Stream 中的元素进行操作，而之前是对单一元素进行操作。

这三个转换操作之后，你得到了一个 Stream<Optional<String>>对象，这些 Optional 对象中的一些可能为空，因为有的人可能并没有汽车，或者有汽车但是没有投保。使用 Optional，即便是碰到了值缺失的情况，你也不需要再为这些操作是否"空安全"（null-safe）而烦心了。然而，你现在碰到了新的问题，怎样去除那些空的 Optional 对象，解包出其他对象的值，并把结果保存到集合 Set 中呢？当然，你可以像下面这样，使用 filter 和 map 得到最终的结果：

```
Stream<Optional<String>> stream = ...
Set<String> result = stream.filter(Optional::isPresent)
                           .map(Optional::get)
                           .collect(toSet());
```

不过，正如我们在代码清单 11-6 中所预见的，采用 Optional 类的 stream()方法完全可以只通过一次，而不是两次操作达到同样的效果。实际上，这个方法会依据要转换的 Optional 对象是否为空，将每个 Optional 对象转换为含有零个或一个元素的流。基于这一原理，对该方法的引用可以看成是从流的一个单一元素向另一个流的单一元素执行转换，结果传递回原始流执行 flatMap 方法调用。我们已经知道，通过这种方式每个元素都被转换成了流，最初两层由流组成的流结构经过转换简化为单层的流。通过这一技巧，你可以解包 Optional 对象，提取其中的值，跳过那些空的对象，所有这一切都只需执行一次操作。

11.3.5　默认行为及解引用 Optional 对象

我们决定采用 orElse 方法读取这个变量的值，使用这种方式你还可以定义一个默认值，当遭遇空的 Optional 变量时，默认值会作为该方法的调用返回值。Optional 类提供了多种方法读取 Optional 实例中的变量值。

- get()是这些方法中最简单但又最不安全的方法。如果变量存在,那它直接返回封装的变量值,否则就抛出一个 NoSuchElementException 异常。所以,除非你非常确定 Optional 变量一定包含值,否则使用这个方法是个相当糟糕的主意。此外,这种方式即便相对于嵌套式的 null 检查,也并未体现出多大的改进。

- orElse(T other)是我们在代码清单 11-5 中使用的方法,正如之前提到的,它允许你在 Optional 对象不包含值时提供一个默认值。

- orElseGet(Supplier<? extends T> other)是 orElse 方法的延迟调用版,因为 Supplier 方法只有在 Optional 对象不含值时才执行调用。如果创建默认值是件耗时费力的工作,你应该考虑采用这种方式(借此提升程序的性能),或者你需要非常确定某个方法仅在 Optional 为空时才进行调用,也可以考虑该方式(使用 orElseGet 时至关重要)。

- or(Supplier<? extends Optional<? extends T>> supplier)与前面介绍的 orElseGet 方法很像,不过它不会解包 Optional 对象中的值,即便该值是存在的。实战中,如果 Optional 对象含有值,这一方法(自 Java 9 引入)不会执行任何额外的操作,直接返回该 Optional 对象。如果原始 Optional 对象为空,该方法会延迟地返回一个不同的 Optional 对象。

- orElseThrow(Supplier<? extends X> exceptionSupplier)和 get 方法非常类似,它们碰到 Optional 对象为空时都会抛出一个异常,但是使用 orElseThrow 你可以定制抛出的异常类型。

- ifPresent(Consumer<? super T>consumer)变量值存在时,执行一个以参数形式传入的方法,否则就不进行任何操作。

Java 9 还引入了一个新的实例方法:

- ifPresentOrElse(Consumer<? super T> action, Runnable emptyAction)。该方法不同于 ifPresent,它接受一个 Runnable 方法,如果 Optional 对象为空,就执行该方法所定义的动作。

11.3.6　两个 Optional 对象的组合

现在,假设你有这样一个方法,它接受一个 Person 和一个 Car 对象,并以此为条件对外部提供的服务进行查询,通过一些复杂的业务逻辑,试图找到满足该组合的最便宜的保险公司:

```
public Insurance findCheapestInsurance(Person person, Car car) {
    // 不同的保险公司提供的查询服务
    // 对比所有数据
    return cheapestCompany;
}
```

我们还假设你想要该方法的一个 null-安全的版本,它接受两个 Optional 对象作为参数,返回值是一个 Optional<Insurance>对象,如果传入的任何一个参数值为空,它的返回值亦为空。Optional 类还提供了一个 isPresent 方法，如果 Optional 对象包含值，该方法就返回 true，所以你的第一想法可能是通过下面这种方式实现该方法：

```
public Optional<Insurance> nullSafeFindCheapestInsurance(
                         Optional<Person> person, Optional<Car> car) {
    if (person.isPresent() && car.isPresent()) {
        return Optional.of(findCheapestInsurance(person.get(), car.get()));
    } else {
        return Optional.empty();
    }
}
```

这个方法具有明显的优势，从它的签名就能非常清楚地知道无论是 person 还是 car，它的值都有可能为空，出现这种情况时，方法的返回值也不会包含任何值。不幸的是，该方法的具体实现和你之前曾经实现的 null 检查太相似了：方法接受一个 Person 和一个 Car 对象作为参数，而二者都有可能为 null。利用 Optional 类提供的特性，有没有更好或更地道的方式来实现这个方法呢？花几分钟时间思考一下测验 11.1，试试能不能找到更优雅的解决方案。

测验 11.1：以不解包的方式组合两个 Optional 对象

　　结合本节中介绍的 map 和 flatMap 方法，用一行语句重新实现之前出现的 nullSafe-FindCheapestInsurance()方法。

　　答案：你可以像使用三元操作符那样，无须任何条件判断的结构，以一行语句实现该方法，代码如下。

```
public Optional<Insurance> nullSafeFindCheapestInsurance(
                         Optional<Person> person, Optional<Car> car) {
    return person.flatMap(p -> car.map(c -> findCheapestInsurance(p, c)));
}
```

　　在这段代码中，你对第一个 Optional 对象调用 flatMap 方法，如果它是个空值，传递给它的 Lambda 表达式就不会执行，这次调用会直接返回一个空的 Optional 对象。反之，如果 person 对象存在，这次调用就会将其作为函数 Function 的输入，并按照与 flatMap 方法的约定返回一个 Optional<Insurance> 对象。这个函数的函数体会对第二个 Optional 对象执行 map 操作，如果第二个对象不包含 car，函数 Function 就返回一个空的 Optional 对象，整个 nullSafeFindCheapestInsurance 方法的返回值也是一个空的 Optional 对象。最后，如果 person 和 car 对象都存在，那么作为参数传递给 map 方法的 Lambda 表达式就能够使用这两个值安全地调用原始的 findCheapestInsurance 方法，完成期望的操作。

Optional 类和 Stream 接口的相似之处远不止 map 和 flatMap 这两个方法。还有第三个方法 filter，它的行为在两种类型之间也极其相似，接下来的一节会对此进行介绍。

11.3.7　使用 `filter` 剔除特定的值

你经常需要调用某个对象的方法，查看它的某些属性。比如，你可能需要检查保险公司的名称是否为 "Cambridge-Insurance"。为了以一种安全的方式进行这些操作，你首先需要确定引用指向的 `Insurance` 对象是否为 `null`，之后再调用它的 `getName` 方法，如下所示：

```
Insurance insurance = ...;
if(insurance != null && "CambridgeInsurance".equals(insurance.getName())){
  System.out.println("ok");
}
```

使用 `Optional` 对象的 `filter` 方法，这段代码可以重构如下：

```
Optional<Insurance> optInsurance = ...;
optInsurance.filter(insurance ->
                        "CambridgeInsurance".equals(insurance.getName()))
            .ifPresent(x -> System.out.println("ok"));
```

`filter` 方法接受一个谓词作为参数。如果 `Optional` 对象的值存在，并且它符合谓词的条件，`filter` 方法就返回其值；否则它就返回一个空的 `Optional` 对象。如果你还记得我们可以将 `Optional` 看成最多包含一个元素的 `Stream` 对象，这个方法的行为就非常清晰了。如果 `Optional` 对象为空，那它不做任何操作，反之，它就对 `Optional` 对象中包含的值施加谓词操作。如果该操作的结果为 `true`，那它不做任何改变，直接返回该 `Optional` 对象，否则就将该值过滤掉，将 `Optional` 的值置空。通过测验 11.2，可以测试你对 `filter` 方法工作方式的理解。

测验 11.2：对 `Optional` 对象进行过滤

假设在我们的 Person/Car/Insurance 模型中，Person 还提供了一个方法 getAge 可以取得 Person 对象的年龄，请使用下面的签名改写代码清单 11-5 中的 getCarInsuranceName 方法：

```
public String getCarInsuranceName(Optional<Person> person, int minAge)
```

找出年龄大于或者等于 minAge 参数的 Person 所对应的保险公司列表。

答案：你可以对 Optional 封装的 Person 对象进行 filter 操作，设置相应的条件谓词，即如果 person 的年龄大于 minAge 参数的设定值，就返回该值，并将谓词传递给 filter 方法，代码如下所示：

```
public String getCarInsuranceName(Optional<Person> person, int minAge) {
    return person.filter(p -> p.getAge() >= minAge)
                 .flatMap(Person::getCar)
                 .flatMap(Car::getInsurance)
                 .map(Insurance::getName)
                 .orElse("Unknown");
}
```

下一节中，我们会探讨 Optional 类剩下的一些特性，并提供更实际的例子，展示多种你能够应用于代码中更好地管理缺失值的技巧。

表 11-1 对 Optional 类中的方法进行了分类和概括。

表 11-1　Optional 类的方法

方　　法	描　　述
empty	返回一个空的 Optional 实例
filter	如果值存在并且满足提供的谓词，就返回包含该值的 Optional 对象；否则返回一个空的 Optional 对象
flatMap	如果值存在，就对该值执行提供的 mapping 函数调用，返回一个 Optional 类型的值，否则就返回一个空的 Optional 对象
get	如果值存在，就将该值用 Optional 封装返回，否则抛出一个 NoSuchElement Exception 异常
ifPresent	如果值存在，就执行使用该值的方法调用，否则什么也不做
ifPresentOrElse	如果值存在，就以值作为输入执行对应的方法调用，否则执行另一个不需任何输入的方法
isPresent	如果值存在就返回 true，否则返回 false
map	如果值存在， 就对该值执行提供的 mapping 函数调用
of	将指定值用 Optional 封装之后返回,如果该值为 null,则抛出一个 NullPointerException 异常
ofNullable	将指定值用 Optional 封装之后返回，如果该值为 null，则返回一个空的 Optional 对象
or	如果值存在，就返回同一个 Optional 对象,否则返回由支持函数生成的另一个 Optional 对象
orElse	如果有值则将其返回，否则返回一个默认值
orElseGet	如果有值则将其返回，否则返回一个由指定的 Supplier 接口生成的值
orElseThrow	如果有值则将其返回，否则抛出一个由指定的 Supplier 接口生成的异常
stream	如果有值，就返回包含该值的一个 Stream，否则返回一个空的 Stream

11.4　使用 Optional 的实战示例

相信你已经了解,有效地使用 Optional 类意味着你需要对如何处理潜在缺失值进行全面的反思。这种反思不仅仅限于你曾经写过的代码，更重要的可能是，你如何与原生 Java API 实现共存共赢。

实际上，我们相信如果 Optional 类能够在这些 API 创建之初就存在的话，那么很多 API 的设计编写可能会大有不同。为了保持后向兼容性，我们很难对老的 Java API 进行改动，让它们也使用 Optional,但这并不表示我们什么也做不了。你可以在自己的代码中添加一些工具方法，修复或者绕过这些问题，让你的代码能享受 Optional 带来的威力。我们会通过几个实际的例子讲解如何达到这样的目的。

11.4.1 用 Optional 封装可能为 null 的值

现存 Java API 几乎都是通过返回一个 null 的方式来表示需要值的缺失，或者由于某些原因计算无法得到该值。比如，如果 Map 中不含指定的键对应的值，它的 get 方法就会返回一个 null。但是，正如之前介绍的，大多数情况下，你可能希望这些方法能返回一个 Optional 对象。你无法修改这些方法的签名，但是你很容易用 Optional 对这些方法的返回值进行封装。我们接着用 Map 做例子，假设你有一个 Map<String, Object>方法，访问由 key 索引的值时，如果 map 中没有与 key 关联的值，该次调用就会返回一个 null。

```
Object value = map.get("key");
```

使用 Optional 封装 map 的返回值，可以对这段代码进行优化。要达到这个目的有两种方式：使用笨拙的 if-then-else 判断语句，毫无疑问这种方式会增加代码的复杂度；或者采用前文介绍的 Optional.ofNullable 方法：

```
Optional<Object> value = Optional.ofNullable(map.get("key"));
```

每次你希望安全地对潜在为 null 的对象进行转换，将其替换为 Optional 对象时，都可以考虑使用这种方法。

11.4.2 异常与 Optional 的对比

由于某种原因，函数无法返回某个值，这时除了返回 null，Java API 比较常见的替代做法是抛出一个异常。这种情况比较典型的例子是使用静态方法 Integer.parseInt(String)，将 String 转换为 int。在这个例子中，如果 String 无法解析到对应的整型，该方法就抛出一个 NumberFormatException。最后的效果是，发生 String 无法转换为 int 时，代码发出一个遭遇非法参数的信号，唯一的不同是，这次你需要使用 try/catch 语句，而不是使用 if 条件判断来控制一个变量的值是否非空。

你也可以用空的 Optional 对象，对遭遇无法转换的 String 时返回的非法值进行建模，这时你期望 parseInt 的返回值是一个 Optional。我们无法修改最初的 Java 方法，但是这无碍我们进行需要的改进，你可以实现一个工具方法，将这部分逻辑封装于其中，最终返回一个我们希望的 Optional 对象，代码如下所示。

代码清单 11-7 将 String 转换为 Integer，并返回一个 Optional 对象

```
public static Optional<Integer> stringToInt(String s) {
    try {
        return Optional.of(Integer.parseInt(s));    ← 如果 String 能转换为
    } catch (NumberFormatException e) {                对应的 Integer，将其
        return Optional.empty();     ← 否则返回一个    封装在 Optional 对象
    }                                  空的 Optional    中返回
}                                      对象
```

11

我们的建议是，你可以将多个类似的方法封装到一个工具类中，让我们称之为 OptionalUtility。通过这种方式，你以后就能直接调用 OptionalUtility.stringToInt 方法，将 String 转换为一个 Optional<Integer> 对象，而不再需要记得你在其中封装了笨拙的 try/catch 的逻辑了。

11.4.3　基础类型的 Optional 对象，以及为什么应该避免使用它们

不知道你注意到了没有，与 Stream 对象一样，Optional 也提供了类似的基础类型——OptionalInt、OptionalLong 以及 OptionalDouble——所以代码清单 11-7 中的方法可以不返回 Optional<Integer>，而是直接返回一个 OptionalInt 类型的对象。在第 5 章中，我们讨论过使用基础类型 Stream 的场景，尤其是如果 Stream 对象包含了大量元素，出于性能的考量，使用基础类型是不错的选择，但对 Optional 对象而言，这个理由就不成立了，因为 Optional 对象最多只包含一个值。

不推荐大家使用基础类型的 Optional，因为基础类型的 Optional 不支持 map、flatMap 以及 filter 方法，而这些是 Optional 类最有用的方法（正如在 11.2 节所看到的那样）。此外，与 Stream 一样，Optional 对象无法由基础类型的 Optional 组合构成，所以，举例而言，如果代码清单 11-7 中返回的是 OptionalInt 类型的对象，你就不能将其作为方法引用传递给另一个 Optional 对象的 flatMap 方法。

11.4.4　把所有内容整合起来

为了展示之前介绍过的 Optional 类的各种方法整合在一起的威力，假设你需要向你的程序传递一些属性。为了举例以及测试你开发的代码，你创建了一些示例属性，如下所示：

```
Properties props = new Properties();
props.setProperty("a", "5");
props.setProperty("b", "true");
props.setProperty("c", "-3");
```

现在，假设你的程序需要从这些属性中读取一个值，该值是以秒为单位计量的一段时间。由于一段时间必须是正数，你想要该方法符合下面的签名：

```
public int readDuration(Properties props, String name)
```

即，如果给定属性对应的值是一个代表正整数的字符串，就返回该整数值，任何其他的情况都返回 0。为了明确这些需求，你可以采用 JUnit 的断言，将它们形式化：

```
assertEquals(5, readDuration(param, "a"));
assertEquals(0, readDuration(param, "b"));
assertEquals(0, readDuration(param, "c"));
assertEquals(0, readDuration(param, "d"));
```

这些断言反映了初始的需求：如果属性是 a，readDuration 方法就返回 5，因为该属性对

应的字符串能映射到一个正数；对于属性 b，方法的返回值是 0，因为它对应的值不是一个数字；对于 c，方法的返回值是 0，因为虽然它对应的值是个数字，但它是个负数；对于 d，方法的返回值是 0，因为并不存在该名称对应的属性。让我们以命令式编程的方式实现满足这些需求的方法，代码清单如下所示。

代码清单 11-8　以命令式编程的方式从属性中读取 duration 值

```
public int readDuration(Properties props, String name) {
    String value = props.getProperty(name);        ← 确保名称对应
    if (value != null) {                               的属性存在
        try {
            int i = Integer.parseInt(value);       ← 将 String 属性
            if (i > 0) {                               转换为数字类型
                return i;                          ← 检查返回的数字
            }                                          是否为正数
        } catch (NumberFormatException nfe) { }
    }
    return 0;    ← 如果前述的条件都
}                   不满足，返回 0
```

你可能已经预见，最终的实现既复杂又不具备可读性，呈现为多个由 if 语句及 try/catch 块构成的嵌套条件。花几分钟时间思考一下测验 11.3，想想怎样使用本章内容实现同样的效果。

> **测验 11.3：使用 Optional 从属性中读取 duration**
>
> 请尝试使用 Optional 类提供的特性及代码清单 11-7 中提供的工具方法，通过一条精炼的语句重构代码清单 11-8 中的方法。
>
> **答案**：如果需要访问的属性值不存在，Properties.getProperty(String) 方法的返回值就是一个 null，使用 ofNullable 工厂方法可以方便地将该值转换为 Optional 对象。接着，你可以向它的 flatMap 方法传递代码清单 11-7 中实现的 OptionalUtility.stringToInt 方法的引用，将 Optional<String> 转换为 Optional<Integer>。最后，你非常轻易地就可以过滤掉负数。这种方式下，如果任何一个操作返回一个空的 Optional 对象，该方法都会返回 orElse 方法设置的默认值 0；否则就返回封装在 Optional 对象中的正整数。下面就是这段简化的实现：
>
> ```
> public int readDuration(Properties props, String name) {
>     return Optional.ofNullable(props.getProperty(name))
>                    .flatMap(OptionalUtility::stringToInt)
>                    .filter(i -> i > 0)
>                    .orElse(0);
> }
> ```

注意到使用 Optional 和 Stream 时的那些通用模式了吗？它们都是对数据库查询过程的反思，查询时，多种操作会被串接在一起执行。

11.5   小结

以下是本章中的关键概念。

❏ null 引用在历史上被引入到程序设计语言中，目的是为了表示变量值的缺失。

❏ Java 8 中引入了一个新的类 java.util.Optional，对存在或缺失的变量值进行建模。

❏ 你可以使用静态工厂方法 Optional.empty、Optional.of 以及 Optional.ofNullable 创建 Optional 对象。

❏ Optional 类支持多种方法，比如 map、flatMap、filter，它们在概念上与 Stream 类中对应的方法十分相似。

❏ 使用 Optional 会迫使你更积极地解引用 Optional 对象，以应对变量值缺失的问题，最终，你能更有效地防止代码中出现不期而至的空指针异常。

❏ 使用 Optional 能帮助你设计更好的 API，用户只需要阅读方法签名，就能了解该方法是否接受一个 Optional 类型的值。

第 12 章

新的日期和时间 API

本章内容

❑ 为什么在 Java 8 中需要引入新的日期和时间库
❑ 同时为人和机器表示日期和时间
❑ 定义时间的度量
❑ 操纵、格式化以及解析日期
❑ 处理不同的时区和历法

Java API 提供了很多有用的组件，能帮助你构建复杂的应用。不过，Java API 也不总是完美的。相信大多数有经验的程序员都会赞同 Java 8 之前的库对日期和时间的支持就非常不理想。然而，你也不用太担心：Java 8 中引入全新的日期和时间 API 就是要解决这一问题。

在 Java 1.0 中，对日期和时间的支持只能依赖 java.util.Date 类。正如类名所表达的，这个类无法表示日期，只能以毫秒的精度表示时间。更糟糕的是它的易用性，由于某些原因未知的设计决策，这个类的易用性被深深地损害了，比如：年份的起始选择是 1900 年，月份的起始从 0 开始。这意味着，如果你想要用 Date 表示 Java 9 的发布日期，即 2017 年 9 月 21 日，需要创建下面这样的 Date 实例：

```
Date date = new Date(117, 8, 21);
```

它的打印输出效果为：

```
Thu Sep 21 00:00:00 CET 2017
```

看起来不那么直观，不是吗？此外，Date 类的 toString 方法返回的字符串也容易误导人。以我们的例子而言，它的返回值中甚至还包含了 JVM 的默认时区 CET，即中欧时间（Central Europe Time）。但这并不表示 Date 类在任何方面支持时区。

随着 Java 1.0 退出历史舞台，Date 类的种种问题和限制几乎一扫而光，但很明显，这些历史旧账如果不牺牲前向兼容性是无法解决的。所以，在 Java 1.1 中，Date 类中的很多方法被废弃了，取而代之的是 java.util.Calendar 类。很不幸，Calendar 类也有类似的问题和设计缺陷，导致使用这些方法写出的代码非常容易出错。比如，月份依旧是从 0 开始计算（不过，至少 Calendar 类去掉了由 1900 年开始计算年份这一设计）。更糟的是，同时存在 Date 和 Calendar

这两个类，也增加了程序员的困惑。到底该使用哪一个类呢？此外，有的特性只在某一个类中提供，比如用于以语言无关方式格式化和解析日期或时间的 DateFormat 方法就只在 Date 类里有。

　　DateFormat 方法也有它自己的问题。比如，它不是线程安全的。这意味着两个线程如果尝试使用同一个 formatter 解析日期，你可能会得到无法预期的结果。

　　最后，Date 和 Calendar 类都是可以变的。能把 2017 年 9 月 21 日修改成 10 月 25 日意味着什么呢？这种设计会将你拖入维护的噩梦，接下来在第 18 章所讨论的函数式编程中，你会了解到更多的细节。

　　所有这些缺陷和不一致导致用户们转投第三方的日期和时间库，比如 Joda-Time。为了解决这些问题，Oracle 决定在原生的 Java API 中提供高质量的日期和时间支持。所以，你会看到 Java 8 在 java.time 包中整合了很多 Joda-Time 的特性。

　　本章会探索新的日期和时间 API 所提供的新特性。我们从最基本的用例入手，比如创建同时适合人与机器的日期和时间，逐渐转入到日期和时间 API 更高级的一些应用，比如操纵、解析、打印输出日期–时间对象，使用不同的时区和年历。

12.1　LocalDate、LocalTime、LocalDateTime、Instant、Duration 以及 Period

　　让我们从探索如何创建简单的日期和时间间隔入手。java.time 包中提供了很多新的类可以帮你解决问题，它们是 LocalDate、LocalTime、LocalDateTime、Instant、Duration 和 Period。

12.1.1　使用 LocalDate 和 LocalTime

　　开始使用新的日期和时间 API 时，你最先碰到的可能是 LocalDate 类。该类的实例是一个不可变对象，它只提供了简单的日期，并不含当天的时间信息。另外，它也不附带任何与时区相关的信息。

　　你可以通过静态工厂方法 of 创建一个 LocalDate 实例。LocalDate 实例提供了多种方法来读取常用的值，比如年份、月份、星期几等，如下所示。

代码清单 12-1　创建一个 LocalDate 对象并读取其值

```
LocalDate date = LocalDate.of(2017, 9, 21);     ← 2017-09-21
int year = date.getYear();              ← 2017
Month month = date.getMonth();          ← SEPTEMBER
int day = date.getDayOfMonth();         ← 21
DayOfWeek dow = date.getDayOfWeek();    ← THURSDAY
int len = date.lengthOfMonth();         ← 30 (days in September)
boolean leap = date.isLeapYear();       ← false (not a leap year)
```

你还可以使用工厂方法 now 从系统时钟中获取当前的日期：

```
LocalDate today = LocalDate.now();
```

本章剩余的部分会探讨所有日期-时间类，这些类都提供了类似的工厂方法。你还可以通过传递一个 `TemporalField` 参数给 `get` 方法访问同样的信息。`TemporalField` 是一个接口，它定义了如何访问 `temporal` 对象某个字段的值。`ChronoField` 枚举实现了这一接口，所以你可以很方便地使用 `get` 方法得到枚举元素的值，如下所示。

代码清单 12-2　使用 `TemporalField` 读取 `LocalDate` 的值

```
int year = date.get(ChronoField.YEAR);
int month = date.get(ChronoField.MONTH_OF_YEAR);
int day = date.get(ChronoField.DAY_OF_MONTH);
```

你可以使用 Java 内建的 `getYear()`、`getMonthValue()` 和 `getDayOfMonth()` 方法，以更具可读性的方式访问这些信息，如下所示：

```
int year = date.getYear();
int month = date.getMonthValue();
int day = date.getDayOfMonth();
```

类似地，一天中的时间，比如 13:45:20，可以使用 `LocalTime` 类表示。你可以使用 `of` 重载的两个工厂方法创建 `LocalTime` 的实例。第一个重载函数接受小时和分钟，第二个重载函数同时还接受秒。同 `LocalDate` 类一样，`LocalTime` 类也提供了一些 `getter` 方法访问这些变量的值，如下所示。

代码清单 12-3　创建 `LocalTime` 并读取其值

```
LocalTime time = LocalTime.of(13, 45, 20);      ←——— 13:45:20
int hour = time.getHour();       ←——— 13
int minute = time.getMinute();       ←——— 45
int second = time.getSecond();      ←——— 20
```

`LocalDate` 和 `LocalTime` 都可以通过解析代表它们的字符串创建。使用静态方法 `parse`，你可以实现这一目的：

```
LocalDate date = LocalDate.parse("2017-09-21");
LocalTime time = LocalTime.parse("13:45:20");
```

你可以向 `parse` 方法传递一个 `DateTimeFormatter`。该类的实例定义了如何格式化一个日期或者时间对象。正如之前所介绍的，它是替换老版 `java.util.DateFormat` 的推荐替代品。12.2.2 节会展开介绍怎样使用 `DateTimeFormatter`。同时，也请注意，一旦传递的字符串参数无法被解析为合法的 `LocalDate` 或 `LocalTime` 对象，这两个 `parse` 方法都会抛出一个继承自 `RuntimeException` 的 `DateTimeParseException` 异常。

12.1.2　合并日期和时间

这个复合类名叫 `LocalDateTime`，是 `LocalDate` 和 `LocalTime` 的合体。它同时表示了日期和时间，但不带有时区信息，你可以直接创建，也可以通过合并日期和时间对象创建，如下所示。

代码清单 12-4   直接创建 `LocalDateTime` 对象，或者通过合并日期和时间的方式创建

```
// 2017-09-21T13:45:20
LocalDateTime dt1 = LocalDateTime.of(2014, Month.SEPTEMBER, 21, 13, 45, 20);
LocalDateTime dt2 = LocalDateTime.of(date, time);
LocalDateTime dt3 = date.atTime(13, 45, 20);
LocalDateTime dt4 = date.atTime(time);
LocalDateTime dt5 = time.atDate(date);
```

注意，通过它们各自的 `atTime` 或者 `atDate` 方法，向 `LocalDate` 传递一个时间对象，或者向 `LocalTime` 传递一个日期对象的方式，你可以创建一个 `LocalDateTime` 对象。你也可以使用 `toLocalDate` 或者 `toLocalTime` 方法，从 `LocalDateTime` 中提取 `LocalDate` 或者 `LocalTime` 组件：

```
LocalDate date1 = dt1.toLocalDate();    ◄——— 2017-09-21
LocalTime time1 = dt1.toLocalTime();    ◄——— 13:45:20
```

12.1.3   机器的日期和时间格式

作为人，我们习惯于以星期几、几号、几点、几分这样的方式理解日期和时间。毫无疑问，这种方式对于计算机而言并不容易理解。从计算机的角度来看，建模时间最自然的格式是表示一个持续时间段上某个点的单一大整型数。这也是新的 `java.time.Instant` 类对时间建模的方式，基本上它是以 Unix 元年时间（传统的设定为 UTC 时区 1970 年 1 月 1 日午夜时分）开始所经历的秒数进行计算。

你可以通过向静态工厂方法 `ofEpochSecond` 传递代表秒数的值创建一个该类的实例。此外，`Instant` 类支持纳秒精度。静态工厂方法 `ofEpochSecond` 还有一个增强的重载版本，它接受第二个以纳秒为单位的参数值，对传入作为秒数的参数进行调整。重载的版本会调整纳秒参数，确保保存的纳秒分片在 0 到 999 999 999 之间。这意味着下面这些对工厂方法 `ofEpochSecond` 的调用会返回几乎同样的 `Instant` 对象：

```
Instant.ofEpochSecond(3);
Instant.ofEpochSecond(3, 0);
Instant.ofEpochSecond(2, 1_000_000_000);   ◄——— 2 秒之后再加上 10 亿纳秒（1秒）
Instant.ofEpochSecond(4, -1_000_000_000);        4 秒之前的 10 亿纳秒（1秒）
```

正如你已经在 `LocalDate` 及其他为便于阅读而设计的日期–时间类中所看到的那样，`Instant` 类也支持静态工厂方法 `now`，它能够帮你获取当前时刻的时间戳。特别强调一点，`Instant` 的设计初衷是为了便于机器使用。它包含的是由秒及纳秒所构成的数字。所以，它无法处理那些非常容易理解的时间单位。比如语句

```
int day = Instant.now().get(ChronoField.DAY_OF_MONTH);
```

会抛出下面这样的异常：

```
java.time.temporal.UnsupportedTemporalTypeException: Unsupported field:
    DayOfMonth
```

但是你可以通过 `Duration` 和 `Period` 类使用 `Instant`，接下来我们会对这部分内容进行介绍。

12.1.4　定义 `Duration` 或 `Period`

目前为止，你看到的所有类都实现了 `Temporal` 接口，`Temporal` 接口定义了如何读取和操纵为时间建模的对象的值。之前的介绍中，我们已经了解了创建 `Temporal` 实例的几种方法。很自然地你会想到，我们需要创建两个 `Temporal` 对象之间的 `Duration`。`Duration` 类的静态工厂方法 `between` 就是为这个目的而设计的。你可以创建两个 `LocalTime` 对象、两个 `LocalDateTime` 对象，或者两个 `Instant` 对象之间的 `Duration`，如下所示：

```
Duration d1 = Duration.between(time1, time2);
Duration d1 = Duration.between(dateTime1, dateTime2);
Duration d2 = Duration.between(instant1, instant2);
```

由于 `LocalDateTime` 和 `Instant` 是为不同的目的而设计的，一个是为了便于人阅读使用，另一个是为了便于机器处理，因此不能将二者混用。如果你试图在这两类对象之间创建 `Duration`，就会触发一个 `DateTimeException` 异常。此外，因为 `Duration` 类主要用于以秒和纳秒衡量时间的长短，所以不能仅向 `between` 方法传递一个 `LocalDate` 对象做参数。

如果需要以年、月或者日的方式对多个时间单位建模，那么可以使用 `Period` 类。使用该类的工厂方法 `between`，你可以得到两个 `LocalDate` 之间的时长，如下所示：

```
Period tenDays = Period.between(LocalDate.of(2017, 9, 11),
                                LocalDate.of(2017, 9, 21));
```

最后，`Duration` 和 `Period` 类都提供了很多非常方便的工厂类，直接创建对应的实例。换句话说，就像下面这段代码那样，不再是只能以两个 temporal 对象的差值的方式来定义它们的对象。

代码清单 12-5　创建 `Duration` 和 `Period` 对象

```
Duration threeMinutes = Duration.ofMinutes(3);
Duration threeMinutes = Duration.of(3, ChronoUnit.MINUTES);
Period tenDays = Period.ofDays(10);
Period threeWeeks = Period.ofWeeks(3);
Period twoYearsSixMonthsOneDay = Period.of(2, 6, 1);
```

`Duration` 类和 `Period` 类共享了很多相似的方法，参见表 12-1 所示。

表 12-1　日期–时间类中表示时间间隔的通用方法

方 法 名	是否是静态方法	方法描述
between	是	创建两个时间点之间的 interval
from	是	由一个临时时间点创建 interval
of	是	由它的组成部分创建 interval 的实例

（续）

方　法　名	是否是静态方法	方法描述
parse	是	由字符串创建 interval 的实例
addTo	否	创建该 interval 的副本，并将其叠加到某个指定的 temporal 对象
get	否	读取该 interval 的状态
isNegative	否	检查该 interval 是否为负值，不包含零
isZero	否	检查该 interval 的时长是否为零
minus	否	通过减去一定的时间创建该 interval 的副本
multipliedBy	否	将 interval 的值乘以某个标量创建该 interval 的副本
negated	否	以忽略某个时长的方式创建该 interval 的副本
plus	否	以增加某个指定的时长的方式创建该 interval 的副本
subtractFrom	否	从指定的 temporal 对象中减去该 interval

截至目前，我们介绍的这些日期-时间对象都是不可修改的，这是为了更好地支持函数式编程，确保线程安全，保持领域模式一致性而做出的重大设计决定。当然，新的日期和时间 API 也提供了一些便利的方法来创建这些对象的可变版本。比如，你可能希望在已有的 LocalDate 实例上增加三天。下一节会针对这一主题进行介绍。除此之外，还会介绍如何依据指定的模式，比如 dd/MM/yyyy，创建日期-时间格式器，以及如何使用这种格式器解析和输出日期。

12.2　操纵、解析和格式化日期

如果你已经有一个 LocalDate 对象，想要创建它的一个修改版，最直接也最简单的方法是使用 withAttribute 方法。withAttribute 方法会创建对象的一个副本，并按照需要修改它的属性。注意，下面的这段代码中所有的方法都返回一个修改了属性的对象。它们都不会修改原来的对象！

代码清单 12-6　以比较直观的方式操纵 LocalDate 的属性

```
LocalDate date1 = LocalDate.of(2017, 9, 21);                      ←── 2017-09-21
LocalDate date2 = date1.withYear(2011);                           ←── 2011-09-21
LocalDate date3 = date2.withDayOfMonth(25);                       ←── 2011-09-25
LocalDate date4 = date3.with(ChronoField.MONTH_OF_YEAR, 2);       ←── 2011-02-25
```

采用更通用的 with 方法能达到同样的目的，它接受的第一个参数是一个 TemporalField 对象，格式类似代码清单 12-6 的最后一行。最后这一行中使用的 with 方法和代码清单 12-2 中的 get 方法有些类似。它们都声明于 Temporal 接口，所有的日期和时间 API 类都实现这两个方法，它们定义了单点的时间，比如 LocalDate、LocalTime、LocalDateTime 以及 Instant。更确切地说，使用 get 和 with 方法，可以将 Temporal 对象值的读取和修改[1]区分开。如果

---

[1] 请注意，使用 with 方法并不会直接修改现有的 Temporal 对象，它会创建现有对象的副本并更新对应的字段。这一过程也被称作**函数式更新**（更多内容请参见第 19 章）。

Temporal 对象不支持请求访问的字段，它就会抛出一个 UnsupportedTemporalTypeException 异常，比如试图访问 Instant 对象的 ChronoField.MONTH_OF_YEAR 字段，或者 LocalDate 对象的 ChronoField.NANO_OF_SECOND 字段时都会抛出这样的异常。

　　它甚至能以声明的方式操纵 LocalDate 对象。比如，你可以像下面这段代码那样加上或者减去一段时间。

代码清单 12-7　以相对方式修改 LocalDate 对象的属性

```
LocalDate date1 = LocalDate.of(2017, 9, 21);          ← 2017-09-21
LocalDate date2 = date1.plusWeeks(1);                 ← 2017-09-28
LocalDate date3 = date2.minusYears(6);                ← 2011-09-28
LocalDate date4 = date3.plus(6, ChronoUnit.MONTHS);   ← 2012-03-28
```

　　与刚才介绍的 get 和 with 方法类似，代码清单 12-7 中最后一行使用的 plus 方法也是通用方法，它和 minus 方法都声明于 Temporal 接口中。通过这些方法，对 TemporalUnit 对象加上或者减去一个数字，我们能非常方便地将 Temporal 对象前溯或者回滚至某个时间段，通过 ChronoUnit 枚举可以非常方便地实现 TemporalUnit 接口。

　　大概你已经猜到，像 LocalDate、LocalTime、LocalDateTime 以及 Instant 这样表示时间点的日期–时间类提供了大量通用的方法，表 12-2 对这些通用的方法进行了总结。

表 12-2　表示时间点的日期–时间类的通用方法

方 法 名	是否是静态方法	描　　述
from	是	依据传入的 Temporal 对象创建对象实例
now	是	依据系统时钟创建 Temporal 对象
of	是	由 Temporal 对象的某个部分创建该对象的实例
parse	是	由字符串创建 Temporal 对象的实例
atOffset	否	将 Temporal 对象和某个时区偏移相结合
atZone	否	将 Temporal 对象和某个时区相结合
format	否	使用某个指定的格式器将 Temporal 对象转换为字符串（Instant 类不提供该方法）
get	否	读取 Temporal 对象的某一部分的值
minus	否	创建 Temporal 对象的一个副本，通过将当前 Temporal 对象的值减去一定的时长创建该副本
plus	否	创建 Temporal 对象的一个副本，通过将当前 Temporal 对象的值加上一定的时长创建该副本
with	否	以该 Temporal 对象为模板，对某些状态进行修改创建该对象的副本

　　你可以尝试用测验 12.1 检查一下到目前为止你都掌握了哪些操纵日期的技能。

測驗 12.1：操纵 `LocalDate` 对象

经过下面这些操作，`date` 变量的值是什么？

```
LocalDate date = LocalDate.of(2014, 3, 18);
date = date.with(ChronoField.MONTH_OF_YEAR, 9);
date = date.plusYears(2).minusDays(10);
date.withYear(2011);
```

答案：2016-09-08。

正如刚才看到的，你可以通过绝对方式和相对方式操纵日期。你甚至还可以在一个语句中连接多个操作，因为每个动作都会创建一个新的 `LocalDate` 对象，后续的方法调用可以操纵前一方法创建的对象。这段代码的最后一行不会产生任何能看到的效果，因为它像前面的那些操作一样，会创建一个新的 `LocalDate` 实例，不过我们并没有将这个新创建的值赋给任何的变量。

12.2.1　使用 `TemporalAdjuster`

截至目前，你所看到的所有日期操作都是相对比较直接的。有的时候，你需要进行一些更加复杂的操作，比如，将日期调整到下个周日、下个工作日，或者是本月的最后一天。这时，你可以使用重载版本的 `with` 方法，向其传递一个提供了更多定制化选择的 `TemporalAdjuster` 对象，更加灵活地处理日期。对于最常见的用例，日期和时间 API 已经提供了大量预定义的 `TemporalAdjuster`。你可以通过 `TemporalAdjusters` 类的静态工厂方法访问它们，如下所示。

代码清单 12-8　使用预定义的 `TemporalAdjuster`

```
import static java.time.temporal.TemporalAdjusters.*;
LocalDate date1 = LocalDate.of(2014, 3, 18);                        ◄──── 2014-03-18
LocalDate date2 = date1.with(nextOrSame(DayOfWeek.SUNDAY));         ◄──── 2014-03-23
LocalDate date3 = date2.with(lastDayOfMonth());                     ◄──── 2014-03-31
```

表 12-3 提供了 `TemporalAdjusters` 中包含的工厂方法列表。

表 12-3　`TemporalAdjusters` 类中的工厂方法

方法名	描述
`dayOfWeekInMonth`	创建一个新的日期，它的值为同一个月中每一周的第几天（负数表示从月末往月初计数）
`firstDayOfMonth`	创建一个新的日期，它的值为当月的第一天
`firstDayOfNextMonth`	创建一个新的日期，它的值为下月的第一天
`firstDayOfNextYear`	创建一个新的日期，它的值为明年的第一天
`firstDayOfYear`	创建一个新的日期，它的值为当年的第一天
`firstInMonth`	创建一个新的日期，它的值为同一个月中，第一个符合星期几要求的值
`lastDayOfMonth`	创建一个新的日期，它的值为当月的最后一天

（续）

方 法 名	描 述
lastDayOfNextMonth	创建一个新的日期，它的值为下月的最后一天
lastDayOfNextYear	创建一个新的日期，它的值为明年的最后一天
lastDayOfYear	创建一个新的日期，它的值为当年的最后一天
lastInMonth	创建一个新的日期，它的值为同一个月中，最后一个符合星期几要求的值
next/previous	创建一个新的日期，并将其值设定为日期调整后或者调整前，第一个符合指定星期几要求的日期
nextOrSame/previousOrSame	创建一个新的日期，并将其值设定为日期调整后或者调整前，第一个符合指定星期几要求的日期，如果该日期已经符合要求，则直接返回该对象

正如我们看到的，使用 TemporalAdjuster 可以进行更加复杂的日期操作，而且这些方法的名称也非常直观，方法名基本就是问题陈述。此外，即使你没有找到符合要求的预定义的 TemporalAdjuster，创建你自己的 TemporalAdjuster 也并非难事。实际上，TemporalAdjuster 接口只声明了单一的一个方法（这使得它成为了一个函数式接口），定义如下。

代码清单 12-9 TemporalAdjuster 接口

```
@FunctionalInterface
public interface TemporalAdjuster {
    Temporal adjustInto(Temporal temporal);
}
```

这意味着 TemporalAdjuster 接口的实现需要定义如何将一个 Temporal 对象转换为另一个 Temporal 对象。你可以把它看成一个 UnaryOperator<Temporal>。花几分钟时间完成测验 12.2，练习一下到目前为止所学习的东西，请实现你自己的 TemporalAdjuster。

测验 12.2：实现一个定制的 *TemporalAdjuster*

请设计一个 NextWorkingDay 类，该类实现了 TemporalAdjuster 接口，能够计算明天的日期，同时过滤掉周六和周日这些节假日。格式如下所示：

```
date = date.with(new NextWorkingDay());
```

如果当天的星期数介于周一至周五之间，就将日期向后移动一天；如果当天是周六或者周日，则返回下一个周一。

答案：下面是参考的 NextWorkingDay 类的实现。

```
public class NextWorkingDay implements TemporalAdjuster {
    @Override
    public Temporal adjustInto(Temporal temporal) {                    读取当
        DayOfWeek dow =                                                前日期
                DayOfWeek.of(temporal.get(ChronoField.DAY_OF_WEEK));
        int dayToAdd = 1;
正常情况，
        if (dow == DayOfWeek.FRIDAY) dayToAdd = 3;                     如果当天是周五，
增加一天                                                               增加三天
```

```
        else if (dow == DayOfWeek.SATURDAY) dayToAdd = 2;
        return temporal.plus(dayToAdd, ChronoUnit.DAYS);
    }
}
```

增加恰当的天数后，
返回修改的日期

如果当天是周六，
增加两天

该 TemporalAdjuster 通常情况下将日期往后顺延一天，如果当天是周五或者周六，则依据情况分别将日期顺延三天或者两天。注意，由于 TemporalAdjuster 是一个函数式接口，因此你只能以 Lambda 表达式的方式向该 adjuster 接口传递行为：

```
date = date.with(temporal -> {
    DayOfWeek dow =
            DayOfWeek.of(temporal.get(ChronoField.DAY_OF_WEEK));
    int dayToAdd = 1;
    if (dow == DayOfWeek.FRIDAY) dayToAdd = 3;
    else if (dow == DayOfWeek.SATURDAY) dayToAdd = 2;
    return temporal.plus(dayToAdd, ChronoUnit.DAYS);
});
```

你大概会希望在你代码的多个地方使用同样的方式去操作日期，为了达到这一目的，建议你像示例那样将它的逻辑封装到一个类中。对于经常使用的操作，都应该采用类似的方式进行封装。最终，你会创建自己的类库，让你和你的团队能轻松地实现代码复用。

如果你想要使用 Lambda 表达式定义 TemporalAdjuster 对象，那么推荐使用 TemporalAdjuster 类的静态工厂方法 ofDateAdjuster，它接受一个 UnaryOperator <LocalDate>类型的参数，代码如下：

```
TemporalAdjuster nextWorkingDay = TemporalAdjusters.ofDateAdjuster(
    temporal -> {
        DayOfWeek dow =
                DayOfWeek.of(temporal.get(ChronoField.DAY_OF_WEEK));
        int dayToAdd = 1;
        if (dow == DayOfWeek.FRIDAY) dayToAdd = 3;
        else if (dow == DayOfWeek.SATURDAY) dayToAdd = 2;
        return temporal.plus(dayToAdd, ChronoUnit.DAYS);
    });
date = date.with(nextWorkingDay);
```

你可能希望对你的日期和时间对象进行的另外一个通用操作是，依据你的业务领域以不同的格式打印输出这些日期和时间对象。类似地，你可能也需要将那些格式的字符串转换为实际的日期对象。接下来的一节会演示新的日期和时间 API 提供的那些机制是如何完成这些任务的。

12.2.2　打印输出及解析日期–时间对象

处理日期和时间对象时，格式化以及解析日期–时间对象是另一个非常重要的功能。新的 java.time.format 包就是特别为这个目的而设计的。这个包中，最重要的类是 DateTime-Formatter。创建格式器最简单的方法是通过它的静态工厂方法以及常量。像 BASIC_ISO_DATE

和 `ISO_LOCAL_DATE` 这样的常量是 `DateTimeFormatter` 类的预定义实例。所有的 `DateTime-Formatter` 实例都能用于以一定的格式创建代表特定日期或时间的字符串。比如，下面这个例子使用两个不同的格式器生成了字符串：

```
LocalDate date = LocalDate.of(2014, 3, 18);
String s1 = date.format(DateTimeFormatter.BASIC_ISO_DATE);    ←── 20140318
String s2 = date.format(DateTimeFormatter.ISO_LOCAL_DATE);    ←── 2014-03-18
```

你也可以通过解析代表日期或时间的字符串重新创建该日期对象。所有的日期和时间 API 都提供了表示时间点或者时间段的工厂方法，你可以使用工厂方法 parse 达到重创该日期对象的目的：

```
LocalDate date1 = LocalDate.parse("20140318",
                                DateTimeFormatter.BASIC_ISO_DATE);
LocalDate date2 = LocalDate.parse("2014-03-18",
                                DateTimeFormatter.ISO_LOCAL_DATE);
```

和老的 `java.util.DateFormat` 相比较，所有的 `DateTimeFormatter` 实例都是线程安全的。所以，你能够以单例模式创建格式器实例，就像 `DateTimeFormatter` 所定义的那些常量，并能在多个线程间共享这些实例。`DateTimeFormatter` 类还支持一个静态工厂方法，它可以按照某个特定的模式创建格式器，代码清单如下。

代码清单 12-10　按照某个模式创建 `DateTimeFormatter`

```
DateTimeFormatter formatter = DateTimeFormatter.ofPattern("dd/MM/yyyy");
LocalDate date1 = LocalDate.of(2014, 3, 18);
String formattedDate = date1.format(formatter);
LocalDate date2 = LocalDate.parse(formattedDate, formatter);
```

这段代码中，`LocalDate` 的 formate 方法使用指定的模式生成了一个代表该日期的字符串。紧接着，静态的 parse 方法使用同样的格式器解析了刚才生成的字符串，并重建了该日期对象。ofPattern 方法也提供了一个重载的版本，使用它你可以创建某个 Locale 的格式器，代码清单如下。

代码清单 12-11　创建一个本地化的 `DateTimeFormatter`

```
DateTimeFormatter italianFormatter =
                DateTimeFormatter.ofPattern("d. MMMM yyyy", Locale.ITALIAN);
LocalDate date1 = LocalDate.of(2014, 3, 18);
String formattedDate = date.format(italianFormatter); // 18. marzo 2014
LocalDate date2 = LocalDate.parse(formattedDate, italianFormatter);
```

最后，如果你还需要更加细粒度的控制，`DateTimeFormatterBuilder` 类还提供了更复杂的格式器，你可以选择恰当的方法，一步一步地构造自己的格式器。另外，它还提供了非常强大的解析功能，比如区分大小写的解析、柔性解析（允许解析器使用启发式的机制去解析输入，不精确地匹配指定的模式）、填充，以及在格式器中指定可选节。比如，你可以通过 `DateTime-FormatterBuilder` 自己编程实现代码清单 12-11 中使用的 `italianFormatter`，代码清单如下。

代码清单 12-12　构造一个 `DateTimeFormatter`

```
DateTimeFormatter italianFormatter = new DateTimeFormatterBuilder()
        .appendText(ChronoField.DAY_OF_MONTH)
        .appendLiteral(". ")
        .appendText(ChronoField.MONTH_OF_YEAR)
        .appendLiteral(" ")
        .appendText(ChronoField.YEAR)
        .parseCaseInsensitive()
        .toFormatter(Locale.ITALIAN);
```

目前为止，你已经学习了如何创建、操纵、格式化以及解析时间点和时间段，但是还不了解如何处理日期和时间之间的微妙关系。比如，你可能需要处理不同的时区，或者由于不同的历法系统带来的差异。接下来的一节会探究如何使用新的日期和时间 API 解决这些问题。

12.3　处理不同的时区和历法

之前你看到的日期和时间的种类都不包含时区信息。时区的处理是新版日期和时间 API 新增加的重要功能，使用新版日期和时间 API 时区的处理被极大地简化了。新版 `java.time.ZoneId` 类是老版 `java.util.TimeZone` 类的替代品。它的设计目标就是要让你无须为时区处理的复杂和烦琐而操心，比如处理夏令时（daylight saving time，DST）这种问题。跟其他日期和时间 API 类一样，`ZoneId` 类也是无法修改的。

12.3.1　使用时区

时区是按照一定的规则将区域划分成的标准时间相同的区间。在 `ZoneRules` 这个类中包含了 40 个这样的实例。你可以简单地通过调用 `ZoneId` 的 `getRules()` 得到指定时区的规则。每个特定的 `ZoneId` 对象都由一个地区 ID 标识，比如：

```
ZoneId romeZone = ZoneId.of("Europe/Rome");
```

地区 ID 都为“{区域}/{城市}”的格式，这些地区集合的设定都由因特网编号分配机构（IANA）的时区数据库提供。你可以通过 Java 8 的新方法 `toZoneId` 将一个老的时区对象转换为 `ZoneId`：

```
ZoneId zoneId = TimeZone.getDefault().toZoneId();
```

一旦得到一个 `ZoneId` 对象，你就可以将它与 `LocalDate`、`LocalDateTime` 或者是 `Instant` 对象整合起来，构造为一个 `ZonedDateTime` 实例，它代表了相对于指定时区的时间点，代码清单如下。

代码清单 12-13　为时间点添加时区信息

```
LocalDate date = LocalDate.of(2014, Month.MARCH, 18);
ZonedDateTime zdt1 = date.atStartOfDay(romeZone);
LocalDateTime dateTime = LocalDateTime.of(2014, Month.MARCH, 18, 13, 45);
ZonedDateTime zdt2 = dateTime.atZone(romeZone);
Instant instant = Instant.now();
ZonedDateTime zdt3 = instant.atZone(romeZone);
```

图 12-1 对 `ZonedDateTime` 的组成部分进行了说明，相信能够帮助你理解 `LocaleDate`、`LocalTime`、`LocalDateTime` 以及 `ZoneId` 之间的差异。

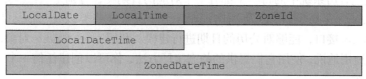

图 12-1   理解 `ZonedDateTime`

通过 `ZoneId`，你还可以将 `LocalDateTime` 转换为 `Instant`：

```
LocalDateTime dateTime = LocalDateTime.of(2014, Month.MARCH, 18, 13, 45);
Instant instantFromDateTime = dateTime.toInstant(romeZone);
```

你也可以通过反向的方式得到 `LocalDateTime` 对象：

```
Instant instant = Instant.now();
LocalDateTime timeFromInstant = LocalDateTime.ofInstant(instant, romeZone);
```

注意，采用 `Instant` 非常有帮助，因为你经常需要处理很可能还在使用 `Date` 类的遗留代码。`Instant` 中新增的两个方法能帮助你在弃用 API 跟新的日期和时间 API 之间执行互操作，这两个方法分别是：`toInstant()` 和静态方法 `fromInstant()`。

12.3.2 利用和 UTC/格林尼治时间的固定偏差计算时区

另一种比较通用的表达时区的方式是利用当前时区和 UTC/格林尼治的固定偏差。比如，基于这个理论，你可以说"纽约落后于伦敦 5 小时"。这种情况下，你可以使用 `ZoneOffset` 类，它是 `ZoneId` 的一个子类，表示的是当前时间和伦敦格林尼治子午线时间的差异：

```
ZoneOffset newYorkOffset = ZoneOffset.of("-05:00");
```

"–05:00"的偏差实际上对应的是美国东部标准时间。注意，使用这种方式定义的 `ZoneOffset` 并未考虑任何夏令时的影响，所以在大多数情况下，不推荐使用。因为 `ZoneOffset` 也是 `ZoneId`，所以你可以像代码清单 12-13 那样使用它。你甚至还可以创建这样的 `OffsetDateTime`，它使用 ISO-8601 的历法系统，以相对于 UTC/格林尼治时间的偏差方式表示日期时间。

```
LocalDateTime dateTime = LocalDateTime.of(2014, Month.MARCH, 18, 13, 45);
OffsetDateTime dateTimeInNewYork = OffsetDateTime.of(dateTime, newYorkOffset);
```

新版的日期和时间 API 还提供了另一个高级特性，即对非 ISO 历法系统（non-ISO calendaring system）的支持。

12.3.3　使用别的日历系统

ISO-8601 日历系统是世界文明日历系统的事实标准。但是，Java 8 中另外还提供了四种其他的日历系统。这些日历系统中的每一个都有一个对应的日期类，分别是 `ThaiBuddhistDate`、`MinguoDate`、`JapaneseDate` 以及 `HijrahDate`。所有这些类以及 `LocalDate` 都实现了 `ChronoLocalDate` 接口，能够对公历的日期进行建模。利用 `LocalDate` 对象，你可以创建这些类的实例。更通用地说，使用它们提供的静态工厂方法，你可以创建任何一个 `Temporal` 对象的实例，如下所示：

```
LocalDate date = LocalDate.of(2014, Month.MARCH, 18);
JapaneseDate japaneseDate = JapaneseDate.from(date);
```

或者，你还可以为某个 `Locale` 显式地创建日历系统，接着创建该 `Locale` 对应的日期的实例。新的日期和时间 API 中，`Chronology` 接口建模了一个日历系统，使用它的静态工厂方法 `ofLocale`，可以得到它的一个实例，代码如下：

```
Chronology japaneseChronology = Chronology.ofLocale(Locale.JAPAN);
ChronoLocalDate now = japaneseChronology.dateNow();
```

日期和时间 API 的设计者建议我们使用 `LocalDate`，尽量避免使用 `ChronoLocalDate`，原因是开发者在他们的代码中可能会做一些假设，而这些假设在不同的日历系统中，有可能不成立。比如，有人可能会做这样的假设，即一个月天数不会超过 31 天，一年包括 12 个月，或者一年中包含的月份数目是固定的。由于这些原因，建议你尽量在你的应用中使用 `LocalDate`，包括存储、操作、业务规则的解读；不过如果你需要将程序的输入或者输出本地化，那么应该使用 `ChronoLocalDate` 类。

伊斯兰教日历

在 Java 8 新添加的几种日历类型中，`HijrahDate`（伊斯兰教日历）是最复杂的一个，因为它会发生各种变化。`Hijrah` 日历系统构建于农历月份继承之上。Java 8 提供了多种方法判断一个月份，比如新月，在世界的哪些地方可见，或者说它只能首先可见于沙特阿拉伯。`withVariant` 方法可以用于选择期望的变化。为了支持 `HijrahDate` 这一标准，Java 8 中还包括了乌姆库拉（Umm Al-Qura）变量。

下面这段代码作为一个例子说明了如何在 ISO 日历中计算当前伊斯兰年中斋月的起始和终止日期：

取得当前的 `Hijrah` 日期，
紧接着对其进行修正，得到
斋月的第一天，即第 9 个月

```
HijrahDate ramadanDate =
    HijrahDate.now().with(ChronoField.DAY_OF_MONTH, 1)
                    .with(ChronoField.MONTH_OF_YEAR, 9);    ◄─
System.out.println("Ramadan starts on " +
```

斋月 1438 始于
2017-05-26，止
于 2017-06-24

```
IsoChronology.INSTANCE.date(ramadanDate) +
" and ends on " +
IsoChronology.INSTANCE.date(
    ramadanDate.with(
        TemporalAdjusters.lastDayOfMonth())));
```

IsoChronology.INSTANCE 是 **IsoChronology**
类的一个静态实例

12.4　小结

以下是本章中的关键概念。

❏ Java 8 之前老版的 `java.util.Date` 类以及其他用于建模日期和时间的类有很多不一致及设计上的缺陷，包括易变性以及糟糕的偏移值、默认值和命名。

❏ 新版的日期和时间 API 中，日期–时间对象是不可变的。

❏ 新的 API 提供了两种不同的时间表示方式，有效地区分了运行时人和机器的不同需求。

❏ 你可以用绝对或者相对的方式操纵日期和时间，操作的结果总是返回一个新的实例，老的日期–时间对象不会发生变化。

❏ `TemporalAdjuster` 让你能够用更精细的方式操纵日期，不再局限于一次只能改变它的一个值，并且你还可按照需求定义自己的日期转换器。

❏ 你现在可以按照特定的格式需求，定义自己的格式器，打印输出或者解析日期–时间对象。这些格式器可以通过模板创建，也可以自己编程创建，并且它们都是线程安全的。

❏ 你可以用相对于某个地区/位置的方式，或者以与 UTC/格林尼治时间的绝对偏差的方式表示时区，并将其应用到日期–时间对象上，对其进行本地化。

❏ 你现在可以使用不同于 ISO-8601 标准系统的其他日历系统了。

第 13 章

默认方法

13

本章内容
- 什么是默认方法
- 如何以一种兼容的方式改进 API
- 默认方法的使用模式
- 解析规则

传统上，Java 程序的接口是将相关方法按照约定组合到一起的方式。实现接口的类必须为接口中定义的每个方法提供一个实现，或者从父类中继承它的实现。但是，一旦类库的设计者需要更新接口，向其中加入新的方法，这种方式就会出现问题。现实情况是，现存的实体类往往不在接口设计者的控制范围之内，这些实体类为了适配新的接口约定也需要进行修改。由于 Java 8 API 在现存的接口上引入了非常多的新方法，这种变化带来的问题便愈加严重，一个例子就是前几章中使用过的 List 接口上的 sort 方法。想象一下其他备选集合框架的维护人员会多么抓狂吧，像 Guava 和 Apache Commons 这样的框架现在都需要修改实现了 List 接口的所有类，为其添加 sort 方法的实现。

且慢，其实你不必惊慌。Java 8 为了解决这一问题引入了一种新的机制。Java 8 中的接口现在支持在声明方法的同时提供实现，这听起来让人惊讶！通过两种方式可以完成这种操作。其一，Java 8 允许在接口内声明**静态方法**。其二，Java 8 引入了一个新功能，叫**默认方法**，通过默认方法你可以指定接口方法的默认实现。换句话说，接口能提供方法的具体实现。因此，实现接口的类如果不显式地提供该方法的具体实现，就会自动继承默认的实现。这种机制可以使你平滑地进行接口的优化和演进。实际上，到目前为止你已经使用了多个默认方法。一个例子是你前面已经见过的 List 接口中的 sort，另一个例子是 Collection 接口中的 stream。

第 1 章中我们看到的 List 接口中的 sort 方法是 Java 8 中全新的方法，它的定义如下：

```
default void sort(Comparator<? super E> c){
    Collections.sort(this, c);
}
```

请注意返回类型之前的新 default 修饰符。通过它，能够知道一个方法是否为默认方法。这里 sort 方法调用了 Collections.sort 方法进行排序操作。由于有了这个新的方法，现在可以直接通过调用 sort，对列表中的元素进行排序。

```
List<Integer> numbers = Arrays.asList(3, 5, 1, 2, 6);
numbers.sort(Comparator.naturalOrder());
```
→ **sort** 是 **List** 接口的默认方法

不过除此之外，这段代码中还有些其他的新东西。注意到了吗，我们调用了 Comparator. naturalOrder 方法。这是 Comparator 接口的一个全新的静态方法，它返回一个 Comparator 对象，并按自然序列对其中的元素进行排序（即标准的字母数字方式排序）。

第 4 章中我们看到的 Collection 中的 stream 方法的定义如下：

```
default Stream<E> stream() {
    return StreamSupport.stream(spliterator(), false);
}
```

我们在之前的几章中大量使用了该方法来处理集合，这里 stream 方法中调用了 StreamSupport. stream 方法来返回一个流。你注意到 stream 方法的主体是如何调用 spliterator 方法了吗？它也是 Collection 接口的一个默认方法。

喔噢！这些接口现在看起来像抽象类了吧？是，也不是。它们有一些本质的区别，本章会针对性地进行讨论。但更重要的是，你为什么要在乎默认方法？默认方法的主要目标用户是类库的设计者啊。正如后面所解释的，默认方法的引入就是为了以兼容的方式解决像 Java API 这样的类库的演进问题的，如图 13-1 所示。

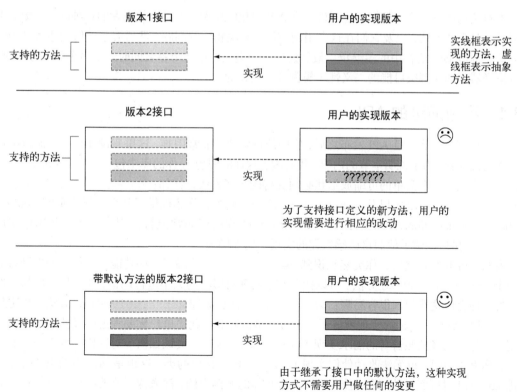

图 13-1　向接口添加方法

简而言之，向接口添加方法是诸多问题的罪恶之源。一旦接口发生变化，实现这些接口的类往往也需要更新，提供新添方法的实现才能适配接口的变化。如果你对接口以及它所有相关的实现有完全的控制，那么这可能不是个大问题。但是这种情况是极少的。这就是引入默认方法的目的：它让类可以自动地继承接口的一个默认实现。

因此，如果你是个类库的设计者，那么这一章的内容对你而言会十分重要，因为默认方法为接口的演进提供了一种平滑的方式，你的改动将不会导致已有代码的修改。此外，正如后文会介绍的，默认方法为方法的多继承提供了一种更灵活的机制，可以帮助你更好地规划你的代码结构：类可以从多个接口继承默认方法。因此，即使你并非类库的设计者，也能在其中发现感兴趣的东西。

静态方法及接口

同时定义接口以及工具辅助类（companion class）是 Java 语言常用的一种模式，工具类定义了与接口实例协作的很多静态方法。比如，Collections 就是处理 Collection 对象的辅助类。由于静态方法可以存在于接口内部，因此你代码中的这些辅助类就没有了存在的必要，你可以把这些静态方法转移到接口内部。为了保持后向的兼容性，这些类依然会存在于 Java 应用程序的接口之中。

本章结构如下。首先跟你一起剖析一个 API 演化的用例，探讨由此引发的各种问题。接下来解释什么是默认方法，以及它们在这个用例中如何解决相应的问题。然后展示如何创建自己的默认方法，构造 Java 语言中的多继承。最后讨论一个类在使用一个签名同时继承多个默认方法时，Java 编译器是如何解决可能的二义性（模糊性）问题的。

13.1   不断演进的 API

为了理解为什么一旦 API 发布之后，它的演进就变得非常困难，这里假设你是一个流行 Java 绘图库的设计者（为了说明本节的内容，我们做了这样的假想）。你的库中包含了一个 Resizable 接口，它定义了一个简单的可缩放形状必须支持的很多方法，比如：setHeight、setWidth、getHeight、getWidth 以及 setAbsoluteSize。此外，你还提供了几个额外的实现（out-of-the-box implementation），如正方形、长方形。由于你的库非常流行，因此你的一些用户使用 Resizable 接口创建了他们自己感兴趣的实现，比如椭圆。

发布 API 几个月之后，你突然意识到 Resizable 接口遗漏了一些功能。比如，如果接口提供一个 setRelativeSize 方法，可以接受参数实现对形状的大小进行调整，那么接口的易用性会更好。你会说这看起来很容易啊：为 Resizable 接口添加 setRelativeSize 方法，再更新 Square 和 Rectangle 的实现就好了。不过，事情并非如此简单！你要考虑已经使用了你接口的用户，他们已经按照自身的需求实现了 Resizable 接口，又该如何应对这样的变更呢？非常不幸，你无法访问，也无法改动他们实现了 Resizable 接口的类。这也是 Java 库的设计者需要改进 Java API 时所面对的问题。让我们以一个具体的实例为例，深入探讨修改一个已发布接口的种种后果。

13.1.1　初始版本的 API

Resizable 接口的最初版本提供了下面这些方法：

```
public interface Resizable extends Drawable{
    int getWidth();
    int getHeight();
    void setWidth(int width);
    void setHeight(int height);
    void setAbsoluteSize(int width, int height);
}
```

用户实现

你的一位铁杆用户根据自身的需求实现了 Resizable 接口，创建了 Ellipse 类：

```
public class Ellipse implements Resizable {
    ...
}
```

他实现了一个处理各种 Resizable 形状（包括 Ellipse）的游戏：

```
public class Game{
    public static void main(String...args){
        List<Resizable> resizableShapes =                      可以调整大小
            Arrays.asList(new Square(), new Rectangle(), new Ellipse());  ◀── 的形状列表
        Utils.paint(resizableShapes);
    }
}
public class Utils{
    public static void paint(List<Resizable> l){
        l.forEach(r -> {
                        r.setAbsoluteSize(42, 42);   ◀──    调用每个形状自己的
                        r.draw();                           setAbsoluteSize
                        });                                 方法
    }
}
```

13.1.2　第二版 API

　　库上线使用几个月之后，你收到很多请求，要求你更新 Resizable 的实现，让 Square、Rectangle 以及其他的形状都能支持 setRelativeSize 方法。为了满足这些新的需求，你发布了第二版 API，具体如图 13-2 所示。

```
public interface Resizable {
    int getWidth();
    int getHeight();
    void setWidth(int width);
    void setHeight(int height);
    void setAbsoluteSize(int width, int height);
    void setRelativeSize(int wFactor, int hFactor);   ◀──  第二版 API 添加了
}                                                          一个新方法
```

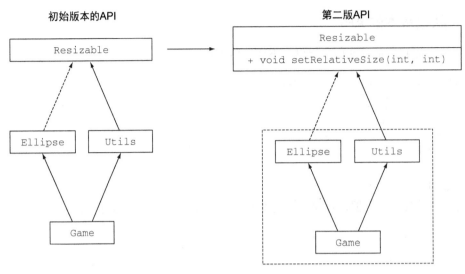

图 13-2   为 Resizable 接口添加新方法改进 API。再次编译应用时会遭遇错误，
因为它依赖的 Resizable 接口发生了变化

用户面临的窘境

对 Resizable 接口的更新导致了一系列的问题。首先，接口现在要求它所有的实现类添加 setRelativeSize 方法的实现。但是用户最初实现的 Ellipse 类并未包含 setRelativeSize 方法。向接口添加新方法是**二进制兼容**的，这意味着只要不重新编译该类，即使不实现新的方法，现有类的实现依旧可以运行。这种情况下，即便在 Resizable 接口中添加 setRelativeSize 方法也不会影响游戏的持续运行。不过，用户可能修改他的游戏，在 Utils.paint 方法中调用 setRelativeSize 方法，因为 paint 方法接受一个 Resizable 对象列表作为参数。如果传递的是一个 Ellipse 对象，程序就会抛出一个运行时错误，因为它并未实现 setRelativeSize 方法：

```
Exception in thread "main" java.lang.AbstractMethodError:
    lambdasinaction.chap9.Ellipse.setRelativeSize(II)V
```

其次，如果用户试图重新编译整个应用（包括 Ellipse 类），那么他会遭遇下面的编译错误：

```
lambdasinaction/chap9/Ellipse.java:6: error: Ellipse is not abstract and does
    not override abstract method setRelativeSize(int,int) in Resizable
```

最后，更新已发布 API 会导致后向兼容性问题。这就是为什么对现存 API 的演进，比如官方发布的 Java Collection API，会给用户带来麻烦。当然，还有其他方式能够实现对 API 的改进，但是都不是明智的选择。比如，你可以为你的 API 创建不同的发布版本，同时维护老版本和新版本，但这是非常费时费力的，原因如下。其一，这增加了你作为类库的设计者维护类库的复杂度。其二，类库的用户不得不同时使用一套代码的两个版本，而这会增大内存的消耗，延长程序的载

13

入时间，因为这种方式下项目使用的类文件数量更多了。

这就是默认方法试图解决的问题。它让类库的设计者放心地改进应用程序接口，无须担忧对遗留代码的影响，这是因为实现更新接口的类现在会自动继承一个默认的方法实现。

不同类型的兼容性：二进制、源代码和函数行为

变更对 Java 程序的影响大体可以分成三种类型的兼容性，分别是：二进制级的兼容、源代码级的兼容，以及函数行为的兼容。刚才我们看到，向接口添加新方法是二进制级的兼容，但最终编译实现接口的类时会发生编译错误。了解不同类型兼容性的特性是非常有益的，下面会深入介绍这部分内容。

二进制级的兼容性表示现有的二进制执行文件能无缝持续链接（包括验证、准备和解析）和运行。比如，为接口添加一个方法就是二进制级的兼容，这种方式下，如果新添加的方法不被调用，接口已经实现的方法就可以继续运行，不会出现错误。

简单地说，**源代码级的兼容性**表示引入变化之后，现有的程序依然能成功编译通过。比如，向接口添加新的方法就不是源码级的兼容，因为遗留代码并没有实现新引入的方法，所以它们无法顺利通过编译。

最后，**函数行为的兼容性**表示变更发生之后，程序接受同样的输入能得到同样的结果。比如，为接口添加新的方法就是函数行为兼容的，因为新添加的方法在程序中并未被调用（抑或该接口在实现中被覆盖了）。

13.2 概述默认方法

经过前述的介绍，我们已经了解了向已发布的 API 添加方法，对现存代码实现会造成多大的损害。**默认方法**是 Java 8 中引入的一个新特性，希望能借此以兼容的方式改进 API。现在，接口包含的方法签名在它的实现类中也可以不提供实现。那么，谁来具体实现这些方法呢？实际上，缺失的方法实现会作为接口的一部分由实现类继承（所以命名为默认实现），而无须由实现类提供。

那么，该如何辨识哪些是默认方法呢？其实非常简单。默认方法由 `default` 修饰符修饰，并像类中声明的其他方法一样包含方法体。比如，你可以像下面这样在集合库中定义一个名为 `Sized` 的接口，在其中定义一个抽象方法 `size`，以及一个默认方法 `isEmpty`：

```
public interface Sized {
    int size();
    default boolean isEmpty() {          ◄──── 默认方法
        return size() == 0;
    }
}
```

这样任何一个实现了 `Sized` 接口的类都会自动继承 `isEmpty` 的实现。因此，向提供了默认实现的接口添加方法就不是源码兼容的。

现在，回顾一下最初的例子，即那个 Java 画图类库和你的游戏程序。具体来说，为了以兼容的方式改进这个库（即使用该库的用户不需要修改他们实现了 `Resizable` 的类），可以使用默认方法，提供 `setRelativeSize` 的默认实现：

```
default void setRelativeSize(int wFactor, int hFactor){
    setAbsoluteSize(getWidth() / wFactor, getHeight() / hFactor);
}
```

由于接口现在可以提供带实现的方法，是否这意味着 Java 已经在某种程度上实现了多继承？如果实现类也实现了同样的方法，那这时会发生什么情况？默认方法会被覆盖吗？现在暂时无须担心这些，Java 8 中已经定义了一些规则和机制来处理这些问题。详细的内容会在 13.4 节进行介绍。

你可能已经猜到，默认方法在 Java 8 API 中已经大量地使用了。本章已经介绍过前一章中大量使用的 `Collection` 接口的 `stream` 方法就是默认方法。`List` 接口的 `sort` 方法也是默认方法。第 3 章介绍的很多函数式接口，比如 `Predicate`、`Function` 以及 `Comparator` 也引入了新的默认方法，比如 `Predicate.and` 或者 `Function.andThen`（记住，函数式接口只包含一个抽象方法，默认方法是种非抽象方法）。

Java 8 中的抽象类和抽象接口

那么抽象类和抽象接口之间的区别是什么呢？它们不是都能包含抽象方法和方法体的实现吗？

首先，一个类只能继承**一个**抽象类，但是一个类可以实现**多个**接口。

其次，一个抽象类可以通过实例变量（字段）保存一个通用状态，而接口是不能有实例变量的。

请应用你掌握的默认方法的知识，回答一下测验 13.1 的问题。

测验 13.1：`removeIf`

这个测验里，假设你是 Java 语言和 API 的一个负责人。你收到了关于 `removeIf` 方法的很多请求，希望能为 `ArrayList`、`TreeSet`、`LinkedList` 以及其他集合类型添加 `removeIf` 方法。`removeIf` 方法的功能是删除满足给定谓词的所有元素。你的任务是找到用这个新方法优化 Collection API 的最佳途径。

答案：改进 Collection API 破坏性最大的方式是什么？你可以把 `removeIf` 的实现直接复制到 Collection API 的每个实体类中，但这种做法实际是在对 Java 界的犯罪。还有其他的方式吗？你知道吗，所有的 `Collection` 类都实现了一个名为 `java.util.Collection` 的接口。太好了，那么可以在这里添加一个方法吗？当然可以！你只需要牢记，默认方法是一种以源码兼容方式向接口内添加实现的方法。这样实现 Collection 的所有类（包括并不隶属 Collection API 的用户扩展类）都能使用 removeIf 的默认实现。removeIf 的代码实现如下（它实际就是 Java 8 Collection API 的实现）。它是 Collection 接口的一个默认方法：

```
default boolean removeIf(Predicate<? super E> filter) {
    boolean removed = false;
    Iterator<E> each = iterator();
    while(each.hasNext()) {
        if(filter.test(each.next())) {
            each.remove();
            removed = true;
        }
    }
    return removed;
}
```

13

13.3 默认方法的使用模式

现在你已经了解了默认方法怎样以兼容的方式演进库函数了。除了这种用例，还有其他场景也能利用这个新特性吗？当然有，你可以创建自己的接口，并为其提供默认方法。本节会介绍使用默认方法的两种用例：可选方法和行为的多继承。

13.3.1 可选方法

你很可能也碰到过这种情况，类实现了接口，却刻意地将一些方法的实现留白。我们以 Iterator 接口为例。Iterator 接口定义了 hasNext、next，还定义了 remove 方法。Java 8 之前，由于用户通常不会使用该方法，remove 方法常被忽略。因此，实现 Iterator 接口的类通常会为 remove 方法放置一个空的实现，这些都是毫无用处的模板代码。

采用默认方法之后，你可以为这种类型的方法提供一个默认的实现，这样实体类就无须在自己的实现中显式地提供一个空方法。比如，在 Java 8 中，Iterator 接口就为 remove 方法提供了一个默认实现，如下所示：

```
interface Iterator<T> {
    boolean hasNext();
    T next();
    default void remove() {
        throw new UnsupportedOperationException();
    }
}
```

通过这种方式，你可以减少无效的模板代码。实现 Iterator 接口的每一个类都不需要再声明一个空的 remove 方法了，因为它现在已经有一个默认的实现。

13.3.2   行为的多继承

默认方法让之前无法想象的事以一种优雅的方式得以实现，即**行为的多继承**。这是一种让类从多个来源重用代码的能力，如图 13-3 所示。

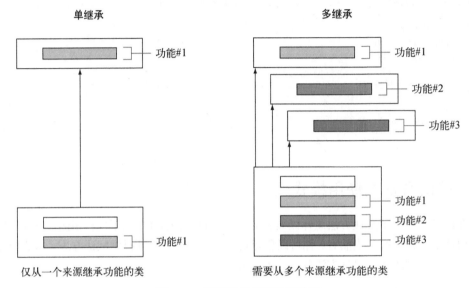

图 13-3   单继承和多继承的比较

Java 的类只能继承单一的类，但是一个类可以实现多接口。要确认也很简单，下面是 Java API 中对 ArrayList 类的定义：

```
public class ArrayList<E> extends AbstractList<E>     ←──┐继承唯一
        implements List<E>, RandomAccess, Cloneable,  ←──┤一个类
                   Serializable {                         │但是实现了
}                                                          │四个接口
```

1. 类型的多继承

这个例子中 ArrayList 继承了一个类，实现了四个接口。因此 ArrayList 实际是七个类型的直接子类，分别是：AbstractList、List、RandomAccess、Cloneable、Serializable、Iterable 和 Collection。所以，在某种程度上，我们早就有了类型的多继承。

由于 Java 8 中接口方法可以包含实现，因此类可以从多个接口中继承它们的行为（即实现的代码）。让我们从一个例子入手，看看如何充分利用这种能力来为我们服务。保持接口的精致性和正交性能帮助你在现有的代码基上最大程度地实现代码复用和行为组合。

2. 利用正交方法的精简接口

假设你需要为正在创建的游戏定义多个具有不同特质的形状。有的形状需要调整大小，但是不需要有旋转的功能；有的需要能旋转和移动，但是不需要调整大小。这种情况下，该怎样设计

才能尽可能地重用代码？

你可以定义一个单独的 Rotatable 接口，并提供两个抽象方法 setRotationAngle 和 getRotationAngle。该接口还定义了一个默认方法 rotateBy，你可以通过 setRotationAngle 和 getRotationAngle 实现该方法，如下所示：

```
public interface Rotatable {
    void setRotationAngle(int angleInDegrees);
    int getRotationAngle();
    default void rotateBy(int angleInDegrees){
        setRotationAngle((getRotationAngle () + angleInDegrees) % 360);
    }
}
```

rotateBy 方法的
一个默认实现

这种方式和模板设计模式有些相似，都是以其他方法需要实现的方法定义好框架算法。

现在，实现了 Rotatable 的所有类都需要提供 setRotationAngle 和 getRotationAngle 的实现，但与此同时它们也会天然地继承 rotateBy 的默认实现。

类似地，你可以定义之前看到的两个接口 Moveable 和 Resizable。它们都包含了默认实现。下面是 Moveable 的代码：

```
public interface Moveable {
    int getX();
    int getY();
    void setX(int x);
    void setY(int y);
    default void moveHorizontally(int distance){
        setX(getX() + distance);
    }
    default void moveVertically(int distance){
        setY(getY() + distance);
    }
}
```

下面是 Resizable 的代码：

```
public interface Resizable {
    int getWidth();
    int getHeight();
    void setWidth(int width);
    void setHeight(int height);
    void setAbsoluteSize(int width, int height);
    default void setRelativeSize(int wFactor, int hFactor){
        setAbsoluteSize(getWidth() / wFactor, getHeight() / hFactor);
    }
}
```

3. 组合接口

通过组合这些接口，你现在可以为你的游戏创建不同的实体类。比如，Monster 可以移动、旋转和缩放。

```
public class Monster implements Rotatable, Moveable, Resizable {
...
}
```
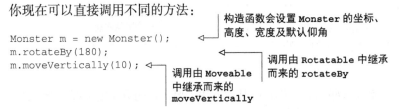

需要给出所有抽象方法的实现,
但无须重复实现默认方法

Monster 类会自动继承 Rotatable、Moveable 和 Resizable 接口的默认方法。这个例子中,Monster 继承了 rotateBy、moveHorizontally、moveVertically 和 setRelativeSize 的实现。

你现在可以直接调用不同的方法:

构造函数会设置 Monster 的坐标、
高度、宽度及默认仰角

```
Monster m = new Monster();
m.rotateBy(180);
m.moveVertically(10);
```

调用由 Rotatable 中继承
而来的 rotateBy

调用由 Moveable
中继承而来的
moveVertically

假设你现在需要声明另一个类,它要能移动和旋转,但是不能缩放,比如说 Sun。这时也无须复制粘贴代码,你可以像下面这样复用 Moveable 和 Rotatable 接口的默认实现。图 13-4 是这一场景的 UML 图表。

```
public class Sun implements Moveable, Rotatable {
...
}
```

需要给出所有抽象方法的实现,
但无须重复实现默认方法

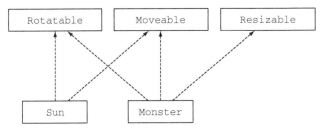

图 13-4 多种行为的组合

像你的游戏代码那样使用默认实现来定义简单的接口还有另一个好处。假设你需要修改 moveVertically 的实现,让它更高效地运行。你可以在 Moveable 接口内直接修改它的实现,所有实现该接口的类会自动继承新的代码(这里假设用户并未定义自己的方法实现)。

关于继承的一些错误观点

继承不应该成为你一谈到代码复用就试图倚靠的“万精油”。比如,从一个拥有 100 个方法及字段的类进行继承就不是个好主意,因为这其实会引入不必要的复杂性。你完全可以使用代理有效地规避这种窘境,即创建一个方法通过该类的成员变量直接调用该类的方法。这就是为什么有的时候我们发现有些类被刻意地声明为 final 类型:声明为 final 的类不能被其他的类继承,避免发生这样的反模式,防止核心代码的功能被污染。注意,有的时候声明为 final

的类都会有其不同的原因，比如，`String` 类被声明为 `final`，因为我们不希望有人对这样的核心功能产生干扰。

　　这种思想同样也适用于使用默认方法的接口。通过精简的接口，你能获得最有效的组合，因为你可以只选择需要的实现。

　　通过前面的介绍，你已经了解了默认方法多种强大的使用模式。不过也可能还有一些疑惑：如果一个类同时实现了两个接口，这两个接口恰巧又提供了同样的默认方法签名，那这时会发生什么情况？类会选择使用哪一个方法？这些问题会在接下来的一节进行讨论。

13.4　解决冲突的规则

　　我们知道 Java 语言中一个类只能继承一个父类，但是一个类可以实现多个接口。随着默认方法在 Java 8 中引入，有可能出现一个类继承了多个方法但它们使用的是同样的函数签名。这种情况下，类会选择使用哪一个函数？在实际情况中，像这样的冲突可能极少发生，但是一旦发生这样的状况，必须要有一套规则来确定按照什么样的约定处理这些冲突。本节会介绍 Java 编译器如何解决这种潜在的冲突。我们试图回答像"接下来的代码中，哪一个 hello 方法是被 C 类调用的"这样的问题。注意，接下来的例子主要用于说明容易出问题的场景，并不表示这些场景在实际开发过程中会经常发生。

```java
public interface A {
    default void hello() {
        System.out.println("Hello from A");
    }
}
public interface B extends A {
    default void hello() {
        System.out.println("Hello from B");
    }
}
public class C implements B, A {
    public static void main(String... args) {
        new C().hello();          ←─┐猜猜打印输出
    }                               └ 的是什么？
}
```

　　此外，你可能早就对 C++语言中著名的菱形继承问题有所了解，菱形继承问题中一个类同时继承了具有相同函数签名的两个方法。到底该选择哪一个实现呢？ Java 8 也提供了解决这个问题的方案。请接着阅读下面的内容。

13.4.1　解决问题的三条规则

　　如果一个类使用相同的函数签名从多个地方（比如另一个类或接口）继承了方法，那么通过三条规则可以进行判断。

(1) 类中的方法优先级最高。类或父类中声明的方法的优先级高于任何声明为默认方法的优先级。

(2) 如果无法依据第一条进行判断，那么子接口的优先级更高：函数签名相同时，优先选择拥有最具体实现的默认方法的接口，即如果 B 继承了 A，那么 B 就比 A 更加具体。

(3) 最后，如果还是无法判断，那么继承了多个接口的类必须通过显式覆盖和调用期望的方法，显式地选择使用哪一个默认方法的实现。

我们保证，这些就是你需要知道的全部！下面来看几个例子。

13.4.2 选择提供了最具体实现的默认方法的接口

回顾一下本节开头的例子，这个例子中 C 类同时实现了 B 接口和 A 接口，而这两个接口恰巧又都定义了名为 hello 的默认方法。另外，B 继承自 A。图 13-5 是这个场景的 UML 图。

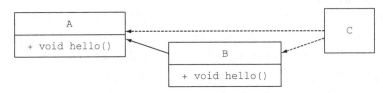

图 13-5 提供最具体的默认方法实现的接口，其优先级更高

编译器会使用声明的哪一个 hello 方法呢？按照规则(2)，应该选择的是提供了最具体实现的默认方法的接口。由于 B 比 A 更具体，因此应该选择 B 的 hello 方法。所以，程序会打印输出 "Hello from B"。

现在，来看一下如果 C 像下面这样（如图 13-6 所示）继承自 D，会发生什么情况。

```
public class D implements A{ }
public class C extends D implements B, A {
    public static void main(String... args) {
        new C().hello();
    }
}
```

猜猜打印输出的是什么？

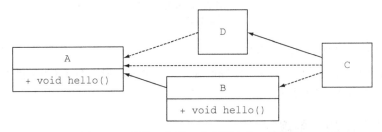

图 13-6 继承一个类，实现两个接口的情况

依据规则(1)，类中声明的方法具有更高的优先级。D 并未覆盖 hello 方法，可是它实现了

接口 A。所以它就拥有了接口 A 的默认方法。规则(2)说如果类或者父类没有对应的方法,那么就应该选择提供了最具体实现的接口中的方法。因此,编译器会在接口 A 和接口 B 的 hello 方法之间做选择。因为 B 更加具体,所以程序会再次打印输出"Hello from B"。你可以继续尝试测验 13.2,考察一下对这些规则的理解。

测验 13.2:牢记这些判断的规则

我们在这个测验中继续复用之前的例子,唯一的不同在于 D 现在显式地覆盖了从 A 接口中继承的 hello 方法。你认为现在的输出会是什么呢?

```java
public class D implements A{
    void hello(){
        System.out.println("Hello from D");
    }
}
public class C extends D implements B, A {
    public static void main(String... args) {
        new C().hello();
    }
}
```

答案:由于依据规则(1),父类中声明的方法具有更高的优先级,因此程序会打印输出"Hello from D"。

注意,D 的声明如下:

```java
public abstract class D implements A {
    public abstract void hello();
}
```

这样的结果是,虽然在结构上其他的地方已经声明了默认方法的实现,但是 C 还是必须提供自己的 hello 方法。

13.4.3 冲突及如何显式地消除歧义

到目前为止,你看到的这些例子都能够应用前两条判断规则解决。让我们更进一步,假设 B 不再继承 A(如图 13-7 所示)。

```java
public interface A {
    default void hello() {
        System.out.println("Hello from A");
    }
}
public interface B {
    default void hello() {
        System.out.println("Hello from B");
    }
}
public class C implements B, A { }
```

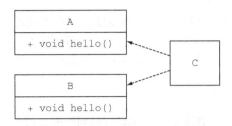

图 13-7　同时实现具有相同函数声明的两个接口

这时规则(2)就无法进行判断了，因为从编译器的角度看没有哪一个接口的实现更加具体，两个都差不多。A 接口和 B 接口的 hello 方法都是有效的选项。所以，Java 编译器这时就会抛出一个编译错误，因为它无法判断哪一个方法更合适："Error: class C inherits unrelated defaults for hello() from types B and A."

冲突的解决

解决这种两个可能的有效方法之间的冲突没有太多方案，你只能显式地决定希望在 C 中使用哪一个方法。为了达到这个目的，你可以在类 C 中覆盖 hello 方法，在它的方法体内显式地调用你希望调用的方法。Java 8 中引入了一种新的语法 X.super.m(...)，其中 X 是你希望调用的 m 方法所在的父接口。举例来说，如果你希望 C 使用来自于 B 的默认方法，它的调用方式看起来就如下所示：

```
public class C implements B, A {
    void hello(){
        B.super.hello();                    显式地选择调用
    }                                        接口 B 中的方法
}
```

继续看看测验 13.3，这是一个相关但更加复杂的例子。

测验 13.3：几乎完全一样的函数签名

这个测验中，假设接口 A 和 B 的声明如下所示：

```
public interface A{
    default Number getNumber(){
        return 10;
    }
}
public interface B{
    default Integer getNumber(){
        return 42;
    }
}
```

类 C 的声明如下：

```
public class C implements B, A {
```

```
    public static void main(String... args) {
        System.out.println(new C().getNumber());
    }
}
```

这个程序会打印输出什么呢？

答案：类 C 无法判断 A 或者 B 到底哪一个更加具体。这就是类 C 无法通过编译的原因。

13.4.4 菱形继承问题

让我们考虑最后一种场景，它亦是 C++中最令人头痛的难题。

```
public interface A{
    default void hello(){
        System.out.println("Hello from A");
    }
}
public interface B extends A { }
public interface C extends A { }
public class D implements B, C {
    public static void main(String... args) {    ← 猜猜打印输出
        new D().hello();                               的是什么？
    }
}
```

图 13-8 以 UML 图的方式描述了出现这种问题的场景。这种问题叫**菱形问题**，因为类的继承关系图形状似菱形。这种情况下类 D 中的默认方法到底继承自什么地方——源自 B 的默认方法，还是源自 C 的默认方法？实际上只有一个方法声明可以选择。只有 A 声明了一个默认方法。由于这个接口是 D 的父接口，因此代码会打印输出 "Hello from A"。

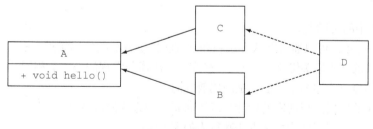

图 13-8 菱形问题

现在，来看看另一种情况，如果 B 中也提供了一个默认的 hello 方法，并且函数签名跟 A 中的方法也完全一致，那这时会发生什么情况呢？根据规则(2)，编译器会选择提供了更具体实现的接口中的方法。由于 B 比 A 更加具体，因此编译器会选择 B 中声明的默认方法。如果 B 和 C 都使用相同的函数签名声明了 hello 方法，就会出现冲突。正如之前所介绍的，你需要显式地指定使用哪个方法。

顺便提一句,如果你在 C 接口中添加一个抽象的 hello 方法(这次添加的不是一个默认方法),那么会发生什么情况呢?你可能也想知道答案。

```
public interface C extends A {
    void hello();
}
```

这个新添加到 C 接口中的抽象方法 hello 比由接口 A 继承而来的 hello 方法拥有更高的优先级,因为 C 接口更加具体。因此,类 D 现在需要为 hello 显式地添加实现,否则该程序无法通过编译。

C++语言中的菱形问题

C++语言中的菱形问题要复杂得多。首先,C++允许类的多继承。默认情况下,如果类 D 继承了类 B 和类 C,而类 B 和类 C 又都继承自类 A,那么类 D 实际直接访问的是 B 对象和 C 对象的副本。最后的结果是,要使用 A 中的方法必须显式地声明:这些方法是来自于 B 接口,还是 C 接口。此外,类也有状态,所以修改 B 的成员变量不会在 C 对象的副本中反映出来。

现在你应该已经了解了,如果一个类的默认方法使用相同的函数签名继承自多个接口,那么解决冲突的机制其实相当简单。你只需要遵守下面这三条准则就能解决所有可能的冲突。

(1) 首先,类或父类中显式声明的方法,其优先级高于所有的默认方法。

(2) 如果用第一条无法判断,方法签名又没有区别,那么选择提供最具体实现的默认方法的接口。

(3) 最后,如果冲突依旧无法解决,你就只能在你的类中覆盖该默认方法,显式地指定在你的类中使用哪一个接口中的方法。

13.5　小结

以下是本章中的关键概念。

❑ Java 8 中的接口可以通过默认方法和静态方法提供方法的代码实现。

❑ 默认方法的开头以关键字 default 修饰,方法体与常规的类方法相同。

❑ 向发布的接口添加抽象方法不是源码兼容的。

❑ 默认方法的出现能帮助库的设计者以后向兼容的方式演进 API。

❑ 默认方法可以用于创建可选方法和行为的多继承。

❑ 我们有办法解决由于一个类从多个接口中继承了拥有相同函数签名的方法而导致的冲突。

❑ 类或者父类中声明的方法的优先级高于任何默认方法。如果前一条无法解决冲突,那就选择同函数签名的方法中实现得最具体的那个接口的方法。

❑ 两个默认方法都同样具体时,你需要在类中覆盖该方法,显式地选择使用哪个接口中提供的默认方法。

第 14 章

Java 模块系统

14

本章内容

☐ 推进 Java 模块化之路的动力

☐ 模块的主体结构：模块声明以及 `requires` 和 `exports` 指令

☐ 针对 Java 归档文件（JAR）的自动模块

☐ 模块化以及 JDK 库

☐ 使用 Maven 构建多个模块

☐ 概述 `requires` 和 `exports` 之外的模块指令

Java 9 中引入的最主要并且讨论最多的新特性无疑是它的模块系统。模块系统诞生于 Jigsaw 项目，它的开发持续了将近十年。从时间线就可以一瞥这个特性的重要性以及研发团队在开发过程中所经历的挑战。本章会介绍开发者为什么需要关注模块系统，并提纲挈领地介绍新的 Java 模块系统试图解决哪些问题以及你能从中得到哪些好处。

注意，Java 的模块系统是个非常复杂的话题，深入讨论它可能需要写一本书。如果想全面了解 Java 模块系统，建议你阅读一下 Nicolai Parlog 的著作 *The Java Module System*。本章会刻意避免深究模块系统繁杂的细节，旨在让你大致理解模块系统诞生的缘由及其使用方法。

14.1 模块化的驱动力：软件的推理

学习 Java 模块系统的各种细节之前，如果你能理解 Java 语言设计者设计的初衷和背景将会大有裨益。模块化意味着什么？模块系统能解决什么问题？本书花了大量的篇幅讨论新语言特性如何帮助程序员编写更接近问题描述的代码，以使代码更易于理解和维护。然而，这些都是底层的考虑。最终你需要从更高的层次（软件架构的层面）去设计，确保软件项目易于理解，进行代码变更时更加灵活、高效。接下来，我们会着重讨论两个设计模式，即**关注点分离**（separation of concern，SoC）和**信息隐藏**（information hiding），它们可以帮助创建易于理解的软件。

14.1.1 关注点分离

关注点分离推崇的原则是将单体的计算机程序分解为一个个相互独立的特性。譬如你要开发一个结算应用，它需要能解析各种格式的开销，能对结果进行分析，进而为顾客提供汇总报告。采用关注点分离，你可以将文件的解析、分析以及报告划分到名为**模块**的独立组成部分。模块是具备内聚特质的一组代码，它与其他模块代码之间很少有耦合。换句话说，通过模块组织类，可以帮助你清晰地表示应用程序中类与类之间的可见性关系。

你可能会质疑："Java 通过包机制不是已经对类进行了组织吗？为什么还需要模块？"你说得没错，不过 Java 9 的模块能提供粒度更细的控制，你可以设定哪个类能够访问哪个类，并且这种控制是编译期检查的。而 Java 的包并未从本质上支持模块化。

无论是从架构角度（比如，模型–视图–控制器模式）还是从底层实现方法（比如，业务逻辑与恢复机制的分离）而言，关注点分离都非常有价值。它能带来的好处包括：

❑ 使得各项工作可以独立开展，减少了组件间的相互依赖，从而便于团队合作完成项目；
❑ 有利于推动组件重用；
❑ 系统整体的维护性更好。

14.1.2　信息隐藏

信息隐藏原则要求大家设计时尽量隐藏实现的细节。这一原则为什么非常重要呢？创建软件的过程中，我们经常遭遇需求变更的窘境。隐藏内部实现细节能帮你减少局部变更对程序其他部分的影响，从而有效地避免变更传递。换句话说，这是一种非常有用的代码管理和保护原则。我们经常听到**封装**这个词，意指一段代码的设计实现非常精巧，与应用的其他部分没有任何耦合，对这段代码内部实现的更迭不会对应用的其他部分产生影响。Java 语言中，你可以通过 `private` 关键字，借助编译器验证组件中的类是否封装良好。不过，就语言层面而言，Java 9 出现之前，编译器无法依据语言结构判断某个类或者包仅供某个特定目标访问。

14.1.3　Java 软件

任何设计良好的软件都基于上述两个重要原则。那么，如何在 Java 语言中应用这两个原则呢？Java 是一种面向对象的语言，我们日常打交道面对的都是类和接口。按照要解决的问题，对包、类以及接口代码进行分组，完成程序的**模块化**。实际操作时，以源代码方式展开分析可能过于抽象。你可以借助 UML 图这样的工具，以可视化的方式理解代码间的依赖。图 14-1 是一个UML 图示例。这是一个管理用户注册信息的应用，它被分解成了三个独立的模块。

信息隐藏原则又该如何实现呢？你应该很熟悉 Java 语言的可见性描述符，它可以指定方法、字段以及类的访问控制，譬如：public、protected、包访问权限（package-level）或者是 private。不过，正如下一节中将要提到的，这种方式提供的颗粒度很多情况下比较粗，即便你不希望用户能直接访问某个方法，可能还是不得不将其声明为 `public`。在 Java 发展的早期，这并不是一个非常致命的问题，因为那时的应用规模比较小，依赖也相对简单。而现在，很多 Java 应用的规模都比较庞大，这个问题的严重程度日益凸显。事实上，如果你看到类中某个字段或者方法声明为 `public`，就会下意识地觉得可以直接使用（难道不是吗？），然而这些方法设计者的初衷是它们只应该被他自己创建的有限类所访问!

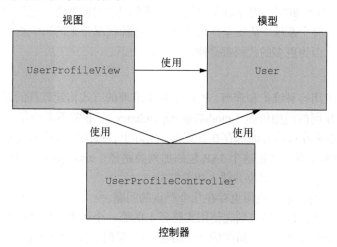

图 14-1　三个独立的模块及它们之间的依赖

现在你应该已经理解模块化能带来的好处，甚至开始思考模块化对 Java 产生了哪些变化。接下来将围绕这一主题继续展开讨论。

14.2　为什么要设计 Java 模块系统

这一节里，你会了解为什么 Java 语言及其编译器需要一个全新的模块系统。首先，我们会介绍 Java 9 之前版本在模块化方面的局限性。接着，我们会聊聊 JDK 库的一些背景知识并解释为什么模块化如此重要。

14.2.1　模块化的局限性

不幸的是，Java 9 之前内建的模块化支持或多或少都存在一些局限，无法有效地实现软件项目的模块化。从代码层次而言，Java 的模块化可以分为三层，分别是：类、包以及 JAR。对类而言，Java 可以通过访问修饰符实现封装。不过，从包和 JAR 的层次看，对应的封装则相当有限。

1. 有限的可见性控制

正如前文所述，Java 提供了访问描述符来支持信息封装。这些描述符可以设定对象的公有访问、保护性访问、包级别访问以及私有访问。不过，如果需要控制包之间的访问，又该如何做呢？大多数 Java 应用程序采用包来组织和管理不同的类，然而包之间的访问控制方式乏善可陈。如果你希望一个包中的某个类或接口可以被另外一个包中的类或接口访问，那么只能将它声明为public。这样一来，任何人都可以访问这些类和接口了。这种问题的典型症状是，你能直接访问包中名字含有 impl 字符串的类——这些类通常用于提供某种默认实现。由于包内的这段代码被声明为公有访问，因此你无法限制其他人访问或者使用这些内部实现。这样一来，你的代码演进就受到了极大的制约，局部代码的变更可能导致无法预计业务失效，因为你原以为仅供内部使用的类或者接口，可能会被某个程序员在编码解决某个问题时突发奇想地调用，很快这种结构不良好的代码就会融入整个系统。从安全性角度而言，这种状况带来的影响更为严重，它增大了系统受攻击的可能性，因为更多的代码都暴露在了攻击面下。

2. 类的路径

本章前面讨论了用容易维护和理解，也就是易于推理的方式构建软件的好处。我们也探讨了关注点分离以及模块间的模型依赖（modeling dependency）。非常不幸的是，说到应用的打包以及运行，Java 一直以来在这些方面都存在着短板。实际上，每次发布时你只能把所有的类打包成一个扁平结构的 JAR 文件，并把这个 JAR 包添加到类路径（class path）[①]上。这之后 JVM 才能按照需求动态地从类的路径中定位并载入相关的类。

然而，类路径与 JAR 混合使用也存在几个严重的问题。

首先，对同一个类，无法指定到底使用类路径上的哪一个版本，因为根本无法通过路径指定版本。举个例子，使用来自某个解析库的 `JSONParser` 类时，你无法指定是使用 1.0 版本的还是 2.0 版本的，由此也无法预测，如果类路径上同一个库存在两个不同版本会发生什么。这种情况在大型应用中相当常见，因为应用的不同组件可能需要使用同一个库的不同版本。

其次，类路径也不支持显式的依赖。类路径上林林总总的 JAR 中所有的类都被一股脑地塞到了一个类组成的大包裹中。换句话说，类路径不支持显式地声明某个 JAR 依赖于另一个 JAR 中的某些类。这种设计使得我们很难对类路径进行分析并回答下面这种问题，譬如：

- 是否有某些类在路径中遗漏了？
- 路径上的类是否存在冲突？

Maven 或者 Gradle 这样的构建工具可以帮助解决这一问题。Java 9 之前，无论是 Java 还是 JVM 都不支持显式地声明依赖。这些问题碰到一起就产生了我们称之为 "JAR 地狱" 或 "类路径地狱" 的问题。这些问题的直接结果就是我们不停地在类路径上添加和删除类文件，希望能通过实验找出合适的搭配，让 JVM 顺利地执行应用，不再抛出让人头疼的 `ClassNotFound Exception`。理想情况下，这种问题在开发的早期阶段就应该被发现并解决。好消息是，如果你持续一致地在项目中使用 Java 9 的模块系统，刚才提到的所有问题都可以在编译期就被捕获。

像 "类路径地狱" 这样的封装问题并不是只存在于你的软件架构中，JDK 自身也存在类似的问题。

14.2.2　单体型的 JDK

Java 开发工具集（JDK）由一系列编写并执行 Java 程序的工具组成。有几个重要的工具你可能已经很熟悉了，譬如，`javac` 可以编译 Java 程序，而 `java` 搭配 JDK 提供的库可以加载并执行 Java 应用。JDK 库提供了 Java 程序的运行时支持，包括输入/输出、集合以及流。第一版 JDK 发布于 1996 年。像任何其他的软件一样，随着新特性的引入，JDK 也不断增大，理解这一点非

---

① 这种说法常用于 Java 文档，对于程序参数而言，常使用的是 `classpath`。

常重要。许多之前加入的技术随着潮流的更迭逐渐被废弃。这其中一个著名的例子就是 CORBA。无论你是否在你的应用中使用了 CORBA，对 CORBA 的支持默认都打包在 JDK 之中。由于越来越多的应用运行在移动设备或者云端，它们通常不需要 JDK 中所有的内容，因此之前这种打包发布模式问题的影响就变得越来越严重了。

怎样从全局或者整个系统的角度来解决这一问题呢？Java 8 引入了**精简配置**（compact profile）这一概念，这是一个很好的尝试。Java 8 定义了三种配置，它们的内存开销不一样，你可以根据应用需要的到底是 JDK 库的哪一部分来决定使用哪一个配置。然而，精简配置只是一个短期的解决方案。JDK 中存在着大量的内部 API，这些内部 API 并不是为普通用户使用所设计的。不幸的是，由于 Java 语言糟糕的封装，这些 API 现在被大量地使用了。一个典型的例子是 `sun.misc.Unsafe` 类，这个类被好几个流行的类库（包括 Spring、Netty、Mockito 等）所使用，不过它设计之初并不期望被 JDK 之外的任何代码访问或使用。由于这些牵绊，想要改进这些 API 非常困难，因为结果很可能是牵一发而动全身，引起前后不兼容的问题。

这些问题为设计新的 Java 模块系统提供了动力，反过来也用在了 JDK 自身的模块化上。简而言之，新的结构让你可以更灵活地选择使用 JDK 的哪一部分以及如何规划类路径，同时也为 Java 平台的进一步发展演化提供了更强大的封装。

14.2.3 与 OSGi 的比较

本节会比较 Java 9 的模块系统与 OSGi。如果你从未听说过 OSGi，那建议你跳过本节的内容。

Java 9 基于 Jigsaw 项目引入的模块系统诞生之前，Java 已经有了一个比较强大的模块系统，名叫开放服务网关协议（open service gateway initiative，OGSi），不过它并非 Java 平台的官方组成部分。OSGi 最早提出于 2000 年，直到 Java 9 诞生，一直都是实现基于 JVM 的模块化应用的事实标准。

实际上，OGSi 与新的 Java 9 模块系统之间并不是完全互斥的，它们甚至可以在同一个应用之中共存。事实上，它们的特性只有小部分的重叠。OGSi 所覆盖的范畴要大得多，很多的功能迄今为止在 Jigsaw 中还不支持。

在 OGSi 中，模块被称作 bundle，它们运行在某个 OGSi 的框架之中。市面上有多个 OGSi 认证支持的框架，应用最广的两个是 Apache Felix 和 Equinox（也被用于执行 Eclipse 的集成开发环境）。一个 bundle 运行于 OGSi 框架中时，它可以被远程安装、启动、停止、更新以及卸载，任何一个动作都无须重启应用。换句话说，OGSi 为 bundle 定义了一个非常清晰的生命周期，其状态如表 14-1 所示。

表 14-1　OGSi 中定义的 bundle 状态

bundle 状态	描　　述
INSTALLED	bundle 已经安装成功
RESOLVED	运行 bundle 需要的所有 Java 类都已齐备
STARTING	bundle 正在启动，`BundleActivator.start` 方法已经被调用，不过 start 方法还未返回结果

（续）

bundle 状态	描　　述
ACTIVE	bundle 已经成功地启动并运行
STOPPING	bundle 正在停止过程中，`BundleActivator.stop` 方法已经被调用，不过 stop 方法还未返回结果
UNINSTALLED	bundle 已经被卸载，之后它无法进入别的状态了

与 Jigsaw 相比，能够以热切换方式替换应用的各个子系统而无须重启应用是 OGSi 最大的优势。每一个 bundle 都通过文本文件声明了该 bundle 运行所需的外部包依赖，以及由这个 bundle 导出并可以被其他 bundle 使用的内部包。

OGSi 的另一个有趣的特性是，它允许在框架中同时安装同一个 bundle 的不同版本。Java 9 模块系统还不支持这样的版本控制，因为 Jigsaw 中每个应用仅使用一个类加载器，而 OGSi 中每一个 bundle 都有单独的类加载器。

14.3　Java 模块：全局视图

Java 9 为 Java 程序提供了一个新的单位：**模块**。模块通过一个新的关键字[①]module 声明，紧接着是模块的名字及它的主体。这样的**模块描述符**（module descriptor）[②]定义在一个特殊文件，即 module-info.java 中，最终被编译为 `module-info.class`。模块描述符的主体包含一系列的子句，其中最重要的两个子句是 `requires` 和 `exports`。`requires` 子句用于指定执行你的模块还需要哪些模块的支持，`exports` 子句声明了你的模块中哪些包可以被其他模块访问和使用。本节稍后会详细介绍如何使用这些子句。

模块描述符描述和封装了一个或多个包（通常它跟这些包都位于同一个目录中），但是在简单的用例中，可以只导出这些包中的一个（即使其可见于其他模块）。

Java 模块描述符的核心结构如图 14-2 所示。

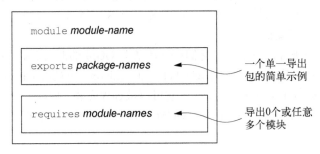

图 14-2　Java 模块描述符的核心结构（`module-info.java`）

---

① 严格来说，Java 9 的模块标识符，比如 module、requires 和 export，都是**受限关键字**。然而你还是可以在程序中将它们作为标识符使用（出于后向兼容性的考虑），不过它们在允许模块出现的上下文中会被解释成关键字。

② 从约定上来说，文本形式应该被称为**模块声明**，module-info.class 中的二进制形式才应该被称为**模块描述符**。

　　将模块中的 exports 和 requires 看作相互独立的部分，就像拼图游戏（这可能也是 Jigsaw 项目名称的起源）中的凸块（或者标签）与凹块的关系，对理解模块是非常有益的。图 14-3 展示了使用多个模块的一个例子。

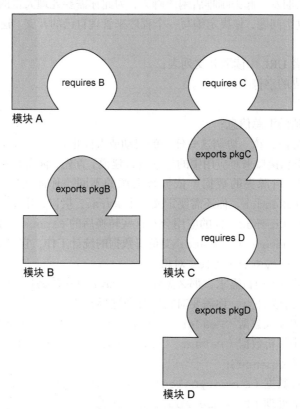

图 14-3　一个采用拼图游戏风格构建的 Java 系统，它由四个模块（A、B、C、D）组成。模块 A 依赖于模块 B 和模块 C，需要访问包 pkgB 和包 pkgC（分别由模块 B 和模块 C 导出）。模块 C 同样需要使用 pkgD，因此它对模块 D 有依赖性，不过模块 B 不需要使用 pkgD

　　当你使用 Maven 这样的构建工具时，模块描述之类的细节都被集成开发环境解决了，用户也就看不到这些琐碎的事情了。

　　话虽如此，下一节会结合例子详细探讨刚才介绍的这些概念。

14.4　使用 Java 模块系统开发应用

　　本节会介绍如何从零开始构建一个简单的模块化应用，从而让你对 Java 9 模块系统有一个全局的认识。你会学到如何构架、打包以及发布一个小型模块化应用。本节不会深入到模块化每一方面的细节，不过一旦有了全局的视图，需要的时候你可以在此基础上做进一步的研究。

14.4.1 从头开始搭建一个应用

为了开始使用 Java 模块系统,你需要一个示例项目才能着手编写代码。我们假设你爱旅行,爱去超市购物,也爱跟朋友一起去咖啡店闲谈聊天,为此你需要处理大量的发票。大家都不喜欢管理开支。为了解决这个问题,你决定编写一个程序来管理自己的开支。这个应用需要有能力完成下面这些任务:

- ❑ 从一个文件或者 URL 中读取开支列表;
- ❑ 解析出代表开支的字符串;
- ❑ 计算统计数据;
- ❑ 展示一个有价值的汇总信息;
- ❑ 提供一个总控方法,统一协调这些任务的启动或者停止。

你需要定义各种类和接口来对应用中的概念进行建模。首先,你需要定义一个 Reader 接口以序列化的方式读取来自源头的数据。依据数据源的不同,你需要定义不同的实现,比如HttpReader 或者 FileReader。你还需要定义一个 Parser 接口,用于反序列化 JSON 对象,将它们转换为领域对象 Expense,你的应用会对这些转换后的 Expense 对象进行相应的处理。最后,你还需要一个 SummaryCalculator 类负责数据的统计工作,它接受一个 Expense 对象的列表,返回一个 SummaryStatistics 对象。

至此,你已经有了一个项目需求,那么怎样利用 Java 模块系统对这些需求进行模块化呢?很明显,这个项目有几个关注点,你需要对它们分别进行处理:

- ❑ 从不同的数据源读取数据(Reader、HttpReader、FileReader);
- ❑ 从不同的格式中解析数据(Parser、JSONParser、ExpenseJSONParser);
- ❑ 表示领域对象(Expense);
- ❑ 计算并返回统计数据(SummaryCalculator、SummaryStatistics);
- ❑ 协调各个任务的处理(ExpensesApplication)。

出于教学的目的,这里会采用细粒度的方法。你可以将这些关注点切分到不同的模块中,如下所示(后续会深入讨论模块命名方案):

- ❑ expenses.readers
- ❑ expenses.readers.http
- ❑ expenses.readers.file
- ❑ expenses.parsers
- ❑ expenses.parsers.json
- ❑ expenses.model
- ❑ expenses.statistics
- ❑ expenses.application

在这个简单的例子中,我们采用的模块分解粒度很细,主要目的在于介绍模块系统的各个部分。在实际操作中,对于这种简单的项目如果也采用这么细粒度的划分,会导致前期的成本过高,付出这么高的代价却只对项目少部分的内容进行了恰当的封装。随着项目的不断演进，更多的内部实现被加入进来，这时封装和划分的价值就变得越来越明显。你可以将前述的列表想象成一个由包组成的列表，它的长度取决于你的应用边界。模块对一系列的包进行组织。有可能应用的每个模块都包含一些依赖特定实现的包，你不希望将这些包泄露给其他的模块使用。譬如，在 expenses.statistics 模块中，针对不同的实验统计方法可能就采用了不同实现的包。稍后，你可以决定将这些包中的哪些发布给用户。

14.4.2　细粒度和粗粒度的模块化

当你开始模块化一个系统的时候，可以选择以怎样的粒度进行模块化。最细粒度的方法是让每个包都独立拥有一个模块（就像上一节介绍的那样）；最粗粒度的方法是把所有的包都归属到一个单一模块中。前一节已经介绍过，第一种策略极大地增加了设计的开销，并且获得的收益有限；第二种策略则完全牺牲了模块化能带来的好处。最好的选择是根据实际需求将系统分解到各个模块中并定期进行评审，从而确保随着软件项目的不断演进，代码的模块化还能保持其效果，你可以很清晰地厘清其脉络并进行修改。

简而言之，模块化是对抗软件腐臭的利器。

14.4.3　Java 模块系统基础

我们从一个基础的模块应用开始介绍，这个应用只有一个模块供 main 应用调用。项目的目录结构如下所示，每一层目录以递归的方式嵌套：

```
├─ expenses.application
   ├─ module-info.java
   ├─ com
      ├─ example
         ├─ expenses
            ├─ application
               ├─ ExpensesApplication.java
```

大概你已经注意到了，项目结构中也包含了那个神秘的 module-info.java 文件。本章前面介绍过，这个文件是一个模块描述符，它必须位于模块源码文件目录结构的根目录，通过它你可以指定你的模块依赖以及希望导出哪些包给别的模块使用。对你的开支管理应用而言，module-info.java 文件的顶层模块描述部分只有一个名字，其他都是空的，因为它既不依赖于其他的模块，也不需要导出它的功能给别的模块使用。14.5 节会进一步学习模块更复杂的特性。本例中 module-info.java 的内容如下：

```
module expenses.application {

}
```

如何运行一个模块化的应用呢？让我们查看几个命令来理解一下底层的机制。这部分的代码都是由你的集成开发环境和编译系统完成的，不过了解一下到底发生了什么还是非常有价值的。
进入项目的模块源码目录后，你可以执行下面的命令：

```
javac module-info.java
    com/example/expenses/application/ExpensesApplication.java -d target

jar cvfe expenses-application.jar
    com.example.expenses.application.ExpensesApplication -C target
```

执行这些命令的输出就类似下面这样，其显示了哪些目录和类文件会被打包进入生成的 JAR
（expenses-application.jar）文件中：

```
added manifest
added module-info: module-info.class
adding: com/(in = 0) (out= 0)(stored 0%)
adding: com/example/(in = 0) (out= 0)(stored 0%)
adding: com/example/expenses/(in = 0) (out= 0)(stored 0%)
adding: com/example/expenses/application/(in = 0) (out= 0)(stored 0%)
adding: com/example/expenses/application/ExpensesApplication.class(in = 456)
    (out= 306)(deflated 32%)
```

终于，你可以以模块应用的方式执行生成的 JAR 文件了：

```
java --module-path expenses-application.jar \
    --module expenses/com.example.expenses.application.ExpensesApplication
```

刚才的这个过程，前两步你应该非常熟悉，它们是将 Java 应用打包到一个 JAR 文件中的标
准方式。唯一不同的是，module-info.java 文件成了编译过程的一部分。

现在 Java 程序执行 Java 的 .class 文件时，增加了两个新的选项。

❏ --module-path——用于指定哪些模块可以加载。它与 --classpath 参数又不尽相同，
--classpath 仅是使类文件可以访问。

❏ --module——指定运行的主模块和类。

模块的声明不包含版本信息。解决版本选择问题并不是 Java 9 模块系统设计的出发点，所以
它不支持版本。做这个决定的理由是这个问题应该由编译工具和应用容器来解决。

14.5　使用多个模块

你现在已经掌握了如何建立一个单模块的应用，是时候使用多个模块做一些更接近现实情况
的事儿了。你想让你的开支管理应用从数据源读取数据。为了达到这个目的，需要引入一个新的
模块 expenses.readers，它封装了对应的操作。借助 Java 9 的 exports 和 requires 子句，
可以对现有两个模块 expenses.application 和 expenses.readers 之间的交互进行设置。

14.5.1　exports 子句

下面是声明 expenses.readers 的一个示例（暂时不用担心那些看不懂的语法和概念，稍
后会逐一介绍）。

```
module expenses.readers {

    exports com.example.expenses.readers;
    exports com.example.expenses.readers.file;
    exports com.example.expenses.readers.http;
}
```
这些都是包名,
并非模块名

这段声明中引入了一个新东西:`exports` 子句,由它声明的这些包会变为公有类型,可以被其他模块访问和调用。默认情况下,模块中的所有内容都是被封装的。模块系统使用白名单的方式帮助你进行更严格的封装控制,因此你需要显式地声明你愿意将哪些内容提供给别的模块访问(这种方式可以避免你由于偶然的机会开放一些内部接口给外部使用,因为这些接口如果几年后被某些黑客破解,可能导致你的系统被攻破)。

你的项目现在包含了两个模块,其目录结构如下:

```
⊢ expenses.application
  ⊢ module-info.java
  ⊢ com
    ⊢ example
      ⊢ expenses
        ⊢ application
          ⊢ ExpensesApplication.java

⊢ expenses.readers
  ⊢ module-info.java
  ⊢ com
    ⊢ example
      ⊢ expenses
        ⊢ readers
          ⊢ Reader.java
        ⊢ file
          ⊢ FileReader.java
        ⊢ http
          ⊢ HttpReader.java
```

14.5.2 `requires` 子句

此外,你还可以像下面这样定义 `module-info.java`:

```
module expenses.readers {
    requires java.base;

    exports com.example.expenses.readers;
    exports com.example.expenses.readers.file;
    exports com.example.expenses.readers.http;
}
```
这是模块名,
并非包名

这是包名,
并非模块名

这里新增的元素是 `requires` 子句，通过它你可以指定本模块对其他模块的依赖。默认情况下，所有的模块都依赖于名叫 `java.base` 的平台模块，它包含了 Java 主要的包，比如 `net`、`io` 和 `util`。默认情况下，这个模块总是需要的，因此你不需要显式声明（这个就跟 Java 语言中，`class Foo { ... }` 等价于 `class Foo extends Object { ... }` 一样）。

如果你需要导入 `java.base` 之外的其他模块，`requires` 子句就必不可少了。

`requires` 和 `exports` 子句的组合使得 Java 9 中的访问控制变得更复杂了。表 14-2 总结了 Java 9 之前与之后使用不同的访问修饰符时在对象可见性上的差异。

表 14-2　Java 9 在类的可见性上提供了更细粒度的控制

类的可见性	Java 9 之前	Java 9 之后
任何人都可以访问所有的类	✓✓	✓✓（结合 `exports` 和 `requires` 子句）
有限的类可以公有访问	✗✗	✓✓（结合 `exports` 和 `requires` 子句）
仅在模块内部可以公有访问	✗✗	✓　（不需要 `exports` 子句）
受保护的	✓✓	✓✓
包内可见	✓✓	✓✓
私有的	✓✓	✓✓

14.5.3　命名

现在是时候讨论如何命名模块了。我们会以一个比较短的名字为例进行介绍（譬如 `expenses.application`），这样做主要是为了避免混淆模块与包的命名（一个模块可以导出多个包）。不过，对于模块和包的命名，推荐的命名规范是不一样的。

Oracle 公司推荐大家在命名模块时采用与包同样的方式，即互联网域名规范的逆序（譬如，com.iteratrlearning.training）。此外，模块名应该与它导出的主要 API 的包名保持一致，包名也应该遵循同样的规则。如果模块中并不存在这样的包，或者出于某些别的原因模块的命名不能直接与它导出的包对应，那么这种情况下模块名也应以互联网域名规范同样的逆序方式设计，并在其中插入作者的名字。

现在你已经了解了如何构建一个多模块的项目，不过该怎样打包并运行它呢？别急，这些内容会在下一节中介绍。

14.6　编译及打包

你已经掌握了如何建立项目和声明模块，接下来学习如何使用像 Maven 这样的构建工具编译你的项目。本节假设你已经对 Maven 有一定的了解，它是 Java 生态圈里使用最广泛的构建工具之一。除了 Maven 之外，另一个同样很流行的构建工具是 Gradle，如果你从未听说过，建议你抽时间了解一下。

构建的第一步，你需要为每一个模块创建一个 pom.xml 文件。实际上，每一个模块都需要能单独编译，这样其自身才能成为一个独立的项目。你还需要为所有模块的上层父项目创建一个 pom.xml，用于协调整个项目的构建。这样一来，项目的整体结构就如下所示：

```
├─ pom.xml
├─ expenses.application
  ├─ pom.xml
  ├─ src
    ├─ main
      ├─ java
        ├─ module-info.java
        ├─ com
          ├─ example
            ├─ expenses
              ├─ application
                ├─ ExpensesApplication.java
├─ expenses.readers
  ├─ pom.xml
  ├─ src
    ├─ main
      ├─ java
        ├─ module-info.java
        ├─ com
          ├─ example
            ├─ expenses
              ├─ readers
                ├─ Reader.java
              ├─ file
                ├─ FileReader.java
              ├─ http
                ├─ HttpReader.java
```

请注意这三个新创建的 pom.xml 以及 Maven 项目的目录结构。项目的模块描述符（module-info.java）置于 src/main/java 目录之中。Maven 会设置 javac，让其匹配对应模块的源码路径。

```
<?xml version="1.0" encoding="UTF-8"?>
<project xmlns="http://maven.apache.org/POM/4.0.0"
        xmlns:xsi="http://www.w3.org/2001/XMLSchema-instance"
        xsi:schemaLocation="http://maven.apache.org/POM/4.0.0
    http://maven.apache.org/xsd/maven-4.0.0.xsd">
    <modelVersion>4.0.0</modelVersion>
```

```xml
    <groupId>com.example</groupId>
    <artifactId>expenses.readers</artifactId>
    <version>1.0</version>
    <packaging>jar</packaging>
    <parent>
        <groupId>com.example</groupId>
        <artifactId>expenses</artifactId>
        <version>1.0</version>
    </parent>
</project>
```

有一点非常重要，你需要在代码中显式地指定构建过程中使用的父模块。父模块在这个例子中是 ID 为 expenses 的构件。正如很快就能看到的例子所示，你需要在 pom.xml 中显式地定义父模块。

接下来，你需要指定模块 expenses.application 对应的 pom.xml。这个文件与之前的那个 pom.xml 很类似，不过你还需要为其添加对 expenses.readers 项目的依赖，因为 Expenses-Application 需要使用它提供的类和接口进行编译：

```xml
<?xml version="1.0" encoding="UTF-8"?>
<project xmlns="http://maven.apache.org/POM/4.0.0"
        xmlns:xsi="http://www.w3.org/2001/XMLSchema-instance"
        xsi:schemaLocation="http://maven.apache.org/POM/4.0.0
    http://maven.apache.org/xsd/maven-4.0.0.xsd">
    <modelVersion>4.0.0</modelVersion>

    <groupId>com.example</groupId>
    <artifactId>expenses.application</artifactId>
    <version>1.0</version>
    <packaging>jar</packaging>

    <parent>
        <groupId>com.example</groupId>
        <artifactId>expenses</artifactId>
        <version>1.0</version>
    </parent>

    <dependencies>
        <dependency>
                <groupId>com.example</groupId>
                <artifactId>expenses.readers</artifactId>
                <version>1.0</version>
        </dependency>
    </dependencies>

</project>
```

至此 expenses.application 和 expenses.readers 都有了各自的 pom.xml，你可以着手建立指导构建流程的全局 pom.xml 了。Maven 通过一个特殊的 XML 元素<module>支持一个项目包含多个 Maven 模块的情况，这个<module>定义了对应的子构件 ID。下面是完整的定义，它包含了前面提到的两个子模块 expenses.application 和 expenses.readers：

```
<?xml version="1.0" encoding="UTF-8"?>
<project xmlns="http://maven.apache.org/POM/4.0.0"
        xmlns:xsi="http://www.w3.org/2001/XMLSchema-instance"
        xsi:schemaLocation="http://maven.apache.org/POM/4.0.0
    http://maven.apache.org/xsd/maven-4.0.0.xsd">
    <modelVersion>4.0.0</modelVersion>

    <groupId>com.example</groupId>
    <artifactId>expenses</artifactId>
    <packaging>pom</packaging>
    <version>1.0</version>

    <modules>
    <module>expenses.application</module>
        <module>expenses.readers</module>
    </modules>

    <build>
        <pluginManagement>
            <plugins>
            <plugin>
                    <groupId>org.apache.maven.plugins</groupId>
                <artifactId>maven-compiler-plugin</artifactId>
                    <version>3.7.0</version>
                    <configuration>
                        <source>9</source>
                        <target>9</target>
                    </configuration>
                </plugin>
            </plugins>
        </pluginManagement>
    </build>
</project>
```

恭喜你！现在可以执行 `mvn clean package` 为你项目中的模块生成 JAR 包了。运行这条命令会产生下面的文件：

```
./expenses.application/target/expenses.application-1.0.jar
./expenses.readers/target/expenses.readers-1.0.jar
```

把这两个 JAR 文件添加到模块路径中，你就可以运行你的模块应用了，如下所示：

```
java --module-path \
  ./expenses.application/target/expenses.application-1.0.jar:\
  ./expenses.readers/target/expenses.readers-1.0.jar \
      --module \
  expenses.application/com.example.expenses.application.ExpensesApplication
```

至此，你已经学习并创建了模块，知道如何利用 `requires` 引用 `java.base`。然而现实生产环境中，软件依赖更多的往往是外部的模块和库。如果遗留代码库没有使用 `module-info.java`，又该如何处理呢？下一节会通过介绍自动模块（automatic module）来回答这些问题。

14.7　自动模块

你可能会觉得 `HttpReader` 的实现过于底层，希望使用其他的库，譬如 Apache 项目的 `httpclient` 来替换这段逻辑。怎样才能把这个库导入到你的项目中呢？还记得之前学过的 `requires` 子句吧？你可以把它加到 `expenses.readers` 项目的 `module-info.java` 中，指定需要的第三方库。再次运行 `mvn clean package`，看看会发生什么？非常不幸，结果并不是很理想，它抛出了下面的错误：

```
[ERROR] module not found: httpclient
```

碰到这个错误的原因是你没有更新你的 pom.xml，明确声明对应的依赖。Maven 的编译器插件在编译使用了 `module-info.java` 的项目时会去下载对应的 JAR，并将所有的依赖添加到模块路径上，从而确保在项目中能识别对应的对象，如下所示：

```
<dependencies>
    <dependency>
        <groupId>org.apache.httpcomponents</groupId>
        <artifactId>httpclient</artifactId>
        <version>4.5.3</version>
    </dependency>
</dependencies>
```

现在你执行 `mvn clean package` 构建项目，结果就正确了。不过，你注意到一些有趣的事情了吗？`httpclient` 库并不是一个 Java 模块啊。它是你希望以模块方式使用的一个第三方库，可是并没有被 "模块化" 过。这就是我们想特别介绍的部分，Java 会将对应的 JAR 包转换为所谓的 "自动模块"。模块路径上不带 `module-info.java` 文件的 JAR 都会被转换为自动模块。自动模块默认导出其所有的包。自动模块的名字会依据 JAR 的名字自动创建。不过你也可以通过几种途径修改它的名字，其中最简单的方式是使用 `jar` 工具提供的 `--describe-module` 参数，如下所示：

```
jar --file=./expenses.readers/target/dependency/httpclient-4.5.3.jar \
    --describe-module
httpclient@4.5.3 automatic
```

这个例子中，你把模块名改成了 `httpclient`。

最后一步，将 JAR 文件 `httpclient` 添加到模块路径上，运行这个应用：

```
java --module-path \
  ./expenses.application/target/expenses.application-1.0.jar:\
  ./expenses.readers/target/expenses.readers-1.0.jar \
  ./expenses.readers/target/dependency/httpclient-4.5.3.jar \
     --module \
  expenses.application/com.example.expenses.application.ExpensesApplication
```

注意　如果你使用 Maven，有个名叫 moditect 的项目对 Java 9 的模块系统提供了更好的支持，譬如，它可以自动帮助用户生成 module-info 文件。

14.8 模块声明及子句

Java 模块系统非常复杂，就像一个庞然大物。之前我们也提过，如果你想进一步了解 Java 模块系统，建议你选择一本专门讲述相应内容的著作来深入学习。不过，我们还是希望通过这一节的概述，让你了解模块声明语言中有哪些关键字，以及它们大致能做些什么。

前文已经介绍过，你可以通过模块指令声明一个模块。就像下面这段代码，它声明了一个名为 com.iteratrlearning.application 的模块：

```
module com.iteratrlearning.application {

}
```

模块声明内部有什么？你已经学习了 requires 和 exports 子句，但是模块还提供了很多其他的子句，包括 requires-transitive、exports-to、open、opens、uses 和 provides。下面一一介绍这些子句。

14.8.1 requires

requires 子句可以在编译和运行时帮你设定你的模块对另一模块的依赖。譬如，模块 com.iteratrlearning.application 依赖于 com.iteratrlearning.ui：

```
module com.iteratrlearning.application {
    requires com.iteratrlearning.ui;
}
```

执行这条子句的结果是模块 com.iteratrlearning.application 只能访问模块 com.iteratrlearning.ui 中声明为公有的类型。

14.8.2 exports

exports 子句可以将某些包声明为公有类型，提供给其他的模块使用。默认情况下，模块中所有的包都不导出。只能通过显式声明的方式导出包，让你对模块的封装性有了更严格的控制。下面这个例子中，com.iteratrlearning.ui.panels 和 com.iteratrlearning.ui.widgets 都被导出了。（注意：exports 接受的参数是**包名**，而 requires 接受的参数是**模块名**。虽然二者都采用了类似的命名模式，但仍有区别。）

```
module com.iteratrlearning.ui {
    requires com.iteratrlearning.core;
    exports com.iteratrlearning.ui.panels;
    exports com.iteratrlearning.ui.widgets;
}
```

14.8.3 requires 的传递

你可以声明一个模块能够使用另一个模块依赖的公有类型的包。譬如，你可以修改模块

com.iteratrlearning.ui 的声明，将 requires 子句变更为 requires-transitive 达到该效果，如下所示：

```
module com.iteratrlearning.ui {
    requires transitive com.iteratrlearning.core;

    exports com.iteratrlearning.ui.panels;
    exports com.iteratrlearning.ui.widgets;
}

module com.iteratrlearning.application {
    requires com.iteratrlearning.ui;
}
```

这段声明的效果是模块 com.iteratrlearning.application 可以访问 com.iteratrlearning.core 导出的公有类型的包。当一个被依赖的模块（譬如这个例子中的 com.iteratrlearning.ui）返回该模块自身依赖的模块（com.iteratrlearning.core）的类型时，传递性就非常有价值了。想象一下，如果需要在模块 com.iteratrlearning.application 中重复声明 com.iteratrlearning.core 的依赖，也是很烦人的事情。这个问题被 transitive 解决了。现在，依赖于 com.iteratrlearning.ui 的包自动地就能访问 com.iteratrlearning.core 模块。

14.8.4　exports to

你对模块的可见性可以做进一步的控制，通过 exports to 结构，可以限制哪些用户能访问哪些导出的包。通过调整模块声明，你可以对 14.8.2 节中的例子做更细粒度的控制，将 com.iteratrlearning.ui.widgets 的允许用户限制为 com.iteratrlearning.ui.widgetuser，如下所示：

```
module com.iteratrlearning.ui {
    requires com.iteratrlearning.core;

    exports com.iteratrlearning.ui.panels;
    exports com.iteratrlearning.ui.widgets to
      com.iteratrlearning.ui.widgetuser;
}
```

14.8.5　open 和 opens

模块声明中使用 open 限定符能够让其他模块以反射的方式访问它所有的包。open 限定符在模块的可见性方面没有特别的效果，唯一的作用就是允许对模块进行反射访问，如下所示：

```
open module com.iteratrlearning.ui {

}
```

　　Java 9 之前，你就能借助反射查看对象的私有状态。换句话说，没有什么是真正完全封装的。对象关系映射（object-relational mapping，ORM）工具，譬如 Hibernate，就经常利用这种能力直接访问和修改对象的状态。默认情况下，Java 9 不允许执行反射了。前面代码中的 open 子句提供了一种途径，允许在需要的时候进行反射。

　　你可以按照需要使用 open 子句对模块中的某个包执行反射，而不是对整个模块执行反射。此外，你还可以像 exports-to 限制导出模块的访问那样，为 open 添加 to 限定符，限制哪些模块可以执行反射访问。

14.8.6　`uses` 和 `provides`

　　如果你熟悉服务和 ServiceLoader，接下来的内容可能就轻车熟路了。在 Java 模块系统中，你也可以使用 provides 子句创建服务供应方，使用 users 子句创建服务消费者。然而这个主题有点复杂，超出了本章的范畴。如果你对整合模块以及服务装载器感兴趣，建议你参考更广泛的学习资源，譬如本章前面提到的由 Nicolai Parlog 编写的 *The Java Module System*。

14.9　通过一个更复杂的例子了解更多

　　通过下面这个例子，你可以感受一下生产环境中的模块系统是怎样的，该例子摘自 Oracle 公司提供的 Java 文档。这个例子使用了本章中介绍的模块声明的大多数特性。采用这个例子并不是要吓唬你（其中大多数模块声明还是简单的 exports 和 requires），只是让你了解一下模块丰富的特性。

```
module com.example.foo {
    requires com.example.foo.http;
    requires java.logging;

    requires transitive com.example.foo.network;

    exports com.example.foo.bar;
    exports com.example.foo.internal to com.example.foo.probe;

    opens com.example.foo.quux;
    opens com.example.foo.internal to com.example.foo.network,
                                      com.example.foo.probe;

    uses com.example.foo.spi.Intf;
    provides com.example.foo.spi.Intf with com.example.foo.Impl;
}
```

　　本章讨论了新的 Java 模块系统诞生的原因并概要地介绍了它的主要特性。我们并没有介绍很多的特性，像服务装载器、附加模块描述符子句、辅助模块工作的工具，如 jdeps 和 jlink 都没有涉及。如果你是 Java 企业版的开发者，请注意将你的应用迁移到 Java 9 时，好几个与 Java 企业版相关的包默认都无法由模块化的 Java 9 虚拟机加载。譬如 JAXP API 类就属于 Java EE API，它在 Java SE 9 默认的类路径中不存在。你需要显式地通过命令行开关`--add-modules`添加需要的模块，才能保证前后向的兼容性。譬如，要添加 `java.xml.bind`，你就需要指定`--add-modules java.xml.bind`。

正如前文多次提到的那样，完整地介绍 Java 模块系统需要一本书，而不仅仅是这短短的一章。如果你希望更深入地理解模块系统的细节，建议你阅读由 Nicolai Parlog 编写的 *The Java Module System*。

14.10   小结

以下是本章中的关键概念。

- 关注点隔离和信息隐藏是构造结构良好、易于维护与理解的软件的重要原则。
- Java 9 之前，你可以根据特定的需求，利用包、类以及接口对代码进行模块化，不过以上这些方式都缺乏足够的特性，无法进行有效的封装。
- "类路径地狱"问题导致我们很难对应用的依赖性进行分析。
- Java 9 之前，JDK 还是单体型的结构，导致很高的维护成本并限制了 Java 的演进。
- Java 9 引入了新的模块系统，它通过 module-info.java 文件命名模块，指定其依赖性（通过 `requires`）以及导出的公共 API（通过 `exports`）。
- 使用 `requires` 子句，你可以指定一个模块对其他模块的依赖。
- 使用 `exports` 子句可以导出模块中的某些包，将其声明为公有类型，提供给其他模块使用。
- 推荐使用互联网域名的逆序作为模块的命名方式。
- 位于模块路径上且没有提供 module-info 文件的 JAR 文件会被 Java 9 作为自动模块处理。
- 自动模块隐式地导出其全部包给其他模块使用。
- Maven 支持按照 Java 9 模块系统构建的应用。

Part 5

第五部分

提升 Java 的并发性

第五部分探讨如何使用 Java 的高级特性构建并发程序——注意，我们要讨论的不是第 6 章和第 7 章中介绍的流的并发处理。再次声明，本书后续章节不依赖于本部分内容，因此，如果你暂时不需要了解 Java 并发，那么可以毫无压力地跳过本部分，去浏览感兴趣的内容。

第 15 章是这一版新增的，从宏观的角度介绍异步 API 的思想，包括 Future、反应式编程背后的"发布 – 订阅"协议（封装在 Java 9 的 Flow API 中）。

第 16 章探讨 CompletableFuture，它可以让你用声明性方式表达复杂的异步计算，从而让 Stream API 的设计并行化。

第 17 章也是这一版新增的，详细介绍 Java 9 的 Flow API，并提供反应式编程的实战代码解析。

CompletableFuture 及反应式编程背后的概念

最近这些年，程序员们受两股潮流的影响，不断地反思他们编写代码的方式。第一种潮流与应用程序运行的硬件平台相关，而第二种潮流与应用程序的结构相关（尤其是它们之间如何交互）。第 7 章讨论过硬件的推陈出新对软件的影响。我们注意到，由于多核处理器的出现，提升应用程序执行速度最有效的方法是编写能充分利用多核处理器能力的软件。我们已经介绍过，你可以将一个大的任务分解成多个小型子任务，让每一个子任务以并行的方式相互独立地运行于多个核上。我们还介绍过如何使用 fork/join 框架（自 Java 7 引入）以及并行流（自 Java 9 引入）帮助你以更简单、更有效的方式完成一项任务，其效率甚至比直接使用线程还高。

第二种潮流反映了互联网应用对可用性日益增长的需求。譬如，过去的几年，采用微服务架构的应用越来越多。现在你的应用已经不再是单体型的结构，它被切分成了多个小型服务。协调这些小型服务必然需要更频繁的网络通信。类似地，越来越多的互联网服务现在都可以通过公有 API 访问，这些 API 通常由知名的服务提供商提供，譬如谷歌（位置信息）、Facebook（社交信息）和 Twitter（新闻）。现在，我们已经极少开发一个完全独立的网络应用了。你的下一个网络应用很可能是一个聚合型应用（mashup），它使用来自多个数据源的内容，将它们聚集在一起，从而简化我们的生活。

假如你想要替你的法国用户构建一个网站来收集整理社交媒体对某个话题的观点。为了实现这个网站，你可以使用 Facebook 或者 Twitter 提供的 API 找到相关主题的热门评论，这些评论可能包含各种语言，而你需要使用你内部的算法找出最相关的条目。接着你可以使用谷歌翻译把这些评论翻译成法语，或者使用谷歌地图定位评论的作者。收集完所有这些信息后，就可以将它们展现在你的网站上了。

当然，采用这种架构也会受到一定的制约。当这些外部服务中的某些响应比较慢时，你肯定希望还能为你的用户提供部分数据，譬如以文本形式搭配一张带有问号的通用地图返回结果，而不是返回一个空白屏，直到地图服务器返回结果或者连接超时。图 15-1 展示了这种聚合型应用是如何与远程服务交互的。

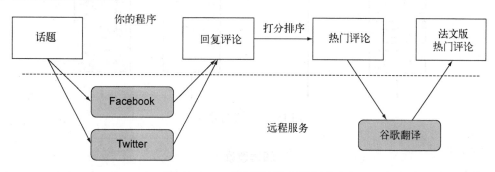

图 15-1　一个典型的聚合型应用

为了实现这样一个应用，你往往需要跨互联网与多个网络服务通信。然而，你并不希望由于要等待远程服务的响应，阻塞现有的计算任务并白白浪费 CPU 中数十亿个宝贵的时钟周期。譬如，你不应该由于要等待 Facebook 数据的返回而停止对 Twitter 数据的处理。

这种情况也反映了多任务编程的另一面。第 7 章中讨论的 fork/join 框架以及并行流都是非常有价值的并行处理工具。它们将一个任务切分为多个子任务，并将这些子任务分配到不同的核、CPU 或者机器上去以并行的方式执行。

与此相反，如果你处理并发而非并行任务，或者主要目标是在同一个 CPU 上执行多个松耦合的任务，你要考虑的是在等待（很可能是很长的一段时间）远程服务的结果或者查询数据库时，尽可能地让这些核都忙起来，从而最大化应用的吞吐量，尽量避免线程阻塞和浪费宝贵的计算资源。

为了解决这一问题，Java 提供了两个主要的工具集。第一个就是在第 16 章和第 17 章中会学习的 Future 接口，尤其是 Java 8 中提供的 CompletableFuture，这通常是既简单又有效的解决方案（详情请参考第 16 章）。最近 Java 9 又新增了对反应式编程的支持，它基于 Flow API 实现了所谓的"发布–订阅"协议，使用它能提供更加细粒度的程序控制（详情请参考第 17 章）。

图 15-2 说明了并发与并行这两种算法的差异。并发是一种编程属性（重叠地执行），即使在单核的机器上也可以执行，而并行是执行硬件的属性（同时执行）。

本章接下来的内容中会详细介绍 Java 新的 CompletableFuture 和 Flow API 的基本思想。

我们由 Java 并发的演化之路讲起，包括线程及其高层抽象，譬如线程池和 Future（参见15.1 节）。第 7 章中介绍的主要是"池类"（poolike）程序的并行。15.2 节会介绍如何更好地发挥方法调用的并发性。15.3 节会介绍将程序的各个部分看成通过管道通信的线框的一种图像表示法。15.4 节和 15.5 节会分析 Java 8 和 Java 9 中的 `CompletableFuture` 和反应式编程原则。最后，15.6 节会讨论反应式系统与反应式编程的区别。

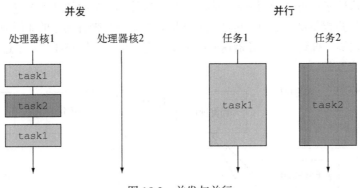

图 15-2　并发与并行

阅读建议

　　本章内容几乎不涉及实战的 Java 代码。如果你目前只想了解如何编码，那么请跳过本章直接阅读第 16 章和第 17 章。另一方面，我们也都知道，实现陌生思想的代码很难理解。因此，本章会结合简单的函数和图表，从宏观角度介绍各种思想，譬如反应式编程 Flow API 背后的"发布–订阅"协议。

　　本章在讲述大多数概念时都会执行一些例子，譬如使用 Java 的各种并发特性计算像 f(x) + g(x) 这样的表达式，并返回其结果，或者打印输出其结果——其中的 f(x) 和 g(x) 都是比较耗时的计算任务。

15.1　为支持并发而不断演进的 Java

　　过去的 20 年，并发性的演进反映在计算机硬件、软件系统以及编程概念的变化上。为了支持不断演进的并发编程，Java 也进行了大量的改进。总结这一演进可以帮助你更好地理解 Java 增加新特性的原因以及它们在程序和系统设计中所扮演的角色。

　　Java 从一开始就提供了锁（通过 `synchronized` 类和方法）、`Runnable` 以及线程。2004 年，Java 5 又引入了 `java.util.concurrent` 包，它能以更具表现力的方式支持并发，特别是 `ExecutorService`[①]接口（将"任务提交"与"线程执行"解耦）、`Callable<T>` 以及 `Future<T>`，后两者使用泛型（也是从 Java 5 首次引入）生成一个高层封装的 `Runnable` 或 `Thread` 变体，可以返回执行结果。`ExecutorService` 既可以执行 `Runnable` 也可以执行 `Callable`。这些新特

---

① `ExecutorService` 接口继承了 `Executor` 接口，可以使用 `submit` 方法执行一个 `Callable`；而 `Executor` 接口仅为 `Runnables` 提供了一个 `execute` 方法。

性促进了多核 CPU 上并行编程的发展。说句实话，没有人喜欢直接使用线程干活儿！

之后版本的 Java 依然持续地改进着对并发的支持，因为程序员们越来越需要更加高效地使用多核 CPU 的处理能力。正如第 7 章中介绍的，Java 7 为了使用 fork/join 实现分而治之算法，新增了 java.util.concurrent.RecursiveTask，Java 8 则增加了对流和流的并行处理（依赖于新增的 Lambda 表达式）的支持。

通过支持组合式的 Future（基于 Java 8 CompleteFuture 实现的 Future，详情请参考 15.4 节及第 16 章），Java 进一步丰富了它的并发特性，Java 9 提供了对分布式异步编程的显式支持。这些 API 为构建本章前面介绍的那种聚合型应用提供了思路和工具。在这种架构中，应用通过与各种网络服务通信，替用户实时整合需要的信息，或者将整合的信息作为进一步的网络服务提供出去。这种工作方式被称为**反应式编程**。Java 9 通过"**发布-订阅**"协议（更具体地说，通过 java.util.concurrent.Flow 接口，详情请参考 15.5 节和第 17 章）增加了对它的支持。CompletableFuture 及 java.util.concurrent.Flow 的关键理念是提供一种程序结构，让相互独立的任务尽可能地并发执行，通过这种方式最大化地利用多核或者多台机器提供的并发能力。

15.1.1　线程以及更高层的抽象

我们中的很多人都是从操纵系统这门课程中第一次了解线程和进程的。单 CPU 的计算机能支持多个用户，因为操作系统为每个用户创建了一个进程。操作系统为这些进程分配了相互独立的虚拟地址空间，这样每个用户都感觉他是在独占使用这台计算机。操作系统通过分时唤醒的方式让多个进程共享 CPU 资源，进一步地强化了这种假象。一个进程可以请求操作系统给它分配一个或多个**线程**——它们和主进程之间共享地址空间，因此可以并发地执行任务并相互协调。

在一个多核的环境中，单用户登录的笔记本电脑上可能只启动了一个用户进程，这种程序永远不能充分发挥计算机的处理能力，除非使用多线程。虽然每个核可以服务一个或多个进程或线程，但是如果你的程序并未使用多线程，那它同一时刻能有效使用的只有处理器众多核中的一个。

譬如你有个四核 CPU 的机器，如果安排合理，让每个 CPU 核都持续不停地执行有效的任务，理论上你程序的执行速度应该是单核 CPU 执行速度的四倍（当然，程序调度也会有开销，所以实际达不到这么多）。举个例子，假如你有一个容量为 1 000 000 个数字大小的数组，其中保存了学生给出的正确答案的数目。下面的程序运行在单个线程上（该程序在单核年代运行得很顺畅）：

```
long sum = 0;
for (int i = 0; i < 1_000_000; i++) {
    sum += stats[i];
}
```

将上面的程序与使用四个线程的版本进行比较，其中第一个线程执行：

```
long sum0 = 0;
for (int i = 0; i < 250_000; i++) {
    sum0 += stats[i];
}
```

第四个线程执行：

```
long sum3 = 0;
for (int i = 750_000; i < 1_000_000; i++) {
    sum3 += stats[i];
}
```

这四个线程在 main 程序中通过 Java 的 .start() 方法启动, 使用 .join() 等待其执行完成, 最后执行计算：

```
sum = sum0 + ... + sum3;
```

问题是执行这种 for 循环既乏味又容易出错。另外, 你该如何处理那些不在循环中的代码呢?

第 7 章展示了如何使用 Java 的 Stream 轻而易举地通过内部迭代而非外部迭代 (显式的循环) 实现并行：

```
sum = Arrays.stream(stats).parallel().sum();
```

这里希望大家记得的是, 对并行流的迭代是比显式使用线程更高级的概念。换句话说, 使用流 (Stream) 是对一种线程使用模式的**抽象**。将这种抽象引入流就像使用一种设计模式, 带来的好处是程序员不再需要编写枯燥的模板代码了, 库中的实现隐藏了代码大部分的复杂性。第 7 章还介绍了如何使用自 Java 7 才支持的 java.util.concurrent.RecursiveTask, 它对线程的 fork/join 进行了抽象, 可以并发地执行分而治之算法, 用一种更高级的方式在多核机器上高效地执行数组求和计算。

学习更多的线程抽象方法之前, 来复习一下 ExecutorService (由 Java 5 引入), 以及构建这些抽象的基础——线程池。

15.1.2　执行器和线程池

Java 5 提供了执行器框架, 其思想类似于一个高层的线程池, 可以充分发挥线程的能力。执行器使得程序员有机会解耦任务的提交与任务的执行。

1. 线程的问题

Java 线程直接访问操作系统的线程。这里主要的问题在于创建和删除操作系统线程的代价很大 (涉及页表操作), 并且一个系统中能创建的线程数目是有限的。如果创建的线程数超过操作系统的限制, 很可能导致 Java 应用莫名其妙地崩溃, 因此你需要特别留意, 不要在线程运行时持续不断地创建新线程。

操作系统 (以及 Java) 的线程数都远远大于硬件线程数[①], 因此即便一些操作系统线程被阻

---

① 描述这一点时我们曾经使用过 "核", 不过像英特尔酷睿 i7-6900K 这样的 CPU 每个核上又有多个硬件线程, 因此 CPU 即使经历了短暂的延迟, 譬如缓存未命中, 还是能继续执行指令。

塞了，或者处于睡眠状态，所有的硬件线程还是会被完全占据，繁忙地执行着指令。举个例子，2016 年英特尔公司生产的酷睿 i7-6900K 服务器处理器有八个核，每个核上有两个对称多处理（SMP）的硬件线程，这样算下来就有 16 个硬件线程。服务器上很可能有好多个这样的处理器，最终一台服务器上可能有 64 个硬件线程。与此相反，笔记本电脑可能就只有一个或者两个硬件线程，因此，移植程序时，不能想当然地假设可以使用多少个硬件线程。而某个程序中 Java 线程的最优数目往往依赖于硬件核的数目。

2. 线程池的优势

Java 的 `ExecutorService` 提供了一个接口，用户可以提交任务并获取它们的执行结果。期望的实现是使用 `newFixedThreadPool` 这样的工厂方法创建一个线程池：

```
ExecutorService newFixedThreadPool(int nThreads)
```

这个方法会创建一个包含 nThreads（通常称为**工作线程**）的 `ExecutorService`，新创建的线程会被放入一个线程池，每次有新任务请求时，以先来先到的策略从线程池中选取未被使用的线程执行提交的任务请求。任务执行完毕之后，这些线程又会被归还给线程池。这种方式的最大优势在于能以很低的成本向线程池提交上千个任务，同时保证硬件匹配的任务执行。此外，你还有一些选项可以对 `ExecutorService` 进行配置，譬如队列长度、拒绝策略以及不同任务的优先级等。

请注意这里使用的术语：程序员提供**任务**（它可以是一个 `Runnable` 或者 `Callable`），由**线程**负责执行。

3. 线程池的不足

大多数情况下，使用线程池都比直接操纵线程要好，不过你也需要特别留意使用线程池的两个陷阱。

- 使用 k 个线程的线程池只能并发地执行 k 个任务。提交的任务如果超过这个限制，线程池不会创建新线程去执行该任务，这些超限的任务会被加入等待队列，直到现有任务执行完毕才会重新调度空闲线程去执行新任务。通常情况下，这种工作模式运行得很好，它让你可以一次提交多个任务，而不必随机地创建大量的线程。然而，采用这种方式时你需要特别留意任务是否存在会进入睡眠、等待 I/O 结束或者等待网络连接的情况。一旦发生阻塞式 I/O，这些任务占用了线程，却会由于等待无法执行有价值的工作。假设你的 CPU 有 4 个硬件线程，创建的线程池大小为 5，你一次性提交了 20 个执行任务（如图 15-3 所示）。你希望这些任务会并发地执行，直到所有 20 个任务执行完毕。假设首批提交的线程中有 3 个线程进入了睡眠状态或者在等待 I/O，那就只剩 2 个线程可以服务剩下的 15 个任务了。如此一来，你只能取得你之前预期吞吐量的一半（如果你创建的线程池中工作线程数为 8，那么还是能取得同样预期吞吐量的）。如果早期提交的任务或者正在执行的任务需要等待后续任务，而这也正是 `Future` 典型的使用模式，那么可能会导致线程池死锁。

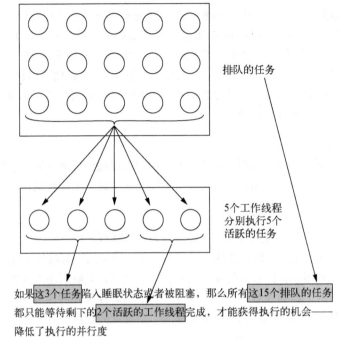

排队的任务

5个工作线程
分别执行5个
活跃的任务

如果这3个任务陷入睡眠状态或者被阻塞，那么所有这15个排队的任务
都只能等待剩下的2个活跃的工作线程完成，才能获得执行的机会——
降低了执行的并行度

图 15-3   睡眠线程会降低线程池的吞吐量

这里希望大家牢记的是，尽量避免向线程池提交可能阻塞（譬如睡眠，或者要等待某个事件）的任务，然而这一点在遗留系统中可能无法避免。

　　❑ 通常情况下，Java 从 main 返回之前，都会等待所有的线程执行完毕，从而避免误杀正在执行关键代码的线程。因此，实际操作时的一个好习惯是在退出程序执行之前，确保关闭每一个线程池（因为线程池中的工作线程在创建完后会由于要等待另一个任务执行完毕而无法正常终止）。实践中，我们经常使用一个长时间运行的 ExecutorService 管理需要持续运行的互联网服务。

Java 也提供了 Thread.setDaemon 方法来控制这种行为，下一节讨论这一内容。

15.1.3   其他的线程抽象：非嵌套方法调用

为了解释为什么本章使用的并发形式与第 7 章（并行流处理以及 fork/join 框架）不同，我们不得不提到第 7 章的使用形式都有个特殊的属性：无论什么时候，任何任务（或者线程）在方法调用中启动时，都会在其返回之前调用同一个方法。换句话说，线程创建以及与其匹配的 join() 在调用返回的嵌套方法调用中都以嵌套的方式成对出现。这种思想被称为**严格 fork/join**，如图 15-4 所示。

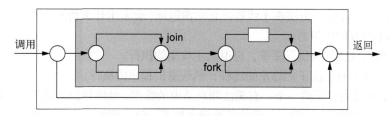

图 15-4　严格的 fork/join。箭头代表线程，圆圈代表 fork 和 join，方框代表方法调用
　　　　和返回

以一种更加松散的形式组织 fork/join 其实也无伤大雅，这种方式下子任务从内部方法调用中逃逸出来，在外层调用中执行 join，这样提供给用户的接口看起来还是一个普通调用[①]，如图 15-5 所示。

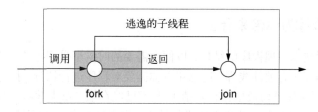

图 15-5　灵活的 fork/join

本章着重讨论多种多样的并发形态，其中用户的方法调用创建的线程（或者派生的任务）可能比该调用方法的生命周期还长，如图 15-6 所示。

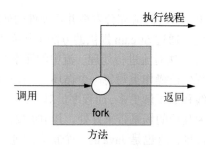

图 15-6　一种异步方法

这种类型的方法常常被称作异步方法，它的名字源于该方法所派生的任务会继续执行调用方法希望它完成的工作。15.2 节会介绍 Java 8 和 Java 9 中受益于该方法的新特性。不过，先来看看采用这种方法会有哪些潜在的危害。

- 子线程与执行方法调用的代码会并发执行，因此为了避免出现数据竞争，编写代码时需要特别小心。

---

① 对比"函数式的思考"（第 18 章），该章讨论了如何将内部使用有副作用的方法改造为无副作用的接口。

❑ 如果 Java 的 `main()` 方法在子线程终止之前返回，会发生什么情况？有两种可能性，然而它们都不是我们期望的。

　■ 等待所有的线程都执行完毕，再退出主应用的执行。

　■ 直接杀死所有无法正常终止的线程，然后退出程序的执行。

前一个方案可能由于等待一个一直无法顺利结束的线程，最终导致应用崩溃；后一个方案有可能中断一个写磁盘的 I/O 序列，导致外部数据出现不一致的现象。为了避免这些问题，你需要确保你的程序能有效地跟踪它创建的线程，且退出程序运行（包括线程池的关闭）之前必须加入这些线程。

依据有没有执行 `setDaemon()` 方法，Java 线程可以被划分为**守护进程**以及**非守护进程**。守护进程的线程在退出时就被终止（因此特别适合作为服务，因为它不会导致磁盘数据不一致），而从主程序返回的线程还得继续等待，直到所有非守护线程都终止了，应用才能退出执行。

15.1.4　你希望线程为你带来什么

你希望采用线程技术梳理程序的结构，以便在需要的时候享受程序并行带来的好处，生成足够多的任务以充分利用所有硬件线程。这意味着你需要对程序进行切分，把它划分成很多小任务（不过也不能太小，因为任务切换也存在开销）。我们已经在第 7 章中学习了如何使用并行流处理和 fork/join 对 `for` 循环以及分而治之算法进行处理，本章接下来（包括第 16 章和第 17 章）会学习如何避免使用冗长的线程操作模板代码去处理方法调用。

15.2　同步及异步 API

第 7 章中展示了如何使用 Java 8 中的流充分发挥并行硬件的处理能力。这个过程包含两个阶段。首先，你需要使用内部迭代（通过 Stream 提供的方法）替换外部迭代（显式的 `for` 循环）。接着，你可以使用 `parallel()` 方法对流进行处理，流中的元素会被 Java 运行时并发地处理，程序员不再需要使用复杂的线程创建操作重写每一个循环。采用这种方式的另外一个好处是，运行时系统对循环执行时的可用线程数了解更多，而程序员对此往往一头雾水，很多时候都是在猜。

除了循环计算，并行也能为其他的场景带来好处，其中重要的一项就是异步 API，它构成了本章、第 16 章以及第 18 章的背景，这也是 Java 的一个重大改进。

下面以一个运行的实例来说明该问题。假设你需要统计方法 `f` 和方法 `g` 的执行结果，这两个方法的函数签名如下：

```
int f(int x);
int g(int x);
```

特别强调一下，我们提到的这些函数签名都是**同步 API**，因为它们物理上返回时，其执行结果也一同返回了。如果你还是很困惑，没关系，很快就能理解了。你可能使用下面这段代码同时调用这两个 API，并打印输出它们执行结果之和：

```
int y = f(x);
int z = g(x);
System.out.println(y + z);
```

假设方法 f 和方法 g 的执行时间都很长（这些方法可能实现了一个数学最优化任务，譬如
梯度递归，不过在第 16 章和第 17 章中会使用更加实用的例子，即执行互联网查询）。通常而言，
Java 编译器不会对这段代码执行任何的优化，因为 f 和 g 可能存在一些交互，而编译器对此知
之甚少。然而，如果你非常明确地知道 f 与 g 不存在任何的交互，或者你对此毫不关心，那么
你可以在各自独立的 CPU 核上分别执行 f 和 g，从而缩短程序的执行时间。这种情况下，程序
执行的总时间就变成了调用 f 和 g 中耗时最长的那一个，而不是二者之和了。你需要做的就是
在不同的线程中执行 f 和 g。这是个很棒的想法，然而代码的逻辑变得更加复杂了[①]：

```
class ThreadExample {

    public static void main(String[] args) throws InterruptedException {
        int x = 1337;
        Result result = new Result();

        Thread t1 = new Thread(() -> { result.left = f(x); } );
        Thread t2 = new Thread(() -> { result.right = g(x); });
        t1.start();
        t2.start();
        t1.join();
        t2.join();
        System.out.println(result.left + result.right);
    }

    private static class Result {
        private int left;
        private int right;
    }
}
```

这段代码还可以使用 Future API 而不是 Runnable 进一步简化。假设你之前已经建立了一
个名为 ExecutorService 的线程池（譬如 executorService），你可以实现下面这段代码：

```
public class ExecutorServiceExample {
    public static void main(String[] args)
            throws ExecutionException, InterruptedException {

        int x = 1337;
        ExecutorService executorService = Executors.newFixedThreadPool(2);
        Future<Integer> y = executorService.submit(() -> f(x));
        Future<Integer> z = executorService.submit(() -> g(x));
        System.out.println(y.get() + z.get());
```

[①] 这里的复杂度部分源于需要将线程处理的结果传回。Lambda 或者内部类中只能使用 final 类型的外部对象变量，
不过真正困难的是你需要显式地操纵所有的线程。

```
        executorService.shutdown();
    }
}
```

然而，这段代码依然受到了显式调用 submit 时使用的模板代码的污染。

你需要更好的方式来表达这种思想，就像流的内部迭代避免了使用线程创建语法来并发外部迭代那样。

解决这个问题的答案是将 API 由同步 API 变为**异步 API**。①这种方式下，方法不再在物理返回其调用者的同时返回它的执行结果，被调用函数可以在返回结果就绪之前物理上提前返回调用函数，如图 15-6 所示。由此，对 f 的调用以及该方法调用之后的代码（这里指的是对 g 方法的调用）可以并发地执行。通过两种方法可以实现这种并行，不过它们都会改变 f 和 g 的签名。

第一种方法是使用 Java Future 的改进版本。Future 最初在 Java 5 中引入，在 Java 8 中做了进一步的增强，成为了可以组合的 CompletableFuture。15.4 节会详细介绍这个概念，第 16 章会以一个实际的例子讲解该 Java API 的使用。第二种方法是使用 Java 9 java.util.concurrent.Flow 接口的反应式编程风格，它基于 15.5 节介绍的"发布–订阅"协议。第 17 章会结合实际的例子介绍这部分内容。

那么这些可选方案对 f 和 g 的函数签名有什么影响呢？

15.2.1　Future 风格的 API

采用这种方式的话，f 及 g 的签名

```
Future<Integer> f(int x);
Future<Integer> g(int x);
```

需要变更为：

```
Future<Integer> y = f(x);
Future<Integer> z = g(x);
System.out.println(y.get() + z.get());
```

其思想是方法 f 会返回一个 Future 对象，该对象包含一个继续执行方法体中原始内容的任务，不过方法执行完 f 后会立刻返回，不会等待执行结果就绪。类似地，方法 g 也返回一个 Future 对象，第三行代码使用了一个 get() 方法等待这两个 Future 执行完毕，并计算它们的结果之和。

这个例子中，你可以保持方法 g 的 API 调用不变，仅在方法 f 中引入 Future，并且不会降低其并发度。然而，对于大型的程序，建议你不要这样做，原因有两个。

❑ 其他使用函数 g 的地方可能也需要 Future 风格的版本，因此你最好使用统一的 API 风格。

---

① 同步 API 也被称作**阻塞式** API，方法的物理返回会延迟到返回结果就绪为止（想象执行一次 I/O 操作的场景），而异步 API 天然就适合实现非阻塞式 I/O（API 仅仅负责发起 I/O 操作，并不等待执行结果。市面上很多库都支持非阻塞 I/O 操作，譬如 Netty）。

❑ 为了充分发挥并行硬件的处理能力，以使程序运行得又快又好，将程序切分成更多粒度更细的任务是很有帮助的（当然也要控制在合理的范围之内）。

15.2.2　反应式风格的 API

第二种方式的核心思想是通过修改 f 和 g 的函数签名来使用回调风格的编程，如下所示：

```
void f(int x, IntConsumer dealWithResult);
```

刚看到这个解决方案，你可能会非常意外。如果函数 f 不返回任何值，那么它该如何工作呢？答案是采用这种方法，你需要额外向 f 函数传递一个回调函数（其实是一个 Lambda 表达式）作为参数，f 函数会在函数体中衍生一个任务，这个任务会在结果可用时使用它执行 Lambda 表达式，这样一来就不需要使用 return 返回值了。再次强调一下，f 函数衍生出执行函数体的任务后就立刻返回了。示例代码如下：

```
public class CallbackStyleExample {
    public static void main(String[] args) {

        int x = 1337;
        Result result = new Result();

        f(x, (int y) -> {
            result.left = y;
            System.out.println((result.left + result.right));
        } );

        g(x, (int z) -> {
            result.right = z;
            System.out.println((result.left + result.right));
        });
    }
}
```

啊，原来如此！然而，这两个程序还是不一致。这段代码在打印输出正确结果（函数 f 和 g 调用之和）之前，打印输出的是最快拿到的值（偶尔还会打印输出两次计算的和，因为这段代码没有加锁，+的两个操作数既可以在打印输出执行之前更新，也可以在打印输出执行之后更新）。解决这个问题有两种途径。

❑ 你可以添加 if-then-else 判断，确定这两个回调函数都已经执行完毕后再调用 println 打印输出它们的和。为了达到这一目标，你可能还需要在恰当的位置添加锁。

❑ 你还可以使用反应式风格的 API。然而这种 API 主要适用于事件序列的处理，而非单一的结果。针对单一结果，采用 Future 可能更加合适。

注意，反应式编程允许方法 f 和 g 多次调用它们的回调函数 dealWithResult。而原始版本的 f 和 g 使用 return 返回结果，return 只能被调用一次。Future 与此类似，它也只能完成一次，执行 Future 的计算结果可以通过 get()方法获取。某种程度上，反应式风格的异步

API 天然更适合于处理一系列的值（稍后会将它与流对比），而 Future 式的 API 更适合作为一次性处理的概念框架。

15.5 节会优化传达这个核心思想的例子，对一个可以处理诸如=C1+C2 等公式的电子数据表格进行建模。

你可能会说无论采用上述哪种方法，代码都变得更加复杂了。这种说法在某种程度上是正确的，无论是哪个方法，你都不应该随意使用其 API。然而，使用这些 API 的好处也显而易见，它们能帮你编写更简洁的代码（使用更高阶的数据结构），不需要显式地操纵线程了。此外，使用这些 API 时，你也需要特别留意，尤其是(a)需要长时间执行计算任务（譬如计算时间有可能长达几毫秒），或者(b)需要等待网络传输或用户输入的场景，恰当地处理这些场景能极大地提升应用的效率。对于场景(a)，使用这些技术能让你的程序运行得更快，同时又避免了在代码中塞满线程处理的逻辑。对于场景(b)，采用这些技术还能带来额外的好处，因为底层系统能更好地调度线程，避免发生拥塞。接下来的一节中会详细讨论后一点。

15.2.3　有害的睡眠及其他阻塞式操作

当你的应用与用户或者其他应用交互时，往往需要限制事件发生的频率，一种很自然的方式是使用 sleep() 方法 。然而，睡眠线程依旧会占用系统资源。如果睡眠的线程数目不多，一般没什么问题，但如果有大量的线程处于睡眠状态，这就成了你必须要解决的问题（参见 15.2.1 节和图 15-3）。

我们应该牢记的一点是，线程池中的任务即便是处于睡眠状态，也会阻塞其他任务的执行（它们无法停止已经分配了线程的任务，因为这些任务的调度是由操作系统管理的）。

当然，可能阻塞线程池中可用线程执行的不仅仅只有睡眠。任何阻塞式操作都会产生同样的效果。阻塞式操作可以分为两类：一类是等待另一个任务执行，譬如调用 Future 的 get()方法；另一类是等待与外部交互的返回，譬如从网络、数据库服务器或者键盘这样的人机接口读取数据。

你能做什么呢？一个高屋建瓴的回答是永远不要在任务中安排阻塞操作，至少要在你的代码中添加一些异常处理逻辑（更接近生产代码的检查请参考 15.2.4 节）。更理想的方法是将你的任务切分成两部分——"之前"与"之后"——仅在程序执行未被阻塞时才由 Java 来调度"之后"部分的执行。

代码片段 A，实现为一个单一任务：

```
work1();
Thread.sleep(10);    ◄────── 睡眠 10 秒
work2();
```

代码片段 B 如下所示：

```
public class ScheduledExecutorServiceExample {
    public static void main(String[] args) {
        ScheduledExecutorService scheduledExecutorService
            = Executors.newScheduledThreadPool(1);
```

```
        work1();
        scheduledExecutorService.schedule(
ScheduledExecutorServiceExample::work2, 10, TimeUnit.SECONDS);

        scheduledExecutorService.shutdown();
    }
    public static void work1(){
        System.out.println("Hello from Work1!");
    }

    public static void work2(){
        System.out.println("Hello from Work2!");
    }
}
```

work1()完成之后 10 秒，
启动一个新的任务执行
work2()

假设这两个任务都在线程池中执行。

让我们看看代码 A 是如何执行的。首先，它会被加入线程池的执行队列，之后开始执行。执行过程中，它被 sleep 调用阻塞，占用了工作线程 10 秒钟的时间，期间没有执行任何任务。接着它开始执行 work2()，执行结束后释放工作线程。与此相反，代码 B 会首先执行 work1()，然后被终止——不过终止之前它会调度等待队列中的任务先执行 work2() 10 秒钟。

代码 B 看起来更好，但是为什么呢? 代码 A 和代码 B 所做的是同一件事情。差别是代码 A 在其睡眠期间占用了宝贵的线程时间，而代码 B 并没有傻傻地睡眠，其调度执行了队列中的另一个任务（同时也消耗了几个字节的内存，然而并没有创建新的线程）。

这种效果是你创建任务时应该牢记于心的。任务在执行时会占用宝贵的系统资源，因此，你的目标是让它们持续地处于运行状态，直至其执行完毕，或者释放出使用的资源。任务在提交完后续任务后应该终止执行，而不是被阻塞。

这一原则也应该尽可能地应用于 I/O。任务启动读方法调用，或者读结束终止读方法调用，请求运行时库调度一个后续任务，都应该使用非阻塞操作，尽量不要使用传统的阻塞式读取。

这种设计模式似乎会造成大量难于理解的代码。不过 Java 的 CompletableFuture 接口（详情请参考 15.4 节和第 16 章）在运行时库中对这种风格的代码进行了抽象，你可以使用结合器（combinator）解决这一问题，而无须使用前文介绍的 Future 的阻塞式操作 get()。

最后总结一下，如果线程数量是无限的，并且创建线程的开销可以忽略不计的话，那么代码 A 和代码 B 都是不错的解决方案。然而，现实世界并非如此，只要你的任务中有线程可能进入睡眠状态，或者会被阻塞，这种情况下代码 B 无疑是更好的方案。

15.2.4　实战验证

如果你正在设计一个新系统，希望它能充分利用并行硬件的处理能力，那么把它设计成大量小型、并发的任务，同时以异步调用的方式实现所有可能阻塞的操作很可能是最理想的途径。然而，这种“全异步”（everything asynchronous）的设计模式可能并不符合项目实际情况（还记得著名的谚语“至善者，善之敌”吗）。Java 从 2002 年发布的 Java 1.4 开始就已经有非阻塞式的 I/O

原语（java.nio）了，然而它们由于过于复杂，应用并不广泛。现实而言，建议你找出能受益于 Java 并发 API 的场景，充分利用这些 API，而不必额外花精力将每一个 API 都变成异步的。

你还可以研究一下更新的库，譬如 Netty，它提供了用于创建网络服务器的统一的阻塞/非阻塞 API。

15.2.5　如何使用异步 API 进行异常处理

无论是基于 Future 的异步 API 还是反应式异步 API，被调方法的概念体（conceptual body）都在另一个线程中执行，调用方很可能已经退出了执行，不在调用异常处理器的作用域内。很明显，这种非常规行为触发的异常需要通过其他的动作来处理。然而，这种动作到底是什么呢？Future 的 CompletableFuture 实现中包含的 get() 方法可以返回异常的信息，此外，你还可以通过像 exceptionally() 这样的方法进行异常恢复，更多内容将在第 16 章深入讨论。

对于反应式异步 API，你需要修改接口以引入额外的回调函数，这个回调函数会在触发异常时被调用，其方式就像不使用 return 返回，而是执行设定的回调函数一样。为了实现这种设计，你需要在反应式 API 中使用多个回调函数，示例如下：

```
void f(int x, Consumer<Integer> dealWithResult,
               Consumer<Throwable> dealWithException);
```

接着函数 f 的函数体可能会执行：

```
dealWithException(e);
```

如果有多个回调函数，你可以将它们等价地封装成单一对象中的方法来传递一个对象而不是传递多个回调函数。譬如，Java 9 的 Flow API 就将多个回调函数封装成了一个对象（即 Subscriber<T> 类，它包含了四个回调函数形式的方法）。下面是其中的三个函数：

```
void    onComplete()
void    onError(Throwable throwable)
void    onNext(T item)
```

相互独立的回调函数代表了不同的含义，譬如值可以访问了（onNext）、获取值时发生了异常（onError），或者程序收到信号接下来没有新的数据（或者异常），此时就会调用 onComplete 函数。前面的示例中，f 的 API 可以定义为：

```
void f(int x, Subscriber<Integer> s);
```

f 函数体现在借助执行下面的操作，以 Throwable t 的形式表示了一个异常：

```
s.onError(t);
```

可以拿这个包含多个回调函数的 API 与从文件或键盘设备读取数字作对比。如果你将这种设备想象成一个生产者而不是被动的数据结构，它就会产生一个由"这是一个数字"或者"这是一个畸形元素，而非一个数字"这样的元素构成的序列，最终收到通知"没有更多要访问的字符了

（文件末尾）"。

我们通常将这些调用称作**消息**或者**事件**。譬如，你可以说文件阅读器生产了数字事件 3、7 以及 42，之后它返回了一个畸形数字事件，接着又生产了数字事件 2，然后接到了文件末尾事件。

将这些事件看作 API 的一部分时，要特别注意 API 并没有保证这些事件之间的相对顺序（我们经常称之为**管道协议**）。实际操作时，API 的附属文档中通常会使用"接收到 onComplete 事件后，API 就不会对后续的事件进行处理了"这样的语句说明协议相关的信息。

15.3　"线框–管道"模型

通常，设计和理解并发系统最好的方式是使用图形。我们将这种技术称为**线框–管道**（box-and-channel）**模型**。设想一个使用整型的简单场景，我们希望对之前计算 f(x)+g(x) 的例子做一个归纳。现在你想要使用参数 x 调用方法（或函数）p，并将计算的结果作为参数传递给函数 q1 和 q2，接着使用这两个调用的结果去调用方法（或函数）r，然后打印结果（为了避免混乱，这里不再区分类 C 的方法 m 以及它关联的函数 C::m）。这个任务用图形方式表示非常简单，如图 15-7 所示。

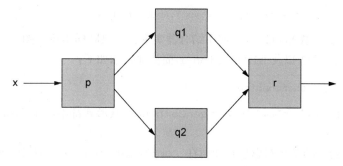

图 15-7　一个简单的"线框–管道"图

我们看看用 Java 实现图 15-7 所示逻辑的两种方法以及各自的弊端。第一种方式是：

```
int t = p(x);
System.out.println( r(q1(t), q2(t)) );
```

这段代码看起来很清晰，不过 Java 会顺次执行对 q1 和 q2 的调用，而这是你希望避免的，因为你的目标是要充分利用硬件的并行处理能力。

另一种方法是使用 Future 并行地执行方法 f 和 g：

```
int t = p(x);
Future<Integer> a1 = executorService.submit(() -> q1(t));
Future<Integer> a2 = executorService.submit(() -> q2(t));
System.out.println( r(a1.get(),a2.get()));
```

注意，由于"线框–管道"图的形状，这个例子中并未用 Future 封装 p 和 r。p 需要在其他所有任务之前完成，而 r 需要在其他所有任务之后执行。如果修改一下这个例子，用下面的代码去模拟，刚才的那几个条件就都不是问题了：

```
System.out.println( r(q1(t), q2(t)) + s(x) );
```

这段代码中，我们需要用 Future 封装五个使用的函数（p、q1、q2、r 和 s）才能获得最大程度的并发。

这一方案在系统并发度不大的情况下工作得很好。但如果系统变得越来越大，带有很多相互独立的"线框-管道"图，甚至有些线框内部还使用了自己的线框和管道会怎样呢？15.1.2 节中讨论过，这种情况下，大量的任务（由于调用了 get() 方法）会处于等待 Future 结束的状态，导致最终无法充分发挥硬件的并发处理能力，甚至出现死锁。此外，要深入理解这么大规模系统的结构才能确定多少任务容易由于执行 get() 处于等待状态，而这是非常困难的。Java 8 的解决方案是使用**结合器**，细节请参考 15.4 节的 CompletableFuture。你已经知道我们可以使用 compose() 和 andThen() 这样的方法将两个方法合成一个新的方法（详情请参考第 3 章）。假设方法 add1 的功能是将 1 和一个整型数相加，而 dble 可以倍增一个整型数，那么你可以编写下面的代码，创建一个函数对它的参数执行倍增操作，并将计算结果与 1 求和返回：

```
Function<Integer, Integer> myfun = add1.andThen(dble);
```

不过"线框-管道"图也可以直接使用结合器实现，效果同样不错。图 15-7 可以借助 Java 的 Function p、q1、q2 以及 BiFunction r 简洁地表示如下：

```
p.thenBoth(q1,q2).thenCombine(r)
```

遗憾的是，无论是 thenBoth 还是 thenCombine，其形式都不属于 Java 的 Function 或 BiFunction 类。

下一节会学习类似的结合器思想是如何在 CompletableFuture 中工作的，避免任务使用 get() 时发生等待。

结束本节内容之前，我们想再次强调，"线框-管道"模型可以帮助你梳理思路和代码。某种程度上，它提升了构建大型系统的抽象层次。你通过画线框（或者在你的程序中使用结合器）表达你希望执行的计算，接着该线框被执行，这种方式比你直接手写计算任务可能高效不少。结合器不仅适合数学计算，也适合 Future 和反应式数据流。15.5 节会对"线框-管道"图进行归纳，并引入"弹珠图"（marble diagram）。弹珠图的每个管道中可能有多个弹珠（代表消息）。"线框-管道"模型还能帮你切换视角，从直接通过编程处理并发到利用结合器由它们内部执行这些工作。类似地，Java 8 的流也改变了我们处理数据的视角，程序员现在不需要迭代遍历数据结构了，这部分工作可以交由结合器在流的内部完成。

15.4   为并发而生的 CompletableFuture 和结合器

Future 接口的一个问题是它是一个接口，你需要思考如何设计你的并发代码结构才能采用

Future 实现你的任务。不过，历史上，除了 FutureTask 这一实现之外，Future 也提供了其他几个动作：创建一个 Future 指定它执行某个计算任务，执行任务，等待执行终止，等等。新版 Java 提供了更多结构的支持（譬如 RecursiveTask，第 7 章已经介绍过）。

Java 8 为这场盛宴带来的是对组合式 Future 的支持。使用 Future 接口的 Completable-Future 实现，你可以创建组合式的 Future。那么，为什么要称其为 CompletableFuture，而不是 ComposableFuture 呢？普通的 Future 通常是通过一个 Callable 创建的，它执行完毕后，可以使用 get() 获得执行的结果。而 CompletableFuture 允许用户创建一个未指定运行任何代码的 Future 对象，之后由 complete() 方法指定其他的线程和值（这里是变量名）完成任务的执行，这样一来 get() 方法就能获得返回值了。譬如，为了并发地计算 f(x) 和 g(x) 的和，你可以编写下面的代码：

```java
public class CFComplete {

    public static void main(String[] args)
        throws ExecutionException, InterruptedException {
        ExecutorService executorService = Executors.newFixedThreadPool(10);
        int x = 1337;

        CompletableFuture<Integer> a = new CompletableFuture<>();
        executorService.submit(() -> a.complete(f(x)));
        int b = g(x);
        System.out.println(a.get() + b);

        executorService.shutdown();
    }
}
```

或者你也可以这么写：

```java
public class CFComplete {

    public static void main(String[] args)
        throws ExecutionException, InterruptedException {
        ExecutorService executorService = Executors.newFixedThreadPool(10);
        int x = 1337;

        CompletableFuture<Integer> b = new CompletableFuture<>();
        executorService.submit(() -> b.complete(g(x)));
        int a = f(x);
        System.out.println(a + b.get());

        executorService.shutdown();
    }
}
```

注意，这两种代码实现都会浪费处理资源（回顾一下 15.2.3 节中的内容），因为有线程执行 get() 调用而阻塞——前一段代码中的 f(x) 可能占用较长的时间，后一段代码中 g(x) 可能占用较长的时间。使用 Java 8 的 CompletableFuture 能帮你解决这个问题。不过，先让我们做一个测验。

测验 15.1

进一步阅读之前，请思考一个问题。下面这个例子中，怎样才能编写任务，充分利用线程的处理能力： 两个活跃线程分别执行着 f(x) 和 g(x)，第一个线程执行完毕时，立刻启动一个新的线程返回计算的结果。

答案是，你可以让第一个任务执行 f(x)，第二个任务执行 g(x)，第三个任务（它既可以是一个新的线程，也可以复用现存线程中的一个）计算二者之和。不过，第三个任务在前两个任务结束之前不能开始执行。你该如何使用 Java 解决这个问题呢？

解决方案是使用 Future 的组合操作。

首先，请回顾一下我们学习过的组合操作，本书中你已经碰到过两次。组合操作是一种强大的程序构造思想，存在于多种语言之中。然而，它在 Java 中大展拳脚还是伴随着 Java 8 Lambda 表达式的引入。组合思想的一个例子是在 Stream 上操作的组合，如下所示：

```
myStream.map(...).filter(...).sum()
```

这一思想的另一个实例是你可以对两个函数使用 compose() 和 andThen()，生成一个新的函数（详情请参见 15.5 节）。

这一技术给了你新的途径，使用 CompletableFuture<T> 的 thenCombine 方法对你的两个计算结果求和显然更好。不用担心看不懂这里的细节，第 16 章会更深入地讨论这一话题。thenCombine 的方法签名如下（为了避免被泛型和通配符搞晕，这里进行了一些简化）：

```
CompletableFuture<V> thenCombine(CompletableFuture<U> other,
                                 BiFunction<T, U, V> fn)
```

这个方法接受两个 CompletableFuture 值（返回结果类型分别是 T 和 U），并创建一个新值（返回结果类型为 V）。前两个值执行结束时，它取得其执行结果，并将结果传递给 fn 处理，完成返回结果 Future 的构造，整个过程都没有阻塞发生。你之前的代码现在可以用下面的形式重写：

```
public class CFCombine {

    public static void main(String[] args) throws ExecutionException,
        InterruptedException {

        ExecutorService executorService = Executors.newFixedThreadPool(10);
        int x = 1337;

        CompletableFuture<Integer> a = new CompletableFuture<>();
        CompletableFuture<Integer> b = new CompletableFuture<>();
        CompletableFuture<Integer> c = a.thenCombine(b, (y, z)-> y + z);
        executorService.submit(() -> a.complete(f(x)));
        executorService.submit(() -> b.complete(g(x)));

        System.out.println(c.get());
```

```
        executorService.shutdown();
    }
}
```

thenCombine 这一行代码非常关键：它在完全不了解 Future 对象 a 和 b 要执行什么计算任务的前提下，在线程池中创建了一个计划执行的新计算任务。这个新的执行任务只在前两个执行任务完成之后才会被启动。第三个执行任务 c 会对前两个执行任务的结果进行求和，（最重要的是）它直到前两个执行任务执行完毕之后才被授权可以在线程上执行，而不是一开始就启动执行，然后阻塞等待前两个线程执行结束。因此，这种设计实际不存在等待的操作，而之前两个版本的代码都有阻塞等待的问题。前两个版本中，如果 Future 中的计算任务先完成的是第二个，那么线程池中的两个线程都会处于活动状态，即便你这时只需要一个线程执行计算任务。图 15-8 以图表的方式展示了这种情况。前两个版本中，计算 y+x 都在固定的线程中，要么是计算 f(x) 的线程，要么是计算 g(x) 的线程——二者之间都可能发生等待。与此相反，采用 thenCombine 调度求和计算，它只会在 f(x) 和 g(x) 都完成之后才进行。

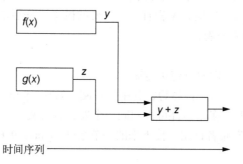

图 15-8　f(x)、g(x)以及结果求和这三个计算的时间序列图

特别明确一下，对很多程序而言，你并不关心少数的线程由于调用了 get() 方法会被阻塞，因此 Java 8 之前的 Future 依然是一种有价值的编程选择。然而，如果你需要处理大量的 Future 对象（譬如处理大量的服务请求），那么在这种情况下，避免由于调用 get() 产生的阻塞、并发性的损失甚至是死锁，使用 CompletableFuture 以及结合器通常是最佳的选择。

15.5　"发布–订阅"以及反应式编程

Future 和 CompletableFuture 的思维模式是计算的执行是独立且并发的。使用 get() 方法可以在执行结束后获取 Future 对象的执行结果。因此，Future 是一个**一次性**对象，它只能从头到尾执行代码一次。

与此相反，反应式编程的思维模式是类 Future 的对象随着时间的推移可以产生很多的结果。我们举两个例子。首先，假设你要处理一个温度计对象。你的期望是，温度计对象会持续不断地生成结果，以每隔几秒的频率为你提供温度数据。另一个例子是 Web 服务器的监听组件对象。该组件监听来自网络的 HTTP 请求，并根据请求的内容返回相应的数据。接着，其他的代码会对结果数据进行处理，譬如温度或者 HTTP 请求中的数据。然后温度计和监听对象会继续检测温度、监听请求，直到有新的数据到来，周而复始。

　　这里有两点需要注意。核心的一点是，这些例子与 Future 非常像，然而它们可以完成（或产生）多次，而非一次性的操作。另一点是，第二个例子中，之前收到的结果与之后收到的结果可能都重要，而对温度计而言，大多数用户只关心最近的温度。但是，为什么要把这种编程叫作**反应式**的呢？答案是，程序的另一部分可能需要对低温报告**做出反应**，比如打开加热器。

　　你可能会说前述的思想不就是流吗，没什么特别的。如果你的程序能非常自然地适配流，那么流可能就是最合适你的实现。然而，总体来说，反应式编程的模式更具表现力。一个 Java 流只能由一个终端操作使用。15.3 节提到过，流的编程模式让它很难表达一些类似流的操作，譬如将一个序列值进行切分，交由两个流水线（就像 fork 那样）来处理；或者处理和整合来自两个相互独立的流中的元素（就像 join 那样）。流支持的都是线性处理的流水线。

　　Java 9 使用 java.util.concurrent.Flow 提供的接口对反应式编程进行建模，实现了名为"发布–订阅"的模型（也叫协议，简写为 pub-sub）。第 17 章会详细介绍 Java 9 的 Flow API，这里会提供一个简短的概要。反应式编程有三个主要的概念，分别是：

- **订阅者**可以订阅的**发布者**；
- 名为**订阅**的连接；
- **消息**（也叫**事件**），它们通过连接传输。

　　图 15-9 以图像的方式展示了该思想，其中的订阅（subscription）就像是管道，而发布者和订阅者类似于线框上的端口。多个组件可以向同一个发布者订阅，一个组件既可以发布多个相互独立的流，也可以向多个发布者订阅。接下来的一节会使用 Java 9 Flow 接口的术语逐步向你展示该思想是如何工作的。

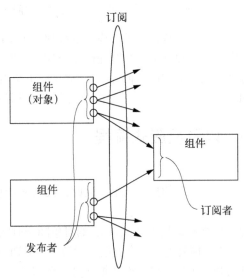

图 15-9　"发布–订阅"模型

15.5.1　示例：对两个流求和

"发布–订阅"的一个简单却典型的例子是整合两个信息源的事件并发布给其他用户使用。这个流程一开始听起来可能很模糊，不过概念上我们把它想象成一个电子表格。假设电子表格中的一个单元格包含着公式。我们对电子表格的单元格 C3 进行建模，该单元格包含了公式"=C1+C2"。只要 C1 或者 C2 被更新（无论是有人对它进行了更新，还是因为该表格包含了其他的公式），C3 也会更新以反映这些变化。假设下面的代码中，唯一可用的操作就是对单元格的值进行求和。

首先，对保存值的单元格进行建模：

```
private class SimpleCell {
    private int value = 0;
    private String name;

    public SimpleCell(String name) {
        this.name = name;
    }
}
```

这时，代码还比较简单，你可以初始化几个单元格，如下所示：

```
SimpleCell c2 = new SimpleCell("C2");
SimpleCell c1 = new SimpleCell("C1");
```

怎样才能指定当 C1 或 C2 的值发生变化时，C3 会对这两个值重新进行求和计算呢？你需要一个途径让 C3 可以订阅 C1 和 C2 的事件。为了达到这一目标，我们引入了接口 Publisher<T>，它的核心代码看起来像下面这样：

```
interface Publisher<T> {
    void subscribe(Subscriber<? super T> subscriber);
}
```

这个接口接受一个它可以通信的订阅者作为参数。Subscriber<T>接口提供了一个简单的方法 onNext，它接受信息作为参数，接下来你就可以按照自己的需求进行实现了：

```
interface Subscriber<T> {
    void onNext(T t);
}
```

怎样把这两个概念整合到一起呢？你可能意识到了，单元格实际上既是一个发布者（它可以向其他单元格发布自己的事件）也是一个订阅者（需要依据其他单元格的事件进行响应）。Cell 类的实现如下所示：

```
private class SimpleCell implements Publisher<Integer>, Subscriber<Integer> {
    private int value = 0;
    private String name;
    private List<Subscriber> subscribers = new ArrayList<>();
    public SimpleCell(String name) {
        this.name = name;
```

```
    }

    @Override
    public void subscribe(Subscriber<? super Integer> subscriber) {
        subscribers.add(subscriber);
    }

    private void notifyAllSubscribers() {
        subscribers.forEach(subscriber -> subscriber.onNext(this.value));
    }

    @Override
    public void onNext(Integer newValue) {
        this.value = newValue;
        System.out.println(this.name + ":" + this.value);
        notifyAllSubscribers();
    }
}
```

通过更新
自己的值
来响应它
订阅的单
元格所发
生的新值
变化

该方法通知所
有的订阅者有
一个新值产生

通知所有
的订阅者
更新的值

在终端窗口打印输
出更新的值,此外
还可以渲染作为 UI
一部分的发生变化
的单元格

尝试几个简单的例子:

```
SimpleCell c3 = new SimpleCell("C3");
SimpleCell c2 = new SimpleCell("C2");
SimpleCell c1 = new SimpleCell("C1");

c1.subscribe(c3);

c1.onNext(10); // 更新 C1 的值为 10
c2.onNext(20); // 更新 C2 的值为 20
```

这段代码的输出如下所示,因为 C3 直接订阅了 C1 的事件:

```
C1:10
C3:10
C2:20
```

接下来怎么实现 "C3=C1+C2" 这个行为呢?你需要引入一个单独的类,用来保存算术操作符(左边和右边)两边的值:

```
public class ArithmeticCell extends SimpleCell {

    private int left;
    private int right;

    public ArithmeticCell(String name) {
        super(name);
    }

    public void setLeft(int left) {
        this.left = left;
        onNext(left + this.right);
    }
```

更新单元格中的
值,并通知所有事
件订阅者该变化

```
    public void setRight(int right) {
        this.right = right;
        onNext(right + this.left);           ←── 更新单元格中的
    }                                             值，并通知所有事
}                                                 件订阅者该变化
```

现在你可以尝试一个更现实例子：

```
ArithmeticCell c3 = new ArithmeticCell("C3");
SimpleCell c2 = new SimpleCell("C2");
SimpleCell c1 = new SimpleCell("C1");

c1.subscribe(c3::setLeft);
c2.subscribe(c3::setRight);

c1.onNext(10); // 更新 C1 的值为 10
c2.onNext(20); // 更新 C2 的值为 20
c1.onNext(15); // 更新 C1 的值为 15
```

这段代码的输出如下：

```
C1:10
C3:10
C2:20
C3:30
C1:15
C3:35
```

审视这段输出，你会发现当 C1 更新为 15 时，C3 会立刻进行响应，也同步更新它的值。发布者–订阅者交互的奇妙之处在于你可以建立发布者与订阅者之间的一幅图。你可以创建另一个单元格 C5，通过表达式 "C5=C3+C4"，可以指定它依赖于 C3 和 C4，如下所示：

```
ArithmeticCell c5 = new ArithmeticCell("C5");
ArithmeticCell c3 = new ArithmeticCell("C3");
SimpleCell c4 = new SimpleCell("C4");
SimpleCell c2 = new SimpleCell("C2");
SimpleCell c1 = new SimpleCell("C1");

c1.subscribe(c3::setLeft);
c2.subscribe(c3::setRight);

c3.subscribe(c5::setLeft);
c4.subscribe(c5::setRight);
```

之后，你就可以在你的电子表格中进行各种更新了：

```
c1.onNext(10); // 更新 C1 的值为 10
c2.onNext(20); // 更新 C2 的值为 20
c1.onNext(15); // 更新 C1 的值为 15
c4.onNext(1);  // 更新 C4 的值为 1
c4.onNext(3);  // 更新 C4 的值为 3
```

这些动作产生了下面的输出：

```
C1:10
C3:10
C5:10
C2:20
C3:30
C5:30
C1:15
C3:35
C5:35
C4:1
C5:36
C4:3
C5:38
```

最终 C5 的值是 38，因为 C1 是 15，C2 是 20，而 C4 是 3。

术　语

由于数据的流动是从发布者（生产者）流向订阅者（消费者），因此程序员经常使用诸如**向上流**（upstream）和**向下流**（downstream）这样的术语。前面的示例代码中，向上流 onNext() 方法接收的数据 newValue 是由 notifyAllSubscribers() 方法传递给向下游的 onNext() 方法的。

这就是"发布–订阅"的核心思想。然而，我们也省略了一些东西没有讨论，有些是非常直观的装饰性内容，有的内容（譬如背压）极其重要，下一节会专门介绍。

首先，来看看那些非常直观的东西。15.2 节介绍过，使用流进行编程时，你可能更希望发送信号给对象，而不是处理一个 onNext 事件，因此订阅者（监听者）需要定义 onError 和 onComplete 方法。这样一来，发布者才有机会告诉订阅者发生了异常，并终止数据流的发送（譬如，温度计的例子中，温度计可能被替换了，再也无法通过 onNext 方法返回更多的数据）。Java 9 Flow API 中的 Subscriber 接口提供了对 onError 和 onComplete 方法的支持。这些方法是"发布–订阅"协议比传统的观察者模式更加强大的原因之一。

两个简单却重要的概念，即压力和背压，极大地丰富了 Flow 接口。这些概念看起来好像无足轻重，但是它们对程序能否充分利用线程的处理能力影响很大。还是以温度计为例，假设它之前以每隔几秒钟的频率返回温度数据，之后温度计进行了升级，能以更高的频率提供数据信息，譬如每毫秒报告一次温度数据。你的程序能以足够快的速度响应这些事件么？遭遇这种情况会不会发送缓冲区溢出，甚至是程序崩溃（回想一下我们之前碰到的问题场景，线程池一下涌入大量要处理的任务，同时又有一些任务被阻塞）？类似地，假设你向一个发布者订阅了服务，该服务会为你提供 SMS 消息服务，将 SMS 消息推送到你的手机上。这项订阅刚开始可能工作得很好，因为你的新手机上只有有限的几条 SMS 消息，几年之后，SMS 消息的数量已经累积到数以千计的规模，这时候会发生什么情况呢？这些消息可能在一秒钟内调用 onNext 发送完毕么？这种情况通常被称作**压力**。

现在，假设有一个垂直的管道，其中装着标记了消息的球。你还需要一种"背压"机制，譬如限制多少球可以被加入圆筒。背压在 Java 9 的 Flow API 中是通过 request() 方法实现的。request() 方法定义在一个新的接口 Subscription 中，该方法邀请发布者按照约定的数量发送下一次的元素，而不是以无限的速率发送元素（即采用拉模式，而不是推模式）。下一节会讨论这一主题。

15.5.2 背压

我们已经学习了如何向 Publisher 传递一个 Subscriber 对象（它包含了 onNext、onError 和 OnComplete 方法），Publisher 会在恰当的时候调用该对象。这个对象被用于在 Publisher 与 Subscriber 之间传递信息。通过背压（流量控制），你可以限制信息传输的速率，当然在此之前，你需要通过 Subscriber 向 Publisher 发送相关的限制信息。此外，你还需要解决一个问题，一个 Publisher 可能有多个 Subscriber，然而你希望你设置的背压只对点对点的连接生效，不影响其他的连接。为了解决这个问题，Java 9 Flow API 中的 Subscriber 接口提供了第 4 个方法：

```
void onSubscribe (Subscription subscription);
```

当第一个事件通过 Publisher 与 Subscriber 之间的管道发送时，该方法就会被调用执行。Subscription 对象包含的方法可以帮助 Subscriber 与 Publisher 进行通信，代码如下所示：

```
interface Subscription {
    void    cancel ();
    void    request (long n);
}
```

请注意，回调函数经常有的"似乎后向兼容"效果。Publisher 创建了 Subscription 对象，并将其传递给 Subscriber，后者又可以调用它的方法由 Subscriber 向 Publisher 回传信息。

15.5.3 一种简单的真实背压

为了让"发布–订阅"连接每次只处理一个事件，你需要进行下面的变更。

❑ 在 Subscriber 中本地存储由 OnSubscribe 方法传递的 Subscription 对象，为此，你可能需要为其添加一个 subscription 字段。

❑ 让 onSubscribe、onNext 和 onError（有可能也需要）的最后一个动作都是使用 channel.request(1) 请求下一个事件（注意只请求一个事件，避免 Subscriber 被太多的事件淹没）。

❑ 修改 Publisher，让本例中的 notifyAllSubscribers 方法只对提交了请求的管道发送 onNext 或者 onError 事件。

❑ 通常，Publisher 会创建一个新的 Subscription 对象，并将其与 Subscriber 一一对应，这样才能确保多个 Subscriber 可以按照自己设定的背压处理数据。

虽然这一流程看起来很简单，但是实现背压时还需要额外考虑一系列的取舍。

❑ 你是否要以最低速度向多个 Subscriber 发送事件？或者你是否要为每个 Subscriber 维护一个单独的未发送数据队列？

❑ 如果这些队列增长过快，会发生什么情况？

❑ 如果 Subscriber 还未准备好接收数据，你会丢弃事件么？

做出什么样的选择取决于传送数据的语义。从一个序列中丢失一份温度报告可能无关痛痒，但如果丢失的是你银行账户的信用卡信息就严重了。

我们经常听到"基于拉模式的反应式背压"这一概念。之所以称其为"基于拉模式的反应式"，是因为它为 Subscriber 提供了一种途径，借助于事件（反应式）去"拉取"（通过 request 方法）Publisher 提供的更多信息。其结果就是背压机制。

15.6 反应式系统和反应式编程

无论是在编程界还是学术社区，你都会越来越多地听到人们提起反应式系统和反应式编程。认识到这两个术语表达的是截然不同的思想很重要。

反应式系统是一个程序，其架构很灵活，可以在运行时调整以适应变化的需求。反应式系统应该满足的特性在"反应式宣言"中进行了明确的定义（详情请参考第 17 章）。它的三大特性可以概括为响应性、韧性和弹性。

响应性意味着反应式系统不能因为正在替某人处理一个大型任务就延迟其他用户的查询请求，它必须实时地对输入进行响应。**韧性**意味着系统不能因为某个组件失效就无法提供服务。某个网络连接出现问题，不应该影响其他网络的查询服务，对无法响应组件的查询应该被重新路由到备用组件上。**弹性**意味着系统可以调整以适应工作负荷的变化，持续高效地运行。就像你可以在酒吧中动态调整提供食物和提供酒水服务的员工，让两个队列的等待时间都保持一致，同样，你也可以调整各种软件服务的工作线程数，避免工作线程处于闲等状态，以使每个队列都能高效地处理。

很明显，要达到这些目标有多种方式，但是主流的方式是使用由 Java 的 java.util.concurrent.Flow 接口提供的**反应式编程**。这些接口的设计反映了反应式宣言的第 4 个，也是最后一个属性，即**消息驱动**。消息驱动的系统基于线框–管道模型提供了内部 API，组件等待要处理的输入，处理结果通过消息发送给其他的组件，以这种方式创建了一个反应式系统。

15.7 路线图

第 16 章会使用一个真实的 Java 示例进一步介绍 CompletableFuture，第 17 章会探索 Java 9 的 Flow API（"发布–订阅"模型）。

15.8 小结

以下是本章中的关键概念。

- ❑ Java 对并发的支持由来已久，并且还在持续演进。通常而言，线程池技术很有帮助，然而如果你有大量可能阻塞的任务，使用它反而会带来麻烦。
- ❑ 方法异步化（在完成它们的工作之前返回）能提升程序的并发度，其可以与用于循环结构的优化进行互补。
- ❑ 使用线框–管道模型可以对异步系统进行可视化。
- ❑ Java 8 的 CompletableFuture 类和 Java 9 的 Flow API 都可以通过线框–管道图表示。
- ❑ CompletableFuture 类常用于一次性的异步计算。使用结合器可以组合多个异步计算，并且无须担心使用 Future 时的阻塞风险。
- ❑ Flow API 基于"发布–订阅"协议，它与背压一起构成了 Java 反应式编程的基础。
- ❑ 反应式编程可以帮助实现反应式系统。

15

CompletableFuture：组合式异步编程

本章内容
- 创建异步计算，并获取计算结果
- 使用非阻塞操作提升吞吐量
- 设计和实现异步 API
- 如何以异步的方式使用同步的 API
- 如何对两个或多个异步操作进行流水线和合并操作
- 如何处理异步操作的完成状态

第 15 章介绍了现代并发的一些背景知识：在多种并发资源（多个 CPU 核或其他类似资源）可用的情况下，如何从高层视角让你的程序充分地利用这些资源，而不是让你的代码充斥着结构混乱、难于维护的线程操作。本书介绍过并行流以及 fork/join 并行机制为表达并行进行的高层抽象，通过它们我们可以在程序中并行地遍历集合，或者并行地执行分而治之计算。不过，方法调用本身也为并行执行带来了额外的提升空间。Java 8 和 Java 9 为了实现这一目标，引入了两个 API，分别是：CompletableFuture 以及反应式编程范例。本章会通过实战代码介绍 Java 8 通过实现 Future 接口创建的 CompletableFuture，了解它为你的编程武器库带来了哪些额外的装备。本章还会介绍 Java 9 所引入的新并发特性。

16.1 Future 接口

Java 5 引入了 Future 接口，它的设计初衷是对将来某个时刻会发生的结果进行建模。举个例子，调用方发起远程服务查询时，它是无法立刻得到查询结果的。采用 Future 接口可以对异步计算进行建模，返回一个指向执行结果的引用，运算结束后，调用方可以通过该引用访问执行的结果。在 Future 中触发那些可能耗时的调用，能够将调用线程解放出来，让它们继续执行其他有价值的工作，不必呆呆等待耗时的操作完成。打个比方，你可以把这个过程想象成你拿了一袋子衣服到中意的干洗店去洗。干洗店的员工会给你张发票，告诉你什么时候衣服会洗好（这就是一个 Future 事件)。衣服干洗的同时，你可以去做其他的事情。Future 的另一大优点是它比更底层的 Thread 更好用。要使用 Future，通常你只需要将耗时的操作封装在一个 Callable 对象中，再将它提交给 ExecutorService，就万事大吉了。下面这段代码展示了 Java 8 之前使用 Future 的一个例子。

代码清单 16-1　使用 Future 以异步的方式执行一个耗时的操作

向 ExecutorService 提交一个 Callable 对象

创建 ExecutorService，通过它你可以向线程池提交任务

```
ExecutorService executor = Executors.newCachedThreadPool();
Future<Double> future = executor.submit(new Callable<Double>() {
        public Double call() {
            return doSomeLongComputation();
        }});
doSomethingElse();
try {
    Double result = future.get(1, TimeUnit.SECONDS);
} catch (ExecutionException ee) {
    // 计算抛出一个异常
} catch (InterruptedException ie) {
    // 当前线程在等待过程中被中断
} catch (TimeoutException te) {
    // 在 Future 对象完成之前超过已过期
}
```

异步操作进行的同时，你可以做其他的事情

获取异步操作的结果，如果最终被阻塞，无法得到结果，那么在最多等待 1 秒钟之后退出

以异步方式在新的线程中执行耗时的操作

正像图 16-1 介绍的那样，这种编程方式让你的线程可以在 ExecutorService 以并发方式调用另一个线程执行耗时操作的同时，去执行一些其他的任务。接着，如果你已经运行到没有异步操作的结果就无法继续任何有意义的工作时，可以调用它的 get 方法去获取操作的结果。如果操作已经完成，该方法会立刻返回操作的结果，否则它会阻塞你的线程，直到操作完成，返回相应的结果。

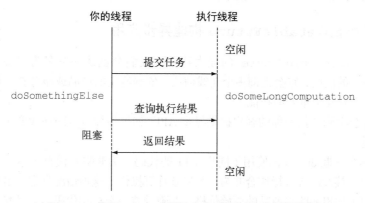

图 16-1　使用 Future 以异步方式执行长时间的操作

你能想象这种场景存在怎样的问题吗？如果该长时间运行的操作永远不返回了会怎样？为了处理这种可能性，虽然 Future 提供了一个无须任何参数的 get 方法，还是推荐大家使用重载版本的 get 方法，它接受一个超时的参数，通过它，你可以定义你的线程等待 Future 结果的最长时间，就像代码清单 16-1 中那样，而不是永无止境地等待下去。

16.1.1   Future 接口的局限性

通过第一个例子，我们知道 Future 接口提供了方法来检测异步计算是否已经结束（使用 isDone 方法），等待异步操作结束，以及获取计算的结果。但是这些特性还不足以让你编写简洁的并发代码。比如，我们很难表述 Future 结果之间的依赖性；从文字描述上这很简单，"当长时间计算任务完成时，请将该计算的结果通知到另一个长时间运行的计算任务，这两个计算任务都完成后，将计算的结果与另一个查询操作结果合并"。但是，使用 Future 中提供的方法完成这样的操作又是另外一回事。这也是我们需要更具描述能力的特性的原因，比如下面这些。

- □ 将两个异步计算合并为一个——这两个异步计算之间相互独立，同时第二个又依赖于第一个的结果。
- □ 等待 Future 集合中的所有任务都完成。
- □ 仅等待 Future 集合中最快结束的任务完成（有可能因为它们试图通过不同的方式计算同一个值），并返回它的结果。
- □ 通过编程方式完成一个 Future 任务的执行（即以手工设定异步操作结果的方式）。
- □ 应对 Future 的完成事件（即当 Future 的完成事件发生时会收到通知，并能使用 Future 计算的结果进行下一步的操作，不只是简单地阻塞等待操作的结果）。

这一章中，你会了解新的 CompletableFuture 类（它实现了 Future 接口）如何利用 Java 8 的新特性以更直观的方式将上述需求都变为可能。Stream 和 CompletableFuture 的设计都遵循了类似的模式：它们都使用了 Lambda 表达式以及流水线的思想。从这个角度，你可以说 CompletableFuture 和 Future 的关系就跟 Stream 和 Collection 的关系一样。

16.1.2   使用 CompletableFuture 构建异步应用

为了展示 CompletableFuture 的强大特性，我们会创建一个名为"最佳价格查询器"（best-price-finder）的应用，它会查询多个在线商店，依据给定的产品或服务找出最低的价格。这个过程中，你会学到几个重要的技能。

- □ 首先，你会学到如何为你的客户提供异步 API（如果你拥有一间在线商店的话，这是非常有帮助的）。
- □ 其次，你会掌握如何让你使用了同步 API 的代码变为非阻塞代码。你会了解如何使用流水线将两个接续的异步操作合并为一个异步计算操作。这种情况肯定会出现，比如，在线商店返回了你想要购买商品的原始价格，并附带着一个折扣代码——最终，要计算出该商品的实际价格，你不得不访问第二个远程折扣服务，查询该折扣代码对应的折扣比率。

❑ 你还会学到如何以响应式的方式处理异步操作的完成事件，以及随着各个商店返回它的
商品价格，最佳价格查询器如何持续地更新每种商品的最佳推荐，而不是等待所有的商
店都返回他们各自的价格（这种方式存在着一定的风险，一旦某家商店的服务中断，用
户就可能遭遇白屏）。

同步 API 与异步 API

同步 API 其实只是对传统方法调用的另一种称呼：你调用了某个方法，调用方在被调用
方执行的过程中会等待，被调用方执行结束返回，调用方取得被调用方的返回值并继续运行。
即使调用方和被调用方在不同的线程中运行，调用方还是需要等待被调用方结束运行，这就是
阻塞式调用名字的由来。

与此相反，**异步 API** 会直接返回，或者至少在被调用方计算完成之前，将它剩余的计算
任务交由另一个线程去做，该线程和调用方是异步的——这就是**非阻塞式调用**的由来。执行剩
余计算任务的线程会将它的计算结果返回给调用方。返回的方式要么是通过回调函数，要么是
由调用方再次执行一个"等待，直到计算完成"的方法调用。这种风格的计算在 I/O 系统程序
设计中很常见：你发起了一次磁盘访问，如果你同时还有很多其他计算任务，那这次访问与其
他计算任务会异步执行，你完成其他任务没有别的事情做时，会等待磁盘块载入内存。注意，
阻塞和非阻塞通常用于描述操作系统的某种 I/O 实现。然而，这些术语也常常等价地用在非 I/O
的上下文中，即"异步调用"和"同步调用"。

16.2 实现异步 API

为了实现最佳价格查询器应用，让我们从每个商店都应该提供的 API 定义入手。首先，商店
应该声明依据指定产品名称返回价格的方法：

```
public class Shop {
    public double getPrice(String product) {
        // 待实现
    }
}
```

该方法的内部实现会查询商店的数据库，但也有可能执行一些别的耗时的任务，比如联系其
他外部服务（比如，商店的供应商，或者跟制造商相关的推广折扣）。本章剩下的内容中会采用
delay 方法模拟这些长期运行的方法的执行，它会人为地引入 1 秒钟的延迟，方法声明如下。

代码清单 16-2 模拟 1 秒钟延迟的方法
```
public static void delay() {
    try {
        Thread.sleep(1000L);
    } catch (InterruptedException e) {
```

```
        throw new RuntimeException(e);
    }
}
```

为了介绍本章的内容，`getPrice` 方法会调用 `delay` 方法，并返回一个随机计算的值，代码清单如下所示。返回随机计算的价格这段代码看起来有些取巧。它使用 `charAt`，依据产品的名称，生成一个随机值作为价格。

代码清单 16-3　在 `getPrice` 方法中引入一个模拟的延迟

```
public double getPrice(String product) {
    return calculatePrice(product);
}
private double calculatePrice(String product) {
    delay();
    return random.nextDouble() * product.charAt(0) + product.charAt(1);
}
```

很明显，这个 API 的使用者（这个例子中为最佳价格查询器）调用该方法时，它依旧会被阻塞。为等待同步事件完成而等待 1 秒钟，这是无法接受的，尤其是考虑到最佳价格查询器对网络中的所有商店都要重复这种操作。本章接下来的小节中，你会了解如何以异步方式使用同步 API 解决这个问题。但是，出于学习如何设计异步 API 的考虑，我们会继续这一节的内容，假装还在深受这一困难的烦扰：你是一个睿智的商店店主，已经意识到了这种同步 API 会为你的用户带来多么痛苦的体验，你希望以异步 API 的方式重写这段代码，让用户更流畅地访问你的网站。

16.2.1　将同步方法转换为异步方法

为了实现这个目标，你首先需要将 `getPrice` 转换为 `getPriceAsync` 方法，并修改它的返回值：

```
public Future<Double> getPriceAsync(String product) { ... }
```

本章开头已经提到，Java 5 引入了 `java.util.concurrent.Future` 接口表示一个异步计算（即调用线程可以继续运行，不会因为调用方法而阻塞）的结果。这意味着 `Future` 是一个暂时还不可知值的处理器，这个值在计算完成后，可以通过调用它的 `get` 方法取得。因为这样的设计，`getPriceAsync` 方法才能立刻返回，给调用线程一个机会，能在同一时间去执行其他有价值的计算任务。新的 `CompletableFuture` 类提供了大量的方法，让我们有机会以多种可能的方式轻松地实现这个方法，比如下面就是这样一段实现代码。

代码清单 16-4　`getPriceAsync` 方法的实现

在另一个线程中以
异步方式执行计算

创建 `CompletableFuture`
对象，它会包含计算的结果

```
public Future<Double> getPriceAsync(String product) {
    CompletableFuture<Double> futurePrice = new CompletableFuture<>();
    new Thread( () -> {
            double price = calculatePrice(product);
```

```
                    futurePrice.complete(price);  ◄──── 需长时间计算的任务
        }).start();                                     结束并得出结果时,设
        return futurePrice;                             置 Future 的返回值
}
```

◄──── 无须等待还没结束的计算,
       直接返回 Future 对象

在这段代码中,你创建了一个代表异步计算的 CompletableFuture 对象实例,它在计算完成时会包含计算的结果。接着,你调用 fork 创建了另一个线程去执行实际的价格计算工作,不等该耗时计算任务结束,直接返回一个 Future 实例。当请求的产品价格最终计算得出时,你可以使用它的 complete 方法,结束 CompletableFuture 对象的运行,并设置变量的值。很显然,这个新版 Future 的名称也解释了它所具有的特性。使用这个 API 的客户端,可以通过下面的这段代码对其进行调用。

代码清单 16-5 使用异步 API

```
Shop shop = new Shop("BestShop");                                查询商店,试图
long start = System.nanoTime();                                  取得商品的价格
Future<Double> futurePrice = shop.getPriceAsync("my favorite product");  ◄────
long invocationTime = ((System.nanoTime() - start) / 1_000_000);
System.out.println("Invocation returned after " + invocationTime
                                            + " msecs");

// 执行更多任务,比如查询其他商店
doSomethingElse();
// 在计算商品价格的同时
try {                                              从 Future 对象中读取价格,
    double price = futurePrice.get();      ◄────  如果价格未知,会发生阻塞
    System.out.printf("Price is %.2f%n", price);
} catch (Exception e) {
    throw new RuntimeException(e);
}
long retrievalTime = ((System.nanoTime() - start) / 1_000_000);
System.out.println("Price returned after " + retrievalTime + " msecs");
```

上面这段代码中,客户向商店查询了某种商品的价格。由于商店提供了异步 API,该次调用立刻返回了一个 Future 对象,通过该对象客户可以在将来的某个时刻取得商品的价格。这种方式下,客户在进行商品价格查询的同时,还能执行一些其他的任务,比如查询其他家商店中商品的价格,而不会呆呆地阻塞在那里等待第一家商店返回请求的结果。最后,如果所有有意义的工作都已经完成,客户所有要执行的工作都依赖于商品价格时,就再调用 Future 的 get 方法。执行了这个操作后,客户要么获得 Future 中封装的值(如果异步任务已经完成),要么发生阻塞,直到该异步任务完成,期望的值能够访问。代码清单 16-5 产生的输出可能是下面这样:

```
Invocation returned after 43 msecs
Price is 123.26
Price returned after 1045 msecs
```

你一定已经发现 getPriceAsync 方法的调用返回远远早于最终价格计算完成的时间。在16.4 节中,你还会知道我们有可能避免发生客户端被阻塞的风险。实际上这非常简单,Future

执行完毕可以发送一个通知，仅在计算结果可用时执行一个由 Lambda 表达式或者方法引用定义的回调函数。不过，当下不会对此进行讨论，现在要解决的是另一个问题：如何正确地管理异步任务执行过程中可能出现的错误。

16.2.2   错误处理

如果没有意外，我们目前开发的代码工作得很正常。但是，如果价格计算过程中产生了错误会怎样呢？非常不幸，这种情况下你会得到一个相当糟糕的结果：用于提示错误的异常会被限制在试图计算商品价格的当前线程的范围内，最终会杀死该线程，而这会导致等待 get 方法返回结果的客户端永久地被阻塞。

客户端可以使用重载版本的 get 方法，它使用一个超时参数来避免发生这样的情况。这是一种值得推荐的做法，你应该尽量在你的代码中添加超时判断的逻辑，避免发生类似的问题。使用这种方法至少能防止程序永久地等待下去，超时发生时，程序会得到通知发生了 TimeoutException。不过，也因为如此，你不会有机会发现计算商品价格的线程内到底发生了什么问题才引发了这样的失效。为了让客户端能了解商店无法提供请求商品价格的原因，你需要使用 CompletableFuture 的 completeExceptionally 方法将导致 CompletableFuture 内发生问题的异常抛出。对代码清单 16-4 优化后的结果如下所示。

代码清单 16-6   抛出 CompletableFuture 内的异常

```
public Future<Double> getPriceAsync(String product) {
    CompletableFuture<Double> futurePrice = new CompletableFuture<>();
    new Thread( () -> {
            try {
                double price = calculatePrice(product);
                futurePrice.complete(price);
            } catch (Exception ex) {
                futurePrice.completeExceptionally(ex);
            }
    }).start();
    return futurePrice;
}
```

如果价格计算正常结束，就完成 Future 操作并设置商品价格 →

← 否则就抛出导致失败的异常，完成这次 Future 操作

客户端现在会收到一个 ExecutionException 异常，该异常接受了一个包含失败原因的 Exception 参数，即价格计算方法最初抛出的异常。所以，举例来说，如果该方法抛出了一个运行时异常 "product isn't available"，客户端就会得到像下面这样一段 ExecutionException：

```
Exception in thread "main" java.lang.RuntimeException:
    java.util.concurrent.ExecutionException: java.lang.RuntimeException:
        product not available
    at java89inaction.chap16.AsyncShopClient.main(AsyncShopClient.java:16)
Caused by: java.util.concurrent.ExecutionException: java.lang.RuntimeException:
    product not available
    at java.base/java.util.concurrent.CompletableFuture.reportGet
      (CompletableFuture.java:395)
```

```
    at java.base/java.util.concurrent.CompletableFuture.get
        (CompletableFuture.java:1999)
    at java89inaction.chap16.AsyncShopClient.main(AsyncShopClient.java:14)
Caused by: java.lang.RuntimeException: product not available
    at java89inaction.chap16.AsyncShop.calculatePrice(AsyncShop.java:38)
    at java89inaction.chap16.AsyncShop.lambda$0(AsyncShop.java:33)
    at java.base/java.util.concurrent.CompletableFuture$AsyncSupply.run
        (CompletableFuture.java:1700)
    at java.base/java.util.concurrent.CompletableFuture$AsyncSupply.exec
        (CompletableFuture.java:1692)
    at java.base/java.util.concurrent.ForkJoinTask.doExec(ForkJoinTask.java:283)
    at java.base/java.util.concurrent.ForkJoinPool.runWorker
        (ForkJoinPool.java:1603)
    at java.base/java.util.concurrent.ForkJoinWorkerThread.run
        (ForkJoinWorkerThread.java:175)
```

使用工厂方法 supplyAsync 创建 CompletableFuture

目前为止我们已经了解了如何通过编程创建 CompletableFuture 对象以及如何获取返回值，虽然看起来这些操作已经比较方便，但还有进一步提升的空间，CompletableFuture 类自身提供了大量精巧的工厂方法，使用这些方法能更容易地完成整个流程，还不用担心实现的细节。比如，采用 supplyAsync 方法后，你可以用一行语句重写代码清单 16-4 中的 getPriceAsync 方法，如下所示。

代码清单 16-7　使用工厂方法 supplyAsync 创建 CompletableFuture 对象

```java
public Future<Double> getPriceAsync(String product) {
    return CompletableFuture.supplyAsync(() -> calculatePrice(product));
}
```

supplyAsync 方法接受一个生产者（Supplier）作为参数，返回一个 CompletableFuture 对象，该对象完成异步执行后会读取调用生产者方法的返回值。生产者方法会交由 ForkJoinPool 池中的某个执行线程（Executor）运行，但是你也可以使用 supplyAsync 方法的重载版本，传递第二个参数指定不同的执行线程执行生产者方法。一般而言，向 CompletableFuture 的工厂方法传递可选参数，指定生产者方法的执行线程是可行的，在 16.3.4 节中，你会使用这一能力，该小节会介绍如何使用适合你应用特性的执行线程改善程序的性能。

此外，代码清单 16-7 中 getPriceAsync 方法返回的 CompletableFuture 对象与代码清单 16-6 中你手工创建和完成的 CompletableFuture 对象是完全等价的，这意味着它提供了同样的错误管理机制，而前者你花费了大量的精力才得以构建。

本章的剩余部分中，我们会假设你非常不幸，无法控制 Shop 类提供 API 的具体实现，最终提供给你的 API 都是同步阻塞式的方法。这也是当你试图使用服务提供的 HTTP API 时最常发生的情况。你会学到如何以异步的方式查询多个商店，避免被单一的请求所阻塞，并由此提升你的"最佳价格查询器"的性能和吞吐量。

16.3　让你的代码免受阻塞之苦

所以，你已经被要求进行"最佳价格查询器"应用的开发了，不过你需要查询的所有商店都如 16.2 节开始时介绍的那样，只提供了同步 API。换句话说，你有一个商家的列表，如下所示：

```
List<Shop> shops = List.of(new Shop("BestPrice"),
                           new Shop("LetsSaveBig"),
                           new Shop("MyFavoriteShop"),
                           new Shop("BuyItAll"));
```

你需要使用下面这样的签名实现一个方法，它接受产品名作为参数，返回一个字符串列表，这个字符串列表中包括商店的名称和该商店中指定商品的价格：

```
public List<String> findPrices(String product);
```

你的第一个想法可能是使用在第 4、5、6 章中学习的 Stream 特性。你可能试图写出类似下面这个清单中的代码（是的，作为第一个方案，如果你想到这些已经相当棒了！）。

代码清单 16-8　采用顺序查询所有商店的方式实现的 findPrices 方法

```
public List<String> findPrices(String product) {
    return shops.stream()
        .map(shop -> String.format("%s price is %.2f",
                                    shop.getName(), shop.getPrice(product)))
        .collect(toList());
}
```

好吧，这段代码看起来非常直白。现在试着用该方法去查询你最近这些天疯狂着迷的唯一产品（是的，你已经猜到了，它就是 myPhone27S）。此外，也请记录下方法的执行时间，通过这些数据，我们可以比较优化之后的方法会带来多大的性能提升，具体的代码清单如下。

代码清单 16-9　验证 findPrices 的正确性和执行性能

```
long start = System.nanoTime();
System.out.println(findPrices("myPhone27S"));
long duration = (System.nanoTime() - start) / 1_000_000;
System.out.println("Done in " + duration + " msecs");
```

上面代码的运行结果输出如下：

```
[BestPrice price is 123.26, LetsSaveBig price is 169.47, MyFavoriteShop price
    is 214.13, BuyItAll price is 184.74]
Done in 4032 msecs
```

正如你预期的，findPrices 方法的执行时间仅比四秒钟多了那么几毫秒，因为对这四个商店的查询是顺序进行的，并且一个查询操作会阻塞另一个，每一个操作都要花费大约 1 秒左右的时间计算请求商品的价格。你怎样才能改进这个结果呢？

16.3.1 使用并行流对请求进行并行操作

读完第 7 章，你应该想到的第一个，可能也是最快的改善方法是使用并行流来避免顺序计算，如下所示。

代码清单 16-10 对 `findPrices` 方法进行并行操作

```
public List<String> findPrices(String product) {
    return shops.parallelStream()          ←── 使用并行流并行
        .map(shop -> String.format("%s price is %.2f",    地从不同的商店
                        shop.getName(), shop.getPrice(product)))  获取价格
        .collect(toList());
}
```

运行代码，与代码清单 16-9 的执行结果相比较，你发现新版 `findPrices` 的改进了吧。

```
[BestPrice price is 123.26, LetsSaveBig price is 169.47, MyFavoriteShop price
    is 214.13, BuyItAll price is 184.74]
Done in 1180 msecs
```

相当不错啊！看起来这是个简单但有效的主意：现在对 4 个不同商店的查询实现了并行，所以完成所有操作的总耗时只有 1 秒多一点儿。你能做得更好吗？尝试使用刚学过的 `Completable-Future`，将 `findPrices` 方法中对不同商店的同步调用替换为异步调用。

16.3.2 使用 `CompletableFuture` 发起异步请求

你已经知道可以使用工厂方法 `supplyAsync` 创建 `CompletableFuture` 对象。让我们把它利用起来：

```
List<CompletableFuture<String>> priceFutures =
        shops.stream()
        .map(shop -> CompletableFuture.supplyAsync(
            () -> String.format("%s price is %.2f",
            shop.getName(), shop.getPrice(product))))
        .collect(toList());
```

使用这种方式，你会得到一个 `List<CompletableFuture<String>>`，列表中的每个 `CompletableFuture` 对象在计算完成后都包含商店的 `String` 类型的名称。但是，由于你用 `CompletableFuture` 实现的 `findPrices` 方法要求返回一个 `List<String>`，因此你需要等待所有的 `future` 执行完毕，将其包含的值抽取出来，填充到列表中才能返回。

为了实现这个效果，你可以向最初的 `List<CompletableFuture<String>>`施加第二个 `map` 操作，对 `List` 中的所有 `future` 对象执行 `join` 操作，一个接一个地等待它们运行结束。注意 `CompletableFuture` 类中的 `join` 方法和 `Future` 接口中的 `get` 方法有相同的含义，并且也声明在 `Future` 接口中，它们唯一的不同是 `join` 不会抛出任何检测到的异常。使用它你不

再需要使用 try/catch 语句块让你传递给第二个 map 方法的 Lambda 表达式变得过于臃肿。将所有这些整合在一起，你就可以重新实现 findPrices 了，具体代码如下。

代码清单 16-11 使用 CompletableFuture 实现 findPrices 方法

```
public List<String> findPrices(String product) {
    List<CompletableFuture<String>> priceFutures =
            shops.stream()
            .map(shop -> CompletableFuture.supplyAsync(
                            () -> shop.getName() + " price is " +
                                shop.getPrice(product)))
            .collect(Collectors.toList());
    return priceFutures.stream()
            .map(CompletableFuture::join)
            .collect(toList());
}
```

使用 CompletableFuture
以异步方式计算每种商品
的价格

等待所有异步
操作结束

注意到了吗？这里使用了两个不同的 Stream 流水线，而不是在同一个处理流的流水线上一个接一个地放置两个 map 操作——这其实是有缘由的。考虑流操作之间的延迟特性，如果你在单一流水线中处理流，那么发向不同商家的请求只能以同步、顺序执行的方式才会成功。因此，每个创建 CompletableFuture 对象只能在前一个操作结束之后执行查询指定商家的动作，通知 join 方法返回计算结果。图 16-2 解释了这些重要的细节。

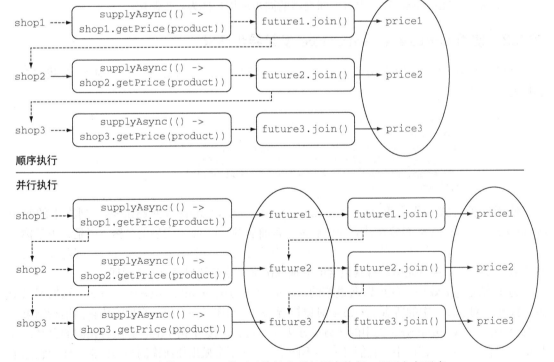

图 16-2　为什么 Stream 的延迟特性会引起顺序执行，以及如何避免

图 16-2 的上半部分展示了使用单一流水线处理流的过程,我们看到,执行的流程(以虚线标识)是顺序的。事实上,新的 CompletableFuture 对象只有在前一个操作完全结束之后,才能创建。与此相反,图的下半部分展示了如何先将 CompletableFuture 对象聚集到一个列表中(即图中以椭圆表示的部分),让对象们可以在等待其他对象完成操作之前就能启动。

运行代码清单 16-11 中的代码来了解下第三个版本 findPrices 方法的性能,你会得到下面这几行输出:

```
[BestPrice price is 123.26, LetsSaveBig price is 169.47, MyFavoriteShop price
    is 214.13, BuyItAll price is 184.74]
Done in 2005 msecs
```

这个结果让人相当失望,不是吗?超过两秒意味着利用 CompletableFuture 实现的版本,比刚开始代码清单 16-8 中原生顺序执行且会发生阻塞的版本快。但是它的用时也差不多是使用并行流的前一个版本的两倍。尤其是,考虑到从顺序执行的版本转换到并行流的版本只做了非常小的改动,就让人更加沮丧。

与此形成鲜明对比的是,我们为采用 CompletableFuture 完成的新版方法做了大量的工作!但这就是全部的真相吗?这种场景下使用 CompletableFuture 真的是浪费时间吗?或者我们可能漏掉了某些重要的东西?继续往下探究之前,先休息几分钟,尤其是想想你测试代码的机器是否足以以并行方式运行四个线程。[①]

16.3.3 寻找更好的方案

并行流的版本工作得非常好,那是因为它能并行地执行四个任务,所以它几乎能为每个商家分配一个线程。但是,如果你想要增加第 5 个商家到商店列表中,让你的“最佳价格查询”应用对其进行处理,那这时会发生什么情况?毫不意外,顺序执行版本的执行还是需要大约 5 秒多钟的时间,下面是执行的输出:

```
[BestPrice price is 123.26, LetsSaveBig price is 169.47, MyFavoriteShop price
    is 214.13, BuyItAll price is 184.74, ShopEasy price is 166.08]
Done in 5025 msecs        ◁—— 使用顺序流方式的程序输出
```

非常不幸,并行流版本的程序这次比之前也多消耗了差不多 1 秒钟的时间,因为可以并行运行(通用线程池中处于可用状态)的四个线程现在都处于繁忙状态,都在对前四个商店进行查询。第 5 个查询只能等到前面某一个操作完成以释放出空闲线程才能继续,它的运行结果如下:

```
[BestPrice price is 123.26, LetsSaveBig price is 169.47, MyFavoriteShop price
    is 214.13, BuyItAll price is 184.74, ShopEasy price is 166.08]
Done in 2177 msecs        ◁—— 使用并行流方式的程序输出
```

[①] 如果你使用的机器足够强大,能以并行方式运行更多的线程(比如说八个线程),那你需要使用更多的商店和并行进程,才能重现这几页中介绍的行为。

CompletableFuture 版本的程序结果如何呢？我们也试着添加第 5 个商店对其进行了测试，结果如下：

```
[BestPrice price is 123.26, LetsSaveBig price is 169.47, MyFavoriteShop price
    is 214.13, BuyItAll price is 184.74, ShopEasy price is 166.08]
Done in 2006 msecs        ←─┐ 使用 CompletableFuture 的程序输出
```

CompletableFuture 版本的程序似乎比并行流版本的程序还快那么一点儿。但是最后这个版本也不太令人满意。如果你试图让你的代码处理九个商店，那么并行流版本耗时 3143 毫秒，而 CompletableFuture 版本耗时 3009 毫秒。它们看起来不相伯仲，究其原因都一样：它们内部采用的是同样的通用线程池，默认都使用固定数目的线程，具体线程数取决于 Runtime.getRuntime(). availableProcessors() 的返回值。然而，CompletableFuture 具有一定的优势，因为它允许你对执行器（Executor）进行配置，尤其是线程池的大小，让它以更适合应用需求的方式进行配置，满足程序的要求，而这是并行流 API 无法提供的。让我们看看你怎样利用这种配置上的灵活性带来实际应用程序性能上的提升。

16.3.4   使用定制的执行器

就这个主题而言，明智的选择似乎是创建一个配有线程池的执行器，线程池中线程的数目取决于你预计你的应用需要处理的负荷，但是该如何选择合适的线程数目呢？

调整线程池的大小

《Java 并发编程实战》一书中，Brian Goetz 和合著者们为线程池大小的优化提供了不少中肯的建议。这非常重要，如果线程池中线程的数量过多，最终它们会竞争稀缺的处理器和内存资源，浪费大量的时间在上下文切换上。反之，如果线程的数目过少，正如你的应用所面临的情况，处理器的一些核可能就无法充分利用。Brian Goetz 建议，线程池大小与处理器的利用率之比可以使用下面的公式进行估算：

$$N_{threads} = N_{CPU} * U_{CPU} * (1 + W/C)$$

其中：

- N_{CPU} 是处理器的核的数目，可以通过 Runtime.getRuntime().available Processors() 得到；
- U_{CPU} 是期望的 CPU 利用率（该值应该介于 0 和 1 之间）；
- W/C 是等待时间与计算时间的比率。

你的应用 99% 的时间都在等待商店的响应，所以估算出的 W/C 比率为 100。这意味着如果你期望的 CPU 利用率是 100%，那么你需要创建一个拥有 400 个线程的线程池。实际操作中，如果你创建的线程数比商店的数目更多，反而是一种浪费，因为这样做之后，你线程池中的有些线程根本没有机会被使用。出于这种考虑，建议你将执行器使用的线程数，与你需要查询的商店数目设定为同一个值, 这样每个商店都应该对应一个服务线程。不过, 为了避免发生由于商店的数目过多导致服务器超负荷而崩溃, 你还是需要设置一个上限, 比如 100 个线程。代码清单如下。

代码清单 16-12 为"最优价格查询器"应用定制的执行器

```
private final Executor executor =
        Executors.newFixedThreadPool(Math.min(shops.size(), 100),
                                     (Runnable r) -> {
            Thread t = new Thread(r);
            t.setDaemon(true);
            return t;
        }
);
```

使用守护线程——这种方式不会阻止程序的关停 ←

创建一个线程池, 线程池中线程的数目为 100 和商店数目二者中较小的一个值

注意, 你现在正创建的是一个由守护线程构成的线程池。当一个普通线程在执行时, Java 程序无法终止或者退出, 所以最后剩下的那个线程会由于一直等待无法发生的事件而引发问题。与此相反, 如果将线程标记为守护进程, 则意味着程序退出时它也会被回收。这二者之间没有性能上的差异。现在, 你可以将执行器作为第二个参数传递给 supplyAsync 工厂方法了。比如, 你现在可以按照下面的方式创建一个可查询指定商品价格的 CompletableFuture 对象:

```
CompletableFuture.supplyAsync(() -> shop.getName() + " price is " +
                              shop.getPrice(product), executor);
```

改进之后, 使用 CompletableFuture 方案的程序处理五个商店仅耗时 1021 毫秒, 处理九个商店时耗时 1022 毫秒。一般而言, 这种状态会一直持续, 直到商店的数目达到我们之前计算的阈值 400。这个例子证明了要创建更适合你的应用特性的执行器, 利用 CompletableFuture 向其提交任务执行是个不错的主意。处理需大量使用异步操作的情况时,这几乎是最有效的策略。

并行——使用流还是 CompletableFuture?

目前为止, 你已经知道对集合进行并行计算有两种方式: 要么将其转化为并行流, 利用 map 这样的操作开展工作, 要么枚举出集合中的每一个元素, 创建新的线程, 在 CompletableFuture 内对其进行操作。后者提供了更多的灵活性,你可以调整线程池的大小, 而这能帮助你确保整体的计算不会因为线程都在等待 I/O 而发生阻塞。

我们对使用这些 API 的建议如下。

☐ 如果你进行的是计算密集型的操作, 并且没有 I/O, 那么推荐使用 Stream 接口, 因为实现简单, 同时效率也可能是最高的 (如果所有的线程都是计算密集型的, 那就没有必要创建比处理器核数更多的线程)。

☐ 反之, 如果你并行的工作单元还涉及等待 I/O 的操作 (包括网络连接等待), 那么使用 CompletableFuture 灵活性更好, 你可以像前文讨论的那样, 依据等待/计算, 或者 W/C 的比率设定需要使用的线程数。这种情况不使用并行流的另一个原因是, 处理流的流水线中如果发生 I/O 等待, 流的延迟特性会让我们很难判断到底什么时候触发了等待。

现在你已经了解了如何利用 CompletableFuture 为你的用户提供异步 API，以及如何将一个同步又缓慢的服务转换为异步的服务。不过到目前为止，我们每个 Futur 中进行的都是单次的操作。下一节中，你会看到如何将多个异步操作结合在一起，以流水线的方式运行，从描述形式上，它与你在前面学习的 Stream API 有几分类似。

16.4　对多个异步任务进行流水线操作

让我们假设所有的商店都同意使用一个集中式的折扣服务。该折扣服务提供了五个不同的折扣代码，每个折扣代码对应不同的折扣率。你使用一个枚举型变量 Discount.Code 来实现这一想法，具体代码如下所示。

代码清单 16-13　以枚举类型定义的折扣代码

```
public class Discount {
    public enum Code {
        NONE(0), SILVER(5), GOLD(10), PLATINUM(15), DIAMOND(20);
        private final int percentage;
        Code(int percentage) {
            this.percentage = percentage;
        }
    }
    // Discount 类的具体实现这里暂且不表示，参见代码清单 16-14
}
```

我们还假设所有的商店都同意修改 getPrice 方法的返回格式。getPrice 现在以 ShopName:price:DiscountCode 的格式返回一个 String 类型的值。我们的示例实现中会返回一个随机生成的 Discount.Code，以及已经计算得出的随机价格：

```
public String getPrice(String product) {
    double price = calculatePrice(product);
    Discount.Code code = Discount.Code.values()[
                         random.nextInt(Discount.Code.values().length)];
    return String.format("%s:%.2f:%s", name, price, code);
}
private double calculatePrice(String product) {
    delay();
    return random.nextDouble() * product.charAt(0) + product.charAt(1);
}
```

调用 getPrice 方法可能会返回像下面这样一个 String 值：

```
BestPrice:123.26:GOLD
```

16.4.1　实现折扣服务

你的"最佳价格查询器"应用现在能从不同的商店取得商品价格，解析结果字符串，针对每个字符串，查询折扣服务器的折扣代码。这个流程决定了请求商品的最终折扣价格（每个折扣代码的实际折扣比率有可能发生变化，所以你每次都需要查询折扣服务）。我们已经将对商店返回字符串的解析操作封装到了下面的 Quote 类之中：

```
public class Quote {
    private final String shopName;
    private final double price;
    private final Discount.Code discountCode;
    public Quote(String shopName, double price, Discount.Code code) {
        this.shopName = shopName;
        this.price = price;
        this.discountCode = code;
    }
    public static Quote parse(String s) {
        String[] split = s.split(":");
        String shopName = split[0];
        double price = Double.parseDouble(split[1]);
        Discount.Code discountCode = Discount.Code.valueOf(split[2]);
        return new Quote(shopName, price, discountCode);
    }
    public String getShopName() { return shopName; }
    public double getPrice() { return price; }
    public Discount.Code getDiscountCode() { return discountCode; }
}
```

通过传递 shop 对象返回的字符串给静态工厂方法 parse，你可以得到 Quote 类的一个实例，它包含了 shop 的名称、折扣之前的价格，以及折扣代码。

Discount 服务还提供了一个 applyDiscount 方法，它接受一个 Quote 对象，返回一个字符串，表示生成该 Quote 的 shop 中的折扣价格，代码如下所示。

代码清单 16-14 Discount 服务

```
public class Discount {
    public enum Code {
        // 源码暂时省略……
    }
    public static String applyDiscount(Quote quote) {        将折扣代码应
        return quote.getShopName() + " price is " +          用于商品最初
                Discount.apply(quote.getPrice(),    ◄──────   的原始价格
                               quote.getDiscountCode());
    }
    private static double apply(double price, Code code) {    模拟 Discount
        delay();                                        ◄──── 服务响应的延迟
        return format(price * (100 - code.percentage) / 100);
    }
}
```

16.4.2　使用 Discount 服务

由于 Discount 服务是一种远程服务，因此你还需要增加 1 秒钟的模拟延迟，代码如下所示。和在 16.3 节中一样，首先尝试以最直接的方式（坏消息是，这种方式是顺序而且同步执行的）

重新实现 findPrices，以满足这些新增的需求。

代码清单 16-15   以最简单的方式实现使用 Discount 服务的 findPrices 方法

```
public List<String> findPrices(String product) {
    return shops.stream()                                   取得每个 shop 对象
            .map(shop -> shop.getPrice(product))    ←      中商品的原始价格
            .map(Quote::parse)
            .map(Discount::applyDiscount)     ←      联系 Discount 服
            .collect(toList());                       务，为每个 Quote
}                                                     申请折扣
```

在 Quote 对象中对 shop 返回的字符串进行转换

通过在 shop 构成的流上采用流水线方式执行三次 map 操作，我们得到了期望的结果。

□ 第一个操作将每个 shop 对象转换成了一个字符串，该字符串包含了该 shop 中指定商品的价格和折扣代码。

□ 第二个操作对这些字符串进行了解析，在 Quote 对象中对它们进行转换。

□ 最终，第三个 map 会操作联系远程的 Discount 服务，计算出最终的折扣价格，并返回包含该价格及提供该价格商品的 shop 的字符串。

你可能已经猜到，这种实现方式的性能远非最优，不过还是应该测量一下。跟之前一样，通过运行基准测试，我们得到下面的数据：

```
[BestPrice price is 110.93, LetsSaveBig price is 135.58, MyFavoriteShop price
    is 192.72, BuyItAll price is 184.74, ShopEasy price is 167.28]
Done in 10028 msecs
```

毫无意外，这次执行耗时 10 秒，因为顺序查询五个商店耗时大约 5 秒，现在又加上了 Discount 服务为五个商店返回的价格申请折扣所消耗的 5 秒钟。你已经知道，把流转换为并行流的方式，非常容易提升该程序的性能。不过，通过 16.3 节的介绍，你也知道这一方案在商店的数目增加时，扩展性不好，因为 Stream 底层依赖的是线程数量固定的通用线程池。相反，你也知道，通过自定义 CompletableFuture 调度任务执行的执行器能够更充分地利用 CPU 资源。

16.4.3   构造同步和异步操作

让我们再次使用 CompletableFuture 提供的特性，以异步方式重新实现 findPrices 方法。详细代码如下所示。如果你发现有些内容不太熟悉，不用太担心，我们很快会进行针对性的介绍。

代码清单 16-16   使用 CompletableFuture 实现 findPrices 方法

Quote 对象存在时，对其返回的值进行转换

```
public List<String> findPrices(String product) {
    List<CompletableFuture<String>> priceFutures =
        shops.stream()                                         以异步方式取得每个
            .map(shop -> CompletableFuture.supplyAsync(    ←  shop 中指定产品的
                            () -> shop.getPrice(product), executor))   原始价格
            .map(future -> future.thenApply(Quote::parse))
```

```
        .map(future -> future.thenCompose(quote ->
                CompletableFuture.supplyAsync(
                    () -> Discount.applyDiscount(quote), executor)))
        .collect(toList());
return priceFutures.stream()
        .map(CompletableFuture::join)
        .collect(toList());
}
```

使用另一个异步任务构造
期望的 Future，申请折扣

等待流中的所有 Future 执行
完毕，并提取各自的返回值

这一次，事情看起来变得更加复杂了，所以一步一步来理解到底发生了什么。这三次转换的流程如图 16-3 所示。

图 16-3　构造同步操作和异步任务

你所进行的这三次 map 操作和代码清单 16-15 中的同步方案没有太大的区别，不过你使用 CompletableFuture 类提供的特性，在需要的地方把它们变成了异步操作。

1. 获取价格

这三个操作中的第一个你已经在本章的各个例子中见过很多次，只需要将 Lambda 表达式作为参数传递给 supplyAsync 工厂方法就可以以异步方式对 shop 进行查询。第一个转换的结果是一个 Stream<CompletableFuture<String>>，一旦运行结束，每个 CompletableFuture 对象中都会包含对应 shop 返回的字符串。注意，你对 CompletableFuture 进行了设置，用代码清单 16-12 中的方法向其传递了一个定制的执行器 Executor。

2. 解析报价

现在你需要通过第二次转换将字符串转变为订单。因为一般情况下解析操作不涉及任何远程服务，也不会进行任何 I/O 操作，它几乎可以在第一时间进行，所以能够采用同步操作，不会带来太多的延迟。由于这个原因，你可以对第一步中生成的 CompletableFuture 对象调用它的 thenApply，将一个由字符串转换 Quote 的方法作为参数传递给它。

注意到了吗？直到你调用的 CompletableFuture 执行结束，使用的 thenApply 方法都不会阻塞你代码的执行。这意味着 CompletableFuture 最终结束运行时，你希望传递 Lambda 表达式给 thenApply 方法，将 Stream 中的每个 CompletableFuture<String>对象转换为对应的 CompletableFuture<Quote>对象。你可以把这看成是为处理 CompletableFuture 的结果建立了一个菜单，就像曾经为 Stream 的流水线所做的事儿一样。

3. 为计算折扣价格构造 Future

第三个 map 操作涉及联系远程的 Discount 服务，为从商店中得到的原始价格申请折扣率。这一转换与前一个转换又不大一样，因为这一转换需要远程执行（或者，就这个例子而言，它需要模拟远程调用带来的延迟），出于这一原因，你也希望它能够异步执行。

为了实现这一目标，你像第一个调用传递 getPrice 给 supplyAsync 那样，将这一操作以 Lambda 表达式的方式传递给了 supplyAsync 工厂方法，该方法最终会返回另一个 CompletableFuture 对象。到目前为止，你已经进行了两次异步操作，用了两个不同的 CompletableFuture 对象进行建模，你希望能把它们以级联的方式串接起来进行工作。

❏ 从 shop 对象中获取价格，接着把价格转换为 Quote。

❏ 拿到返回的 Quote 对象，将其作为参数传递给 Discount 服务，取得最终的折扣价格。

Java 8 的 CompletableFutureAPI 提供了名为 thenCompose 的方法，它就是专门为这一目的而设计的，thenCompose 方法允许你对两个异步操作进行流水线，第一个操作完成时，将其结果作为参数传递给第二个操作。换句话说，你可以创建两个 CompletableFuture 对象，对第一个 CompletableFuture 对象调用 thenCompose，并向其传递一个函数。当第一个 CompletableFuture 执行完毕后，它的结果将作为该函数的参数，这个函数的返回值是以第一个 CompletableFuture 的返回做输入计算出的第二个 CompletableFuture 对象。使用这种方式，即使 Future 在向不同的商店收集报价，主线程还是能继续执行其他重要的操作，比如响应 UI 事件。

将这三次 map 操作返回的 Stream 元素收集到一个列表，你就得到了一个 List<CompletableFuture<String>>，等这些 CompletableFuture 对象最终执行完毕，你就可以像代码清单 16-11 中那样利用 join 取得它们的返回值。代码清单 16-8 实现的新版 findPrices 方法产生的输出如下：

```
[BestPrice price is 110.93, LetsSaveBig price is 135.58, MyFavoriteShop price
    is 192.72, BuyItAll price is 184.74, ShopEasy price is 167.28]
Done in 2035 msecs
```

你在代码清单 16-16 中使用的 `thenCompose` 方法像 `CompletableFuture` 类中的其他方法一样，也提供了一个以 `Async` 后缀结尾的版本 `thenComposeAsync`。通常而言，名称中不带 `Async` 的方法和它的前一个任务一样，在同一个线程中运行，而名称以 `Async` 结尾的方法会将后续任务提交到一个线程池，所以每个任务是由不同的线程处理的。就这个例子而言，第二个 `CompletableFuture` 对象的结果取决于第一个 `CompletableFuture`，所以无论你使用哪个版本的方法来处理 `CompletableFuture` 对象，对于最终的结果，或者大致的时间而言都没有多少差别。我们选择 `thenCompose` 方法的原因是因为它更高效一点，因为它少了很多线程切换的开销。注意，即便如此，也很难搞清楚到底使用的是哪一个线程，尤其是如果你的应用还使用了自己的线程池（譬如 Spring），那就更加困难了。

16.4.4　将两个 `CompletableFuture` 对象整合起来，无论它们是否存在依赖

在代码清单 16-16 中，你对一个 `CompletableFuture` 对象调用了 `thenCompose` 方法，并向其传递了第二个 `CompletableFuture`，而第二个 `CompletableFuture` 又需要使用第一个 `CompletableFuture` 的执行结果作为输入。但是，另一种比较常见的情况是，你需要将两个完全不相干的 `CompletableFuture` 对象的结果整合起来，而且你也不希望等到第一个任务完全结束才开始第二个任务。

这种情况下，你应该使用 `thenCombine` 方法，它接受名为 `BiFunction` 的第二个参数，这个参数定义了当两个 `CompletableFuture` 对象完成计算后，结果如何合并。同 `thenCompose` 方法一样，`thenCombine` 方法也提供了一个 `Async` 的版本。这里，如果使用 `thenCombineAsync` 会导致 `BiFunction` 中定义的合并操作被提交到线程池中，那么由另一个任务以异步的方式执行。

回到我们正在运行的这个例子，你知道，有一家商店提供的价格是以欧元（EUR）计价的，但是你希望以美元的方式提供给你的客户。你可以用异步的方式向商店查询指定商品的价格，同时从远程的汇率服务那里查到欧元和美元之间的汇率。当二者都结束时，再将这两个结果结合起来，用返回的商品价格乘以当时的汇率，得到以美元计价的商品价格。用这种方式，你需要使用第三个 `CompletableFuture` 对象，当前两个 `CompletableFuture` 计算出结果，并由 `BiFunction` 方法完成合并后，由它来最终结束这一任务，代码清单如下。

代码清单 16-17　合并两个独立的 `CompletableFuture` 对象

> 创建第一个任务查询商店取得商品的价格

> 通过乘法整合得到的商品价格和汇率

```
Future<Double> futurePriceInUSD =
        CompletableFuture.supplyAsync(() -> shop.getPrice(product))
    .thenCombine(
        CompletableFuture.supplyAsync(
            () -> exchangeService.getRate(Money.EUR, Money.USD)),
        (price, rate) -> price * rate
);
```

> 创建第二个独立任务，查询美元和欧元之间的转换汇率

这里整合的操作只是简单的乘法操作，用另一个单独的任务对其进行操作有些浪费资源，所以你只要使用 `thenCombine` 方法，无须特别求助于异步版本的 `thenCombineAsync` 方法。图 16-4 展示了代码清单 16-17 中创建的多个任务是如何在线程池中选择不同的线程执行的，以及它们最终的运行结果又是如何整合的。

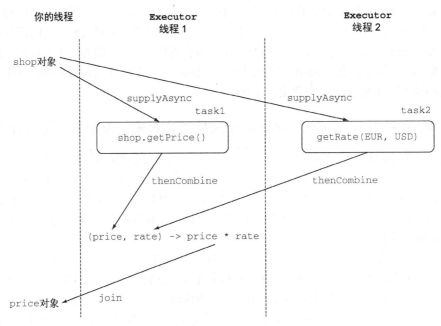

图 16-4　合并两个相互独立的异步任务

16.4.5　对 Future 和 CompletableFuture 的回顾

前文介绍的最后两个例子，即代码清单 16-16 和代码清单 16-17，非常清晰地呈现了相对于采用 Java 8 之前提供的 Future 实现，CompletableFuture 版本实现所具备的巨大优势。CompletableFuture 利用 Lambda 表达式以声明式的 API 提供了一种机制，能够用最有效的方式，非常容易地将多个以同步或异步方式执行复杂操作的任务结合到一起。为了更直观地感受一下使用 CompletableFuture 在代码可读性上带来的巨大提升，你可以尝试仅使用 Java 7 中提供的特性，重新实现代码清单 16-17 的功能。代码清单 16-18 展示了如何实现这一效果。

代码清单 16-18　利用 Java 7 的方法合并两个 Future 对象

创建一个 `ExecutorService`
将任务提交到线程池

```
ExecutorService executor = Executors.newCachedThreadPool();
final Future<Double> futureRate = executor.submit(new Callable<Double>() {
        public Double call() {
```

```
                return exchangeService.getRate(Money.EUR, Money.USD);
            }});
Future<Double> futurePriceInUSD = executor.submit(new Callable<Double>() {
        public Double call() {
            double priceInEUR = shop.getPrice(product);
            return priceInEUR * futureRate.get();
        }});
```

在第二个 Future 中查询指定商店中特定商品的价格

创建一个查询欧元到美元转换汇率的 Future

在查找价格操作的同一个 Future 中，将价格和汇率做乘法计算出汇后价格

在代码清单 16-18 中，你通过向执行器提交一个 Callable 对象的方式创建了第一个 Future 对象，向外部服务查询欧元和美元之间的转换汇率。紧接着，你创建了第二个 Future 对象，查询指定商店中特定商品的欧元价格。最终，用与代码清单 16-17 一样的方式，你在同一个 Future 中通过查询商店得到的欧元商品价格乘以汇率得到了最终的价格。注意，代码清单 16-17 中如果使用 thenCombineAsync，不使用 thenCombine，像代码清单 16-18 中那样，采用第三个 Future 单独进行商品价格和汇率的乘法运算，效果是几乎相同的。这两种实现看起来没太大区别，原因是你只对两个 Future 进行了合并。

16.4.6　高效地使用超时机制

16.2.2 节曾提到过，读取采用 Future 计算结果值时，为了避免线程等待结果返回导致的永久阻塞，设定一个超时机制是个不错的主意。Java 9 通过 CompletableFuture 提供了多个方法，可以更加灵活地设置线程的超时机制。orTimeout 在指定的超时到达时，会通过 Scheduled-ThreadExecutor 线程结束该 CompletableFuture 对象，并抛出一个 TimeoutException 异常，它的返回值是一个新的 CompletableFuture 对象。凭借这一方法，你可以将你的计算流水线串接起来，发生 TimeoutException 异常时，反馈一个友好的消息给用户。你可以为代码清单 16-17 中的 Future 添加超时机制，如果任务没有在 3 秒钟之内完成就抛出一个 Timeout-Exception 异常，代码如下所示。当然，具体超时的时间长短应该与你的业务需求保持一致。

代码清单 16-19　为 CompletableFuture 添加超时

```
Future<Double> futurePriceInUSD =
        CompletableFuture.supplyAsync(() -> shop.getPrice(product))
        .thenCombine(
            CompletableFuture.supplyAsync(
                () -> exchangeService.getRate(Money.EUR, Money.USD)),
            (price, rate) -> price * rate
        ))
        .orTimeout(3, TimeUnit.SECONDS);
```

如果任务无法在 3 秒钟之内执行完毕，Future 就抛出一个 TimeoutException 超时异常。Java 9 添加了对异步超时管理的支持

有时，如果服务偶然性地无法及时响应，临时使用默认值继续执行也是一种可接受的解决方案。代码清单 16-19 中，你期望汇率服务 1 秒钟之内就能返回欧元到美元的兑换汇率。不过，即便请求耗时更长，你也不希望程序直接抛出一个异常，让之前的计算开销付之东流。这种情况下，

你希望程序可以退化为使用预先定义的汇率。通过 Java 9 新引入的 completeOnTimeout 方法，你可以轻松地完成这一任务，为程序添加第二种超时机制，代码如下所示。

代码清单 16-20   超时之后，采用默认值继续执行 CompletableFuture

```
Future<Double> futurePriceInUSD =
        CompletableFuture.supplyAsync(() -> shop.getPrice(product))
        .thenCombine(
            CompletableFuture.supplyAsync(
                () -> exchangeService.getRate(Money.EUR, Money.USD))
            .completeOnTimeout(DEFAULT_RATE, 1, TimeUnit.SECONDS),
            (price, rate) -> price * rate
        ))
        .orTimeout(3, TimeUnit.SECONDS);
```

> 如果汇率服务 1 秒钟还未返回结果，就使用默认汇率继续执行及计算

同 orTimeout 方法一样，completeOnTimeOut 方法也返回一个 CompletableFuture，你可以将它与其他的 CompletableFuture 方法链接起来。简短地回顾一下，目前我们已经能配置两种类型的超时：一种是如果程序执行超时，譬如超过 3 秒，整个计算都会失败；另一种是如果程序执行超时，譬如超过 1 秒，还可以使用预定义的默认值继续执行，不会发生失效。

现在，你几乎已经完成了你的"最优价格查询器"应用，然而它还有一点儿欠缺。你希望达到的效果是，一旦拿到商店的价格数据，立刻将它们展示给你的用户（这是汽车保险和机票比价网站常用的做法），而不是像你目前的代码那样，要等到获取了所有数据后才开始展示数据。CompletableFuture 自身执行完毕之前，调用它的 get 或者 join 方法，执行都会被阻塞。接下来的一节会学习如何通过响应 CompletableFuture 的 completion 事件达到及时展示数据这一目标，不再受制于 get 或者 join 方法。

16.5   响应 CompletableFuture 的 completion 事件

截至目前，本章你看到的所有示例代码都是在响应之前添加 1 秒钟等待延迟模拟方法的远程调用。毫无疑问，现实世界中，你的应用访问各远程服务时很可能遭遇无法预知的延迟，触发的原因多种多样，从服务器负荷到网络延迟，有些甚至是远程服务如何评估你应用的商业价值，即可能相对于其他应用，你的应用每次查询的消耗时间更长。

由于这些原因，你想要的商品在某些商店的查询速度会比另一些商店更快。接下来的代码清单中会通过 ramdomDelay 方法添加一个介于 0.5 到 2.5 秒钟之间的随机延迟模拟这种场景，不再使用固定 1 秒钟的延迟。

代码清单 16-21   一个模拟生成 0.5 秒至 2.5 秒随机延迟的方法

```
private static final Random random = new Random();
public static void randomDelay() {
    int delay = 500 + random.nextInt(2000);
    try {
        Thread.sleep(delay);
```

```
        } catch (InterruptedException e) {
            throw new RuntimeException(e);
        }
    }
```

目前为止，你实现的 `findPrices` 方法只有在取得所有商店的返回值时才显示商品的价格。而你希望的效果是，只要有商店返回商品价格就在第一时间显示返回值，不再等待那些还未返回的商店（有些甚至会发生超时）。如何实现这种更进一步的改进要求呢？

16.5.1　对最佳价格查询器应用的优化

你要避免的首要问题是，等待创建一个包含了所有价格的 `List` 创建完成。你应该做的是直接处理 `CompletableFuture` 流，这样每个 `CompletableFuture` 都在为某个商店执行必要的操作。为了实现这一目标，在下面的代码清单中，你会对代码清单 16-16 中代码实现的第一部分进行重构，实现 `findPricesStream` 方法来生成一个由 `CompletableFuture` 构成的流。

代码清单 16-22　重构 `findPrices` 方法返回一个由 `Future` 构成的流

```
public Stream<CompletableFuture<String>> findPricesStream(String product) {
    return shops.stream()
            .map(shop -> CompletableFuture.supplyAsync(
                                () -> shop.getPrice(product), executor))
            .map(future -> future.thenApply(Quote::parse))
            .map(future -> future.thenCompose(quote ->
                    CompletableFuture.supplyAsync(
                        () -> Discount.applyDiscount(quote), executor)));
}
```

现在，你为 `findPricesStream` 方法返回的 `Stream` 添加了第 4 个 `map` 操作，在此之前，你已经在该方法内部调用了三次 `map`。这个新添加的操作其实很简单，只是在每个 `CompletableFuture` 上注册一个操作，该操作会在 `CompletableFuture` 完成执行后使用它的返回值。Java 8 的 `CompletableFuture` API 通过 `thenAccept` 方法提供了这一功能，它接受 `CompletableFuture` 执行完毕后的返回值做参数。在这里的例子中，该值是由 `Discount` 服务返回的字符串值，它包含了提供请求商品的商店名称及折扣价格，你想要做的操作也很简单，只是将结果打印输出：

```
findPricesStream("myPhone").map(f -> f.thenAccept(System.out::println));
```

注意，和你之前看到的 `thenCompose` 和 `thenCombine` 方法一样，`thenAccept` 方法也提供了一个异步版本，名为 `thenAcceptAsync`。异步版本的方法会对处理结果的消费者进行调度，从线程池中选择一个新的线程继续执行，不再由同一个线程完成 `CompletableFuture` 的所有任务。因为你想要避免不必要的上下文切换，更重要的是你希望避免在等待线程上浪费时间，尽快响应 `CompletableFuture` 的 completion 事件，所以这里没有采用异步版本。

由于 `thenAccept` 方法已经定义了如何处理 `CompletableFuture` 返回的结果，一旦 `CompletableFuture` 计算得到结果，它就返回一个 `CompletableFuture<Void>`。因此，`map`

操作返回的是一个 `Stream<CompletableFuture<Void>>`。对这个 `CompletableFuture` `<Void>`对象，你能做的事非常有限，只能等待其运行结束，不过这也是你所期望的。你还希望能给最慢的商店一些机会，让它有机会打印输出返回的价格。为了实现这一目的，你可以把构成 Stream 的所有 `CompletableFuture<Void>`对象放到一个数组中，等待所有的任务执行完成，代码如下所示。

代码清单 16-23　响应 CompletableFuture 的 completion 事件

```
CompletableFuture[] futures = findPricesStream("myPhone")
        .map(f -> f.thenAccept(System.out::println))
        .toArray(size -> new CompletableFuture[size]);
CompletableFuture.allOf(futures).join();
```

`allOf` 工厂方法接受一个由 `CompletableFuture` 构成的数组，数组中的所有 `CompletableFuture` 对象执行完成之后，它返回一个 `CompletableFuture<Void>`对象。这意味着，如果你需要等待最初 Stream 中的所有 `CompletableFuture` 对象执行完毕，那么对 `allOf` 方法返回的 `CompletableFuture` 执行 `join` 操作是个不错的主意。这个方法对"最佳价格查询器"应用也是有用的，因为你的用户可能会困惑是否后面还有一些价格没有返回，使用这个方法，你可以在执行完毕之后打印输出一条消息"All shops returned results or timed out"。

然而在另一些场景中，你可能希望只要 `CompletableFuture` 对象数组中有任何一个执行完毕就不再等待，比如，你正在查询两个汇率服务器，任何一个返回了结果都能满足你的需求。在这种情况下，你可以使用一个类似的工厂方法 `anyOf`。该方法接受一个 `CompletableFuture` 对象构成的数组，返回由第一个执行完毕的 `CompletableFuture` 对象的返回值构成的 `CompletableFuture<Object>`。

16.5.2　付诸实践

正如本节开篇所讨论的，现在你可以通过代码清单 16-21 中的 `randomDelay` 方法模拟远程方法调用，产生一个介于 0.5 秒到 2.5 秒的随机延迟，不再使用恒定 1 秒的延迟值。代码清单 16-23 应用了这一改变，执行这段代码你会看到不同商店的价格不再像之前那样总是在一个时刻返回，而是随着商店折扣价格返回的顺序逐一地打印输出。为了让这一改变的效果更加明显，我们对代码进行了微调，在输出中打印每个价格计算所消耗的时间：

```
long start = System.nanoTime();
CompletableFuture[] futures = findPricesStream("myPhone27S")
        .map(f -> f.thenAccept(
            s -> System.out.println(s + " (done in " +
                ((System.nanoTime() - start) / 1_000_000) + " msecs)")))
        .toArray(size -> new CompletableFuture[size]);
CompletableFuture.allOf(futures).join();
System.out.println("All shops have now responded in "
                + ((System.nanoTime() - start) / 1_000_000) + " msecs");
```

运行这段代码所产生的输出如下：

```
BuyItAll price is 184.74 (done in 2005 msecs)
MyFavoriteShop price is 192.72 (done in 2157 msecs)
LetsSaveBig price is 135.58 (done in 3301 msecs)
ShopEasy price is 167.28 (done in 3869 msecs)
BestPrice price is 110.93 (done in 4188 msecs)
All shops have now responded in 4188 msecs
```

我们看到，由于随机延迟的效果，第一次价格查询比最慢的查询要快两倍多。

16.6　路线图

第 17 章会讨论 Java 9 新引入的 Flow API，它对 ComputableFuture（无论计算还是求值都是一次性的操作）的思想做了进一步的延申。使用 Flow，程序在终止之前可以生成和处理一些列的值。

16.7　小结

以下是本章中的关键概念。

- 执行比较耗时的操作时，尤其是那些依赖一个或多个远程服务的操作，使用异步任务可以改善程序的性能，加快程序的响应速度。
- 你应该尽可能地为客户提供异步 API。使用 CompletableFuture 类提供的特性，你能够轻松地实现这一目标。
- CompletableFuture 类还提供了异常管理的机制，让你有机会抛出/管理异步任务执行中发生的异常。
- 将同步 API 的调用封装到一个 CompletableFuture 中，你能够以异步的方式使用其结果。
- 如果异步任务之间相互独立，或者它们之间某一些的结果是另一些的输入，那么你可以将这些异步任务构造或者合并成一个。
- 你可以为 CompletableFuture 注册一个回调函数，在 Future 执行完毕或者它们计算的结果可用时，针对性地执行一些程序。
- 你可以决定在什么时候结束程序的运行，是等待由 CompletableFuture 对象构成的列表中所有的对象都执行完毕，还是只要其中任何一个首先完成就中止程序的运行。
- Java 9 通过 orTimeout 和 completeOnTimeout 方法为 CompletableFuture 增加了对异步超时机制的支持。

反应式编程 17

在深入研究什么是反应式编程以及它如何工作这样的细节之前，了解一下为何这种新计算模式正变得越来越重要很有意义。几年前，大型应用也就是几十台服务器以及几个 G 字节数据这样的规模，几秒钟的响应时间、甚至数小时的离线维护时间都被认为是可以接受的。而现在，情况正迅速变化着，这主要基于以下三个原因。

- **大数据**——以 PB 计量的大数据，并且数量还在不断增加。
- **异构环境**——应用被部署到完全异构的环境中，它可能是移动设备，也可能是运行着数千个多核处理器的云端集群。
- **使用模式**——用户的期望发生了变化，现在用户期望毫秒级的响应时间，希望应用百分之百时时刻刻都在线。

这些变化意味着我们不能再以昨天的软件架构满足当今的用户需求。这种趋势已经非常明显。当前互联网中流量最大的部分是移动流量，一旦物联网（Internet of things，IoT）流量取代移动流量成为互联网流量的主流，这种情况还会进一步加剧。

反应式编程让你能以异步的方式处理、整合来自不同系统和源头的数据流，从而解决这一棘手的问题。事实上，以这种方式实现的应用可以在处理数据的同时进行反馈，让数据对用户的响应更及时。此外，反应式编程不仅可以构建单一组件或者应用，还能用于协调多个组件，将它们搭建成一个反应式系统。以同样的方式，系统工程师能依据网络的变化调整消息路由，从而保证系统在高负荷或者发生节点失效时依旧能稳定地提供服务。（请注意，虽然程序员通常认为他们的系统或者应用是由组件搭建而成，但是以这种新型混聚、松散耦合方式构建的系统中，组件很多时候就是应用。因此，这里的**组件**和**应用**基本上是同义词。）

反应式应用和系统的特性及优点在反应式宣言中陈述得非常明确，下一节会详细讨论。

17.1 反应式宣言

反应式宣言由 Jonas Bonér、Dave Farley、Roland Kuhn 和 Martin Thompson 在 2013 年至 2014 年间发起，它定义了一套开发反应式应用和系统的规范。该宣言指出了反应式应用的四个典型特征。

- ❑ **响应性**——顾名思义，反应式系统的响应时间很快，更重要的是它的响应时间应该是稳定且可预测的。只有这样，用户才能明确地设定他的预期。而这反过来又会增强用户的信心，是应用易用性的关键指标。
- ❑ **韧性**——系统在出现失败时依然能继续响应服务。为了构建弹性的应用，反应式宣言提供了一系列的建议，包括组件运行时复制，从时间（发送方和接受方都拥有相互独立的生命周期）和空间（发送方和接收方运行于不同的进程）维度对组件进行解耦，从而使任何一个组件都能以异步的方式向其他组件分发任务。
- ❑ **弹性**——影响应用响应性的另一个重要因素是应用的工作负载。应用生命周期中不可避免地会遭遇各种规模的负载。反应式系统在设计时就需要考虑这一点，增加分配的资源后，受影响的组件要有能力自动地适配和服务更大的负荷。
- ❑ **消息驱动**——韧性和弹性要求明确定义构成系统的组件之间的边界，从而确保组件间的松耦合、组件隔离以及位置透明性。跨组件通信则通过异步消息传递。这种设计既实现了韧性（以消息传递组件失败）又确保了弹性（通过监控交换消息规模的变化，适时调整资源分配，从而实现资源配置的优化，满足业务的需求）

图 17-1 展现了这四个特征之间的相互依赖关系。这些原则适用于各种规模的项目，无论是搭建小型应用内部架构还是选择用什么策略协调各个应用来构建一个大型系统。关于应用这些思想的细节，尤其是如何界定组件的粒度，还需要进一步的讨论。

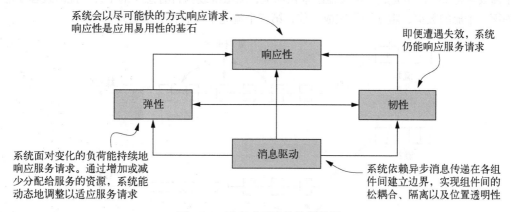

图 17-1 反应式系统的关键特征

17.1.1 应用层的反应式编程

对应用层组件而言，反应式编程的主要特征使得任务能以异步的方式运行。以异步非阻塞方式处理事件流对充分利用现代多核处理器至关重要，或者更确切地说，这一技术让线程尽可能地竞争处理器的使用权。为了达到这一目的，反应式编程框架和库会在轻量级的结构，譬如 Future、Actor 或者更常见的事件循环间共享线程（相对昂贵且稀缺的资源），以分发回调函数的结果，最终实现对事件处理结果的收集、转换和管理。

背景知识调查

如果你对**事件、消息、信号**以及**事件循环**（或者叫"**发布–订阅**"、**监听**，以及本章后续会提到的**背压**）感到困惑，请转去阅读第 15 章中的相关内容。如果你没有任何不适，那么请继续阅读。

这些技术不仅比线程更轻量级，对开发者而言，还有更大的诱惑：它们提升了创建并发以及异步应用的抽象层次，如此一来开发者就能更关注于业务需求，不必花费大量精力在像同步、竞争条件、死锁这样典型的多线程底层实现上。

采用这种线程多路复用策略时需要特别注意一点：不要在主事件循环中添加可能阻塞的操作。提到阻塞操作，这里特别要关注的是所有 I/O 密集型的操作，譬如访问数据库或文件系统，或者调用远程服务，这些都是可能消耗比较长时间的事件，甚至无法预测何时能够结束。下面我们用一个实际的例子来解释为何你应该在线程多路复用时避免阻塞操作，这样可能更生动直观一些。

设想有这样一个典型多路复用的简单场景，这个场景中你需要创建一个两线程的线程池，处理来自三个流的事件。由于同一时刻只能处理两个流，只有通过竞争，流才能高效公平地共享那两个线程。现在假设其中一个流中，某个事件触发了一个可能很慢的 I/O 操作，譬如向文件系统写入数据，或者调用阻塞式 API 从数据库中拉取数据。如图 17-2 所示，在这种情况下，线程 2 由于需要等待 I/O 操作完成，傻傻地阻塞在那里，无法继续执行有意义的工作。此时线程 1 还在处理第一个流的数据，阻塞操作完成之前，第三个流完全没有机会被处理。

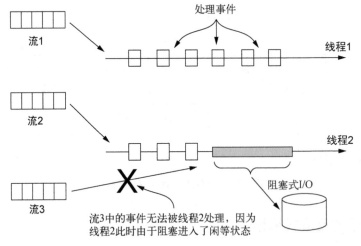

图 17-2   阻塞操作让线程进入闲等状态，其他的计算也无法获得执行机会

为了解决这一问题，大多数的反应式框架（譬如 RxJava 和 Akka）中都可以开辟独立的线程池用于执行阻塞式操作。主线程池中运行的线程执行的都为无阻塞的操作，以确保所有的 CPU 核都能得到最充分的利用。为 CPU 密集型和 I/O 密集型的操作分别创建单独的线程池还有更深层的好处，你可以更精细地监控不同类型任务的性能，从而更好地配置和调整线程池的规模，更好地适应业务的需求。

通过遵循反应式原则开发应用只是反应式编程的一小部分，很多时候甚至不是最困难的部分。将一系列反应式应用整合成一个协调良好的交互式系统与设计一个独立高效运行的反应式应用比较起来，其重要程度不相上下。

17.1.2　反应式系统

反应式系统是一种新型软件架构，应用这种架构多个独立应用可以像一个单一系统那样步调一致地工作，同时其又具备良好的扩展性，构成反应式系统的各个应用也是充分解耦的，因此，即使其中某一个应用发生失效，也不会拖垮整个系统。反应式应用与反应式系统的主要区别是，前者主要对临时数据流进行处理，因此其工作模式被称为事件驱动型。而后者主要用于构造应用以及协调组件间的通信。具备这种特征的系统通常会被称为消息驱动系统。

消息驱动与事件驱动的另一个重要区别是，消息往往是直接发送给某个单一目标的，而事件会被所有注册了该事件的组件接收。此外，还有一点非常重要，值得特别提一下，反应式系统中消息是以异步的方式发送和接收的，这种方式有效地解耦了发送方与接收方。组件间完全的解耦合既是实现有效隔离的必要前提，也是保障系统在遭遇失效（**韧性**）和超大负荷（**弹性**）时仍能保持响应的基础。

更确切地说，反应式架构的韧性是凭借将失效隔离在组件内部，避免故障传递到临接的组件来实现的，如果不加控制的话，这种灾难传递可能会毁掉整个系统。从反应式系统角度而言，韧性更偏向于容错。系统不只要能优雅地降级，更重要的是能通过隔离失效组件，将系统重新拉回健康状态。这种神奇的魔力来自于将失效控制在一个范围内，并将这些失效作为消息传递给管理组件。通过这种方式，失效节点的管理可以不受失效组件自身的影响，在一个安全的上下文中进行。

位置透明性之于韧性与隔离和解耦之于弹性一样至关重要，是反应式系统实现韧性的决定性要素。基于位置透明性，反应式系统的所有组件都可以和其他任何服务通信，无须顾忌接收方在什么位置。位置透明性使得系统能够依据当前的负荷情况，对应用进行复制或者自动地水平扩展。这种位置无关的扩展也是反应式应用（异步、并发、即时松耦合）与反应式系统（凭借位置透明性从空间角度解耦）之间的另一个区别。

本章接下来的内容会带领大家通过几个实例来学习反应式编程，此外，我们会着重介绍 Java 9 的 Flow API。

17.2　反应式流以及 Flow API

反应式编程是一种利用反应式流的编程技术。而反应式流是以异步方式处理潜在无边界数据流的标准技术（它基于"发布–订阅"模型，也叫 pub-sub，更详细的介绍请参考第 15 章的内容），其处理时按先后次序进行，并且带有不可阻塞的背压。背压是发表–订阅模式下的一种常见的流量控制机制，目的是避免流中事件处理的消费者由于处理速度较慢，被一个或多个快速的生产者压垮。出现这种情况时，如果受压组件发生灾难式的崩溃，或者以无法控制的方式丢弃事件都是不可接受的。组件需要一种方式来向上游生产者反馈，让它们减缓生产速度，或者告诉生产者它在接收更多数据之前，在给定的时间内能够接受和处理多少事件。

值得一提的是背压的这些内置要求是由流处理天然的异步特质决定的。实际上，执行同步调用时，系统默认就会收到来自阻塞 API 的背压。遭遇这种不幸的场景时，你将无法执行任何任务，直到阻塞操作完成，因此，由于等待你会浪费大量的资源。与之相反，使用异步式 API，硬件资源的使用率能够大幅提高，甚至达到其极限，不过你可能由此压垮下游处理速度较慢的组件。引入背压或者流量控制机制的目的就是解决这一问题，它们提供了一种协议，可以在不阻塞线程的情况下，避免数据接收方被压垮。

反应式的这些需求和行为都汇集浓缩到了反应式流（Reactive Streams）[1]项目中。这个项目的成员来自于奈飞（Netflix）、红帽（Red Hat）、Twitter、Lightbend 等公司。依据这些需求和行为，反应式流项目定义了实现任何反应式流都必须提供的四个相互关联的接口。这些接口现在是 Java 9 语言的组成部分，由新的 `java.util.concurrent.Flow` 类提供。很多第三方库，包括 Akka 流（Lightbend 公司）、Reactor（Pivotal 公司），以及 Vert.x（红帽公司）都提供了这些接口的实现。接下来的一节会介绍这些接口声明方法的细节，并讨论如何在反应式组件中使用它们。

17.2.1　Flow 类

Java 9 为了支持反应式编程新增了一个类：`java.util.concurrent.Flow`。这个类只包含一个静态组件，无法实例化。`Flow` 类包含了四个嵌套的接口来体现反应式项目定义的标准"发布–订阅"模型，分别是：

- 发布者（`Publisher`）；
- 订阅者（`Subscriber`）；
- 订阅（`Subscription`）；
- 处理者（`Processor`）。

凭借 `Flow` 类，相互关联的接口或者静态方法可以构造流控（flow-controlled）组件。`Publisher` 生产的元素可以被一个或多个 `Subscriber` 消费，`Publisher` 与 `Subscriber` 之间的关系通过 `Subscription` 管理。`Publisher` 是顺序事件的提供者，并且这些事件的数量可能没有上限，不过它也受背压机制的制约，按照 `Subscriber` 的反馈进行元素的生产。`Publisher` 是一个 Java 函数式接口（它仅仅声明了一个抽象方法），`Subscriber` 可以把自己注册为该事件的监听方从而完成对 `Publisher` 事件的注册。流量控制，包括 `Publisher` 与 `Subscriber` 之

---

[1] 书中我们使用了大写开头的 Reactive Streams，解释概念时则可以采用小写的 reactive streams。

间的背压都是由 Subscription 管理的。这三个接口以及 Processor 接口的定义可以参考代码清单 17-1、代码清单 17-2、代码清单 17-3 以及代码清单 17-4。

代码清单 17-1 Flow.Publisher 接口

```
@FunctionalInterface
public interface Publisher<T> {
    void subscribe(Subscriber<? super T> s);
}
```

此外，Subscriber 接口提供了四个回调函数，这些回调函数会在 Publisher 生产对应事件时被调用。

代码清单 17-2 Flow.Subscriber 接口

```
public interface Subscriber<T> {
    void onSubscribe(Subscription s);
    void onNext(T t);
    void onError(Throwable t);
    void onComplete();
}
```

这些事件的发布（以及对应方法的调用）都必须严格遵守下面协议定义的顺序：

onSubscribe onNext* (onError | onComplete)?[①]

这种表示法的含义是 onSubscribe 方法始终作为第一个事件被调用，接下来是任意多个 onNext 方法的调用。事件流的处理可能持续不断，也可能借由 onComplete 回调方法终止，表面接下来没有更多需要处理的元素了，抑或如果 Publisher 发生了失效，就会执行 onError 调用（可以对比从终端正常读取一个字符串，或者读取到文件末尾，或者发生 I/O 错误的情况）。

当 Subscriber 向 Publisher 注册时，Publisher 的第一个动作就是调用 onSubscribe 方法并回传一个 Subscription 对象。Subscription 接口定义了两个方法。Subscriber 可以使用第一个方法通知 Publisher 它已经准备好接收多少个事件，第二个方法用于取消 Subscription，因此它的作用就是告诉 Publisher 它已经不再希望接收来自 Publisher 的事件了。

代码清单 17-3 Flow.Subscription 接口

```
public interface Subscription {
    void request(long n);
    void cancel();
}
```

Java 9 的 Flow 规范定义了一系列的规则，通过这些规则，协议的接口之间能相互沟通协调。下面总结了这些规则的内容。

---

① 此表示法表示 onsubscribe 调用。——译者注

❑ Publisher 发送给 Subscriber 的元素数量不能超过其在 Subscription 的 request 方法中指定的数目。不过如果 Subscription 被 onComplete 方法成功地终止，或者 Subscription 执行过程中发生了错误，调用了 onError 方法，Publisher 也可能还没达到设定的数量就停止调用 onNext 向 Subscriber 发送元素了。发生这种情况，Subscription 就变成了终止状态（即 onComplete 或者 onError），Publisher 无法再向 Subscriber 发送任何信号，对应的 Subscription 只能被看作取消了。

❑ Subscriber 必须告知 Publisher 它是否已经准备好接收数据以及能够处理多少元素。凭借这种方式，Subscriber 向 Publisher 执行了"背压"操作，有效地避免了 Subscriber 被超载数据压垮的情况发生。此外，执行 onComplete 或者 onError 操作时，Subscriber 不能再次调用 Publisher 或者 Subscription 中的方法，这个时刻的 Subscription 已经被取消了。最后，发出 Subscription.cancel() 调用后，即使还未执行 Subscription.request() 方法，也没有通过 onNext 接收到任何消息，Subscriber 也要准备好进行终止操作。

❑ Subscription 只能被一对 Publisher 和 Subscriber 共享，这代表了它们之间独一无二的关系。基于这个原因，Subscriber 可以从 onSubscribe 和 onNext 方法中以异步方式调用它的 request 方法。标准还规定了 Subscription.cancel() 方法的实现必须是幂等（即调用它一次与重复调用多次的效果是同样的）和线程安全的，这样才能保证执行完第一次调用后，任何对 Subscription 的额外调用都不会有副作用。执行 Subscription.cancel() 调用后，Publisher 会彻底删除对应 Subscriber 的引用。规则不推荐大家重复订阅同一个 Subscriber，但是它并没有强制发生这种情况时抛出异常，因为所有之前取消的 Subscription 都需要妥善地保存下来。

图 17-3 展示了一个典型应用的生命周期，它实现了 Flow API 中定义的接口。

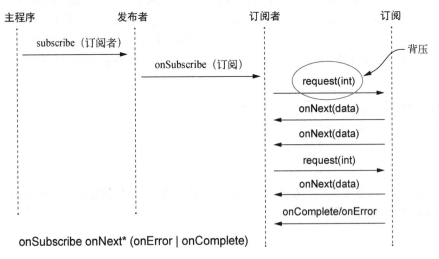

图 17-3　使用 Flow API 的反应式应用的生命周期

Flow 类的第 4 个也是最后一个成员是 `Processor` 接口。它同时继承了 `Publisher` 和 `Subscriber`，但没有额外添加新的方法。

代码清单 17-4　`Flow.Processor` 接口

```
public interface Processor<T, R> extends Subscriber<T>, Publisher<R> { }
```

实际上，这个接口反映的就是反应式流中事件的转化阶段。接收到错误时，`Processor` 可以选择从出错状态恢复（接着需要将该 `Subscription` 设置为取消状态），或者直接向 `Subscriber` 抛出 `onError` 信号。当最后一个 `Subscriber` 取消其 `Subscription` 时，`Processor` 也应该取消其上游的 `Subscription` 以传递该取消信号（尽管规范中并未严格规定此时一定要执行这样的取消操作）。

Java 9 的 Flow API 或者反应式流 API 规定所有 `Subscriber` 接口的方法实现都不得阻塞 `Publisher`，但是它并未指定这些方法一定要采用同步或者异步的方式。然而，请注意一点，这些接口中定义的所有方法都返回 `void`，从而确保它们能以完全异步的方式实现。

接下来的一节会通过一个简单又实用的例子将已经学习到的内容运用起来。

17.2.2　创建你的第一个反应式应用

大多数情况下，不建议直接去实现 `Flow` 类中定义的接口。非比寻常地，Java 9 库也并未提供实现它们的类。这些接口的实现借由前面提到的反应式库（譬如 Akka、RxJava 等）完成。Java 9 的 `java.util.concurrency.Flow` 规范既是所有实现该接口的库需要遵守的合约，也是使构建于不同的反应式库之上的应用间能相互协调、相互理解沟通的通用语言。此外，反应式库一般都提供了更丰富的特性（除了由 `java.util.concurrency.Flow` 接口定义的最小功能集外，它们往往提供了更多对反应式流进行转换和归并的类和方法）。

正如前文所述，直接基于 Java 9 的 Flow API 创建你的第一个反应式应用对于理解这四个接口之间是如何工作的非常有价值。到本节结束，你将会基于反应式原则创建一个简单的温度汇报程序。这个程序包含两个组件，分别是：

❏ `TempInfo`，它模拟一个远程温度计（持续不断地回报温度，温度的值是随机生成的，介于华氏 0 度到 99 度之间，这也是适合大多数美国城市的温度区间）；

❏ `TempSubscriber`，它监听这些温度报告事件，并打印输出某个城市的温度监控器返回的温度 Stream 。

我们要做的第一步是定义一个简单的类来描述当前汇报的温度，如下面的代码清单所示。

代码清单 17-5　表示当前汇报温度的 Java Bean

```
import java.util.Random;

public class TempInfo {

    public static final Random random = new Random();
```

```
private final String town;
private final int temp;

public TempInfo(String town, int temp) {
    this.town = town;
    this.temp = temp;
}

public static TempInfo fetch(String town) {            ◁─────
    if (random.nextInt(10) == 0)
        throw new RuntimeException("Error!");
    return new TempInfo(town, random.nextInt(100));    ◁────
}

@Override
public String toString() {
    return town + " : " + temp;
}

public int getTemp() {
    return temp;
}

public String getTown() {
    return town;
}
}
```

城市的 `TempInfo`
实例都通过静态工
厂方法创建

获取当前温度，每
十次获取操作可能
随机失败一次

返回温度，其值是介
于华氏 0 度到 99 度
之间的一个随机数

定义好这个简单的领域模型之后，你就可以开始着手实现某个城市温度的 Subscription
了，它会在 Subscriber 请求温度报告时返回对应的数据。下面是实现这段逻辑的代码。

代码清单 17-6 Subscription 接口实现，向 Subscriber 发送 TempInfo Stream

```
import java.util.concurrent.Flow.*;

public class TempSubscription implements Subscription {

    private final Subscriber<? super TempInfo> subscriber;
    private final String town;

    public TempSubscription( Subscriber<? super TempInfo> subscriber,
                             String town ) {
        this.subscriber = subscriber;
        this.town = town;
    }

    @Override
    public void request( long n ) {                          ◁────
        for (long i = 0L; i < n; i++) {
            try {
                subscriber.onNext( TempInfo.fetch( town ) );
            } catch (Exception e) {
                subscriber.onError( e );                     ◁────
                break;
```

Subscriber 每
处理一个请求执
行一次循环

将当前温度发送
给 Subscriber

查询温度时如果发送
失效，将出错信息返
回给 Subscriber

```
            }
        }
    }

    @Override
    public void cancel() {
        subscriber.onComplete();
    }
}
```

> 如果 Subscription 被取消了，那么向 Subscriber 发送一个完成（onComplete）信号

接下来一步是创建 Subscriber，每当它从 Subscription 拿到一个新元素，就打印输出温度，并继续请求新的数据，实现代码如下。

代码清单 17-7 Subscriber 接口实现，打印输出收到的温度数据

```
import java.util.concurrent.Flow.*;

public class TempSubscriber implements Subscriber<TempInfo> {

    private Subscription subscription;

    @Override
    public void onSubscribe( Subscription subscription ) {
        this.subscription = subscription;
        subscription.request( 1 );
    }

    @Override
    public void onNext( TempInfo tempInfo ) {
        System.out.println( tempInfo );
        subscription.request( 1 );
    }

    @Override
    public void onError( Throwable t ) {
        System.err.println(t.getMessage());
    }

    @Override
    public void onComplete() {
        System.out.println("Done!");
    }
}
```

> 保存 Subscription 并发送第一个请求
> 打印输出接收到的温度数据并发送下一个数据请求
> 发生错误时，打印出错信息

接下来的这段代码把之前实现的反应式应用放到了 Main 类中，它会创建一个 Publisher，之后使用 TempSubscriber 订阅该 Publisher 的消息。

代码清单 17-8 Main 类：创建 Publisher 并向其订阅 TempSubscriber

```
import java.util.concurrent.Flow.*;

public class Main {
    public static void main( String[] args ) {
        getTemperatures( "New York" ).subscribe( new TempSubscriber() );
    }
```

> 创建一个新的纽约温度的 Publisher，并向其订阅 TempSubscriber 事件

```
private static Publisher<TempInfo> getTemperatures( String town ) {
    return subscriber -> subscriber.onSubscribe(
                    new TempSubscription( subscriber, town ) );
    }
}
```

向注册了该事件的 **Subscriber** 返回一个发送
TempSubscription 的 **Publisher** 对象

这段代码中，getTemperatures 方法返回的是一个 Lambda 表达式，它接受一个
Subscriber 对象作为参数，并调用它的 onSubscribe 方法。调用 onSubscribe 方法时，向
其传入的参数是一个新创建的 TempSubscription 实例。由于这个 Lambda 表达式的签名与
Publisher 函数式接口中唯一的抽象方法保持一致，因此 Java 编译器会自动地将该 Lambda 表
达式转换为 Publisher 对象（更多细节请参考第 3 章）。main 方法为纽约的温度创建了一个
Publisher，接着向它注册了一个新的 TempSubscriber 类实例。执行 main 函数的输出结果
如下：

```
New York : 44
New York : 68
New York : 95
New York : 30
Error!
```

上述执行结果中 TempSubscription 成功地获取了四次纽约的温度，在尝试第 5 次读取时
失败了。看起来通过 Flow API 提供的四个接口中的三个，你就已经成功地解决了该问题。不过，
你确定这段代码没有任何问题么？不用着急回答，你可以再思考一下，完成下面这个测验之后再
给出答案。

测验 17.1
我们开发的这个程序目前存在一个微妙的缺陷。不过，由于温度数据所构成的 Stream 会
被 TempInfo 工厂方法随机抛出的异常中断，这个问题被隐藏了。如果注释掉随机生成错误
的那段代码，让程序持续运行足够长的时间，你猜猜会发生什么情况？
答案： 这段代码的问题在于每次 TempSubscriber 接受一个新的元素都会调用它的
onNext 方法，onNext 方法又会向 TempSubscription 发送一个新请求，接着 request 方
法又会向 TempSubscriber 发送另一个元素。这种递归的调用一个接着一个被压入栈，最终
导致栈溢出，造成像下面这样的 StackOverflowError 错误：

```
Exception in thread "main" java.lang.StackOverflowError
    at java.base/java.io.PrintStream.print(PrintStream.java:666)
    at java.base/java.io.PrintStream.println(PrintStream.java:820)
    at flow.TempSubscriber.onNext(TempSubscriber.java:36)
    at flow.TempSubscriber.onNext(TempSubscriber.java:24)
    at flow.TempSubscription.request(TempSubscription.java:60)
    at flow.TempSubscriber.onNext(TempSubscriber.java:37)
    at flow.TempSubscriber.onNext(TempSubscriber.java:24)
    at flow.TempSubscription.request(TempSubscription.java:60)
    ...
```

怎样才能修复这个问题，避免发生栈溢出呢？一种可行的解决方案是在 TempSubscription 中添加 Executor，使用它通过另外一个线程向 TempSubscriber 发送新的元素。为了达到这个目标，你可以像下面的代码清单那样修改 TempSubscription。（注意，这个类的实现是不完整的，完整的定义需要结合代码清单 17-6 剩余的部分。）

代码清单 17-9　为 TempSubscription 添加 Executor

```
import java.util.concurrent.ExecutorService;
import java.util.concurrent.Executors;

public class TempSubscription implements Subscription {        ◁── 为了节省页面，刻意省略
                                                                   了原 TempSubscription
    private static final ExecutorService executor =                类中未改动的代码
                                     Executors.newSingleThreadExecutor();

    @Override
    public void request( long n ) {
        executor.submit( () -> {          ◁── 另起一个线程向 subscriber
            for (long i = 0L; i < n; i++) {    发送下一个元素
                try {
                    subscriber.onNext( TempInfo.fetch( town ) );
                } catch (Exception e) {
                    subscriber.onError( e );
                    break;
                }
            }
        });
    }
}
```

Flow API 定义了四个接口，目前为止，你仅使用了其中的三个。那么，什么时候使用 Processor 接口呢？为了解释这个问题，我们举一个例子，通过它你大概就能理解什么时候采用 Processor 接口了。譬如你需要创建一个 Publisher，用来汇报温度数据，不过你收到了一个额外的要求，这些收集的数据要以摄氏温度而不是华氏温度的方式表示（假设你要收集的城市并不在美国）。这时使用 Processor 接口就非常适合了。

17.2.3　使用 Processor 转换数据

17.2.1 节曾介绍过，Processor 身兼两职，它既是一个 Subscriber 也是一个 Publisher。实际上，我们经常将它注册到一个 Publisher 上，接收并转换完数据后，再把这些数据重新发布出去。这里我们举一个实际的例子，要求是实现一个 Processor，它注册到一个发布以华氏温度表示温度数据的 Publisher 上，你需要将接收到的数据转换为摄氏温度并重新发布出去。代码清单如下。

代码清单 17-10　将温度由华氏温度转换为摄氏温度的 `Processor`

```
import java.util.concurrent.Flow.*;

public class TempProcessor implements Processor<TempInfo, TempInfo> {

    private Subscriber<? super TempInfo> subscriber;

    @Override
    public void subscribe( Subscriber<? super TempInfo> subscriber ) {
        this.subscriber = subscriber;
    }

    @Override
    public void onNext( TempInfo temp ) {
        subscriber.onNext( new TempInfo( temp.getTown(),
                                        (temp.getTemp() - 32) * 5 / 9) );
    }

    @Override
    public void onSubscribe( Subscription subscription ) {
        subscriber.onSubscribe( subscription );
    }

    @Override
    public void onError( Throwable throwable ) {
        subscriber.onError( throwable );
    }

    @Override
    public void onComplete() {
        subscriber.onComplete();
    }
}
```

将 `TempInfo` 由一种格式转换为另一种格式的 `processor`

`TempInfo` 转换为摄氏温度后重新发布

所有其他的信号都原封不动地代理给上游的 `subscriber` 处理

注意，在上面的代码中，`onNext` 是 `TempProcessor` 类中唯一一个包含业务逻辑的方法，它在将温度由华氏温度转换为摄氏温度后将其重新发布出去。所有其他实现 `Subscriber` 接口的方法都仅仅做了个二传手，把接收到的信号原封不动地传递给上游的 `Subscriber`，`Publisher` 的 `subscribe` 方法将上游的 `Subscriber` 注册到 `Processor` 中。

下面的这段代码清单在 `Main` 类中整合了 `TempProcessor` 对象，来看看它是怎样工作的。

代码清单 17-11　`Main` 类：创建 `Publisher` 并向其注册 `TempSubscriber`

```
import java.util.concurrent.Flow.*;

public class Main {
    public static void main( String[] args ) {
        getCelsiusTemperatures( "New York" )
            .subscribe( new TempSubscriber() );
    }
```

为纽约创建一个摄氏温度版本的 `Publisher`

把 `TempSubscriber` 注册到该 `Publisher` 上

```
public static Publisher<TempInfo> getCelsiusTemperatures(String town) {
    return subscriber -> {
        TempProcessor processor = new TempProcessor();
        processor.subscribe( subscriber );
        processor.onSubscribe( new TempSubscription(processor, town) );
    };
}
```

创建 **TempProcessor** 对象，并将其插入
Subscriber 和返回的 **Publisher** 之间

再次执行 Main 时会生成下面的打印输出，可以看到这次温度都以典型的摄氏温度格式呈现了：

```
New York : 10
New York : -12
New York : 23
Error!
```

构成 Flow API 思想核心的是它基于"发布–订阅"协议的异步流处理模型，本节中，通过直接实现 Flow API 中定义的接口，我们对这一模型有了比较直观的理解。不过我们使用的示例与日常程序设计中的反应式编程略微有些不同，接下来的一节会讨论这些差异。

17.2.4 为什么 Java 并未提供 Flow API 的实现

Java 9 的 Flow API 有点儿让人脑洞大开的意味。通常情况下 Java 库会同时提供接口和对应的实现给用户使用，然而这次 Flow API 并没有走寻常路——你需要自己实现 Flow API。我们可以拿 List API 做例子，对比一下二者的不同。你大概很熟悉，Java 提供的 List<T>接口已经被非常多的类实现了，其中包括 ArrayList<T>。更确切地说（这部分内容一般用户可能没那么关心）类 ArrayList<T>继承自抽象类 AbstractList<T>，而后者实现了 LIst<T>接口。与此相反，Java 9 声明了 Publisher<T>接口，可是没有提供任何实现，这也是你只能定义自己版本实现的原因（当然，实现这些接口也能帮助你更好地学习它们，不过这并非其初衷）。面对现实吧——接口可以帮助你更好地构建你的程序思维，不过它并不能帮你更快地完成程序设计。

那到底是什么原因呢？答案是主要基于历史因素：反应式流有多个 Java 库的实现版本（譬如 Akka 和 RxJava）。最初这些库都是独立开发的，虽然它们都基于"发布–订阅"的思想实现了反应式编程，但是使用的术语和 API 是迥异的。在 Java 9 标准化的过程中，这些库也在不断演进，最终它们都实现了 java.util.concurrent.Flow 接口，不再是仅仅实现了反应式的概念。标准化使得不同库之间互通和调用成为可能。

构建一个反应式流的实现相当复杂，因此大多数用户都倾向于使用现有的库。大多数实现接口的类库都会提供更加丰富的功能，而不是仅限于接口的最小实现集。

接下来的一节会学习目前市面上使用最广泛的反应式库：RxJava（Java 的反应式扩展库），它由 Netflix 公司的工程师开发。我们会着重介绍 RxJava 2.0 版本，这也是当前最新的版本，其实现了 Java 9 的 Flow 接口。

17.3　使用反应式库 RxJava

RxJava 是支持反应式编程的首批 Java 语言库之一。它诞生于 Netflix，是对微软.Net 环境中反应式扩展（reactive extension，Rx）项目的迁移。RxJava 2.0 为了与前文介绍的反应式流 API 保持一致进行了相应的调整，现在也支持 `java.util.concurrent.Flow`。

使用 Java 语言时，如果你使用了一个第三方的库，很容易就能识别，因为你需要使用 import 导入第三方库。举例来说，为了使用 `Publisher`，你导入了 Java 的 `Flow` 接口，就需要使用下面这行声明：

```
import java.lang.concurrent.Flow.*;
```

不过如果你想要用 `Observable` 版本的 `Publisher`，那么你还需要像下面这行代码那样，导入对应的实现类。本章后面都需要进行类似的操作。

```
import io.reactivex.Observable;
```

我们有必要特别强调一个架构问题：优秀的系统架构通常会避免把仅在某个局部使用的细节概念暴露给整个系统。因此，一种推荐的做法是只在需要 `Observable` 的额外结构时使用 `Observable`，否则就应该继续使用它的 `Publisher` 接口。注意，使用 `List` 接口时，你毫无疑问也应该遵循这一原则。有些时候即便你知道一个方法接受一个 `ArrayList` 类型的参数，为了避免暴露太多实现的细节或者限制未来潜在的变更，你可以将该参数的类型设置为 `List`。事实上，通过上述定义，你给代码的设计带来了更多的灵活性，未来如何你需要变更实现，将参数由 `ArrayList` 替换成 `LinkedList`，代码则不需要做大量的变更。

本节接下来的部分会使用 RxJava 的反应式流实现创建一个温度-报告系统。你要做的第一个决定是到底选择哪一个类构建系统，因为 RxJava 提供了两个 `Flow.Publisher` 类的实现版本。

阅读 RxJava 文档后，你会发现其中一个类是 `io.reactivex.Flowable` 类，它提供了代码清单 17-7 和代码清单 17-9 中介绍的 Java 9 Flow 中基于拉模式的背压特性（通过 `request` 方式）。背压可以防止 `Subscriber` 被 `Publisher` 快速生成的大量数据压垮。另一个类是 RxJava 最初始的版本，即 `io.reactivex.Observable` 的 `Publisher`，它不支持背压。这个类更容易使用，同时也更适用于用户接口事件（譬如鼠标移动）。这些事件都是不适合进行背压的流（想象一下，你怎么能让用户慢些移动鼠标，或者停止移动鼠标！）。出于上述考虑，RxJava 为处理通用流事件提供了这两个版本的类实现。

RxJava 建议当你的流元素不超过一千个，或者你正处理的是基于图形用户界面的事件流，譬如鼠标移动或者触摸这些无法背压或不常发生的事件时，使用非背压版本的 `Observable`。

由于前一节介绍 Flow API 时已经详细分析过背压，这里就不再花费额外的笔墨讨论 `Flowable` 了。相反，我们更倾向于用一个例子介绍如何使用不带背压的 `Observable` 接口。值得一提的是，`Subscriber` 可以通过 `request(Long.MAX_VALUE)` 调用关闭背压功能。不过我们并不推荐用户执行这一操作，除非你非常确信 `Subscriber` 总是可以及时地处理完所有接收到的事件。

17.3.1　创建和使用 Observable

Observable 和 Flowable 类都提供了非常方便的工厂方法，使用它们你可以创建多种类型的反应式流（因为 Observable 和 Flowable 都实现了 Publisher 接口，所以这些工厂方法能够发布反应式流）。

如果你想通过最简单的方式创建 Observable，那么可以像下面这样通过创建预定数量元素的方式实现：

```
Observable<String> strings = Observable.just( "first", "second" );
```

这里的 just() 工厂方法[1]可以将一个或多个元素转换为 Observable，这些 Observable 在适当的时候又会释放出对应的元素。Observable 的 Subscriber 会依次接收到 onNext("first")、onNext("second")以及 onComplete()消息。

另一个比较常见的是 Observable 工厂方法，尤其是你的应用需要与用户执行实时交互的时候，它会按照固定的时间间隔发出事件：

```
Observable<Long> onePerSec = Observable.interval(1, TimeUnit.SECONDS);
```

interval 工厂方法返回一个名为 onePerSec 的 Observable，它会以你选定的一个固定时间间隔（本例的时间间隔是一秒钟），发送一个由 long 类型值组成的无限递增序列，这个序列由 0 开始计数。接着，你可以用 onePerSec 作为另一个 Observable 的基础，每隔一秒反馈一次指定城市的温度报告。

你可以打印输出为了实现最终目标所进行的这些中间步骤，即每秒返回一次的温度。为了达到这个效果，你需要向 onePerSec 注册，以确保每过一秒都能接收到通知，然后获取、打印你关注的城市温度。在 RxJava 中，Observable[2]扮演了 Flow API 中 Publisher 的角色，因此 Observable 的行为与 Flow 中 Subscriber 接口的行为也很相似。在代码清单 17-2 中，RxJava 的 Observable 接口声明了 Java 9 Subscriber 同样的方法。唯一的不同是，它的 onSubscribe 方法需要一个 Disposable 参数，而不是一个 Subscription。正如前面提到的，Observable 不支持背压，因此它也没有构造 Subscription 的 request 方法。Observable 接口的完整定义如下：

```
public interface Observer<T> {
    void onSubscribe(Disposable d);
    void onNext(T t);
    void onError(Throwable t);
    void onComplete();
}
```

---

[1] 采用这个约定命名有点儿略显尴尬，原因是 Stream 以及 Optional API 掀起了一股以 of() 命名工厂方法的风潮，Java 8 以 of() 为它们命名了类似的工厂方法。

[2] 注意，从 Java 9 开始 Observer 接口和 Observable 类都已经不推荐使用了。新代码应该使用 Flow API。通过它们我们可以了解 RxJava 的演进过程。

然而，请注意一点，RxJava 的 API 比 Java 9 的 Flow API 更灵活（提供了更多的重载变量）。譬如，订阅一个 Observable 对象时，你可以直接传递一个 Lambda 表达式给它，只提供 onNext 方法的签名，完全忽略其他三个方法都可以。换句话说，你可以使用一个仅用接收事件的 Consumer 实现 onNext 方法的 Observer 去订阅一个 Observable 对象，onNext 方法负责处理接收到的事件，其他方法都使用默认值，即事件处理完成或者发生异常时都不做操作。凭借这个特性，你只需要编写一行代码就可以订阅 Observable onePerSec，打印输出纽约每秒钟的温度情况。代码如下所示：

```
onePerSec.subscribe(i -> System.out.println(TempInfo.fetch( "New York" )));
```

这行代码中，onePerSec Observable 每秒钟发出一个事件。接收到这条消息后，Subscriber 就会尝试获取纽约的温度并打印输出。然而，如果把这条语句放到 main 方法中，并试图去执行它的话，你不会看到任何输出，因为 Observable 执行每秒钟发布一条事件的线程是 RxJava 的计算线程池中的线程，它们都是守护线程。[①]然而你的 main 程序执行完就立刻退出了，结果导致守护线程还没产生任何输出就被终止了。

你可以借助一些非官方途径，避免程序立刻退出，譬如执行完上述的那行代码后立刻把线程切换到睡眠状态。更好的解决方案是用 blockingSubscribe 方法调用当前线程（在这个例子中就是 main 函数所在的线程）的回调函数。为了更好地执行演示，使用 blockingSubscribe 是最合适的途径了。然而在生产环境中，通常情况下，你都是像下面这样执行 subscribe 方法的：

```
onePerSec.blockingSubscribe(
    i -> System.out.println(TempInfo.fetch( "New York" ))
);
```

你得到的输出可能如下所示：

```
New York : 87
New York : 18
New York : 75
java.lang.RuntimeException: Error!
at flow.common.TempInfo.fetch(TempInfo.java:18)
at flow.Main.lambda$main$0(Main.java:12)
at io.reactivex.internal.observers.LambdaObserver
        .onNext(LambdaObserver.java:59)
at io.reactivex.internal.operators.observable
        .ObservableInterval$IntervalObserver.run(ObservableInterval.java:74)
```

非常不幸，遵循设计，温度查询操作可能会随机地失败（实际是每成功读取三次之后就失败一次）。由于你的 Observer 实现只有正常的处理逻辑，不包含任何出错和失效的管理，譬如 onError，因此一旦发生失效，这些错误就会作为未捕获的异常直接暴露给用户。

现在我们要提高难度，让这个例子更复杂一些。假设你希望不仅要有出错管理，还要统计已

---

① 这些细节在官方文档里并没有明确提及，不过你可以在开发者社区 stackoverflow.com 上找到针对这种现象的解释。

有的数据。你要的不再是实时打印输出温度数据，而是为用户提供一个工厂方法，每秒返回一个包含温度数据的 `Observable` 对象，该对象在完成工作退出之前最多返回五次温度数据。你可以通过名为 `create` 的工厂方法借助 Lambda 创建 `Observable` 对象，该方法接受另一个 `Observable` 作为参数，返回值为 void，代码清单如下。

代码清单 17-12　创建一个每秒一次返回温度的 `Observable` 对象

借由一个接受 `Observer` 对象的函数创建一个新的 `Observable`

通过 `Observable` 生成一个每秒递增的无限序列

如果已经返回了五次温度，就终止 `Observer` 对象，关闭对应的流

仅在被使用的 `Observer` 对象未被回收时（譬如由于前置操作失败）执行一些动作

一旦发生错误时，就通知 `Observer` 对象

否则，就向 `Observer` 发送下一个温度报告

```java
public static Observable<TempInfo> getTemperature(String town) {
    return Observable.create(emitter ->
            Observable.interval(1, TimeUnit.SECONDS)
                    .subscribe(i -> {
                        if (!emitter.isDisposed()) {
                            if ( i >= 5 ) {
                                emitter.onComplete();
                            } else {
                                try {
                                    emitter.onNext(TempInfo.fetch(town));
                                } catch (Exception e) {
                                    emitter.onError(e);
                                }
                            }
                        }
                    }));
}
```

这段代码中，你通过向一个函数传递 `ObservableEmitter`，并向其发送对应的事件，创建了返回的 `Observable`。RxJava 的 `ObservableEmitter` 接口继承自 RxJava 的基础类 `Emitter`。你可以把 `Emitter` 想象成不带 `onSubscribe` 方法的 `Observer`：

```java
public interface Emitter<T> {
    void onNext(T t);
    void onError(Throwable t);
    void onComplete();
}
```

`ObservableEmitter` 提供了更多的方法，用于替 `Emitter` 设置新的 `Disposable`，或者检查某个序列是否已经被下游处理过了。

你可以内部订阅一个 `Observable`，就像 `onePerSec` 那样，以每隔一秒的频率发布一个无限递增的序列。在订阅函数（当然你还需要向订阅方法传递一个参数）的内部，你首先需要借助 `ObservableEmitter` 接口提供的 `isDisposed` 方法检查之前创建的 `Observer` 是否已经被处理了（如果上一个迭代中发生了错误，就会遭遇这种情况）。如果温度已经收集了五次，这段代码就会终止 `Observer` 对象，并关闭对应的流；否则就发送请求城市最新的温度报告给 `Observer` 对象。这段代码被包含在一个 `try/catch` 语句块中。如果获取温度时发生了错误或者异常，错误就会传递给 `Observer` 对象。

现在实现一个完整的 Observer 就比较简单了。这个 Observer 接下来会订阅 getTemperature 方法返回的 Observable，打印输出它发布的温度数据，代码清单如下。

代码清单 17-13　用于打印输出接收温度的 Observer

```
import io.reactivex.Observer;
import io.reactivex.disposables.Disposable;

public class TempObserver implements Observer<TempInfo> {
    @Override
    public void onComplete() {
        System.out.println( "Done!" );
    }

    @Override
    public void onError( Throwable throwable ) {
        System.out.println( "Got problem: " + throwable.getMessage() );
    }

    @Override
    public void onSubscribe( Disposable disposable ) {
    }

    @Override
    public void onNext( TempInfo tempInfo ) {
        System.out.println( tempInfo );
    }
}
```

这个 Observer 与代码清单 17-7 中的 TempSubscriber 很相似（TempSubscriber 实现了 Java 9 的 Flow.Subscriber），但是这里做了进一步的简化。因为 RxJava 的 Observable 不支持背压，所以处理完发布的事件后你不需要再调用 request() 方法请求更多的元素了。

在接下来的这段代码清单中，我们会创建一个 main 程序，让 Observer 订阅代码清单 17-2 中的 getTemperature 方法返回的 Observable。

代码清单 17-14　打印输出纽约温度的 main 类

```
public class Main {

    public static void main(String[] args) {
        Observable<TempInfo> observable = getTemperature( "New York" );
        observable.blockingSubscribe( new TempObserver() );
    }
}
```

创建一个 Observable 以每秒一次的频率发布纽约的温度报告

通过一个简单的 Observer 订阅 Observable，打印输出温度

假设这一次，温度获取过程中没有发生任何的错误，main 函数每隔一秒打印输出一条温度记录，五次之后 Observable 发出了 onComplete 信号。这种情况下，你看到的输出可能是下面这样的：

```
New York : 69
New York : 26
New York : 85
New York : 94
New York : 29
Done!
```

是时候进一步丰富我们的 RxJava 例子了，尤其是看一下它是如何帮助我们操纵一个和多个反应式流的。

17.3.2 转换及整合多个 Observable

与原生的 Java 9 Flow API 比较起来，RxJava 及其他的三方反应式库主要的优势之一是它们往往提供了更加丰富的函数集，可以更灵活地对流进行整合、创建以及过滤操作。之前演示过，一个流可以作为另一个流的输入。此外，17.2.3 节介绍过 Java 9 的 Flow.Processor，它可以对流中的数据进行转换，譬如将温度由华氏温度转换为摄氏温度。你还可以过滤流中的数据，找出你关心的元素创建一个新的流，然后使用特定的映射函数对这些元素进行转换（这些都可以通过 Flow.Processor 实现），你甚至可以通过多种方式合并或整合两个流（这些目前还无法通过 Flow.Processor 实现）。

流的转换与合并函数非常复杂，截至目前，我们都是通过单纯的文字描述来介绍，这些介绍的内容对读者而言可能晦涩难懂。举个例子来说，我们看看 RxJava 文档对它提供的 mergeDelayError 函数的描述：

> 对向一个 Observable 发送多个 Observable 的 Observable 进行扁平处理。它允许一个 Observer 从所有的源 Observable 接收多个成功发送的元素，并且该操作不会被某一个 Observable 发送失败所影响，同时你还可以控制这些 Observable 对象上并发的订阅数目。

你一定也被上面的这段函数描述搞晕了，这看起来并不是很直观。为了解决这个问题，反应式流社区决定以一种可视化的方式描述这些函数的行为。这种可视化的方式叫作弹珠图。**弹珠图**（譬如图 17-4）通过水平线上的几何图形表示反应式流中元素的临时顺序；通过特殊符号表示错误以及事件完成的信号。图中的方框表示命名操作是如何转换那些元素或者整合多个流的。

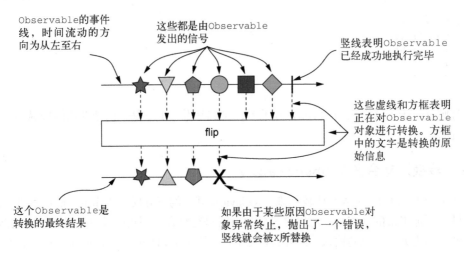

图 17-4　弹珠图示例——文档化典型反应式库的操作

　　使用这种标记方式，可以很容易地对 RxJava 库中所有的函数进行可视化表示，如图 17-5 所示，它是对 map（转换由 Observable 发布的元素）和 merge（将由两个或多个 Observable 发布的事件整合在一起）的可视化。

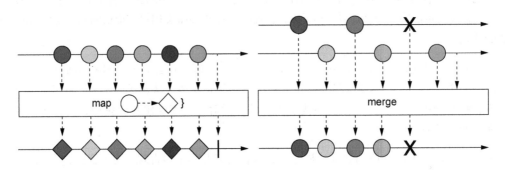

图 17-5　函数 map 和 merge 对应的弹珠图

　　你可能会思考如何使用 map 和 merge 改进前一节中开发的 RxJava 示例，甚至为它增加新的特性。map 能提供更加精准的控制，譬如在执行从华氏温度到摄氏温度的转换时，用 map 就比直接使用 Flow API 的 Processor 要灵活得多，示例代码清单如下。

代码清单 17-15　使用 map 处理 Observable 实现从华氏温度到摄氏温度的转换

```
public static Observable<TempInfo> getCelsiusTemperature(String town) {
    return getTemperature( town )
              .map( temp -> new TempInfo( temp.getTown(),
                                  (temp.getTemp() - 32) * 5 / 9) );
}
```

这个简短的方法接受代码清单 17-12 中 getTemperature 方法返回的 Observable 对象，

返回一个新的 `Observable`，这个 `Observable` 以每秒一个的频率，将 `Observable` 返回的温度由华氏温度转换为摄氏温度并发布出去。

为了加强你对如何处理由 `Observable` 返回的元素的理解，建议你尽量尝试使用下面测验中的新方法去操作，处理返回的元素。

> **测验 17.2：过滤出那些值为负的温度**
>
> `Observable` 类的 `filter` 方法接受一个 `Predicate` 做参数，返回一个新的 `Observable`，这个新的 `Observable` 只发布符合 `Predicate` 定义要求的元素。假设你需要开发一个预警系统，在有结冰的危险时，提醒用户做好相应的预防措施。你怎样借助这个操作符创建一个 `Observable` 对象，使其仅在指定城市的温度低于零度时，才以摄氏温度的格式返回对应的温度呢（从水的冰点考虑，使用摄氏温度由零开始计算要容易得多）？
>
> **答案：**用代码清单 17-15 返回的 `Observable`，搭配一个接受 `Predicate` 的 `filter` 操作符就可以完美地实现这一需求。这个 `Predicate` 会找出所有温度为负值的元素。代码如下所示：
>
> ```
> public static Observable<TempInfo> getNegativeTemperature(String town) {
>     return getCelsiusTemperature( town )
>                  .filter( temp -> temp.getTemp() < 0 );
> }
> ```

现在假设要求你对上述方法进行泛化，允许用户设定城市时，既可以指定单一城市，也可以指定由多个城市组成的集合，但返回的依旧是发布温度数据的 `Observable` 对象。代码清单 17-16 实现了最新的需求，它为每个城市分别调用了代码清单 17-15 中的方法，并使用 `merge` 方法整合了这些调用所返回的 `Observable`。

代码清单 17-16　使用 `merge` 合并多个城市的温度

```
public static Observable<TempInfo> getCelsiusTemperatures(String... towns) {
    return Observable.merge(Arrays.stream(towns)
                                  .map(TempObservable::getCelsiusTemperature)
                                  .collect(toList()));
}
```

这个方法中，接受查询城市的变量是一个变长参数，你可以指定一个城市的集合。这个变长参数会被转换为一个字符串流，接着每个字符串会被传递给代码清单 17-11 中的 `getCelsius-Temperature` 方法（它在代码清单 17-15 中进行过改良）。通过这种方式，每个城市都被转换成了以每秒一次频率发布温度数据的 `Observable` 对象。最终，这个 `Observable` 流被收集到了一个列表中，列表被传递给了 `Observable` 类自身的静态工厂方法 `merge`。该方法迭代遍历访问每一个 `Observable` 元素，并整合其输出，让它们的行为表现得就像一个单一的 `Observable` 对象一样。换句话说，最终的这个 `Observable` 会发布由 `Iterable` 传递的所有 `Observable` 对象发布的事件，并保持其原有的顺序。

为了测试这个方法，我们将在一个 `main` 类中调用它，代码清单如下。

代码清单 17-17 打印输出三个城市温度的 main 类

```
public class Main {

    public static void main(String[] args) {
        Observable<TempInfo> observable = getCelsiusTemperatures(
                                  "New York", "Chicago", "San Francisco" );
        observable.blockingSubscribe( new TempObserver() );
    }
}
```

这个 main 类与代码清单 17-14 几乎是一样的，只不过你现在订阅的是由代码清单 17-16 的 getCelsiusTemperatures 方法返回的 Observable，从而打印输出了三个城市的温度数据。执行这个 main 类会产生下面这样的输出：

```
New York : 21
Chicago : 6
San Francisco : -15
New York : -3
Chicago : 12
San Francisco : 5
Got problem: Error!
```

main 类每秒打印输出请求城市的温度数据，直到某次温度查询操作失败，抛出一个异常。该异常会传递给 Observable 中断流数据的处理。

本章的目标并不是全面完整地介绍 RxJava（或者其他的反应式库），要达到这样的效果可能需要一整本书的内容。我们只希望通过这些介绍能让你对这种工具集有一些感性的认识，包括它们是如何工作的，以及反应式编程的基本原则是什么。本章只涉及了这种新型编程方式的皮毛，不过希望这种编程模式的优点能燃起你对它的兴趣。

17.4 小结

以下是本章中的关键概念。

- 反应式编程背后的基本思想已经有二三十年的历史了，不过由于现代应用处理大量数据的需求以及用户预期的改变，它又再次出现在聚光灯下，变得炙手可热。
- 反应式编程思想的正式提出是在反应式宣言中，它指出反应式软件必须具备四个相互关联的特性：响应性、韧性、弹性以及消息驱动。
- 反应式编程原则通过微调，既可以用于构建单一应用，也可以用于设计反应式系统，整合多个应用。
- 反应式应用基于反应式流承载的一个或多个事件流的异步处理。由于反应式流在开发反应式应用中的角色如此重要，Netflix、Pivotal、Lightbend 以及 Red Hat 等多家公司成立了联盟，致力于推动反应式概念的标准化，试图打破不同反应式库之间的互操作性障碍。
- 由于反应式流异步处理的天然特征，它们往往都自带背压机制。背压可以避免处理速度慢的消费方被高速的消息生产方压垮。

❑ 反应式设计及其标准流程已经正式引入了 Java。Java 9 的 Flow API 定义了四个核心接口：`Publisher`、`Subscriber`、`Subscription` 以及 `Processor`。

❑ 大多数情况下，这些接口不需要开发者直接去实现，它们主要作为实现反应式语义的第三方库的通用接口。

❑ 应用最广泛的反应式库是 RxJava，它（除了 Java 9 Flow API 中定义的那些基本特性之外）额外提供了很多便利而强大的操作。譬如，使用它提供的操作，你可以很便利地对单一反应式流中的元素进行转换和过滤，还可以整合和聚集多个流。

17

Part 6

函数式编程以及 Java 未来的演进

第六部分是本书最后一部分，我们会返回来谈谈怎么用 Java 编写高效的函数式程序，还会将 Java 的功能和 Scala 做比较。

第 18 章是一个完整的函数式编程教程，会介绍一些术语，并解释如何在 Java 8 中编写函数式风格的程序。

第 19 章涵盖更高级的函数式编程技巧，包括高阶函数、柯里化、持久化数据结构、延迟列表和模式匹配。这一章既提供了可以用在代码库中的实际技术，也提供了能让你成为更渊博的程序员的学术知识。

第 20 章将对比 Java 与 Scala 的功能。Scala 和 Java 一样，是一种在 JVM 上实现的语言，近年来发展迅速，在编程语言生态系统中已经威胁到了 Java 的一些方面。

第 21 章会回顾这段学习 Java 8 并慢慢走向函数式编程的历程。此外，我们还会猜测，在 Java 8、9 以及 10 中添加的小功能之后，未来可能会有哪些增强和新功能出现。

第 18 章

函数式的思考

18

本章内容
- 为什么要进行函数式编程
- 什么是函数式编程
- 声明式编程以及引用透明性
- 编写函数式 Java 的准则
- 迭代和递归

你肯定已经注意到，本书中频繁地出现**函数式**这个术语。到目前为止，你可能对函数式编程包含哪些内容也有了一定的了解。它指的是 Lambda 表达式和一等函数吗？还是说限制对可变对象的修改？如果是这样，采用函数式编程能为你带来什么好处呢？

本章会一一为你解答这些问题。我们会介绍什么是函数式编程，以及它的常用术语。我们首先会探究函数式编程背后的概念，比如副作用、不变性、声明式编程、引用透明性，并将它们和 Java 8 的实践相结合。下一章会更深入地研究函数式编程的技术，包括高阶函数、柯里化、持久化数据结构、延迟列表、模式匹配以及结合器。

18.1 实现和维护系统

假设你被要求对一个大型的遗留软件系统进行升级，而且之前对这个系统并不是非常了解。你是否应该接受维护这种软件系统的工作呢？稍有理智的外包 Java 程序员只会依赖如下这种言不由衷的格言做决定，"搜索一下代码中有没有使用 synchronized 关键字，如果有就直接拒绝（由此我们可以了解修复并发导致的缺陷有多困难），否则进一步看看系统结构的复杂程度"。我们会在下面内容中提供更多的细节，但是你发现了吗，正如前面几章所讨论的，如果你喜欢无状态的行为（即你处理 Stream 的流水线中的函数不会由于需要等待从另一个方法中读取变量，或者由于需要写入的变量同时有另一个方法正在写而发生中断），那么 Java 8 中新增的 Stream 提供了强大的技术支撑，让我们无须担心锁引起的各种问题，充分发掘系统的并发能力。

为了让程序易于使用，你还希望它具备哪些特性呢？你会希望它具有良好的结构，最好类的结构应该反映出系统的结构，这样能便于大家理解；甚至软件工程中还提供了指标，对结构的合理性进行评估,比如**耦合性**(软件系统中各组件之间是否相互独立)以及**内聚性**(系统的各相关部分之间如何协作)。

不过,对大多数程序员而言,最关心的日常要务是代码维护时的调试:代码遭遇一些无法预期的值就有可能发生崩溃。为什么会发生这种情况?它是如何进入到这种状态的?想想看你有多少代码维护的顾虑都能归咎到这一类![①] 很明显,函数式编程提出的**无副作用**以及**不变性**对于解决这一难题是大有裨益的。让我们就此展开进一步的探讨。

18.1.1 共享的可变数据

最终,刚才讨论的无法预知的变量修改问题,都源于共享的数据结构被你所维护的代码中的多个方法读取和更新。假设几个类同时都保存了指向某个列表的引用,那么到底谁对这个列表拥有所属权呢?如果一个类对它进行了修改,会发生什么情况?其他的类预期会发生这种变化吗?其他的类又如何得知列表发生了修改呢?需要将这一变化通知给使用该列表的所有类吗?抑或是不是每个类都应该为自己准备一份防御式的数据备份以备不时之需呢?

换句话说,由于使用了可变的共享数据结构,我们很难追踪你程序的各个组成部分所发生的变化。图 18-1 解释了这一问题。

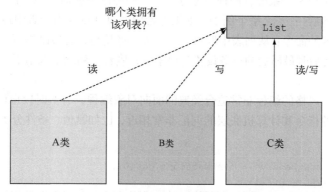

图 18-1 多个类同时共享的一个可变对象。我们很难说到底哪个类真正拥有该对象

假设有这样一个系统,它不修改任何数据。维护这样的系统将是一个无以伦比的美梦,因为你不再会收到任何由于某些对象在某些地方修改了某个数据结构而导致的意外报告。如果一个方法既不修改它内嵌类的状态,也不修改其他对象的状态,使用 `return` 返回所有的计算结果,那么我们称其为**纯粹的**或者**无副作用的**。

更确切地讲,到底哪些因素会造成**副作用**呢?简而言之,副作用就是函数的效果已经超出了函数自身的范畴。下面是一些例子。

- 除了构造器内的初始化操作,对类中数据结构的任何修改,包括字段的赋值操作(一个典型的例子是 `setter` 方法)。

---

① 推荐你阅读 Michael Feathers 的 *Working Effectively with Legacy Code* 详细了解这个话题。

❑ 抛出一个异常。

❑ 进行输入/输出操作，比如向一个文件写数据。

从另一个角度来看无副作用的话，就应该考虑**不可变对象**。不可变对象是这样一种对象，它们一旦完成初始化就不会被任何方法修改状态。这意味着一旦一个不可变对象初始化完毕，它永远不会进入到一个无法预期的状态。你可以放心地共享它，无须保留任何副本，并且由于它们不会被修改，所以还是线程安全的。

无副作用这个想法的限制看起来很严苛，你甚至可能会质疑是否有真正的生产系统能够以这种方式构建。希望结束本章的学习之后，你能够确信这一点。一个好消息是，如果构成系统的各个组件都能遵守这一原则，该系统就能在完全无锁的情况下，使用多核的并发机制，因为任何一个方法都不会对其他的方法造成干扰。此外，这还是一个让你了解你的程序中哪些部分是相互独立的非常棒的机会。

这些思想都源于函数式编程，下一节会进行介绍。但是在开始之前，先来看看函数式编程的基石声明式编程吧。

18.1.2　声明式编程

一般通过编程实现一个系统有两种思考方式。一种专注于如何实现，比如："首先做这个，紧接着更新那个，然后……"。举个例子，如果你希望通过计算找出列表中最昂贵的事务，那么通常需要执行一系列的命令：从列表中取出一个事务，将其与临时最昂贵事务进行比较；如果该事务开销更大，就将临时最昂贵的事务设置为该事务；接着从列表中取出下一个事务，并重复上述操作。

这种"如何做"风格的编程非常适合经典的面向对象编程，有些时候也称之为**命令式编程**，因为它的特点是它的指令和计算机底层的词汇非常相近，比如赋值、条件分支以及循环，就像下面这段代码：

```
Transaction mostExpensive = transactions.get(0);
if(mostExpensive == null)
    throw new IllegalArgumentException("Empty list of transactions");
for(Transaction t: transactions.subList(1, transactions.size())){
    if(t.getValue() > mostExpensive.getValue()){
        mostExpensive = t;
    }
}
```

另一种方式则更加关注要做什么。你在第 4 章和第 5 章中已经看到，使用 Stream API 可以指定下面这样的查询：

```
Optional<Transaction> mostExpensive =
    transactions.stream()
                .max(comparing(Transaction::getValue));
```

这个查询把最终如何实现的细节留给了函数库。我们把这种思想称之为**内部迭代**。它的巨大优势在于你的查询语句现在读起来就像是问题陈述，由于采用了这种方式，我们马上就能理解它的功能，比理解一系列的命令要简洁得多。

采用这种"要做什么"风格的编程通常被称为**声明式编程**。你制定规则，给出了希望实现的目标，让系统来决定如何实现这个目标。它带来的好处非常明显，因为用这种方式编写的代码更加接近问题陈述了。

18.1.3　为什么要采用函数式编程

函数式编程具体实践了前面介绍的声明式编程（"你只需要使用不相互影响的表达式，描述想要做什么，由系统来选择如何实现"）和无副作用计算。正如前面所讨论的，这两个思想能帮助你更容易地构建和维护系统。

同时也请注意，我们在第 3 章中使用 Lambda 表达式介绍的内容，即一些语言的特性，比如构造操作和传递行为对于以自然的方式实现声明式编程是必要的，它们能让我们的程序更便于阅读，易于编写。你可以使用 Stream 将几个操作串接在一起，表达一个复杂的查询。这些都是函数式编程语言的特性。我们在 19.5 节中介绍结合器时会更加深入地介绍这些内容。

为了让你有更直观的感受，我们会结合 Java 8 介绍这些语言的新特性，现在我们会具体给出函数式编程的定义，以及它在 Java 语言中的表述。我们希望表达的是，使用函数式编程，你可以实现更加健壮的程序，还不会有任何的副作用。

18.2　什么是函数式编程

对于"什么是函数式编程"这一问题最简化的回答是"它是一种使用函数进行编程的方式"。那什么是函数呢？

我们很容易想象这样一个方法，它接受一个整型和一个浮点型参数，返回一个浮点型的结果——它也有副作用，随着调用次数的增加，它会不断地更新共享变量，如图 18-2 所示。

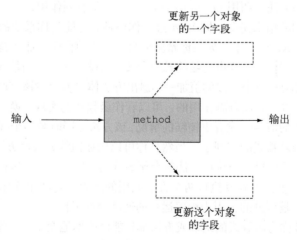

图 18-2　带有副作用的函数

在函数式编程的上下文中，一个**函数**对应于一个数学函数：它接受零个或多个参数，生成一个或多个结果，并且不会有任何副作用。你可以把它看成一个黑盒，它接收输入并产生一些输出，如图 18-3 所示。

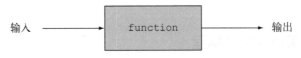

图 18-3   一个没有任何副作用的函数

这种类型的函数和你在 Java 编程语言中见到的函数之间的区别是非常重要的（我们无法想象，`log` 或者 `sin` 这样的数学函数会有副作用）。尤其是，使用同样的参数调用数学函数，它所返回的结果一定是相同的。这里暂时不考虑 `Random.nextInt` 这样的方法，稍后在介绍引用透明性时会讨论这部分内容。

当谈论**函数式**时，我们想说的其实是"像数学函数那样——没有副作用"。由此，编程上的一些精妙问题随之而来。我们的意思是，每个函数都只能使用函数和像 `if-then-else` 这样的数学思想来构建吗？或者，我们也允许函数内部执行一些非函数式的操作，只要这些操作的结果不会暴露给系统中的其他部分？换句话说，如果程序有一定的副作用，不过该副作用不会被其他的调用者感知，那么是否能假设这种副作用不存在呢？调用者不需要知道，或者完全不在意这些副作用，因为这对它完全没有影响。

当我们希望能界定这二者之间的区别时，会将前者称为纯粹的函数式编程（在本章的最后会讨论这部分内容），后者称为函数式编程。

18.2.1   函数式 Java 编程

编程实战中，你是无法用 Java 语言以纯粹的函数式来完成一个程序的。比如，Java 的 I/O 模型就包含了带副作用的方法（调用 `Scanner.nextLine` 就有副作用，它会从一个文件中读取一行，通常情况两次调用的结果完全不同）。不过，你还是有可能为你系统的核心组件编写接近纯粹函数式的实现。在 Java 语言中，如果你希望编写函数式的程序，那么首先需要做的是确保没有人能觉察到你代码的副作用，这也是**函数式**的含义。假设这样一个函数或者方法，它没有副作用，进入方法体执行时会对一个字段的值加一，退出方法体之前会对该字段的值减一。对一个单线程的程序而言，这个方法是没有副作用的，可以看作函数式的实现。换个角度而言，如果另一个线程可以查看该字段的值——或者更糟糕的情况，该方法会同时被多个线程并发调用——那么这个方法就不能称之为函数式的实现了。当然，你可以用加锁的方式对方法的方法体进行封装，掩盖这一问题，你甚至可以再次声称该方法符合函数式的约定。但是，这样做之后，你就失去了在你的多核处理器的两个核上并发执行两个方法调用的能力。它的副作用对程序可能是不可见的，但对于程序员而言是可见的，因为程序运行的速度变慢了！

我们的准则是，被称为函数式的函数或方法都只能修改本地变量。除此之外，它引用的对象都应该是不可修改的对象。通过这种规定，我们期望所有的字段都为 `final` 类型，所有的引用类型字段都指向不可变对象。后续的内容中，你会看到我们实际也允许对方法中全新创建的对象中的字段进行更新，不过这些字段对于其他对象都是不可见的，也不会因为保存对后续调用结果造成影响。

我们前述的准则是不完备的，要成为真正的函数式程序还有一个附加条件，不过它在最初时**不太被大家所重视**。要被称为函数式，函数或者方法不应该抛出任何异常。关于这一点，有一个极为简单而又极为教条的解释：你不应该抛出异常，因为一旦抛出异常，就意味着结果被终止了；不再像之前讨论的黑盒模式那样，由 return 返回一个恰当的结果值。这里存在着一定的争执，有的作者认为抛出代表严重错误的异常是可以接受的，但是捕获异常是一种非函数式的控制流，因为这种操作违背了我们在黑盒模型中定义的"传递参数，返回结果"的规则，引出了代表异常处理的第三支箭头，如图 18-4 所示。

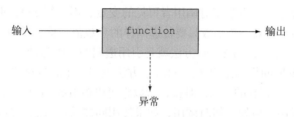

图 18-4　抛出一个异常的方法

函数式和局部函数式

在数学中，虽然合法的数学函数为每个合法的参数值返回一个确定的结果，但是很多通用的数学操作在严格意义上称之为局部函数式（partial function）可能更为妥当。这种函数对于某些输入值，甚至是大多数的输入值都返回一个确定的结果；不过对另一些输入值，它的结果是未定义的，甚至不返回任何结果。这其中一个典型的例子是除法和开平方运算，如果除法的第二操作数是 0，或者开平方的参数为负数就会发生这样的情况。以 Java 那样抛出一个异常的方式对这些情况进行建模看起来非常自然。

那么，如果不使用异常，你该如何对除法这样的函数进行建模呢？答案是使用 Optional<T> 类型：你应该避免让 sqrt 使用 double sqrt(double) 这样的函数签名，因为这种方式可能抛出异常；与之相反我们推荐你使用 Optional<Double> sqrt(double)——这种方式下，函数要么返回一个值表示调用成功，要么返回一个对象，表明其无法进行指定的操作。当然，这意味着调用者需要检查方法返回的是否为一个空的 Optional 对象。这件事听起来代价不小，依据我们之前对函数式编程和纯粹的函数式编程的比较，从实际操作的角度出发，你可以选择在本地局部地使用异常，避免通过接口将结果暴露给其他方法，这种方式既取得了函数式的优点，又不会过度膨胀代码。

最后，作为函数式的程序，你的函数或方法调用的库函数如果有副作用，你必须设法隐藏它们的非函数式行为，否则就不能调用这些方法（换句话说，你需要确保它们对数据结构的任何修改对于调用者都是不可见的，你可以通过首次复制，或者捕获任何可能抛出的异常实现这一目的）。在 18.2.4 节中，你会看到这样的例子，我们通过复制列表的方式，有效地隐藏了方法 `insertAll` 调用库函数 `List.add` 所产生的副作用。

这些方法通常会使用注释或者使用标记注释声明的方式进行标注——符合我们规定的函数，我们可以将其作为参数传递给并发流处理操作，比如在第 4~7 章介绍过的 `Stream.map` 方法。

为了各种各样的实战需求，你最终可能会发现即便对函数式的代码，我们还是需要向某些日志文件打印输出调试信息。是的，这意味着严格意义上说，这些代码并非函数式的，但是你已经在实际中享受了函数式程序带来的大多数好处。

18.2.2　引用透明性

"没有可感知的副作用"（不改变对调用者可见的变量、不进行 I/O、不抛出异常）的这些限制都隐含着引用透明性。如果一个函数只要传递同样的参数值，总是返回同样的结果，那这个函数就是引用透明的。`String.replace` 方法就是引用透明的，因为像`"raoul".replace('r', 'R')`这样的调用总是返回同样的结果（`replace` 方法返回一个新的字符串，用大写的 R 替换掉所有小写的 r），而不是更新它的 `this` 对象，所以它可以被看成函数式的。

换句话说，函数无论在何处、何时调用，如果使用同样的输入总能持续地得到相同的结果，那么就具备了函数式的特征。这也解释了我们为什么不把 `Random.nextInt` 看成函数式的方法。Java 语言中，使用 `Scanner` 对象从用户的键盘读取输入也违反了引用透明性原则，因为每次调用 `nextLine` 时都可能得到不同的结果。不过，将两个 `final int` 类型的变量相加总能得到同样的结果，因为在这种声明方式下，变量的内容是不会被改变的。

引用透明性是理解程序的一个重要属性。它还包含了对代价昂贵或者需长时间计算才能得到结果的变量值的优化（通过保存机制而不是重复计算），我们通常将其称为**记忆化**或者**缓存**。虽然重要，但是现在讨论还是有些跑题，19.5 节会对此进行介绍。

Java 语言中，关于引用透明性还有一个比较复杂的问题。假设你对一个返回列表的方法调用了两次。这两次调用会返回内存中的两个不同列表，不过它们包含了相同的元素。如果这些列表被当作可变的对象值（因此是不相同的），那么该方法就不是引用透明的。如果你计划将这些列表作为单纯的值（不可修改），那么把这些值看成相同的是合理的，这种情况下该方法是引用透明的。通常情况下，在函数式编程中，你应该选择使用引用透明的函数。现在我们想探讨从更大的范围看是否应该修改对象的值。

18.2.3　面向对象的编程和函数式编程的对比

我们由函数式编程和（极端）典型的面向对象编程的对比入手进行介绍，最终你会发现 Java 8 认为这些风格其实只是面向对象的一个极端。作为 Java 程序员，毫无疑问，你一定使用过某种函数式编程，也一定使用过某些我们称之为极端面向对象的编程。正如第 1 章中所介绍的那样，由于硬件（比如多核）和程序员期望（比如使用类数据库查询式的语言去操纵数据）的变化，促使 Java 的软件工程风格在某种程度上愈来愈向函数式的方向倾斜，本书的目的之一就是要帮助你应对这种潮流的变化。

关于这个问题有两种观点。一种支持极端的面向对象：任何事物都是对象，程序要么通过更新字段完成操作，要么调用对与它相关的对象进行更新的方法。另一种观点支持引用透明的函数式编程，认为方法不应该有（对外部可见的）对象修改。实际操作中，Java 程序员经常混用这些风格。你可能会使用包含了可变内部状态的迭代器遍历某个数据结构，同时又通过函数式的方式（我们曾经讨论过，可以使用可变局部变量实现这一目标）计算数据结构中的变量之和。本章接下来的一节以及下一章中主要的内容都围绕着函数式编程的技巧展开，帮助你编写更加模块化、更适应多核处理器的应用程序。这些技巧和思想会成为你编程武器库中的秘密武器。

18.2.4 函数式编程实战

让我们从解决一个函数式的编程练习题入手：给定一个 List<Integer>，比如{1,4,9}，构造一个 List<List<Integer>>，要求该列表的成员都是初始列表{1, 4, 9}的子集，此外暂时不考虑元素的顺序。{1,4,9}的子集分别是{1,4,9}、{1,4}、{1,9}、{4,9}、{1}、{4}、{9}以及{}。

这样的子集，包括空子集在内，总共有八个。每个子集都用 List<Integer>表示，这意味着答案所期望的类型是 List<List<Integer>>。

通常新手碰到这个问题都会觉得无从下手，对于 "{1, 4, 9}的子集可以划分为包含 1 和不包含 1 的两部分" 也需要特别解释[1]。不包含 1 的子集很简单，就是{4,9}，包含 1 的子集可以通过将 1 插入到{4,9}的各子集得到。不过，有一点很微妙：必须牢记空集实际上也含有一个子集，那就是它自身。这样我们就能利用 Java，以一种简单、自然、自顶向下的函数式编程方式实现该程序了。[2]

```
static List<List<Integer>> subsets(List<Integer> list) {
    if (list.isEmpty()) {                               // 如果输入为空，它就只包含
        List<List<Integer>> ans = new ArrayList<>();    // 一个子集，既空列表自身
        ans.add(Collections.emptyList());
        return ans;
    }
    Integer first = list.get(0);                        // 否则就取出一个元素 first，
    List<Integer> rest = list.subList(1,list.size());   // 找出剩余部分的所有子集，并
    List<List<Integer>> subans = subsets(rest);         // 将其赋予 subans。subans 构
    List<List<Integer>> subans2 = insertAll(first, subans);  // 成了结果的另外一半
    return concat(subans, subans2);                     // 将两个子答案整合在一起就完成了任务，简单吗？
}
```

答案的另一半是 subans2，它包含了 subans 中的所有列表，但是经过调整，在每个列表的第一个元素之前添加了 first

---

[1] 偶尔会有些麻烦（机智！）的学生指出另一种解法，这是一种纯粹的代码把戏，它利用二进制来表示数字（Java 解决方案的代码分别对应于 000,001,010,011,100,101,110,111）。我们告诉这些学生要通过计算得出结果，而不是通过列出所有列表的排列组合，比如对{1,4,9}而言，它就有六种排列组合。

[2] 为了便于理解，这里给出的示例代码使用了具体类型 List<Integer>，不过你可以使用泛型 List<T>在方法定义中替换掉它，之后就可以应用新的 subsets 方法，同时处理 List<String>和 List<Integer>了。

如果给出的输入是 $\{1, 4, 9\}$，那么程序最终给出的答案是 $\{\{\}, \{9\}, \{4\}, \{4, 9\}, \{1\}, \{1, 9\}, \{1, 4\},$ $\{1, 4, 9\}\}$。当你完成了缺失的两个方法之后可以实际运行下这个程序。

我们一起回顾下你已经完成了哪些工作。你假设缺失的方法 insertAll 和 concat 自身都是函数式的，并依此推断你的 subsets 方法也是函数式的，因为该方法中没有任何操作会修改现有的结构（如果你熟悉数学的话，大概对此很熟悉，这就是著名的归纳法啊）。

现在，让我们看看如何定义 insertAll 方法。这是第一个可能出现的"坑"。假设你已经定义好了 insertAll，它会修改传递给它的参数，也许是通过更新包含 first 的 subans 的所有元素的方式来进行。那么，该程序会以修改 subans2 同样的方式，错误地修改 subans，最终导致答案中莫名地包含了 $\{1, 4, 9\}$ 的八个副本。与之相反，你可以像下面这样实现 insertAll 的功能：

```
static List<List<Integer>> insertAll(Integer first,
                                     List<List<Integer>> lists) {
    List<List<Integer>> result = new ArrayList<>();
    for (List<Integer> list : lists) {
        List<Integer> copyList = new ArrayList<>();
        copyList.add(first);
        copyList.addAll(list);
        result.add(copyList);
    }
    return result;
}
```

复制列表，从而使你有机会对其进行添加操作。即使底层是可变的，你也不应该复制底层的结构（不过 Integer 底层是不可变的）

注意到了吗？你现在已经创建了一个新的 List，它包含了 subans 的所有元素。你聪明地利用了 Integer 对象无法修改这一优势，否则你需要为每个元素创建一个副本。由于聚焦于让 insertAll 像函数式那样工作，你很自然地将所有的复制操作放到了 insertAll 中，而不是它的调用者中。

最终，你还需要定义 concat 方法。这个例子中，我们提供了一个简单的实现，但是希望你不要这样使用（展示这段代码的目的只是为了便于你比较不同的编程风格）。

```
static List<List<Integer>> concat(List<List<Integer>> a,
                                  List<List<Integer>> b) {
    a.addAll(b);
    return a;
}
```

不过，我们真正建议你采用的是下面这种方式：

```
static List<List<Integer>> concat(List<List<Integer>> a,
                                  List<List<Integer>> b) {
    List<List<Integer>> r = new ArrayList<>(a);
    r.addAll(b);
    return r;
}
```

为什么呢？第二个版本的 concat 是纯粹的函数式。虽然它在内部会对对象进行修改（向列表 r 添加元素），但是它返回的结果基于参数没有修改任何一个传入的参数。与此相反，第一个版本基于这样的事实，执行完 concat(subans, subans2) 方法调用后，没人需要再次使用

subans 的值。对于我们定义的 subsets，这的确是事实，所以使用简化版本的 concat 是个不错的选择。不过，这也取决于你如何审视你的时间，你是愿意为定位诡异的缺陷费尽心机耗费时间呢？还是花费些许的代价创建一个对象的副本呢？

无论你怎样解释这个不太纯粹的 concat 方法，"只会用于第一参数可以被强制覆盖的场景，或者只会使用在这个 subsets 方法中，任何对 subsets 的修改都会遵照这一标准进行代码评审"，一旦将来的某一天，某个人发现这段代码的某些部分可以复用，并且似乎可以工作时，你未来调试的梦魇就开始了。19.2 节会继续讨论这一问题。

请牢记：考虑编程问题时，采用函数式的方法，关注函数的输入参数以及输出结果（即你希望做什么），通常比设计阶段的早期就考虑如何做、修改哪些东西要卓有成效得多。下一节会详细讨论递归。

18.3　递归和迭代

递归（recursion）是函数式编程特别推崇的一种技术，它能培养你思考要"做什么"的编程风格。纯粹的函数式编程语言通常不提供像 while 或者 for 这样的迭代结构。为什么呢？因为这种结构经常隐藏着陷阱，诱使你修改对象。比如，while 循环中，循环条件需要不断更新，否则循环就一次都不执行，要么就陷入无限循环的状态。不过，很多时候循环还是非常有用的。前文的介绍中已经声明过，如果没人能感知的话，函数式也允许进行变更，这意味着可以修改局部变量。Java 中使用的 for-each 循环，譬如 for(Apple apple : apples { }，如果用迭代器方式重写，其代码如下：

```
Iterator<Apple> it = apples.iterator();
while (it.hasNext()) {
    Apple apple = it.next();
    // ...
}
```

这种转换没啥问题，因为这些变化（包括 next 方法对迭代器状态的改变，以及 while 循环内部对 apple 变量的赋值）对方法的调用方是不可见的。但是，如果使用 for-each 循环，比如下面这个搜索算法就会带来问题，因为循环体会对调用方共享的数据结构进行修改：

```
public void searchForGold(List<String> l, Stats stats){
    for(String s: l){
        if("gold".equals(s)){
            stats.incrementFor("gold");
        }
    }
}
```

实际上，对函数式而言，循环体带有一个无法避免的副作用：它会修改 stats 对象的状态，而这和程序的其他部分是共享的。

由于这个原因，纯函数式编程语言，比如 Haskell，直接移除了这种带副作用的操作！之后你该如何编写程序呢？理论上的答案是每个程序都能使用无须修改的递归重写，通过这种方式避免使用迭代。使用递归，你可以消除每步都需更新的迭代变量。一个经典的教学问题是用迭代的方式或者递归的方式（假设输入值大于 0）编写一个计算阶乘的函数（参数为正数），代码列表如下。

代码清单 18-1   迭代式的阶乘计算

```
static long factorialIterative(long n) {
    long r = 1;
    for (int i = 1; i <= n; i++) {
        r *= i;
    }
    return r;
}
```

代码清单 18-2   递归式的阶乘计算

```
static long factorialRecursive(long n) {
    return n == 1 ? 1 : n * factorialRecursive(n-1);
}
```

第一段代码展示了标准的基于循环的结构：变量 r 和 i 每次迭代都会被更新。第二段代码以更加类似数学的形式给出一个递归方法（方法调用自身）的实现。Java 语言中，使用递归的形式通常效率都更差一些，我们很快会讨论这方面的内容。

但是，如果你已经仔细阅读过本书前面的章节，一定知道 Java 8 的 Stream 提供了一种更简单的方式，用描述式的方法来定义阶乘，代码如下。

代码清单 18-3   基于 Stream 的阶乘

```
static long factorialStreams(long n){
    return LongStream.rangeClosed(1, n)
                     .reduce(1, (long a, long b) -> a * b);
}
```

现在，来谈谈效率问题。作为 Java 的用户，相信你已经意识到函数式程序的狂热支持者们总是会告诉你说，应该使用递归，摒弃迭代。然而，通常而言，执行一次递归式方法调用的开销要比迭代执行单一机器级的分支指令大不少。为什么呢？因为每次执行 factorialRecursive 方法调用都会在调用栈上创建一个新的栈帧，用于保存每个方法调用的状态（即它需要进行的乘法运算），这个操作会一直指导程序运行直到结束。这意味着你的递归迭代方法会依据它接收的输入成比例地消耗内存。这也是为什么如果你使用一个大型输入执行 factorialRecursive 方法，很容易遭遇 StackOverflowError 异常：

```
Exception in thread "main" java.lang.StackOverflowError
```

这是否意味着递归百无一用呢？当然不是！函数式语言提供了一种方法来解决这一问题，即**尾调优化**（tail-call optimization）。基本的思想是你可以编写阶乘的一个迭代定义，不过迭代调用发生在函数的最后（所以我们说调用发生在尾部）。这种新型的迭代调用经过优化后执行的速度快很多。作为示例，下面是一个阶乘的"尾-递"（tail-recursive）定义。

代码清单 18-4 基于"尾–递"的阶乘

```
static long factorialTailRecursive(long n) {
    return factorialHelper(1, n);
}
static long factorialHelper(long acc, long n) {
    return n == 1 ? acc : factorialHelper(acc * n, n-1);
}
```

方法 factorialHelper 属于"尾–递"类型的函数，原因是递归调用发生在方法的最后。对比前文中 factorialRecursive 方法的定义，这个方法的最后一个操作是乘以 n，从而得到递归调用的结果。

这种形式的递归是非常有意义的，现在我们不需要在不同的栈帧上保存每次递归计算的中间值，编译器能够自行决定复用某个栈帧进行计算。实际上，在 factorialHelper 的定义中，立即数（阶乘计算的中间结果）直接作为参数传递给了该方法。再也不用为每个递归调用分配单独的栈帧用于跟踪每次递归调用的中间值——通过方法的参数能够直接访问这些值。

图 18-5 和图 18-6 解释了使用递归和"尾–递"实现阶乘定义的不同。

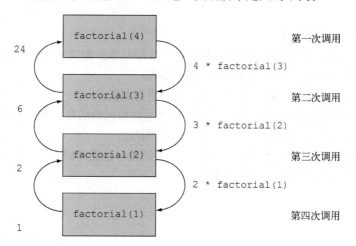

图 18-5　使用栈桢方式的阶乘的递归定义

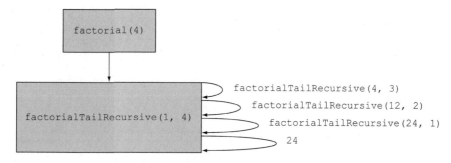

图 18-6　阶乘的尾–递定义，这里它只使用了一个栈帧

坏消息是，目前 Java 还不支持这种优化。但是使用相对于传统的递归，"尾–递"可能是更好的一种方式，因为它为最终实现编译器优化开启了一扇门。很多的现代 JVM 语言，比如 Scala、Groovy 和 Kotlin，都已经支持对这种形式的递归的优化，最终实现的效果和迭代不相上下（它们的运行速度几乎是相同的）。这意味着坚持纯粹函数式既能享受它的纯净，又不会损失执行的效率。

使用 Java 8 进行编程时，我们有一个建议，你应该尽量使用 Stream 取代迭代操作，从而避免变化带来的影响。此外，如果递归能让你以更精炼，并且不带任何副作用的方式实现算法，你就应该用递归替换迭代。实际上，我们看到使用递归实现的例子更加易于阅读，同时又易于实现和理解（比如前文中展示的子集的例子），大多数时候编程的效率要比细微的执行时间差异重要得多。

本节讨论了函数式编程，但仅仅是初步介绍了函数式方法的思想——内容甚至适用于最早版本的 Java。接下来的一章会讨论 Java 8 携眷着的一类函数具备了哪些让人耳目一新的强大能力。

18.4　小结

以下是本章中的关键概念。

- 从长远看，减少共享的可变数据结构能帮助你降低维护和调试程序的代价。
- 函数式编程支持无副作用的方法和声明式编程。
- 函数式方法可以由它的输入参数及输出结果进行判断。
- 如果一个函数使用相同的参数值调用，总是返回相同的结果，那么它是引用透明的。采用递归可以取代迭代式的结构，比如 while 循环。
- 相对于 Java 语言中传统的递归，"尾–递"可能是一种更好的方式，它开启了一扇门，让我们有机会最终使用编译器进行优化。

第 19 章

函数式编程的技巧

19

本章内容

❑ 一等成员、高阶方法、柯里化以及局部应用

❑ 持久化数据结构

❑ 生成 Java Stream 时的延迟计算和延迟列表

❑ 模式匹配以及如何在 Java 中应用

❑ 引用透明性和缓存

第 18 章中，你了解了如何进行函数式的思考；以构造无副作用方法的思想指导你的程序设计能帮助你编写更具维护性的代码。本章会介绍更高级的函数式编程技巧。你可以将本章看作实战技巧和学术知识的大杂烩，它既包含了能直接用于代码编写的技巧，也包含了能让你知识更渊博的学术信息。我们会讨论高阶函数、柯里化、持久化数据结构、延迟列表、模式匹配、具备引用透明性的缓存，以及结合器。

19.1　无处不在的函数

第 18 章中使用术语**函数式编程**意指函数或者方法的行为应该像"数学函数"一样——没有任何副作用。对使用函数式语言的程序员而言，这个术语的范畴更加宽泛，它还意味着函数可以像任何其他值一样随意使用：可以作为参数传递，可以作为返回值，还能存储在数据结构中。能够像普通变量一样使用的函数称为**一等函数**（first-class function）。这是 Java 8 补充的全新内容：通过::操作符，你可以创建一个方法引用，像使用函数值一样使用方法，也能使用 Lambda 表达式（比如(int x) -> x + 1）直接表示方法的值。Java 8 中使用下面这样的方法引用将 Integer.parseInt 方法保存到一个变量中是合理合法的[1]：

```
Function<String, Integer> strToInt = Integer::parseInt;
```

---

[1] 如果只打算在 Integer::parseInt 方法内保存变量 strToInt，那么你可能希望将 strToInt 声明为 ToIntFunction 类型来避免封装的开销。这里你并没有这么做，因为即便采用这种方法能改善基本类型的处理效率，对 Java 基本类型的这种封装也可能会干扰你对程序的逻辑理解。

19.1.1　高阶函数

目前为止，我们使用函数值属于一等这个事实只是为了将它们传递给 Java 8 的流处理操作
（正如在第 4~7 章看到的一样），达到行为参数化的效果，类似在第 1 章和第 2 章中将
`Apple::isGreenApple` 作为参数值传递给 `filterApples` 方法那样。但这仅仅是个开始。另
一个有趣的例子是静态方法 `Comparator.comparing` 的使用，它接受一个函数作为参数同时返
回另一个函数（一个比较器），代码如下所示。图 19-1 对这段逻辑进行了解释。

```
Comparator<Apple> c = comparing(Apple::getWeight);
```

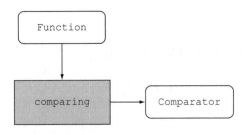

图 19-1　comparing 方法接受一个函数作为参数，同时返回另一个函数

第 3 章我们构造函数创建流水线时，做了一些类似的事：

```
Function<String, String> transformationPipeline
  = addHeader.andThen(Letter::checkSpelling)
             .andThen(Letter::addFooter);
```

函数式编程的世界里，如果函数，比如 `Comparator.comparing`，能满足下面任一要求就
可以被称为**高阶函数**（higher-order function）：

❑ 接受至少一个函数作为参数；

❑ 返回的结果是一个函数。

这些都和 Java 8 直接相关。因为在 Java 8 中，函数不仅可以作为参数传递，还可以作为结果返
回，能赋值给本地变量，也可以插入到某个数据结构。比如，一个迷你计算器程序可能有这样的一
个 `Map<String, Function<Double, Double>>`，它将字符串 sin 映射到方法 `Function<Double,
Double>`，实现对 `Math::sin` 的方法引用。第 8 章在介绍工厂方法时进行过类似的操作。

对于喜欢第 3 章结尾的那个微积分示例的读者，由于它接受一个函数作为参数（比如，
`(Double x) -> x * x`），又返回一个函数作为结果（这个例子中返回值是`(Double x) -> 2
* x`），你可以用不同的方式实现类型定义，如下所示：

```
Function<Function<Double,Double>, Function<Double,Double>>
```

把它定义成 Function 类型（最左边的 Function），目的是想显式地向你确认可以将这个函数
传递给另一个函数。但是，最好使用差异化的类型定义，函数签名如下：

```
Function<Double,Double> differentiate(Function<Double,Double> func)
```

其实二者说的是同一件事。

副作用和高阶函数

　　第 7 章中我们了解到传递给流操作的函数应该是无副作用的，否则会发生各种各样的问题（比如错误的结果，有时由于竞态条件甚至会产生无法预期的结果）。这一原则在你使用高阶函数时也同样适用。编写高阶函数或者方法时，你无法预知会接收什么样的参数——一旦传入的参数有某些副作用，我们将会一筹莫展！如果作为参数传入的函数可能对你程序的状态产生某些无法预期的改变，一旦发生问题，你将很难理解程序中发生了什么；它们甚至会用某种难于调试的方式调用你的代码。因此，将所有你愿意接受的作为参数的函数可能带来的副作用以文档的方式记录下来是一个不错的设计原则，最理想的情况下你接收的函数参数应该没有任何副作用！

　　下面讨论柯里化：它是一种可以帮助你模块化函数、提高代码重用性的技术。

19.1.2　柯里化

　　给出柯里化的理论定义之前，先来看一个例子。应用程序通常都会有国际化的需求，将一套单位转换到另一套单位是经常碰到的问题。

　　单位转换通常都会涉及转换因子以及基线调整因子的问题。比如，将摄氏度转换到华氏度的公式是 `CtoF(x) = x*9/5 + 32`。 所有的单位转换几乎都遵守下面这种模式：

　　(1) 乘以转换因子；

　　(2) 如果需要，进行基线调整。

　　可以使用下面这段通用代码表达这一模式：

```
static double converter(double x, double f, double b) {
    return x * f + b;
}
```

这里 x 是你希望转换的数量，f 是转换因子，b 是基线值。但是这个方法有些过于宽泛了。通常，你还需要在同一类单位之间进行转换，比如公里和英里。当然，你也可以在每次调用 converter 方法时都使用三个参数，但是每次都提供转换因子和基准比较烦琐，并且你还极有可能输入错误。

　　当然，你也可以为每一个应用编写一个新方法，不过这样就无法对底层的逻辑进行复用了。

　　这里我们提供一种简单的解法，它既能充分利用已有的逻辑，又能让 converter 针对每个应用进行定制。你可以定义一个工厂方法，它生产带一个参数的转换方法，我们希望借此来说明柯里化。下面是这段代码：

```
static DoubleUnaryOperator curriedConverter(double f, double b){
    return (double x) -> x * f + b;
}
```

现在，你要做的只是向它传递转换因子和基准值（f 和 b），它会不辞辛劳地按照你的要求返回一个方法（使用参数 x）。比如，你现在可以按照你的需求使用工厂方法产生需要的任何 converter：

```
DoubleUnaryOperator convertCtoF = curriedConverter(9.0/5, 32);
DoubleUnaryOperator convertUSDtoGBP = curriedConverter(0.6, 0);
DoubleUnaryOperator convertKmtoMi = curriedConverter(0.6214, 0);
```

由于 DoubleUnaryOperator 定义了方法 applyAsDouble，你可以像下面这样使用你的 converter：

```
double gbp = convertUSDtoGBP.applyAsDouble(1000);
```

这样一来，你的代码就更加灵活了，同时它又复用了现有的转换逻辑！

一起回顾下你都做了哪些工作。你并没有一次性地向 converter 方法传递所有的参数 x、f 和 b，相反，你只是使用了参数 f 和 b 并返回了另一个方法，这个方法会接受参数 x，最终返回你期望的值 x * f + b。通过这种方式，你复用了现有的转换逻辑，同时又为不同的转换因子创建了不同的转换方法。

柯里化的理论定义

柯里化[①]是一种将具备两个参数（比如，x 和 y）的函数 f 转化为使用一个参数的函数 g，并且这个函数的返回值也是一个函数，它会作为新函数的一个参数。后者的返回值和初始函数的返回值相同，即 f(x,y) = (g(x))(y)。

当然，这个定义是一种概述。你可以将一个使用了六个参数的函数柯里化成一个接受第 2、4、6 号参数，并返回一个接受 5 号参数的函数，这个函数又返回一个接受剩下的第 1 号和第 3 号参数的函数。

当一个函数使用的所有参数仅有部分（少于函数的完整参数列表）被传递时，通常我们说这个函数是**部分求值**（partially applied）的。

现在讨论函数式编程的另一个方面：数据结构。如果你不能修改数据结构，那么还能用它们编程吗？

19.2　持久化数据结构

本节会探讨函数式编程中如何使用数据结构。这一主题有各种名称，比如函数式数据结构、不可变数据结构，不过最常见的可能还要算持久化数据结构（不幸的是，这一术语和数据库中的**持久化**概念有一定的冲突，数据库中它代表的是"生命周期比程序的执行周期更长的数据"）。

---

① 柯里化的概念最早由数学家 Moses Schönfinkel 引入，而后由著名的数理逻辑学家哈斯格尔・柯里（Haskell Curry）丰富和发展，柯里化由此得名。它表示一种将一个带有 n 元组参数的函数转换成 n 个一元函数链的方法。

我们应该注意的第一件事是，函数式方法不允许修改任何全局数据结构或者任何作为参数传入的结构。为什么呢？因为一旦对这些数据进行修改，两次相同的调用就很可能产生不同的结构——这违背了引用透明性原则，我们也就无法将方法简单地看作由参数到结果的映射。

19.2.1 破坏式更新和函数式更新的比较

让我们看看不这么做会导致怎样的结果。假设你需要使用一个可变类 TrainJourney（利用一个简单的单向链接列表实现）表示从 A 到 B 的火车旅行，你使用了一个整型字段对旅程的一些细节进行建模，比如当前路途段的价格。旅途中你需要换乘火车，所以需要使用几个由 onward 字段串联在一起的 TrainJourney 对象。直达火车或者旅途最后一段对象的 onward 字段为 null：

```
class TrainJourney {
    public int price;
    public TrainJourney onward;
    public TrainJourney(int p, TrainJourney t) {
        price = p;
        onward = t;
    }
}
```

假设你有几个相互分隔的 TrainJourney 对象分别代表从 X 到 Y 和从 Y 到 Z 的旅行。你希望创建一段新的旅行，它能将两个 TrainJourney 对象串接起来（即从 X 到 Y 再到 Z）。

一种方式是采用简单的传统命令式的方法将这些火车旅行对象链接起来，代码如下：

```
static TrainJourney link(TrainJourney a, TrainJourney b){
    if (a==null) return b;
    TrainJourney t = a;
    while(t.onward != null){
        t = t.onward;
    }
    t.onward = b;
    return a;
}
```

这个方法是这样工作的，它找到 TrainJourney 对象 a 的下一站，将其由表示 a 列表结束的 null 替换为列表 b（如果 a 不包含任何元素，你则需要进行特殊处理）。

这就出现了一个问题：假设变量 firstJourney 包含了从 X 到 Y 的线路，另一个变量 secondJourney 包含了从 Y 到 Z 的线路。如果你调用 link(firstJourney, secondJourney) 方法，那么这段代码会破坏性地更新 firstJourney，结果 secondJourney 也会被加入到 firstJourney，最终请求从 X 到 Z 的用户会如其所愿地看到整合之后的旅程，不过从 X 到 Y 的旅程也被破坏性地更新了。这之后，变量 firstJourney 就不再代表从 X 到 Y 的旅程，而是一个新的从 X 到 Z 的旅程了！这一改动会导致依赖原先的 firstJourney 代码失效！假设

firstJourney 表示的是清晨从伦敦到布鲁塞尔的火车，这趟车上后一段的乘客本来打算要去布鲁塞尔，可是发生这样的改动之后他们莫名地多走了一站，最终可能跑到了科隆。现在你大致了解数据结构修改的可见性会导致怎样的问题了，作为程序员，我们一直在与这种缺陷作斗争。

　　函数式编程解决这一问题的方法是禁止使用带有副作用的方法。如果你需要使用表示计算结果的数据结构，那么请创建它的一个副本而不要直接修改现存的数据结构。这一最佳实践也适用于标准的面向对象程序设计。不过，对这一原则，也存在着一些异议，比较常见的是认为这样做会导致过度的对象复制，有些程序员会说"我会记住那些有副作用的方法"或者"我会将这些写入文档"。但这些都不能解决问题，这些"坑"都留给了接受代码维护工作的程序员。采用函数式编程方案的代码如下：

```
static TrainJourney append(TrainJourney a, TrainJourney b){
    return a==null ? b : new TrainJourney(a.price, append(a.onward, b));
}
```

　　很明显，这段代码是函数式的（它没有做任何修改，即使是本地的修改），它没有改动任何现存的数据结构。不过，也请特别注意，这段代码有一个特别的地方，它并未创建整个新 TrainJourney 对象的副本——如果 a 是 n 个元素的序列，b 是 m 个元素的序列，那么调用这个函数后，它返回的是一个由 n+m 个元素组成的序列，这个序列的前 n 个元素是新创建的，而后 m 个元素和 TrainJourney 对象 b 是共享的。另外，也请注意，用户需要确保不对 append 操作的结果进行修改，因为一旦这样做了，作为参数传入的 TrainJourney 对象序列 b 就可能被破坏。图 19-2 和图 19-3 解释说明了破坏式 append 和函数式 append 之间的区别。

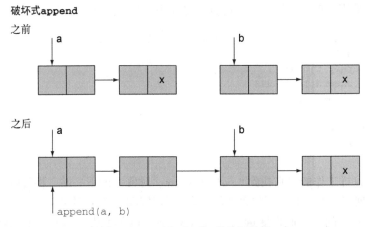

图 19-2　以破坏式更新的数据结构

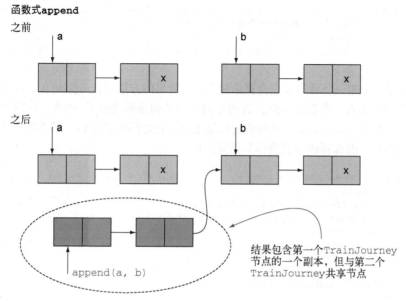

函数式append

之前

之后

结果包含第一个TrainJourney
节点的一个副本，但与第二个
TrainJourney共享节点

append(a, b)

图 19-3　函数式，不会对原有数据结构进行改动

19.2.2　另一个使用 Tree 的例子

转入新主题之前，再看一个使用其他数据结构的例子——我们想讨论的对象是二叉查找树，它也是 HashMap 实现类似接口的方式。我们的设计中 Tree 包含了 String 类型的键，以及 int 类型的键值，它可能是名字或者年龄：

```
class Tree {
    private String key;
    private int val;
    private Tree left, right;
    public Tree(String k, int v, Tree l, Tree r) {
      key = k; val = v; left = l; right = r;
    }
}
class TreeProcessor {
    public static int lookup(String k, int defaultval, Tree t) {
        if (t == null) return defaultval;
        if (k.equals(t.key)) return t.val;
        return lookup(k, defaultval,
                      k.compareTo(t.key) < 0 ? t.left : t.right);
    }
    // 处理 Tree 的其他方法
}
```

你希望通过二叉查找树找到 String 值对应的整型数。现在，想想你该如何更新与某个键对应的值（简化起见，假设键已经存在于这个树中了）：

19

```
public static void update(String k, int newval, Tree t) {
    if (t == null) { /* 应增加一个新的节点 */ }
    else if (k.equals(t.key)) t.val = newval;
    else update(k, newval, k.compareTo(t.key) < 0 ? t.left : t.right);
}
```

对这个例子，增加一个新的节点会复杂很多。最简单的方法是让 update 直接返回它刚遍历的树（除非你需要加入一个新的节点，否则返回的树结构是不变的）。现在，这段代码看起来已经有些臃肿了（因为 update 试图对树进行原地更新，它返回的是跟传入的参数同样的树，但是如果最初的树为空，那么新的节点会作为结果返回）。

```
public static Tree update(String k, int newval, Tree t) {
    if (t == null)
        t = new Tree(k, newval, null, null);
    else if (k.equals(t.key))
        t.val = newval;
    else if (k.compareTo(t.key) < 0)
        t.left = update(k, newval, t.left);
    else
        t.right = update(k, newval, t.right);
    return t;
}
```

注意，这两个版本的 update 都会对现有的树进行修改，这意味着使用树存放映射关系的所有用户都会感知到这些修改。

19.2.3　采用函数式的方法

那么这一问题如何通过函数式的方法解决呢？你需要为新的键–值对创建一个新的节点，除此之外还需要创建从树的根节点到新节点的路径上的所有节点。通常而言，这种操作的代价并不太大，如果树的深度为 d，并且保持一定的平衡性，那么这棵树的节点总数是 $2d$，这样你就只需要重新创建树的一小部分节点了。

```
public static Tree fupdate(String k, int newval, Tree t) {
    return (t == null) ?
        new Tree(k, newval, null, null) :
          k.equals(t.key) ?
          new Tree(k, newval, t.left, t.right) :
          k.compareTo(t.key) < 0 ?
            new Tree(t.key, t.val, fupdate(k,newval, t.left), t.right) :
            new Tree(t.key, t.val, t.left, fupdate(k,newval, t.right));
}
```

这段代码中，我们通过一行语句进行的条件判断，没有采用 if-then-else 这种方式，目的是希望强调一个思想，那就是该函数体仅包含一条语句，没有任何副作用。不过你也可以按照自己的习惯，使用 if-then-else 这种方式，在每一个判断结束处使用 return 返回。

那么，update 和 fupdate 之间的区别到底是什么呢？我们注意到，前文中方法 update

有这样一种假设，即每一个 update 的用户都希望共享同一份数据结构，也希望能了解程序任何部分所做的更新。因此，无论什么时候，只要你使用非函数式代码向树中添加某种形式的数据结构，请立刻创建它的一份副本，因为谁也不知道将来的某一天，某个人会突然对它进行修改，这一点非常重要（不过也经常被忽视）。与之相反，fupdate 是纯函数式的。它会创建一个新的树，并将其作为结果返回，通过参数的方式实现共享。图 19-4 对这一思想进行了阐释。你使用了一个树结构，树的每个节点包含了 person 对象的姓名和年龄。调用 fupdate 不会修改现存的树，它会在原有树的一侧创建新的节点，同时保证不损坏现有的数据结构。

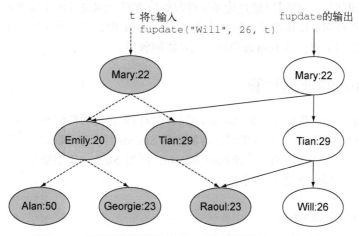

图 19-4　对树结构进行更新时，现存数据结构不会被破坏

这种函数式数据结构通常被称为**持久化**的——数据结构的值始终保持一致，不受其他部分变化的影响——这样，作为程序员的你才能确保 fupdate 不会对作为参数传入的数据结构进行修改。不过要达到这一效果还有一个附加条件：这个约定的另一面是，所有使用持久化数据结构的用户都必须遵守这一"不修改"原则。如果不这样，忽视这一原则的程序员就很有可能修改 fupdate 的结果（比如，修改 Emily 的年纪为 20 岁）。这会成为一个例外（也是我们不期望发生的）事件，为所有使用该结构的方法感知，并在之后修改作为参数传递给 fupdate 的数据结构。

通过这些介绍，我们了解到 fupdate 可能有更加高效的方式：基于"不对现存结构进行修改"规则，对仅有细微差别的数据结构（比如，用户 A 看到的树结构与用户 B 看到的就相差不多），我们可以考虑对这些通用数据结构使用共享存储。你可以凭借编译器，将 Tree 类的字段 key、val、left 以及 right 声明为 final 执行，"禁止对现存数据结构的修改"这一规则。不过也需要注意 final 只能应用于类的字段，无法应用于它指向的对象，如果你想要对对象进行保护，则需要将其中的字段声明为 final，以此类推。

噢，你可能会说："我希望对树结构的更新对某些用户可见（当然，这句话的潜台词是其他用户看不到这些更新）。"那么，要实现这一目标，你可以通过两种方式：一种是典型的 Java 解决方案（对对象进行更新时，你需要特别小心，慎重地考虑是否需要在改动之前保存对象的一份副本）。另一种是函数式的解决方案：逻辑上，你在做任何改动之前都会创建一份新的数据结构

19

（这样一来就不会有任何的对象发生变更），只要确保按照用户的需求传递给他正确版本的数据结构就好了。这一想法甚至还可以通过 API 直接强制实施。如果数据结构的某些用户需要进行可见性的改动，那么它们应该调用 API，返回最新版的数据结构。对于另一些客户应用，它们不希望发生任何可见的改动（比如，需要长时间运行的统计分析程序），就直接使用它们保存的备份，因为它知道这些数据不会被其他程序修改。

有些人可能会说这个过程很像更新刻录光盘上的文件，刻录光盘时，一个文件只能被激光写入一次，该文件的各个版本分别被存储在光盘的各个位置（智能光盘编辑软件甚至会共享多个不同版本之间的相同部分），你可以通过传递文件起始位置对应的块地址（或者名字中编码了版本信息的文件名）选择你希望使用哪个版本的文件。在 Java 中，情况甚至比刻录光盘还好很多，不再使用的老旧数据结构会被 Java 虚拟机自动垃圾回收掉。

19.3   Stream 的延迟计算

通过前一章的介绍，你已经了解 Stream 是处理数据集合的利器。不过，由于各种各样的原因，包括实现时的效率考量，Java 8 的设计者们在将 Stream 引入时采取了比较特殊的方式。一个比较显著的局限是，你无法声明一个递归的 Stream，因为 Stream 仅能使用一次。接下来的一节会详细展开介绍这一局限会带来的问题。

19.3.1   自定义的 Stream

下面回顾一下第 6 章中生成质数的例子，这个例子有助于理解递归式 Stream 的思想。你大概已经看到，作为 MyMathUtils 类的一部分，你可以用下面这种方式计算得出由质数构成的 Stream：

```
public static Stream<Integer> primes(int n) {
    return Stream.iterate(2, i -> i + 1)
                 .filter(MyMathUtils::isPrime)
                 .limit(n);
}
public static boolean isPrime(int candidate) {
    int candidateRoot = (int) Math.sqrt((double) candidate);
    return IntStream.rangeClosed(2, candidateRoot)
                    .noneMatch(i -> candidate % i == 0);
}
```

不过这一方案看起来有些笨拙：你每次都需要遍历每个数字，查看它能否被候选数字整除（实际上，你只需要测试那些已经被判定为质数的数字）。

理想情况下，Stream 应该实时地筛选掉那些能被质数整除的数字。这听起来有些异想天开，不过我们一起看看怎样才能达到这样的效果。

(1) 你需要一个由数字构成的 Stream，你会在其中选择质数。

(2) 你会从该 Stream 中取出第一个数字（即 Stream 的首元素），它是一个质数（初始时，这个值是 2）。

(3) 紧接着你会从 Stream 的尾部开始，筛选掉所有能被该数字整除的元素。

(4) 最后剩下的结果就是新的 Stream，你会继续用它进行质数的查找。本质上，你还会回到第一步，继续进行后续的操作，所以这个算法是递归的。

注意，这个算法不是很好，原因是多方面的[①]。不过，就说明如何使用 Stream 展开工作这个目的而言，它还是非常合适的，因为算法简单，容易说明。让我们试着用 Stream API 对这个算法进行实现。

1. 第 1 步：构造由数字组成的 Stream

你可以使用方法 IntStream.iterate 构造由数字组成的 Stream，它由 2 开始，可以上达无限，就像第 5 章中介绍的那样，代码如下：

```
static Intstream numbers(){
    return IntStream.iterate(2, n -> n + 1);
}
```

2. 第 2 步：取得首元素

IntStream 类提供了方法 findFirst，可以返回 Stream 的第一个元素：

```
static int head(IntStream numbers){
    return numbers.findFirst().getAsInt();
}
```

3. 第 3 步：对尾部元素进行筛选

定义一个方法取得 Stream 的尾部元素：

```
static IntStream tail(IntStream numbers){
    return numbers.skip(1);
}
```

拿到 Stream 的头元素，你可以像下面这段代码那样对数字进行筛选：

```
IntStream numbers = numbers();
int head = head(numbers);
IntStream filtered = tail(numbers).filter(n -> n % head != 0);
```

4. 第 4 步：递归地创建由质数组成的 Stream

现在到了最复杂的部分。你可能试图将筛选返回的 Stream 作为参数再次传递给该方法，这样你可以接着取得它的头元素，继续筛选掉更多的数字，如下所示：

```
static IntStream primes(IntStream numbers) {
    int head = head(numbers);
    return IntStream.concat(
            IntStream.of(head),
            primes(tail(numbers).filter(n -> n % head != 0))
    );
}
```

---

① 关于为什么这个算法很糟糕的更多信息，请参考 http://www.cs.hmc.edu/~oneill/papers/Sieve-JFP.pdf。

5. 坏消息

不幸的是，如果执行步骤四中的代码，你会遭遇如下这个错误："java.lang.IllegalStateException: stream has already been operated upon or closed." 实际上，你正试图使用两个终端操作：findFirst 和 skip 将 Stream 切分成头尾两部分。还记得第 4 章中介绍的内容吗？一旦你对 Stream 执行一次终端操作调用，它就永久地终止了！

6. 延迟计算

除此之外，该操作还附带着一个更为严重的问题：静态方法 IntStream.concat 接受两个 Stream 实例作参数。但是，由于第二个参数是 primes 方法的直接递归调用，最终会导致出现无限递归的状况。然而，对大多数的 Java 应用而言，Java 8 在 Stream 上的这一限制，即 "不允许递归定义" 是完全没有影响的，使用 Stream 后，数据库的查询更加直观了，程序还具备了并发的能力。所以，Java 8 的设计者们进行了很好的平衡，选择了这一皆大欢喜的方案。不过，Scala 和 Haskell 这样的函数式语言中 Stream 所具备的通用特性和模型仍然是你编程武器库中非常有益的补充。你需要一种方法推迟 primes 中对 concat 的第二个参数计算。如果用更加技术性的程序设计术语来描述，我们称之为**延迟计算**、**非限制式计算**或者**名调用**。只在你需要处理质数的那个时刻（比如，要调用方法 limit 了）才对 Stream 进行计算。Scala（下一章会介绍）提供了对这种算法的支持。在 Scala 中，你可以用下面的方式重写前面的代码，操作符#::实现了延迟连接的功能（只有在你实际需要使用 Stream 时才对其进行计算）：

```
def numbers(n: Int): Stream[Int] = n #:: numbers(n+1)
def primes(numbers: Stream[Int]): Stream[Int] = {
  numbers.head #:: primes(numbers.tail filter (n -> n % numbers.head != 0))
}
```

看不懂这段代码？完全没关系。我们展示这段代码的目的只是希望能让你了解 Java 和其他的函数式编程语言的区别。让我们一起回顾一下刚刚介绍的参数是如何计算的，这对后面的内容很有裨益。在 Java 语言中，你执行一次方法调用时，传递的所有参数在第一时间会被立即计算出来。但是，在 Scala 中，通过#::操作符，连接操作会立刻返回，而元素的计算会推迟到实际计算需要的时候才开始。现在，来看看如何通过 Java 实现延迟列表的思想。

19.3.2   创建你自己的延迟列表

Java 8 的 Stream 以其延迟性而著称。它们被刻意设计成这样，即延迟操作，有其独特的原因：Stream 就像是一个黑盒，它接收请求生成结果。当你向一个 Stream 发起一系列的操作请求时，这些请求只是被一一保存起来。只有当你向 Stream 发起一个终端操作时，才会实际地进行计算。这种设计具有显著的优点，特别是你需要对 Stream 进行多个操作时（你有可能先要进行 filter 操作，紧接着做一个 map，最后进行一次终端操作 reduce）：这种方式下 Stream 只需要遍历一次，不需要为每个操作遍历一次所有的元素。

这一节讨论的主题是延迟列表，它是一种更加通用的 Stream 形式（延迟列表构造了一个跟

Stream 非常类似的概念）。延迟列表同时还提供了一种极好的方式去理解高阶函数。你可以将一个函数作为值放置到某个数据结构中，大多数时候它就静静地待在那里，一旦对其进行调用（即根据需要），它能够创建更多的数据结构。图 19-5 解释了这一思想。

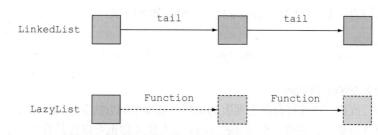

图 19-5 LinkedList 的元素存在于（并不断延展）内存中。而 LazyList 的元素由函数在需要使用时动态创建，你可以将它们看成实时延展的

现在来看看它是如何工作的。你想要利用前面介绍的算法，生成一个由质数构成的无限列表。

1. 创建一个基本的链接列表

还记得吗，你可以通过下面这种方式，用 Java 语言实现一个简单的名为 `MyLinkedList` 的链接–列表–式的类（这里只考虑最精简的 `MyList` 接口）：

```java
interface MyList<T> {
    T head();
    MyList<T> tail();
    default boolean isEmpty() {
        return true;
    }
}
class MyLinkedList<T> implements MyList<T> {
    private final T head;
    private final MyList<T> tail;
    public MyLinkedList(T head, MyList<T> tail) {
        this.head = head;
        this.tail = tail;
    }
    public T head() {
        return head;
    }
    public MyList<T> tail() {
        return tail;
    }
    public boolean isEmpty() {
        return false;
    }
}
class Empty<T> implements MyList<T> {
    public T head() {
        throw new UnsupportedOperationException();
    }
}
```

```
    public MyList<T> tail() {
        throw new UnsupportedOperationException();
    }
}
```

你现在可以构造一个示例的 MyLinkedList 值，如下所示：

```
MyList<Integer> l =
    new MyLinkedList<>(5, new MyLinkedList<>(10, new Empty<>()));
```

2. 创建一个基础的延迟列表

对这个类进行改造，使其符合延迟列表的思想，最简单的方法是避免让 tail 立刻出现在内存中，而是像第 3 章那样，提供一个 Supplier<T> 方法（你也可以将其看成一个使用函数描述符 void -> T 的工厂方法），它会产生列表的下一个节点。使用这种方式的代码如下：

```
import java.util.function.Supplier;
class LazyList<T> implements MyList<T>{
    final T head;
    final Supplier<MyList<T>> tail;
    public LazyList(T head, Supplier<MyList<T>> tail) {
        this.head = head;
        this.tail = tail;
    }
    public T head() {
        return head;
    }
    public MyList<T> tail() {
        return tail.get();           ◁──  注意，与前面的 head 不同，这
    }                                      里 tail 使用了一个 Supplier
    public boolean isEmpty() {             方法提供了延迟性
        return false;
    }
}
```

调用 Supplier 的 get 方法会触发延迟列表（LazyList）的节点创建，就像工厂会创建新的对象一样。

现在，你可以像下面那样传递一个 Supplier 作为 LazyList 的构造器的 tail 参数，创建由数字构成的无限延迟列表了，该方法会创建一系列数字中的下一个元素：

```
public static LazyList<Integer> from(int n) {
    return new LazyList<Integer>(n, () -> from(n+1));
}
```

如果尝试执行下面的代码，你会发现，这段代码会打印输出"2 3 4"。这些数字真真实实都是实时计算得出的。你可以在恰当的位置插入 System.out.println 进行查看，如果 from(2) 执行得很早，试图计算从 2 开始的所有数字，那它就会永远运行下去，这时你不需要做任何事情。

```
LazyList<Integer> numbers = from(2);
int two = numbers.head();
int three = numbers.tail().head();
int four = numbers.tail().tail().head();
System.out.println(two + " " + three + " " + four);
```

3. 回到生成质数

看看你能否利用我们目前已经做的去生成一个自定义的质数延迟列表（有些时候，你会遭遇无法使用 Stream API 的情况）。如果你将之前使用 Stream API 的代码转换成使用新版的 LazyList，那么它看起来会像下面这段代码：

```
public static MyList<Integer> primes(MyList<Integer> numbers) {
    return new LazyList<>(
                numbers.head(),
                () -> primes(
                        numbers.tail()
                            .filter(n -> n % numbers.head() != 0)
                        )
            );
}
```

4. 实现一个延迟筛选器

不过，这个 LazyList（更确切地说是 List 接口）并未定义 filter 方法，所以前面的这段代码是无法编译通过的。让我们添加该方法的一个定义，修复这个问题：

```
public MyList<T> filter(Predicate<T> p) {
    return isEmpty() ?
        this :
        p.test(head()) ?
            new LazyList<>(head(), () -> tail().filter(p)) :
            tail().filter(p);
}
```

你可以返回一个新的 `Empty<>()`，不过这和返回一个空对象的效果是一样的

你的代码现在可以通过编译，准备使用了。通过链接对 tail 和 head 的调用，你可以计算出头三个质数：

```
LazyList<Integer> numbers = from(2);
int two = primes(numbers).head();
int three = primes(numbers).tail().head();
int five = primes(numbers).tail().tail().head();
System.out.println(two + " " + three + " " + five);
```

这段代码的输出是 "2 3 5"，这是头三个质数的值。现在，你可以 "把玩" 这段程序了，比如，你可以打印输出所有的质数（printAll 方法会递归地打印输出列表的头尾元素，这个程序会永久地运行下去）：

```
static <T> void printAll(MyList<T> list){
    while (!list.isEmpty()){
        System.out.println(list.head());
```

```
            list = list.tail();
        }
    }
    printAll(primes(from(2)));
```

本章的主题是函数式编程，我们应该在更早的时候就让你知道其实有更加简洁的方式完成这一递归操作：

```
static <T> void printAll(MyList<T> list){
    if (list.isEmpty())
        return;
    System.out.println(list.head());
    printAll(list.tail());
}
```

但是，这个程序不会永久地运行下去。它最终会由于栈溢出而失效，因为 Java 不支持尾部调用消除（tail call elimination），这一点第 18 章曾介绍过。

5. 何时使用

到目前为止，你已经构建了大量技术，包括延迟列表和函数，使用它们却只定义了一个包含质数的数据结构。为什么呢？哪些实际的场景可以使用这些技术呢？好吧，你已经了解了如何向数据结构中插入函数（因为 Java 8 允许你这么做），这些函数可以用于按需创建数据结构的一部分，现在你不需要在创建数据结构时就一次性地定义所有的部分。如果你在编写游戏程序，比如棋牌类游戏，你可以定义一个数据结构，它在形式上涵盖了由所有可能移动构成的一个树（这些步骤要在早期完成计算工作量太大），具体的内容可以在运行时创建。最终的结果是一个延迟树，而不是一个延迟列表。本章关注延迟列表，原因是它可以和 Java 8 的另一个新特性 Stream 串接起来，以使我们能够针对性地讨论 Stream 和延迟列表各自的优缺点。

还有一个问题就是性能。我们很容易得出结论，延迟操作的性能会比提前操作要好——仅在程序需要时才计算值和数据结构当然比传统方式下一次性地创建所有的值（有时甚至比实际需求更多的值）要好。不过，实际情况并非如此简单。完成延迟操作的开销，比如 LazyList 中每个元素之间执行额外 Suppliers 调用的开销，有可能超过你猜测会带来的好处，除非你仅仅只访问整个数据结构的 10%，甚至更少。最后，还有一种微妙的方式会导致你的 LazyList 并非真正的延迟计算。如果你遍历 LazyList 中的值，比如 from(2)，可能直到第 10 个元素，这种方式下，它会创建每个节点两次，最终创建 20 个节点，而不是 10 个。这几乎不能被称为延迟计算。问题在于每次实时访问 LazyList 的元素时，tail 中的 Supplier 都会被重复调用。你可以设定 tail 中的 Supplier 方法仅在第一次实时访问时才执行调用，从而修复这一问题——计算的结果会缓存起来——效果上对列表进行了增强。要实现这一目标，你可以在 LazyList 的定义中添加一个私有的 Optional<LazyList<T>> 类型字段 alreadyComputed，tail 方法会依据情况查询及更新该字段的值。纯函数式语言 Haskell 就是以这种方式确保它所有的数据结构都恰当地进行了延迟。如果你对这方面的细节感兴趣，可以查看相关文章。

我们推荐的原则是将延迟数据结构作为你编程兵器库中的强力武器。如果它们能让程序设计更简单，就尽量使用它们。如果它们会带来无法接受的性能损失，就尝试以更加传统的方式重新实现它们。

现在，让我们转向几乎所有函数式编程语言中都提供的一个特性，不过 Java 语言中暂时并未提供这一特性，它就是模式匹配。

19.4 模式匹配

函数式编程中还有另一个重要的方面，那就是（结构式）**模式匹配**。不要将这个概念和正则表达式中的模式匹配相混淆。还记得吗，第 1 章结束时，我们了解到数学公式可以通过下面的方式进行定义：

```
f(0) = 1
f(n) = n*f(n-1) otherwise
```

不过在 Java 语言中，你只能通过 if-then-else 语句或者 switch 语句实现。随着数据类型变得愈加复杂，需要处理的代码（以及代码块）的数量也在迅速攀升。使用模式匹配能有效地减少这种混乱的情况。

为了说明，先来看一个树结构，你希望能够遍历这一整棵树。我们假设使用一种简单的数学语言，它包含数字和二进制操作符：

```
class Expr { ... }
class Number extends Expr { int val; ... }
class BinOp extends Expr { String opname; Expr left, right; ... }
```

假设你需要编写方法简化一些表达式。比如，5 + 0 可以简化为 5。使用我们的域语言，new BinOp("+", new Number(5), new Number(0)) 可以简化为 Number(5)。你可以像下面这样遍历 Expr 结构：

```
Expr simplifyExpression(Expr expr) {
    if (expr instanceof BinOp
        && ((BinOp)expr).opname.equals("+"))
        && ((BinOp)expr).right instanceof Number
        && ... // 变得非常笨拙
        && ... ) {
        return (Binop)expr.left;
    }
    ...
}
```

你可以预期这种方式下代码会迅速地变得异常丑陋，难于维护。

19.4.1 访问者模式

Java 语言中还有另一种方式可以解包数据类型，那就是使用访问者（visitor）模式。本质上，使用这种方法你需要创建一个单独的类，这个类封装了一个算法，可以"访问"某种数据类型。

19

它是如何工作的呢？访问者类接受某种数据类型的实例作为输入。它可以访问该实例的所有成员。下面是一个例子，通过这个例子我们能了解这一方法是如何工作的。首先，你需要向 BinOp 添加一个 accept 方法，它接受一个 SimplifyExprVisitor 作为参数，并将自身传递给它（你还需要为 Number 添加一个类似的方法）：

```
class BinOp extends Expr{
    ...
    public Expr accept(SimplifyExprVisitor v){
        return v.visit(this);
    }
}
```

SimplifyExprVisitor 现在就可以访问 BinOp 对象并解包其中的内容了：

```
public class SimplifyExprVisitor {
    ...
    public Expr visit(BinOp e){
        if("+".equals(e.opname) && e.right instanceof Number && ...){
            return e.left;
        }
        return e;
    }
}
```

19.4.2　用模式匹配力挽狂澜

通过一个名为模式匹配的特性，我们能以更简单的方案解决问题。这种特性目前在 Java 语言中暂时还不提供，所以这里会以 Scala 程序设计语言的一个小例子来展示模式匹配的强大威力。通过这些介绍你能够了解一旦 Java 语言支持模式匹配，我们能做哪些事情。

假设数据类型 Expr 代表的是某种数学表达式，在 Scala 程序设计语言中（采用 Scala 的原因是它的语法与 Java 非常接近），你可以利用下面的这段代码解析表达式：

```
def simplifyExpression(expr: Expr): Expr = expr match {
    case BinOp("+", e, Number(0)) => e    // 加 0
    case BinOp("*", e, Number(1)) => e    // 乘以 1
    case BinOp("/", e, Number(1)) => e    // 除以 1
    case _ => expr                        // 不能简化 expr
}
```

模式匹配为操纵类树型数据结构提供了一个极其详细又极富表现力的方式。构建编译器或者处理业务规则的引擎时，这一工具尤其有用。注意，Scala 的语法

```
Expression match { case Pattern => Expression ... }
```

和 Java 的语法非常相似：

```
switch (Expression) { case Constant : Statement ... }
```

Scala 的通配符判断和 Java 中的 `default:` 扮演着同样的角色。这二者之间主要的语法区别在于 Scala 是面向表达式的，Java 则更多地面向语句。不过，对程序员而言，它们主要的区别是 Java 中模式的判断标签被限制在了某些基础类型、枚举类型、封装基础类型的类以及 `String` 类型。使用支持模式匹配的语言实践中能带来的最大的好处在于，你可以避免出现大量嵌套的 `switch` 或者 `if-then-else` 语句和字段选择操作相互交织的情况。

非常明显，Scala 的模式匹配在表达的难易程度上比 Java 更胜一筹，你只能期待未来版本的 Java 能支持更具表达性的 `switch` 语句。第 21 章会给出更加详细的介绍。

与此同时，让我们看看如何凭借 Java 8 的 Lambda 以另一种方式在 Java 中实现类模式匹配。这里介绍这一技巧的目的仅仅是想让你了解 Lambda 的另一个有趣的应用。

Java 中的伪模式匹配

先来看一下 Scala 的模式匹配特性提供的匹配表达式有多么丰富。比如下面这个例子：

```
def simplifyExpression(expr: Expr): Expr = expr match {
    case BinOp("+", e, Number(0)) => e
    ...
```

它表达的意思是："检查 `expr` 是否为 `BinOp`，抽取它的三个组成部分（`opname`、`left`、`right`），紧接着对这些组成部分分别进行模式匹配——第一个部分匹配 `String+`，第二个部分匹配变量 `e`（它总是匹配），第三个部分匹配模式 `Number(0)`。"换句话说，Scala（以及很多其他的函数式语言）中的模式匹配是多层次的。我们使用 Java 8 的 Lambda 表达式进行的模式匹配模拟只会提供一层的模式匹配。以前面的这个例子而言，这意味着它只能覆盖 `BinOp(op, l, r)` 或者 `Number(n)` 这种用例，无法顾及 `BinOp("+", e, Number(0))`。

首先，我们做一些稍微让人惊讶的观察。由于你选择使用 Lambda，原则上你的代码里不应该使用 `if-then-else`。你可以使用方法调用

```
myIf(condition, () -> e1, () -> e2);
```

取代 `condition ? e1 : e2` 这样的代码。

在某些地方，比如库文件中，你可能有这样的定义（使用了通用类型 `T`）：

```
static <T> T myIf(boolean b, Supplier<T> truecase, Supplier<T> falsecase) {
    return b ? truecase.get() : falsecase.get();
}
```

类型 `T` 扮演了条件表达式中结果类型的角色。原则上，你可以用 `if-then-else` 完成类似的事儿。

当然，正常情况下用这种方式会增加代码的复杂度，让它变得愈加晦涩难懂，因为用 `if-then-else` 就已经能非常顺畅地完成这一任务了，这么做似乎有些"杀鸡用牛刀"的嫌疑。不过，我们也注意到，Java 的 `switch` 和 `if-then-else` 无法完全实现模式匹配的思想，而 Lambda 表达式能以简单的方式实现单层的模式匹配——对照使用 `if-then-else` 链的解决方案，这种方式要简洁得多。

　　回来继续讨论类 Expr 的模式匹配值，Expr 类有两个子类，分别为 BinOp 和 Number，你可以定义一个方法 patternMatchExpr（同样，这里会使用泛型 T，用它表示模式匹配的结果类型）：

```
interface TriFunction<S, T, U, R>{
    R apply(S s, T t, U u);
}
static <T> T patternMatchExpr(
                    Expr e,
                    TriFunction<String, Expr, Expr, T> binopcase,
                    Function<Integer, T> numcase,
                    Supplier<T> defaultcase) {
    return
        (e instanceof BinOp) ?
            binopcase.apply(((BinOp)e).opname, ((BinOp)e).left,
                                                ((BinOp)e).right) :
        (e instanceof Number) ?
            numcase.apply(((Number)e).val) :
            defaultcase.get();
}
```

　　最终的结果是，方法调用

```
patternMatchExpr(e, (op, l, r) -> {return binopcode;},
                    (n) -> {return numcode;},
                    () -> {return defaultcode;});
```

会判断 e 是否为 BinOp 类型（如果是，就执行 binopcode 方法，它能够通过标识符 op、l 和 r 访问 BinOp 的字段），是否为 Number 类型（如果是，就执行 numcode 方法，它可以访问 n 的值）。这个方法还可以返回 defaultcode，如果有人在将来某个时刻创建了一个树节点，它既不是 BinOp 类型，也不是 Number 类型，那么就会执行这部分代码。

　　下面这段代码通过简化的加法和乘法表达式展示了如何使用 patternMatchExpr。

代码清单 19-1　使用模式匹配简化表达式

```
public static Expr simplify(Expr e) {
    TriFunction<String, Expr, Expr, Expr> binopcase =    ◄── 处理 BinOp 表达式
        (opname, left, right) -> {
处理加法     if ("+".equals(opname)) {
                if (left instanceof Number && ((Number) left).val == 0) {
                    return right;
                }
                if (right instanceof Number && ((Number) right).val == 0) {
                    return left;
                }
            }
处理乘法     if ("*".equals(opname)) {
                if (left instanceof Number && ((Number) left).val == 1) {
                    return right;
                }
```

```
                    if (right instanceof Number && ((Number) right).val == 1) {
                        return left;
                    }
                }
                return new BinOp(opname, left, right);
            };
        Function<Integer, Expr> numcase = val -> new Number(val);
        Supplier<Expr> defaultcase = () -> new Number(0);
        return patternMatchExpr(e, binopcase, numcase, defaultcase);
    }
```

如果用户提供的 **Expr** 无法识别时进行的默认处理机制

处理 **Number** 对象

进行模式匹配

你可以通过下面的方式调用简化的方法：

```
Expr e = new BinOp("+", new Number(5), new Number(0));
Expr match = simplify(e);
System.out.println(match);          ← 打印输出 5
```

目前为止，你已经学习了很多内容，包括高阶函数、柯里化、持久化数据结构、延迟列表以及模式匹配。现在来看一些更加微妙的技术，为了避免将前面的内容弄得过于复杂，我们刻意地将这部分内容推迟到了后面。

19.5　杂项

本节会探讨两个关于函数式和引用透明性的比较复杂的问题，一个是效率，另一个关乎返回一致的结果。这些都是非常有趣的问题，直到现在才讨论是因为它们通常都由副作用引起，并非我们要介绍的核心概念。我们还会探究**结合器**的思想——即接受两个或多个方法（函数）做参数且返回结果是另一个函数的方法。这一思想直接影响了新增到 Java 8 中的许多 API 和最近以来 Java 9 中的 Flow API。

19.5.1　缓存或记忆表

假设你有一个无副作用的方法 omputeNumberOfNodes(Range)，它会计算一个树形网络中给定区间内的节点数目。让我们假设该网络不会发生变化，即该结构是不可变的，然而调用 computeNumberOfNodes 方法的代价是非常昂贵的，因为该结构需要执行递归遍历。不过，你可能需要多次地计算该结果。如果你能保证引用透明性，那么有一种聪明的方法可以避免这种冗余的开销。解决这一问题的一种比较标准的方案是使用**记忆表**（memoization）——为方法添加一个封装器，在其中加入一块缓存（比如，利用一个 HashMap）——封装器被调用时，首先查看缓存，看请求的"(参数,结果)对"是否已经存在于缓存中。如果已经存在，那么方法直接返回缓存的结果；否则，你会执行 computeNumberOfNodes 调用，不过从封装器返回之前，你会将新计算出的"(参数,结果)对"保存到缓存中。严格地说，这种方式并非纯粹的函数式解决方案，因为它会修改由多个调用者共享的数据结构，不过这段代码的封装版本的确是引用透明的。

实际操作上，这段代码的工作如下：

```
final Map<Range,Integer> numberOfNodes = new HashMap<>();
Integer computeNumberOfNodesUsingCache(Range range) {
    Integer result = numberOfNodes.get(range);
    if (result != null){
        return result;
    }
    result = computeNumberOfNodes(range);
    numberOfNodes.put(range, result);
    return result;
}
```

注意　Java 8 改进了 Map 接口，提供了一个名为 computeIfAbsent 的方法来处理这样的情况。
附录 B 会介绍这一方法。但是，我们在这里也提供一些参考，你可以用下面的方式调用
computeIfAbsent 方法，以编写出结构更加清晰的代码：

```
Integer computeNumberOfNodesUsingCache(Range range) {
    return numberOfNodes.computeIfAbsent(range,
                                    this::computeNumberOfNodes);
}
```

　　很明显，方法 computeNumberOfNodesUsingCache 是引用透明的（假设 compute-
NumberOfNodes 也是引用透明的）。不过，事实上，numberOfNodes 处于可变共享状态，并且
HashMap 也没有同步[1]，这意味着该段代码不是线程安全的。如果多个核对 numberOfNodes 执
行并发调用，即便不用 HashMap，而是用（由锁保护的）Hashtable 或者（并发无锁的）
ConcurrentHashMap,可能都无法达到预期的性能，因为这中间又存在由于发现某个值不在 Map
中，需要将对应的 "(参数,结果)对" 插回到 Map 而引起的竞态条件。这意味着多个核上的进程可
能算出的结果相同，又都需要将其加入到 Map 中。

　　从刚才讨论的各种纠结中，我们能得到的最大收获可能是，一旦并发和可变状态的对象揉到
一起，它们引起的复杂度要远超我们的想象，而函数式编程能从根本上解决这一问题。当然，这
也有一些例外，比如出于底层性能的优化，可能会使用缓存，而这可能会有一些影响。另一方面，
如果不使用缓存这样的技巧，如果你以函数式的方式进行程序设计，那就完全不必担心你的方法
是否使用了正确的同步方式，因为你清楚地知道它没有任何共享的可变状态。

19.5.2　"返回同样的对象" 意味着什么

　　再次回顾一下 19.2.3 节中二叉树的例子。图 19-4 中，变量 t 指向了一棵现存的树，依据该
图，调用 fupdate(fupdate("Will",26,t)) 会生成一棵新树，假设该树会被赋给变量 t2。通
过该图，我们非常清楚地知道变量 t，以及所有它可达的数据结构都是不会变化的。现在，假设
你在新增的赋值操作中执行一次字面上和上一操作完全相同的调用，如下所示：

---

　　[1] 这是极其容易滋生缺陷的地方。我们很容易随意地使用 HashMap，却忘记了 Java 文档中的提示，这一数据结构不
　　　是线程安全的（或者简单地说，由于我们的程序是单线程的，而毫无顾忌地使用）。

```
t3 = fupdate("Will", 26, t);
```

这时 t3 会指向第三个新创建的节点，该节点包含了和 t2 一样的数据。那么，问题来了：fupdate 是否符合引用透明性原则呢？**引用透明性原则**意味着"使用相同的参数（即这个例子的情况）产生同样的结果"。问题是 t2 和 t3 属于不同的对象引用，所以(t2==t3)这一结论并不成立，这样说起来你只能得出一个结论：fupdate 并不符合引用透明性原则。虽然如此，使用不会改动的持久化数据结构时，t2 和 t3 在逻辑上并没有差别。 对于这一点我们已经辩论了很长时间，不过最简单的概括可能是函数式编程通常不使用==（引用相等），而是使用 equal 对数据结构值进行比较，由于数据没有发生变更，因此这种模式下 fupdate 是引用透明的。

19.5.3　结合器

函数式编程时编写高阶函数是非常普通且自然的事。高阶函数接受两个或多个函数，并返回另一个函数，实现的效果在某种程度上类似于将这些函数进行了结合。术语**结合器**通常用于描述这一思想。Java 8 中的很多 API 都受益于这一思想，比如 CompletableFuture 类中的 thenCombine 方法。该方法接受两个 CompletableFuture 方法和一个 BiFunction 方法，返回另一个 CompletableFuture 方法。

虽然深入探讨函数式编程中结合器的特性已经超出了本书的范畴，但是了解结合器使用的一些特例还是非常有价值的，它能让我们切身体验函数式编程中构造接受和返回函数的操作是多么普通和自然。下面这个方法就体现了函数组合（function composition）的思想：

```
static <A,B,C> Function<A,C> compose(Function<B,C> g, Function<A,B> f) {
    return x -> g.apply(f.apply(x));
}
```

它接受函数 f 和 g 作为参数，并返回一个函数，实现的效果是先做 f，接着做 g。你可以接着用这种方式定义一个操作，通过结合器完成内部迭代的效果。让我们看这样一个例子，你希望接受一个参数，并使用函数 f 连续地对它进行操作（比如 n 次），类似循环的效果。我们将你的操作命名为 repeat，它接受一个参数 f，f 代表了一次迭代中进行的操作，它返回的也是一个函数，其会在 n 次迭代中执行。像下面这样一个方法调用

```
repeat(3, (Integer x) -> 2*x);
```

形成的效果是 x ->(2*(2*(2*x)))或者 x -> 8*x。

你可以通过下面这段代码进行测试：

```
System.out.println(repeat(3, (Integer x) -> 2*x).apply(10));
```

输出的结果是 80。

你可以按照下面的方式编写 repeat 方法（请特别留意 0 次循环的特殊情况）：

```
static <A> Function<A,A> repeat(int n, Function<A,A> f) {
    return n==0 ? x -> x
```

> 如果 n 的值为 0，直接返回"什么也不做"的标识符

19

```
        : compose(f, repeat(n-1, f));
}
```
否则执行函数 **f**，重复执行
n-1 次，紧接着再执行一次

　　将这个想法稍作变更便可以对迭代概念的更丰富外延进行建模，甚至包括在迭代之间传递可变状态的函数式模型。不过，由于篇幅有限，我们就不再继续展开讨论了。本章的目标只是做一个概率的总结，让大家对 Java 8 的基石函数式编程有一个全局的观念。市面上还有很多优秀的书，其对函数式编程进行了更深入的介绍，大家可以选择适合的进一步学习。

19.6　小结

以下是本章中的关键概念。

- 一等函数是可以作为参数传递，可以作为结果返回，同时还能存储在数据结构中的函数。
- 高阶函数接受至少一个或者多个函数作为输入参数，或者返回另一个函数的函数。Java 中典型的高阶函数包括 comparing、andThen 和 compose。
- 柯里化是一种帮助你模块化函数和重用代码的技术。
- 持久化数据结构在其被修改之前会对自身前一个版本的内容进行备份。因此，使用该技术能避免不必要的防御式复制。
- Java 语言中的 Stream 不是自定义的。
- 延迟列表是 Java 语言中让 Stream 更具表现力的一个特性。延迟列表让你可以通过辅助方法（supplier）即时地创建列表中的元素，辅助方法能帮忙创建更多的数据结构。
- 模式匹配是一种函数式的特性，它能帮助你解包数据类型。它可以被看成是 Java 语言中 switch 语句的一种泛化。
- 遵守"引用透明性"原则的函数，其计算结构可以进行缓存。
- 结合器是一种函数式的思想，它指的是将两个或多个函数或者数据结构进行合并。

第 20 章

面向对象和函数式编程的混合：Java 和 Scala 的比较

本章内容
- 什么是 Scala 语言
- Java 与 Scala 是如何相生相承的
- Scala 中的函数与 Java 中的函数有哪些区别
- 类和 trait

Scala 是一种混合了面向对象和函数式编程的语言。它常常被看作 Java 的一种替代语言，程序员们希望在运行于 JVM 上的静态类型语言中使用函数式特性，同时又期望保持 Java 体验的一致性。和 Java 比较起来，Scala 提供了更多的特性，包括更复杂的类型系统、类型推断、模式匹配（19.4 节提到过）、定义域语言的结构等。除此之外，你可以在 Scala 代码中直接使用任何一个 Java 类库。

你可能会有这样的疑惑：为什么要在一本介绍 Java 的书里特别设计一章讨论 Scala。本书绝大部分内容都在介绍如何在 Java 中应用函数式编程。Scala 和 Java 极其类似，它们都支持集合的函数式处理（类似于对 Stream 的操作）、一等函数和默认方法。不过 Scala 将这些思想向前又推进了一大步：它为实现这些思想提供了大量新特性，就这方面而言它领先了 Java 一大截。相信你会发现，对比 Scala 和 Java 实现方式上的不同以及了解 Java 目前的局限是非常有趣的。通过这一章，我们希望能针对这些问题为你提供一些线索，解答一些疑惑。然而本章的目标并不是宣扬要用 Scala 替代 Java。事实上，JVM 支持的新型编程语言有趣的还不少，譬如 Kotlin 就值得研究。我们相信，对于一个全面的软件工程师来说广泛地了解编程语言生态系统非常重要。

请记住，本章的目的并非让你掌握如何编写纯粹的 Scala 代码，或者了解 Scala 的方方面面。很多特性，比如模式匹配，在 Scala 中是天然支持的，也非常容易理解，不过这些特性在 Java 中并未提供，这部分内容在这里不会涉及。本章着重对比 Java 中新引入的特性和该特性在 Scala 中的实现，帮助你更全面地理解该特性。比如，你会发现，用 Scala 重新实现原先用 Java 完成的代码更简单，可读性也更好。

本章从对 Scala 的介绍入手：让你了解如何使用 Scala 编写简单的程序，以及如何处理集合。

紧接着我们会讨论 Scala 中的函数式，包括一等函数、闭包以及柯里化。最后，我们会一起看看 Scala 中的类，以及一种名为 trait 的特性，它是 Scala 中带默认方法的接口。

20.1 Scala 简介

本节会简要地介绍 Scala 的一些基本特性，让你有一个比较直观的感受：到底简单的 Scala 程序怎么编写。我们从一个略微改动的 Hello World 示例入手，该程序会以两种方式编写，一种是命令式的风格，另一种是函数式的风格。接着，我们会看看 Scala 都支持哪些数据结构——List、Set、Map、Stream、Tuple 以及 Option——并将它们与 Java 中对应的数据结构一一进行比较。最后，我们会介绍 trait，它是 Scala 中接口的替代品，支持在对象实例化时对方法进行继承。

20.1.1 你好，啤酒

我们对经典的 Hello World 示例进行了微调，让我们来点儿啤酒。你希望在屏幕上打印输出下面这些内容：

```
Hello 2 bottles of beer
Hello 3 bottles of beer
Hello 4 bottles of beer
Hello 5 bottles of beer
Hello 6 bottles of beer
```

1. 命令式 Scala
下面这段代码中，Scala 以命令式的风格打印输出这段内容：

```
object Beer {
  def main(args: Array[String]){
    var n : Int = 2
    while( n <= 6 ){                              ← 在字符串中插值
      println(s"Hello ${n} bottles of beer")
      n += 1
    }
  }
}
```

如何运行这段代码的指导信息可以在 Scala 的官方网站找到 。这段代码看起来和你用 Java 编写的程序相当类似。它的结构和 Java 程序几乎一样：包含了一个名为 main 的方法，该方法接受一个由参数构成的数组（类型注释遵循 s : String 这样的语法，不像 Java 那样用 String s）。由于 main 方法不返回值，因此使用 Scala 不需要像 Java 那样声明一个类型为 void 的返回值。

注意 通常而言，在 Scala 中声明非递归的方法时，不需要显式地返回类型，因为 Scala 会自动地替你推断生成一个。

　　转入 main 的方法体之前，我们想先讨论下对象的声明。不管怎样，Java 中的 main 方法都需要在某个类中声明。对象的声明产生了一个单例的对象：它声明了一个对象，比如 Beer，与此同时又对其进行了实例化。整个过程中只有一个实例被创建。这是第一个以经典的设计模式（即单例模式）实现语言特性的例子——尽量不拘一格地使用它！此外，你可以将对象声明中的方法看成静态的，这也是 main 方法的方法签名中并未显式地声明为静态的原因。

　　现在来看看 main 的方法体。它看起来和 Java 非常类似，但是语句不需要再以分号结尾了（它成了一种可选项）。方法体中包含了一个 while 循环，它会递增一个可修改变量 n。通过预定义的方法 println，你可以打印输出 n 的每一个新值。println 这一行还展示了 Scala 的另一个特性：**字符串插值**。字符串插值在字符串的字面量中内嵌变量和表达式。前面的这段代码中，你在字符串字面量 s"Hello ${n} bottles of beer" 中直接使用了变量 n。字符串前附加的插值操作符 s，神奇地完成了这一转变。而在 Java 中，你通常需要使用显式的连接操作，比如 "Hello " + n + " bottles of beer"，才能达到同样的效果。

2. 函数式 Scala

　　那么，Scala 到底能带来哪些好处呢？毕竟本书主要讨论的还是函数式。前面的这段代码利用 Java 的新特性能以更加函数式的方式实现，如下所示：

```java
public class Foo {
    public static void main(String[] args) {
        IntStream.rangeClosed(2, 6)
                .forEach(n -> System.out.println("Hello " + n +
                                                 " bottles of beer"));
    }
}
```

如果以 Scala 来实现，它是下面这样的：

```scala
object Beer {
  def main(args: Array[String]){
    2 to 6 foreach { n => println(s"Hello ${n} bottles of beer") }
  }
}
```

　　这种实现看起来和基于 Java 的版本有几分相似，不过 Scala 的实现更加简洁。首先，你使用表达式 2 to 6 创建了一个区间。这看起来相当特别：2 在这里并非原始数据类型，在 Scala 中它是一个类型为 Int 的对象。在 Scala 语言中，**任何事物都是对象**；不像 Java 那样，Scala 没有原始数据类型一说了。通过这种方式，Scala 被转变成了为纯粹的面向对象语言。Scala 语言中 Int 对象支持名为 to 的方法，它接受另一个 Int 对象，返回一个区间。所以，你还可以通过另一种方式实现这一语句，即 2.to(6)。由于接受一个参数的方法可以采用中缀式表达，因此你可以用开头的方式实现这一语句。紧接着，我们看到了 foreach（这里的 e 采用的是小写），它和 Java 中的 forEach（使用了大写的 E）也很类似。它是对一个区间进行操作的函数（这里你可以再次使用中缀表达式），它可以接受 Lambda 表达式做参数，对区间的每一个元素顺次执行操作。这里 Lambda 表达式的语法和 Java 也非常类似，区别是箭头的表示用=>替换了->[①]。前面的这段代码是函数式的：因为就像早期使用 while 循环时示例的那样，你并未修改任何变量。

20.1.2 基础数据结构：`List`、`Set`、`Map`、`Tuple`、`Stream` 以及 `Option`

几杯啤酒之后，你一定已经止住口渴，精神一振了吧？大多数的程序都需要操纵和存储数据，那么，就让我们一起看看如何在 Scala 中操作集合，以及它与 Java 中操作的不同。

1. 创建集合
在 Scala 中创建集合非常简单，这主要归功于它对简洁性的一贯坚持。比如，你可以通过下面这种方式创建一个 Map：

```
val authorsToAge = Map("Raoul" -> 23, "Mario" -> 40, "Alan" -> 53)
```

这行代码中，有几件事情是我们首次碰到的。首先，你使用->语法轻而易举地创建了一个 Map，并完成了键到值的映射，整个过程令人吃惊地简单。你不再需要像 Java 中那样手工添加每一个元素：

```
Map<String, Integer> authorsToAge = new HashMap<>();
authorsToAge.put("Raoul", 23);
authorsToAge.put("Mario", 40);
authorsToAge.put("Alan", 53);
```

不过，第 8 章中介绍过，受 Scala 的影响，Java 9 也提供了一系列的工厂方法，可以帮助程序员以更简洁的方式书写代码：

```
Map<String, Integer> authorsToAge
    = Map.ofEntries(entry("Raoul", 23),
                    entry("Mario", 40),
                    entry("Alan", 53));
```

第二件让人耳目一新的事是你可以选择不对变量 authorsToAge 的类型进行注解。实际上，你可以编写 `val authorsToAge : Map[String, Int]`这样的代码，显式地声明变量类型，不过 Scala 可以替你推断变量的类型（请注意，即便如此，代码依旧会执行静态检查！所有变量在编译时都具有确定的类型）。第 21 章会继续讨论这一特性。第三，你可以使用 `val` 关键字替换 `var`。二者之间存在什么差别吗？关键字 `val` 表明变量是只读的，并由此不能被赋值（就像 Java 中声明为 `final` 的变量一样）。而关键字 `var` 表明变量是可以读写的。

听起来不错，那么其他的集合类型呢？你可以用同样的方式轻松地创建 List（一种单向链表）或者 Set（不带冗余数据的集合），如下所示：

```
val authors = List("Raoul", "Mario", "Alan")
val numbers = Set(1, 1, 2, 3, 5, 8)
```

这里的变量 authors 包含三个元素，而变量 numbers 包含五个元素。

[①] 注意，在 Scala 语言中，我们使用**匿名函数**或者**闭包**（可以互相替换）来指代 Java 中的 Lambda 表达式。

2. 不可变与可变的比较

Scala 的集合有一个重要的特质我们应该牢记在心，那就是我们之前创建的集合在默认情况下都是不可变的。这意味着它们从创建开始就不能修改。这是一种非常有用的特性，因为有了它，你知道任何时候访问程序中的集合都会返回包含相同元素的集合。

那么，你怎样才能更新 Scala 语言中不可变的集合呢？回到上一章中介绍的术语，Scala 中的这些集合都是**持久化**的：更新一个 Scala 集合会生成一个新的集合，这个新的集合和之前版本的集合共享大部分的内容，最终的结果是数据尽可能地实现了持久化，避免了图 19-3 和图 19-4 中那样由于改变所引起的问题。由于具备这一属性，你代码的隐式数据依赖更少： 对你代码中集合变更的困惑（比如在何处更新了集合，什么时候做的更新）也会更少。

来看一个实际的例子，具体分析下这一思想是如何影响你的程序设计的。下面这段代码中，我们会为 Set 添加一个元素：

```
val numbers = Set(2, 5, 3);
val newNumbers = numbers + 8      ← 这里的操作符+会将 8 添加到 Set 中，
println(newNumbers)                 创建并返回一个新的 Set 对象
println(numbers)            ← (2, 5, 3, 8)
                         ⌐ (2, 5, 3)
```

这个例子中，原始 Set 对象中的数字没有发生变更。实际的效果是该操作创建了一个新的 Set，并向其中加入了一个新的元素。

注意，Scala 语言并未强制你使用不可变集合，它只是让你能更轻松地在你的代码中应用不可变原则。scala.collection.mutable 包中也包含了集合的可变版本。

不可修改与不可变的比较

Java 中提供了多种方法以创建不可修改的（unmodifiable）集合。下面的代码中，变量 newNumbers 是集合 Set 对象 numbers 的一个只读视图：

```
Set<Integer> numbers = new HashSet<>();
Set<Integer> newNumbers = Collections.unmodifiableSet(numbers);
```

这意味着你无法通过操作变量 newNumbers 向其中加入新的元素。不过，不可修改集合仅仅是对可变集合进行了一层封装。通过直接访问 numbers 变量，你还是能向其中加入元素。

与此相反，不可变（immutable）集合确保了该集合在任何时候都不会发生变化，无论有多少个变量同时指向它。

第 19 章介绍过如何创建一个持久化的数据结构：你需要创建一个不可变数据结构，该数据结构会保存它自身修改之前的版本。任何的修改都会创建一个更新的数据结构。

---

3. 使用集合

现在你已经了解了如何创建集合，还需要了解如何使用这些集合开展工作。我们很快会看到 Scala 支持的集合操作和 Stream API 提供的操作极其类似。比如，在下面的代码片段中，你会发现熟悉的 filter 和 map，图 20-1 对这段代码逻辑进行了阐释。

20

```
val fileLines = Source.fromFile("data.txt").getLines.toList()
val linesLongUpper
  = fileLines.filter(l => l.length() > 10)
            .map(l => l.toUpperCase())
```

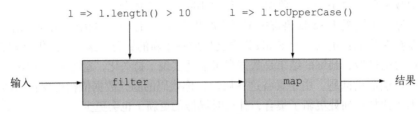

图 20-1   使用 Scala 的 List 实现类 Stream 操作

不用担心第一行的内容，它实现的基本功能是将文件中的所有行转换为一个字符串列表（类似 Java 中提供的 Files.readAllLines）。第二行创建了一个由两个操作构成的流水线：

❑ filter 操作会过滤出所有长度超过 10 的行；

❑ map 操作会将这些长的字符串统一转换为大写字符。

这段代码也可以用下面的方式实现：

```
val linesLongUpper
  = fileLines filter (_.length() > 10) map(_.toUpperCase())
```

这段代码使用了中缀表达式和下划线（_），下划线是一种占位符，它按照位置匹配对应的参数。这个例子中，你可以将_.length()解读为 l =>l.length()。在传递给 filter 和 map 的函数中，下划线会被绑定到待处理的 line 参数。

Scala 的 Collection API 提供了很多非常有用的操作。强烈建议你抽空浏览一下 Scala 的文档，对这些 API 有一个大致的了解。注意，Scala 的集合类提供的功能比 Stream API 提供的功能还丰富很多，比如，Scala 的集合类支持压缩操作，你可以将两个列表中的元素整合到一个列表中。通过学习，一定能大大增强你的功力。这些编程技巧在将来的 Java 版本中也可能会被 Stream API 所引入。

最后，还记得吗？在 Java 中你可以对 Stream 调用 parallel 方法，将流水线转化为并行执行。Scala 提供了类似的技巧。你只需要使用方法 par 就能实现同样的效果：

```
val linesLongUpper
  = fileLines.par filter (_.length() > 10) map(_.toUpperCase())
```

4. 元组

现在，让我们看看另一个特性，该特性使用起来通常异常烦琐，它就是元组。你可能希望使用元组将人的名字和电话号码组合起来，同时又不希望额外声明新的类，并对其进行实例化。你希望元组的结构就像：("Raoul", "+44 7700 700042")、("Alan", "+44 7700 700314")，诸如此类。

非常不幸，Java 目前还不支持元组，所以你只能创建自己的数据结构。下面是一个简单的 Pair 类定义：

```java
public class Pair<X, Y> {
    public final X x;
    public final Y y;
    public Pair(X x, Y y){
        this.x = x;
        this.y = y;
    }
}
```

当然，你还需要显式地实例化 Pair 对象：

```java
Pair<String, String> raoul = new Pair<>("Raoul", "+ 44 7700 700042");
Pair<String, String> alan = new Pair<>("Alan", "+44 7700 700314");
```

好了，看起来一切顺利，不过如果是三元组呢？如果是自定义大小的元组呢？这个问题就变得相当烦琐，最终会影响你代码的可读性和可维护性。

Scala 提供了名为元组字面量的特性来解决这一问题，这意味着你可以通过简单的语法糖创建元组，就像普通的数学符号那样：

```scala
val raoul = ("Raoul", "+ 44 7700 700042")
val alan = ("Alan", "+44 7700 700314")
```

Scala 支持任意大小[①]的元组，所以下面的这些声明都是合法的：

```scala
val book = (2018 "Modern Java in Action", "Manning")      ⟵ 元组类型为(Int, String, String)
val numbers = (42, 1337, 0, 3, 14)      ⟵ 元组类型为(Int, Int, Int, Int, Int)
```

你可以依据它们的位置，通过存取器（accessor）_1、_2（从 1 开始的一个序列）访问元组中的元素，比如：

```scala
println(book._1)      ⟵ 打印输出 2018
println(numbers._4)      ⟵ 打印输出 3
```

是不是比 Java 语言中现有的实现方法简单很多？好消息是关于将元组字面量引入到未来 Java 版本的讨论正在进行中（第 21 章会围绕这一主题进行更深入的讨论）。

5. Stream

目前为止所讨论的集合，包括 List、Set、Map 和 Tuple 都是即时计算的（即在第一时间立刻进行计算）。当然，你也已经了解 Java 中的 Stream 是按需计算的（即延迟计算）。通过第 5 章，你知道由于这一特性，Stream 可以表示无限的序列，同时又不消耗太多的内存。

Scala 中也提供了一个采用延迟方式计算的数据结构,名称也叫 Stream!不过 Scala 中的 Stream

---

① Scala 元组中元素的最大上限为 22。

提供了更加丰富的功能，这让 Java 中的 Stream 有些黯然失色。Scala 中的 Stream 可以记录它曾经计算出的值，所以之前的元素可以随时进行访问。除此之外，Stream 还进行了索引，所以 Stream 中的元素可以像 List 那样通过索引访问。注意，这种抉择也附带着开销，由于需要存储这些额外的属性，和 Java 中的 Stream 比起来，Scala 版本的 Stream 内存的使用效率变低了，因为 Scala 中的 Stream 需要能够回溯之前的元素，这意味着之前访问过的元素都需要在内存"记录下来"（即进行缓存）。

6. Option

另一个你熟悉的数据结构是 Option。我们在第 11 章讨论过 Java 的 Optional，Option 是 Java 中 Optional 类型的 Scala 版本。建议你在设计 API 时尽可能地使用 Optional，这种方式下，接口用户只需要阅读方法签名就能了解它是否接受一个 Optional 的值。应该尽量地用它替代 null，避免发生空指针异常。

第 11 章中，你了解了可以使用 Optional 返回客户的保险公司名称——如果客户的年龄超过设置的最低值，就返回该客户对应的保险公司名称，具体代码如下：

```
public String getCarInsuranceName(Optional<Person> person, int minAge) {
    return person.filter(p -> p.getAge() >= minAge)
                 .flatMap(Person::getCar)
                 .flatMap(Car::getInsurance)
                 .map(Insurance::getName)
                 .orElse("Unknown");
}
```

在 Scala 语言中，你可以通过使用与 Optional 类似的方法使用 Option 实现该函数：

```
def getCarInsuranceName(person: Option[Person], minAge: Int) =
  person.filter(_.age >= minAge)
        .flatMap(_.car)
        .flatMap(_.insurance)
        .map(_.name)
        .getOrElse("Unknown")
```

这段代码中除了 getOrElse 方法，其他的结构和方法你一定都非常熟悉，getOrElse 是与 Java 中 orElse 等价的方法。你看到了吗？在本书中学习的新概念能直接应用于其他语言！然而，不幸的是，为了保持同 Java 的兼容性，在 Scala 中依旧保持了 null，不过我们极度不推荐你使用它。

20.2　函数

Scala 中的函数可以看成为了完成某个任务而组合在一起的指令序列。它们对于抽象行为非常有帮助，是函数式编程的基石。

对于 Java 语言中的**方法**，你已经非常熟悉了：它们是与类相关的函数。你也已经了解了 Lambda 表达式，它可以看成一种匿名函数。跟 Java 比较起来，Scala 为函数提供的特性要丰富得多，本节会逐一讲解。Scala 提供了下面这些特性。

- **函数类型**，它是一种语法糖，体现了 Java 语言中函数描述符的思想，即，它是一种符号，表示了在函数接口中声明的抽象方法的签名。这些内容第 3 章中都介绍过。
- 能够读写非本地变量的匿名函数，而 Java 中的 Lambda 表达式无法对非本地变量进行写操作。
- 对柯里化的支持，这意味着你可以将一个接受多个参数的函数拆分成一系列接受部分参数的函数。

20.2.1 Scala 中的一等函数

函数在 Scala 语言中是**一等值**。这意味着它们可以像其他的值，比如 `Integer` 或者 `String` 那样，作为参数传递，可以作为结果值返回。正如前面章节所介绍的那样，Java 中的方法引用和 Lambda 表达式也可以看成一等函数。

让我们看一个例子，看看 Scala 中的一等函数是如何工作的。假设你现在有一个字符串列表，列表中的值是朋友们发送给你的消息（tweet）。你希望依据不同的筛选条件对该列表进行过滤，比如，你可能想要找出所有提及 Java 这个词或者短于某个长度的消息。你可以使用**谓词**（返回一个布尔型结果的函数）定义这两个筛选条件，代码如下：

```
def isJavaMentioned(tweet: String) : Boolean = tweet.contains("Java")
def isShortTweet(tweet: String) : Boolean = tweet.length() < 20
```

在 Scala 语言中，你可以直接传递这两个方法给内嵌的 `filter`，如下所示（这和你在 Java 中使用方法引用将它们传递给某个函数大同小异）：

```
val tweets = List(
    "I love the new features in Java",
    "How's it going?",
    "An SQL query walks into a bar, sees two tables and says 'Can I join you?'"
)
tweets.filter(isJavaMentioned).foreach(println)
tweets.filter(isShortTweet).foreach(println)
```

现在，让我们一起审视下内嵌方法 `filter` 的函数签名：

```
def filter[T](p: (T) => Boolean): List[T]
```

你可能会疑惑参数 p 到底代表的是什么类型（即 `(T) => Boolean`），因为在 Java 语言中你期望看到的是一个函数接口！这其实是一种新的语法，Java 中暂时还不支持。它描述的是一个**函数类型**。这里它表示的是这样一个函数，它接受类型为 T 的对象，返回一个布尔类型的值。在 Java 语言中，它被编码为 `Predicate<T>` 或者 `Function<T, Boolean>`。它实际上与 isJavaMentioned 和 isShortTweet 具有类似的函数签名，所以你可以将它们作为参数传递给 `filter` 方法。Java 语言的设计者们为了保持语言与之前版本的一致性，决定不引入类似的语法。对于一门语言的新版本，引入太多的新语法会增加它的学习成本，带来额外学习负担。

20

20.2.2 匿名函数和闭包

Scala 也支持匿名函数。匿名函数和 Lambda 表达式的语法非常类似。下面的这个例子中，你将一个匿名函数赋值给了名为 isLongTweet 的变量，该匿名函数的功能是检查给定的消息长度，判断它是否超长：

```
val isLongTweet : String => Boolean      ← ┐ 这是一个函数类型的变量，它接受一个
    = (tweet : String) => tweet.length() > 60  ← String 参数，返回一个布尔类型的值
                                                 └ 一个匿名函数
```

在新版的 Java 中，你可以使用 Lambda 表达式创建函数式接口的实例。Scala 也提供了类似的机制。前面的这段代码是 Scala 中声明匿名类的语法糖。Function1（只带一个参数的函数）提供了 apply 方法的实现：

```
val isLongTweet : String => Boolean
    = new Function1[String, Boolean] {
        def apply(tweet: String): Boolean = tweet.length() > 60
      }
```

由于变量 isLongTweet 中保存了类型为 Function1 的对象，因此你可以调用它的 apply 方法，这看起来就像下面的方法调用：

```
isLongTweet.apply("A very short tweet")        ← 返回 false
```

如果用 Java，你可以采用下面的方式：

```
Function<String, Boolean> isLongTweet = (String s) -> s.length() > 60;
boolean long = isLongTweet.apply("A very short tweet");
```

为了使用 Lambda 表达式，Java 提供了几种内置的函数式接口，比如 Predicate、Function 和 Consumer。Scala 提供了 trait（你可以暂时将 trait 想象成接口）来实现同样的功能： 从 Function0（一个函数不接受任何参数，并返回一个结果）到 Function22（一个函数接受 22 个参数），它们都定义了 apply 方法。

Scala 还提供了另一个非常酷炫的特性，你可以使用语法糖调用 apply 方法，效果就像一次函数调用：

```
isLongTweet("A very short tweet")        ← 返回 false
```

编译器会自动地将方法调用 f(a) 转换为 f.apply(a)。更一般地说，如果 f 是一个支持 apply 方法的对象（注：apply 可以有任意数目的参数），那么对方法 f(a1, ..., an) 的调用就会被转换为 f.apply(a1, ..., an)。

闭包

第 3 章中我们曾经抛给大家一个问题：Java 中的 Lambda 表达式是否是借由闭包组成的。温习一下，那么什么是闭包呢？闭包是一个函数实例，它可以不受限制地访问该函数的非本地变量。

不过 Java 中的 Lambda 表达式自身带有一定的限制：它们不能修改定义 Lambda 表达式的函数中的本地变量值。这些变量必须隐式地声明为 `final`。这些背景知识有助于我们理解"Lambda 避免了对变量值的修改，而不是对变量的访问"。

与此相反，Scala 中的匿名函数可以取得自身的变量，但并非变量当前指向的**变量值**。比如，下面这段代码在 Scala 中是可能的：

```
def main(args: Array[String]) {
    var count = 0
    val inc = () => count+=1          这是一个闭包，它
    inc()                             捕获并递增 count
    println(count)          ← 打印输出 1
    inc()
    println(count)      ← 打印输出 2
}
```

不过在 Java 中，下面的这段代码会遭遇编译错误，因为 count 隐式地被强制定义为 `final`：

```
public static void main(String[] args) {
    int count = 0;
    Runnable inc = () -> count+=1;    错误：count 必须为 final
    inc.run();                        或者在效果上为 final
    System.out.println(count);
    inc.run();
}
```

第 7、18 以及 19 章曾多次提到你应该尽量避免修改，这样你的代码更加易于维护和并发运行，所以请在绝对必要时才使用这一特性。

20.2.3 柯里化

在第 19 章中，我们描述了一种名为**柯里化**的技术：带有两个参数（比如 x 和 y）的函数 f 可以看成一个仅接受一个参数的函数 g，函数 g 的返回值也是一个仅带一个参数的函数。这一定义可以归纳为接受多个参数的函数可以转换为多个接受一个参数的函数。换句话说，你可以将一个接受多个参数的函数切分为一系列接受该参数列表子集的函数。Scala 为此特别提供了一个构造器，帮助你更加轻松地柯里化一个现存的方法。

为了理解 Scala 到底带来了哪些变化，先回顾一个 Java 的示例。你定义了一个简单的函数对两个正整数做乘法运算：

20

```
static int multiply(int x, int y) {
    return x * y;
}
int r = multiply(2, 10);
```

不过这种定义方式要求向其传递所有的参数才能开始工作。你可以人工地对 multiple 方法进行切分，让其返回另一个函数：

```
static Function<Integer, Integer> multiplyCurry(int x) {
    return (Integer y) -> x * y;
}
```

由 multiplyCurry 返回的函数会捕获 x 的值，并将其与它的参数 y 相乘，然后返回一个整型结果。这意味着你可以像下面这样在一个 map 中使用 multiplyCurry，对每一个元素值乘以 2：

```
Stream.of(1, 3, 5, 7)
    .map(multiplyCurry(2))
    .forEach(System.out::println);
```

这样就能得到计算的结果 2、6、10、14。这种方式工作的原因是 map 期望的参数为一个函数，而 multiplyCurry 的返回结果就是一个函数。

现在的 Java 语言中，为了构造柯里化的形式需要你手工地切分函数（尤其是函数有非常多的参数时），这是极其枯燥的事情。Scala 提供了一种特殊的语法可以自动完成这部分工作。比如，正常情况下，你定义的 multiply 方法如下所示：

```
def multiply(x : Int, y: Int) = x * y
val r = multiply(2, 10)
```

该函数的柯里化版本如下：

```
def multiplyCurry(x :Int)(y : Int) = x * y    ← 定义一个柯里化函数
val r = multiplyCurry(2)(10)                   ← 调用该柯里化函数
```

使用语法(x: Int)(y: Int)，方法 multiplyCurry 接受两个由一个 Int 参数构成的参数列表。与此相反，multiply 接受一个由两个 Int 参数构成的参数列表。当你调用 multiplyCurry 时会发生什么呢？multiplyCurry 的第一次调用使用了单一整型参数（参数 x），即 multiplyCurry(2)，返回另一个函数，该函数接受参数 y，并将其与它捕获的变量 x （这里的值为 2）相乘。正如 19.1.2 节介绍的，我们称这个函数是**部分应用**的，因为它并未提供所有的参数。第二次调用对 x 和 y 进行了乘法运算。这意味着你可以将对 multiplyCurry 的第一次调用保存到一个变量中，进行复用：

```
val multiplyByTwo : Int => Int = multiplyCurry(2)
val r = multiplyByTwo(10)                          ← 20
```

和 Java 比较起来，在 Scala 中你不再需要像这里这样手工地提供函数的柯里化形式。Scala 提供了一种方便的函数定义语法，能轻松地表示函数使用了多个柯里化的参数列表。

20.3 类和 trait

现在来看看类与接口在 Java 和 Scala 中的不同。这两种结构在我们设计应用时都很常用。你会看到相对于 Java 的类和接口，Scala 的类和接口提供了更多的灵活性。

20.3.1 更加简洁的 Scala 类

由于 Scala 也是一门完全的面向对象语言，因此你可以创建类，并将其实例化生成对象。最基础的形态上，声明和实例化类的语法与 Java 非常类似。比如，下面是一个声明 Hello 类的例子：

```scala
class Hello {
  def sayThankYou(){
    println("Thanks for reading our book")
  }
}
val h = new Hello()
h.sayThankYou()
```

getter 方法和 setter 方法

一旦你定义的类具有了字段，这件事情就变得有意思了。你碰到过单纯只定义字段列表的 Java 类吗？很明显，你还需要声明一长串的 getter 方法、setter 方法，以及恰当的构造器。多麻烦啊！除此之外，你还需要为每一个方法编写测试。在企业 Java 应用中，大量的代码都消耗在了这样的类中。比如下面这个简单的 Student 类：

```java
public class Student {
    private String name;
    private int id;
    public Student(String name) {
        this.name = name;
    }
    public String getName() {
        return name;
    }
    public void setName(String name) {
        this.name = name;
    }
    public int getId() {
        return id;
    }
    public void setId(int id) {
        this.id = id;
    }
}
```

你需要手工定义构造器对所有的字段进行初始化，还要实现两个 getter 方法和两个 setter 方法。一个非常简单的类现在需要超过 20 行的代码才能实现！有的集成开发环境或者工具能帮你自动生成这些代码，不过你的代码库中还是需要增加大量额外的代码，而这些代码与你实际的业务逻辑并没有太大的关系。

Scala 语言中构造器、getter 方法以及 setter 方法都能隐式地生成，从而大大降低你代码中的冗余：

20

```
class Student(var name: String, var id: Int)        初始化 Student
val s = new Student("Raoul", 1)                     对象
println(s.name)
s.id = 1337                                          取得名称, 打印
println(s.id)                                        输出 Raoul
                            设置 id
          打印输出 1337
```

在 Java 中，可以通过定义公共字段来获得类似的行为，但仍然需要显式地定义构造函数。Scala 类为你保存模板代码。

20.3.2　Scala 的 trait 与 Java 8 的接口对比

Scala 还提供了另一个非常有助于抽象对象的特性，名称叫 trait。它是 Scala 为实现 Java 中的接口而设计的替代品。trait 中既可以定义抽象方法，也可以定义带有默认实现的方法。trait 同时还支持 Java 中接口那样的多继承，所以你可以将它们看成与 Java 中接口类似的特性，它们都支持默认方法。trait 中还可以包含像抽象类这样的字段，而 Java 的接口不支持这样的特性。那么，trait 就类似于抽象类吗？显然不是，因为 trait 支持多继承，而抽象类不支持多继承。Java 支持类型的多继承，因为一个类可以实现多个接口。现在，Java 8 通过默认方法又引入了对行为的多继承，不过它依旧不支持对状态的多继承，而这恰恰是 trait 支持的。

为了展示 Scala 中的 trait 到底是什么样，来看一个例子。我们定义了一个名为 Sized 的 trait，它包含一个名为 size 的可变字段，以及一个带有默认实现的 isEmpty 方法：

```
trait Sized{
  var size : Int = 0          名为 size 的字段      带默认实现的
  def isEmpty() = size == 0                        isEmpty 方法
}
```

你现在可以使用一个类在声明时构造它，下面这个例子中 Empty 类的 size 恒定为 0：

```
class Empty extends Sized          一个继承自 trait Sized 的类
println(new Empty().isEmpty())     打印输出 true
```

有一件事非常有趣，trait 和 Java 的接口类似，也是在对象实例化时被创建（不过这依旧是一个编译时的操作）。比如，你可以创建一个 Box 类，动态地决定到底选择哪一个实例支持由 trait Sized 定义的操作：

```
class Box                                在对象实例化时构建 trait
val b1 = new Box() with Sized
println(b1.isEmpty())                   打印输出 true
val b2 = new Box()
b2.isEmpty()              编译错误：因为 Box 类
                         的声明并未继承 Sized
```

如果一个类继承了多个 trait，各 trait 中声明的方法又使用了相同的签名或者相同的字段，这时会发生什么情况？为了解决这些问题，Scala 中定义了一系列限制，这些限制和之前在第 13 章介绍默认方法时的限制极其类似。

20.4 小结

以下是本章中的关键概念。

- Java 和 Scala 都是整合了面向对象编程和函数式编程特性的编程语言，它们都运行于 JVM 之上，在很多时候可以相互操作。
- Scala 支持对集合的抽象，支持处理的对象包括 `List`、`Set`、`Map`、`Stream` 和 `Option`，这些和 Java 非常类似。不过，除此之外 Scala 还支持元组。
- Scala 为函数提供了更加丰富的特性，这方面比 Java 做得好。Scala 支持：函数类型、可以不受限制地访问本地变量的闭包，以及内置的柯里化表单。
- Scala 中的类可以提供隐式的构造器、`getter` 方法以及 `setter` 方法。
- Scala 还支持 trait，即一种同时包含了字段和默认方法的接口。

20

结论以及 Java 的未来

21

本书中讨论了很多内容，希望你现在已经有足够的信心开始使用 Java 8 和 Java 9 的新特性编写自己的代码，甚至可以直接基于书中提供的例子或测验创建自己的程序了。本章会回顾我们的 Java 8 学习历程以及其对函数式编程潮流的推动，还会探究新的模块系统都有哪些优势以及 Java 9 的几个小改进。你也会了解 Java 10 中都包含了哪些新特性。除此之外，我们还会展望在 Java 9、10、11 以及 12 之后的版本中可能出现的新改进和重大的新特性。

21.1 回顾 Java 8 的语言特性

Java 8 是一种实践性强、实用性好的语言，想要很好地理解它，方法之一是重温它的各种特性。本章不会简单地罗列 Java 8 的各种特性，而是会将这些特性串接起来，希望大家不仅能理解这些新特性，还能从语言设计的层面理解 Java 8 语言设计的连贯性。作为回顾内容，本章的另一个目标是阐释 Java 8 的这些新特性是如何促进 Java 函数式编程风格的发展的。请记住，这些新特性并非语言设计上的突发奇想，而是一种深思熟虑的设计，它着眼于软件发展的两种趋势，即第 1 章中提到的"模型中的气候变迁"。

- 对多核处理器处理能力的需求日益增长。虽然硅开发技术也在不断进步，但是依据摩尔定律每年倍增的晶体管数量已经到达一个极限，已经无法简单地通过增加单位面积集成的晶体管数量提升 CPU 核的计算速度了。简单来说，想让你的代码运行得更快，你的代码必须具备并行运算的能力。

❏ 以声明方式处理数据集合，简洁高效，正获得越来越多程序员的青睐。比如，创建数据源，找出符合约定条件的所有数据，对结果执行相关的操作（求和，或者生成新集合以便执行进一步处理）。要采用这种风格，你得使用不可变对象或集合，再利用它们进一步生成新的不可变数据。

　　然而，无论是传统编程、面向对象编程、还是命令式的编程，都无法很好地满足这两个诉求，因为它们都是通过迭代器访问和修改字段的。在 CPU 的一个核上修改数据，在另一个核上读取该数据的值，这种方式的开销非常大，此外，你还需要考虑容易出错的锁。同样，当你的思考局限于通过迭代访问和修改现存对象时，"类流"（stream-like）式编程看起来就非常地异类。不过，函数式编程能非常轻松地支持这两种新潮流，这也解释了为什么 Java 8 的重心是对我们已经熟知的 Java 进行大幅转型。

　　本章会从统一、宏观的角度回顾本书介绍的内容，并展示它们如何相互配合，创造出一个新的编程世界。

21.1.1　行为参数化（Lambda 以及方法引用）

　　为了编写可重用的方法，比如 `filter`，你需要为它指定一个参数，帮助它精确地描述过滤条件。虽然 Java 专家们使用老方法也能达到同样的目的（即将过滤条件封装成类的一个方法，传递该类的一个实例），但这种方案很难推广，因为它通常非常臃肿，既难于编写，也不易于维护。

　　第 2 章和第 3 章中介绍过，Java 8 借鉴函数式程序设计的思想，通过一种全新的方式，即向方法传递代码片段，解决了这一问题。这种新的方式非常方便，它有两种变体：

❏ 传递一个 Lambda 表达式，即一段精简的代码片段，比如：

```
apple -> apple.getWeight() > 150
```

❏ 传递一个方法引用，该方法引用指向了一个现有方法，比如：

```
Apple::isHeavy
```

　　这些值具有类似 `Function<T, R>`、`Predicate<T>`或者 `BiFunction<T, U, R>`这样的类型，值的接收方可以通过 `apply`、`test` 或其他类似的方法操作这些值。第 3 章中介绍过，这些类型被称作**函数式接口**（functional interface），它们都配有单一的抽象方法。`Lambda` 表达式自身已经是一个相当酷炫的概念，Java 8 将它们与全新的 Stream API 结合起来，最终让它们成为了新一代 Java 的核心。

21.1.2　流

　　集合类、迭代器，以及 `for-each` 结构在 Java 中由来已久，也为广大程序员所熟知。对 Java 8 的设计者而言，直接在集合类中添加 `filter` 或者 `map` 这样的方法，利用前面介绍的 Lambda 实现数据库查询这类操作要简单得多。然而他们并没有采用这种方式，而是引入了一套全新的 Stream API（即第 4~7 章介绍的内容）——这值得我们深思，为什么他们要这么做呢？

　　集合到底有什么问题，以至于需要另起炉灶替换它们，或者说要通过一个类似却不同的概念

Stream 来增强它们。我们以接下来这个例子概略说明二者之间的差异：如果你有一个数据量庞大的集合，你需要对这个集合执行三个操作，比如对这个集合中的对象进行映射，计算其中的两个字段的和，这之后依据某种条件过滤出满足条件的和，最后对计算的结果进行排序，为得到结果你需要分三次遍历集合。与之相反，Stream API 采用延迟算法将这些操作组成一个流水线，只通过单次流遍历，就可以一次性完成所有的操作。对大型数据集来说，这种操作方式高效很多。此外，还有一些别的因素，比如内存缓存的使用。数据集越大，减少遍历数据集的次数就越重要。

还有一些因素的影响也不容小视，比如元素的并发处理，这对高效利用多核处理器的能力至关重要。Stream，尤其是它的 parallel 方法能将一个 Stream 标记为适合并行处理。你一定还记得，并行处理与对象的可变状态是水火不容的，所以函数式的核心概念（比如第 4 章中介绍的无副作用的操作，通过 Lambda 表达式进行方法参数化，以及使用内部迭代替换外部迭代的方法引用）是围绕着如何充分发挥 Stream 的并发处理能力去执行 map、filter 或者其他的方法。

现在，让我们看看这些思想（介绍 Stream 时使用过这些术语）怎样直接影响了 Completable-Future 类的设计。

21.1.3   CompletableFuture

Java 从版本 5 就提供了 Future 接口。Future 可以帮助大家充分利用多核 CPU 的处理能力，因为它允许一个任务在新的核上生成新的子线程，新生成的任务可以和原来的任务同时运行。原任务需要结果时，可以通过 get 方法等待 Future 运行结束（获得其计算的结果值）。

第 16 章介绍了 Java 8 中 Future 的 CompletableFuture 实现。它再次利用了 Lambda 表达式。一个非常形象，不过不那么精确的说法是："CompletableFuture 对于 Future 的意义就像 Stream 之于 Collection。"让我们比较一下这二者。

- ❑ 通过 Stream 你可以用流水线串接一系列的操作，使用 map、filter 或者其他类似的方法进行"行为参数化"，它可有效避免采用迭代器时总是出现模板代码。
- ❑ 同样的，CompletableFuture 提供了 thenCompose、thenCombine 和 allOf 这样的操作，其能以函数式程序设计的方式对 Future 的通用模式进行细粒度的控制，帮助你避免采用命令式编程时常见的模板代码。

这种类型的操作，虽然大多数只能用于非常简单的场景，不过仍然适用于 Java 8 的 Optional 操作，我们一起来回顾下这部分内容。

21.1.4   Optional

Java 8 的库提供了 Optional<T>类，这个类允许你在代码中指定哪一个变量的值既可能是类型 T 的值，也可能是由静态方法 Optional.empty 表示的缺失值。无论对理解程序逻辑，抑或是对编写产品文档而言，这都是一个重大的好消息，你现在可以使用一种数据类型表示显式缺失的值——使用空指针的问题在于你无法确切了解出现空指针的原因，它是预期的情况，还是由于之前某一次计算出错导致的一个偶然性的空值，有了 Optional 之后你就不需要再使用之前容易出错的空指针来表示缺失的值了。

正如第 11 章中所讨论的，如果在程序中始终如一地使用 Optional<T>，你的应用应该永远不会发生 NullPointerException 异常。你可以将这看成另一个绝无仅有的特性，它和 Java 8 中其他部分都不直接相关，问自己一个问题："为什么用一种表示值缺失的形式替换另一种能帮助我们更好地编写程序？"进一步审视，我们发现 Optional<T> 类提供了 map、filter 和 ifPresent 方法。这些方法和 Stream 类中的对应方法有着相似的行为，它们都能以函数式的结构串接计算，由于库自身提供了缺失值的检测机制，不再需要用户代码的干预。这种进行内部检测还是外部检测的选择，与在 Stream 库中进行内部迭代，还是在用户代码中进行外部迭代的选择极其类似。Java 9 向 Optional API 中添加了各种新方法，包括 stream()、or() 和 ifPresentOrElse()。

21.1.5　Flow API

Java 9 对反应式流进行了标准化，基于拉模式的反应式背压协议能避免慢速消费者被一个或多个快速生产者压垮。Flow API 包含四个核心接口，实现了这些接口的第三方反应式库能提供更好的兼容性支持，这四个接口分别是：Publisher、Subscriber、Subscription 和 Processor。

本节最终的话题中，我们关注的不是函数式编程，而是 Java 8 对后向兼容库的扩展支持，这是由软件工程需求所驱动的。

21.1.6　默认方法

Java 8 中增加了不少新特性，但它们一般都不会对程序的表现形式带来太大的影响。然而，也有一个例外，那就是新增的默认方法。接口中新引入默认方法对类库的设计者而言简直是如鱼得水。Java 8 之前，接口主要用于定义方法签名，现在它们还能为接口的使用者提供方法的默认实现，如果接口的设计者认为接口中的某个方法并不需要每一个接口用户都显式地为其提供实现，他就可以在接口的方法声明中将其定义为默认方法。

对类库的设计者而言，这是个伟大的新工具，原因很简单，它提供的能力可以帮助类库的设计者定义新的操作，增强接口的能力，类库的用户（即那些实现该接口的程序员们）不需要花费额外的精力重新实现该方法。因此，默认方法与库的用户也有关系，它屏蔽了将来的变化对用户的影响。第 13 章针对这一问题进行了深入的探讨。

21.2　Java 9 的模块系统

Java 8 引入了很多新变化，无论是新特性（比如接口的 Lambda 表达式和默认方法），还是原生 API 中强大的新类，比如 Stream 和 CompletableFuture，都让人眼前一亮。Java 9 并没有增加新的语言特性，它主要的变化是对 Java 8 发起的工作做进一步的改善，增加了一些新方法，比如流的 takeWhile 和 dropWhile、CompletableFuture 的 completeOnTimeout。实际上，Java 9 的重点是引入了新的模块系统。除了新的 module-info.java 文件，这种新的系统对语言没有任何影响，然而它从架构的角度改进了你设计和实现应用的方式，清晰地界定了各个子部分的边界，并定义了它们之间交互的方式。

不幸的是，相对任何其他的 Java 发布版本，Java 9 对后向兼容性的损害也是最大的（你可以尝试用 Java 9 编译一个大型的 Java 8 项目）。不过，考虑到模块化所带来的好处，这种代价也是值得的。引入这样的变化，一个重要的原因是我们希望能有更好、更严格的跨包的封装性。实际上，Java 的可见性描述符设计之初其目的是为了定义方法和类的封装，完全没有考虑跨包的封装，跨包它只有一种可见性可能，那就是：`public`。这种缺失让我们很难对系统进行恰当的模块化，尤其是如何声明模块的哪一部分允许公共访问，哪一部分是实现的细节，不应该直接暴露给其他模块和应用。

第二个原因，也是由包与包之间很弱的封装导致的直接结果。不采用模块系统，我们无法避免暴露运行于同一环境中安全相关的方法。恶意代码可能直接访问你模块的关键部分，直接绕开它所有的安全检查。

最后，新的 Java 模块系统可以帮助将 Java 运行时切分成更细粒度的部分，你可以只使用你应用需要的部分。如果你的一个新 Java 项目需要使用 CORBA，然而，由此你需要在你所有的应用中包含该库，这应该也不是你所期望的吧。虽然这种行为的影响对传统计算设备而言几乎可以忽略不记，但对嵌入式设备或者你的 Java 应用运行于容器环境的场景（这种场景正越来越普遍）而言，其影响就非常重大了。换句话说，借助于 Java 模块系统，我们才有机会在物联网应用和云端使用 Java 运行时。

正如第 14 章中所讨论的，Java 模块系统通过语言层面的机制，对你的系统及 Java 运行时进行模块化，解决了这些问题。Java 模块系统的优势如下。

- **可靠的配置**——通过显式声明模块的依赖性，错误可以在很早的时候，就借由编译检测到，而不必等到运行时发生了依赖缺失、依赖冲突，或者循环依赖才发现。
- **严格的封装**——Java 模块系统可以设置只导出某几个包，对模块的公有访问、每个模块的访问边界以及内部实现进行区分。
- **改进的安全性**——由于用户无法随心所欲地调用模块的组成部分，因此攻击者想要攻破由模块系统实现的安全控制将更加困难。
- **更好的性能**——如果一个类只能被有限的组件访问，而不是任何类都能在运行时加载它，那么对这样的类进行的很多优化都会更加有效。
- **扩展性**——Java 模块系统可以将 Java SE 平台解构成更细粒度的组成部分，你可以选择只执行运行你的应用所需要的特性。

一言以蔽之，模块化是一个复杂的话题，Java 9 不太可能由于提供了这个特性就像 Java 8 提供了 Lambda 那样获得快速的推广。然而，我们相信，长远而言，你在你应用程序模块化方面的投入，一定会在程序的可维护性上得到收获和回报。

至此，我们已经总结了本书介绍的关于 Java 8 和 Java 9 的核心概念。接下来的内容，会介绍 Java 9 之后，Java 语言可能有哪些特性提升以及新功能。

21.3　Java 10 的局部变量类型推断

最初在 Java 语言中，如果你要引入一个变量或者方法，必须同时给出它的类型。比如下面这个例子：

```
double convertUSDToGBP(double money) { ExchangeRate e = ...; }
```

convertUSDToGBP 包含三种类型，方法声明分别指定了它的返回结果、接受的参数 money，以及局部变量 e 的类型。随着时间的推移，这种限制渐渐放宽了，主要体现在两个方面。首先，你可以在表达式中省略泛型参数的类型，由程序依据上下文进行判断。比如下面这个例子：

```
Map<String, List<String>> myMap = new HashMap<String, List<String>>();
```

从 Java 7 开始，这行代码可以缩略成下面这种书写方式：

```
Map<String, List<String>> myMap = new HashMap<>();
```

其次，基于同样的思想，我们可以利用上下文来传递表达式中的变量类型，比如下面这个 Lambda 表达式：

```
Function<Integer, Boolean> p = (Integer x) -> booleanExpression;
```

省略变量类型之后，可以缩写为：

```
Function<Integer, Boolean> p = x -> booleanExpression;
```

这两个例子，编译器都需要依据上下文推断省略的变量类型。

如果类型只有唯一的标识符，那么采用类型推断能带来很多好处，其中最主要的优势之一是，当用一种类型替换另一种类型后，不用重新编辑修改代码了。不过，随着类型数量的增加，处理由更高级的泛型类型参数化的泛型时，使用类型推断能帮助提升代码的可读性。[①]Scala 和 C#语言允许使用（受限）关键字 var 替换本地初始化的变量（local-variable-initialized）类型；编译器会在右边填充恰当的类型。我们之前用 Java 语法声明的 myMap 采用 var 之后可以改写如下：

```
var myMap = new HashMap<String, List<String>>();
```

这种思想被称作**局部变量推断**，其会在 Java 10 中提供支持。

然而，人们对这种技术也存在着一些疑虑。举个例子，假设 Car 类是 Vehicle 类的子类，下面的这个声明

```
var x = new Car();
```

21

---

① 类型推断必须很直观，这一点非常重要。如果类型只存在一种可能性，或者只有一种容易文档化的方式，那么采用类型推断重新创建用户忽略的类型，其效果是最好的。如果系统推断的类型与用户期望的类型不一致，就会出现问题。一个设计良好的类型推断系统，如果发现它可能产生两个不兼容的类型时，就应该抛出一异常。采用启发式的方法选择类型可能导致类型推断随机选择错误类型的现象。

执行隐式转换的时候，到底是该把 x 声明为 Car 类型还是 Vehicle 类型呢？还是说应该将其转换为 Object 类型？对这种情况，一个简单的解释是，缺失的类型可以由初始化器来决定（这里对应的就是 Car 类型）。Java 10 对这种情况定义了更加清晰的规范。此外，还有一点需要特别提一下，var 不能用于没有初始化器的场景。

21.4 Java 的未来

让我们看看关于 Java 未来发展的一些讨论。本节涉及的很多内容都在 JDK 改进提议（JDK enhancement proposal）中有更详细的讨论。我们在这里想要特别解释的是为什么一些看起来很合理的想法，由于微妙的实现困难，以及与现存特性的协作问题，最终无法被加入到 Java 中。

21.4.1 声明处型变

Java 支持通配符这种灵活的机制，可以接受泛型的子类型（subtyping），通常也称其为**使用处型变**（use-site variance）。基于这种支持，下面这种赋值操作是合法的：

```
List<? extends Number> numbers = new ArrayList<Integer>();
```

然而，接下来这个赋值操作，由于忽略了 "? extends"，会导致一个编译错误：

```
List<Number> numbers = new ArrayList<Integer>();      ←— 类型不兼容
```

很多语言，比如 C#和 Scala 都支持另一种名叫**声明处型变**（declaration-site variance）的型变机制。这些语言允许程序员在定义泛型类时使用型变。这一特性对天然经常变化的类而言非常有价值。比如，Iterator 就是一个天然的协变（covariant）类型，而 Comparator 是一个天然的逆变（contravariant）类型，使用它们时，你不需要考虑是应该使用? extends 抑或是? super。在 Java 中引入 "声明处型变" 非常有价值，由于这些约定出现在规范中，而不是在类的声明中，程序员认知和理解这些特性的代价降低了。特别提一下，截至本书编写时（2018 年），JDK 改进提议已经将 "声明处型变" 列为下一个 Java 版本默认支持的特性。

21.4.2 模式匹配

第 19 章中曾讨论过，函数式语言通常都会提供某种形式的模式匹配——作为 switch 的一种改良形式。通过模式匹配，你可以查询 "这个值是某个类的实例吗"，或者递归查询某个字段是否包含了某些值。采用 Java 语言，一个简单的例子如下：

```
if (op instanceof BinOp){
    Expr e = ((BinOp) op).getLeft();
}
```

注意，即便你很清楚 op 的对象引用指向的是什么类型，还是需要在强制类型转换时重复执行 BinOp。

你可能需要处理一个非常复杂的表达式层次结构，如果直接采用串接多个 if 条件判断的方式，你的代码会变得异常烦琐。值得一提的是，传统面向对象的设计不推荐大家使用 switch，它更推崇使用设计模式，比如访问者模式，依赖数据类型的控制流是由方法分发器而不是 switch 语句选择的。而对程序设计语言的另一分支，即函数式程序设计语言来说，基于数据类型的模式匹配通常是设计程序最便捷的方式。

将 Scala 风格的模式匹配全盘移植到 Java 中无疑是个大工程，但基于 switch 语法最近的泛化，你完全可以设想出更现代的语法扩展，让 switch 直接通过 instanceof 语法操作对象。实际上，JDK 改进提议已经将模式匹配列为 Java 的新语言特。下面的这个例子中，我们会对第 19 章介绍的示例进行重构，假设有一个类 Expr，它衍生出了两个子类，分别是 BinOp 和 Number：

```
switch (someExpr) {
    case (op instanceof BinOp):
        doSomething(op.getOpName(), op.getLeft(), op.getRight());
    case (n instanceof Number):
        dealWithLeafNode(n.getValue());
    default:
        defaultAction(someExpr);
}
```

这段代码中有几点需要特别留意。首先，这段代码在 case (op instanceof BinOp)：中借用了模式匹配的思想，op 是一个新的局部变量（类型为 BinOp），它与 SomeExpr 都绑定到了同一个值。类似地，在 Number 的 case 判断中，n 被转化为了 Number 类型的变量。在默认情况下，执行 switch 是不需要进行任何变量绑定的。与采用串接的 if-then-else 加"强制转换子类型"这种方式比较起来，新的实现方式避免了编写大量的模板代码。习惯了传统面向对象方式的设计者很可能会说，如果采用访问者模式，在子类型中进行重写（er-write）实现"数据类型"的分派，表达的效果会更好，然而从函数式编程的角度看，后者会让相关代码散落于多个类的定义中，也不太理想。这种经典的设计两难（design dichotomy）问题，经常会以"表达问题"（expression problem）之名出现在文学著作中。

21.4.3　更加丰富的泛型形式

本节会讨论 Java 泛型的两个局限性，并探讨可能的改进方案。

1. 具化泛型

Java 5 初次引入泛型时，花费了大量的精力让它们保持与现存 JVM 的后向兼容性。为了达到这一目标，ArrayList<String> 和 ArrayList<Integer> 的运行时表示是相同的。这被称作**泛型多态的消除模式**（erasure model of generic polymorphism）。这种选择伴随着一定程度的运行时消耗，不过对程序员而言，这无关痛痒，最大的影响是传给泛型的参数只能是对象类型，不能是基本类型了。只要 Java 支持 ArrayList<int> 这种类型的泛型，你就可以在堆上分配由基本数据类型构成的 ArrayList 对象，比如 42。然而，这样一来 ArrayList 容器就无法了解它所容纳的到底是一个对象类型的值,比如一个 `String`,还是一个基本类型的 `int` 值,比如 42。

从某种程度上看,这种变化无关痛痒,没什么危害。如果你可以从 `ArrayList<int>` 中得到基本类型值 42,或者从 `ArrayList<String>` 中得到 `String` 对象 `abc`,那么为什么还要担忧 `ArrayList` 容器中的元素无法识别呢?非常不幸,答案是有影响,这种影响与垃圾收集相关,因为一旦缺少了 `ArrayList` 中内容的运行时信息,JVM 就无法判断 `ArrayList` 中的元素 13 到底是一个 `String` 的引用(可以被垃圾收集器标记为"in use"并进行跟踪),还是 `int` 类型的简单数据(几乎是无法跟踪的)。

C# 语言中,`ArrayList<String>`、`ArrayList<Integer>` 以及 `ArrayList<int>` 的运行时表示本质上就是不同的。即便它们的表示是相同的,大量的类型信息也只能由垃圾收集器在运行时获取,比如判断一个字段值到底是引用,还是基本数据类型。这种模型被称作**泛型多态的具化模式**(reified model of generic polymorphism),或者更简单的**具化泛型**(reified generic)。**具化**这个词意味着"将某些默认隐式的东西变为显式的"。

很明显,具化泛型是我们期望的,它们能更好地融合基本数据类型及其对应的对象类型——接下来的一节,你会看到其中的一些问题。实现具化泛型的主要难点在于,Java 需要保持后向兼容性,并且这种兼容需要同时支持 JVM,以及使用了反射且希望执行泛型清除的遗留代码。

2. 泛型中特别为函数类型增加的语法灵活性

自从被 Java 5 引入,泛型就证明了其独特的价值。它们还特别适用于表示 Java 8 中的 Lambda 类型以及各种方法引用。你可以用下面的方式表示接受单一参数的函数:

```
Function<Integer, Integer> square = x -> x * x;
```

如果你有一个使用两个参数的函数,那么可以采用类型 `BiFunction<T, U, R>`,这里的 `T` 表示第一个参数的类型,`U` 表示第二个参数的类型,而 `R` 是计算的结果。不过,Java 8 中并未提供 `TriFunction` 这样的函数,除非你自己声明了一个!

同理,你不能让 `Function<T, R>` 引用指向某个不接受任何参数,返回值为 `R` 类型的函数,你只能使用 `Supplier<R>` 达到这一目的。

从本质上来说,Java 8 的 Lambda 极大地拓展了我们的编程能力,但遗憾的是,它的类型系统并未跟上代码灵活度提升的脚步。在很多的函数式编程语言中,你可以用 `(Integer, Double) => String` 这样的类型实现 Java 8 中 `BiFunction<Integer, Double, String>` 调用,得到同样的效果;类似地,可以用 `Integer => String` 表示 `Function<Integer, String>`,甚至可以用 `() => String` 表示 `Supplier<String>`。你可以将 `=>` 符号看作 `Function`、`BiFunction`、`Supplier` 以及其他类似函数的中缀表达式版本。正如第 20 章中所讨论的,只需对现有 Java 语言的类型语法稍作扩展,支持中缀表达式 `=>`,就能提供 Scala 语言那样更具可读性的类型。

3. 基本类型特化和泛型

在 Java 语言中,所有的基本数据类型,比如 `int`,都有对应的对象类型(以刚才的例子而言,它是 `java.lang.Integer`)。通常我们把它们称为"未装箱类型"和"装箱类型"。虽然这种区分有助于提升运行时的效率，但是以这种方式定义类型也可能带来一些困扰。比如，有人可能会问为什么 Java 8 中需要编写 Predicate<Apple>，而不是直接使用 Function<Apple, Boolean>？事实上，Predicate<Apple>类型对象在执行 test 方法调用时，其返回值依旧是基本类型 boolean。

与此相反，和所有泛型一样，Function 只能使用对象类型的参数。以 Function<Apple, Boolean>为例，它接受的是对象类型 Boolean，而不是基本数据类型 boolean。所以采用 Predicate<Apple>更高效，因为不需要将 boolean 装箱为 Boolean 了。由于存在这样的问题，类库的设计者在设计 Java 时创建了多个类似的接口，比如 LongToIntFunction 和 BooleanSupplier，而这又进一步增加了大家理解的负担。

另一个例子与各种 void 之间的区别有关，void 只能修饰方法的返回值，并且返回值不含任何值。而对象类型 Void 实际包含了一个值，它有且仅有一个 null 值——这是一个经常在论坛上讨论的问题。对于 Function 的特殊情况，比如 Supplier<T>，你可以用前一节建议的新操作符将其改写为() => T，这进一步佐证了由于基本数据类型（primitive type）与对象类型（object type）的差异所导致的分歧。之前的内容中已经介绍了怎样通过具化泛型解决这其中的很多问题。

21.4.4　对不变性的更深层支持

Java 8 只支持三种类型的值，分别是：

❏ 基本类型值；
❏ 指向对象的引用；
❏ 指向函数的引用。

听我们说起这些，有些专业的读者可能会感到失望。我们在某种程度上会坚持自己的观点，介绍说"这些值现在既可以作为方法的参数，也可以返回结果"。不过，我们也承认这种解释存在一定的问题。比如，当你返回一个指向可变数组的引用时，它多大程度上应该是一个（算术）值呢？很明显，字符串或者不可变数组都是值，不过对于可变对象或者数组而言，情况远非那么泾渭分明——可能你的方法返回一个以升序排列元素的数组，然而另一些代码之后可能对其中的某些元素进行修改。

如果想在 Java 中实现真正的函数式编程，那么语言层面的支持必不可少，比如"不可变值"。正如我们在第 18 章中所了解的那样，关键字 final 并未在真正意义上达到这一目标，它仅仅避免了对它所修饰字段的更新。来看一下下面这个例子：

```
final int[] arr = {1, 2, 3};
final List<T> list = new ArrayList<>();
```

第一行代码禁止了直接的赋值操作 arr = ...，然而它并不能阻止以 arr[1]=2 这样的方式对数组进行修改。第二行代码禁止了对 list 的赋值操作，但并未禁止其他方法修改列表中的元素！关键字 final 对基本数据类型的值操作效果很好，然而对于对象引用，它通常只是一种虚假的安全感。

21

那么该如何解决这一问题呢？由于函数式编程对不修改现存数据结构有非常严格的要求，因此它提供了更强大的关键字，比如 `transitively_final`，该关键字用于修饰引用类型的字段，确保无论是对该字段本身直接的修改，还是对通过该字段能直接或间接访问到的对象的修改都不会发生。

这些类型体现了关于值的一个理念：变量值是不可修改的，只有变量（它们负责存储值）可以被修改，修改之后变量中存储的就变成了别的不可变值。正如本节开头所介绍的，Java 的作者，包括我们，时不时地都喜欢讨论 Java 中值是可变数组的情况。接下来的一节会讨论值类型（value type），声明为值类型的变量只能包含不可变值。然而，值类型的变量，除非使用了 `final` 关键字进行修饰，否则依旧能够被更新。

21.4.5　值类型

本节会讨论基本数据类型和对象类型之间的差异，接着继续进行值类型的讨论。对象类型是面向对象编程不可缺失的一环，同样地，值类型对进行函数式编程也大有裨益。我们讨论的很多问题都是相互交织的，很难以区隔的方式解释某个单独的问题。所以，我们会从多个角度阐述这些问题。

1. 为什么编译器不能对 `Integer` 和 `int` 一视同仁

自从 Java 1.1 版本以来，Java 语言逐渐具备了隐式地进行装箱和拆箱的能力，你可能会问现在是否一个恰当的时机，让 Java 语言一视同仁地处理基本数据类型和对象数据类型，比如将 `Integer` 和 `int` 同等对待，由 Java 编译器将它们优化为 JVM 最适合的形式。

这个想法原则上是非常美好的，不过让我们看看在 Java 中添加 `Complex` 类型后会引发哪些问题，以及为什么装箱会导致这样的问题。用于建模复数的 `Complex` 包含了两个部分，分别是实数（real）和虚数（imaginary），一种很直观的定义如下：

```
class Complex {
    public final double re;
    public final double im;
    public Complex(double re, double im) {
        this.re = re;
        this.im = im;
    }
    public static Complex add(Complex a, Complex b) {
        return new Complex(a.re+b.re, a.im+b.im);
    }
}
```

不过类型 `Complex` 的值为引用类型，对 `Complex` 的每个操作都需要进行对象分配——增加了 add 中两次加法操作的开销。我们需要的是类似 `Complex` 的基本数据类型，也许可以称其为 `complex`。

这就成了个问题，因为我们想要一种"未装箱的对象"，可是无论 Java 还是 JVM，对此都没有实质的支持。至此，我们只能悲叹了，"噢，当然编译器可以对它进行优化"。坏消息是，这远比看起来复杂得多。虽然 Java 带有基于名为"逃逸分析"的编译器优化（这一技术自 Java 1.1 版本开始就已经有了），它能在某些时候判断拆箱的结果是否正确，然而其能力依旧受到一定的限制，受制于 Java 对对象类型的判断。以下面的这个例子来说：

```
double d1 = 3.14;
double d2 = d1;
Double o1 = d1;
Double o2 = d2;
Double ox = o1;
System.out.println(d1 == d2 ? "yes" : "no");
System.out.println(o1 == o2 ? "yes" : "no");
System.out.println(o1 == ox ? "yes" : "no");
```

最后这段代码输出的结果为"yes""no""yes"。专业的 Java 程序员可能会说"多愚蠢的代码，每个人都知道最后这两行你应该使用 equals 而不是=="。不过，请允许我们继续用这个例子进行说明。虽然所有这些基本变量和对象都保存了不可变值 3.14，实际上也应该是没有差别的，但是由于代码中有对 o1 和 o2 的定义，程序会创建新的对象，而==操作符（特征比较）可以将这二者区分开来。请注意，对于基本变量，特征比较采用的是逐位比较，对于对象类型它采用的是引用比较。很多时候，你可能无意之中就创建了新的 Double 对象，由于编译器需要遵守对象的语义，创建新的 Double 对象（Double 对象继承自 Object）也要遵守该语义。我们之前经历过好几次类似的讨论，无论是较早的时候关于值对象的讨论，还是第 19 章围绕函数式更新持久化数据结构以保持引用透明性的方法讨论。

2. 值对象——既非基本类型又非对象类型

为了解决这个问题，我们建议的方案是重构大家对 Java 的假设，即(1) 任何事物，如果不是基本数据类型，就是对象类型，所有的对象类型都继承自 Object；(2)所有的引用都是指向对象的引用。

我们由此开始该方案的介绍。Java 的值有两种形式：

- ❑ 一类是对象类型，它们包含着可变的字段（除非使用了 final 关键字进行修饰），对这种类型值的特征，可以使用==进行比较；
- ❑ 另一类是值类型，这种类型的变量是不能改变的，也不带任何的引用特征（reference identity），基本类型就属于这种更宽泛意义上的值类型。

这样，我们就能创建用户自定义值的类型了（这种类型的变量推荐小写字符开头，从而强调它们与 int 和 boolean 这些基本类型的相似性）。对于值类型，默认情况下，硬件对 int 进行比较时会以一个字节接着一个字节逐次的方式进行，==会以同样的方式一个元素接着一个元素地对两个变量进行比较。处理浮点数成员时，我们需要特别当心，因为它们的比较操作更加的复杂。介绍非基本值类型时，Complex 是一个绝佳的例子，其类型与 C#中的结构极其类似。

此外，值类型由于没有引用特征，因此占用的存储空间更少。图 21-1 是一个容量为 3 的数组示例，它包含的元素 0、1 和 2 分别用淡灰、白色和深灰色标记。左边的图展示了 Pair 和 Complex 都是对象类型时的一种比较典型的存储布局，而右边的图展示的是一种更优的布局，这时 Pair

21

和 Complex 都是值类型（这里特意使用了小写的 pair 和 complex，目的就是想强调它们与基本类型的相似性）。注意，由于值类型在数据访问（用单一的索引地址指令替换多层的指针转换）和对硬件缓存的利用（因为数据存储采用连续的地址空间）上的优势，它的性能极可能好得多。

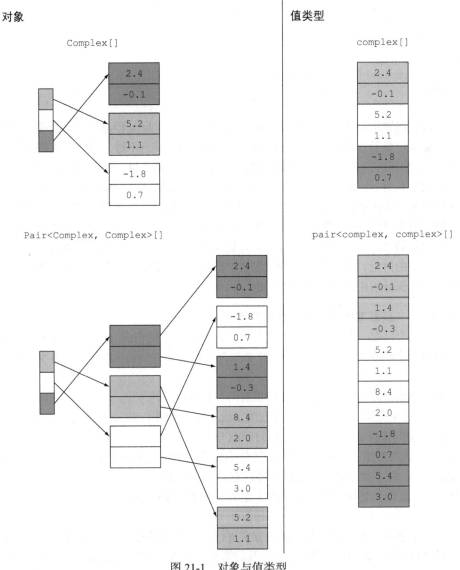

图 21-1   对象与值类型

注意，由于值类型并不包含引用特征，因此编译器可以很灵活地对它们进行装箱和拆箱操作。如果你将一个 complex 类型的参数由一个函数传递给另一个函数，那么编译器可以毫不费力地将它拆解为两个独立的 double 型的参数。（由于 JVM 只支持以 64 位寄存器传值的方式返回指令，因此在 JVM 中要实现不装箱，直接返回很困难）。不过，如果你要传递一个很大的值类型参数（比如一个巨型不可变数组），那么装箱后编译器能以透明的方式（透明于用户）将其作为引用传递给对方。类似的技术在 C# 中已经存在，下面是一段来自微软的介绍：

> 基于值类型的变量直接包含值。将一个值类型变量赋值给另一个变量时会复制其包含的值。这与引用类型变量的赋值不同，引用类型变量的赋值只复制对象的引用，不会复制对象本身。

截至本书写作时（2018 年），JDK 改进建议还在就值类型的引入进行讨论。

3. 装箱、泛型、值类型——互相交织的问题

我们希望能够在 Java 中引入值类型，因为函数式编程处理的不可变对象都没有特征。我们希望基本数据类型可以作为值类型的特例，但又不要有 Java 当前的泛型消除模式，因为这意味着值类型不做装箱就不能使用泛型。由于对象的消除模式，基本类型（比如 int）对象的（装箱）版本（比如 Integer）对集合和 Java 泛型依旧非常重要，然而，由于它们继承自 Object（并因此存在引用特征），这是我们不想要的。解决这些问题中的任何一个就意味着解决了所有的问题。

21.5　让 Java 发展得更快

过去的 22 年里 Java 发布了 10 个大版本——版本发布的平均间隔时间是两年多。有些情况下，两个大版本之间的等待周期甚至长达五年。Java 架构师们已经意识到这种状况将无以为继，因为这种模式无法适应语言快速发展的需要，这也是为什么 JVM 支持的新型语言，比如 Scala 和 Kotlin，与 Java 在语言特性支持上差距日益拉大的原因。对 Lambda 或者 Java 模块系统这种革命性的，或者工作量大的特性，这么漫长的发布周期是恰如其分的。然而，这也意味着一些小型的改动不得不等待这些巨型变更完成，才能跟随其一起整合到发布语言中，这听起来没什么道理。譬如第 8 章中介绍的集合工厂方法，其在 Java 9 的模块系统完成之前很久就已经达到发布标准了，却不能及时地发布给用户。

基于这些原因，从现在开始，Java 的开发周期进行了调整，变成了六个月。这意味着，每隔六个月 Java 和 JVM 就会发布一个新版本。2018 年 3 月 Java 10 发布，Java 11 预计于 2018 年 9 月发布[①]。Java 架构师们也意识到，虽然这种更快速的开发周期对语言演化有利，遵循敏捷实践的开发者和公司也习惯了频繁试用新的技术，但是大多数保守型的组织更新软件的速度通常都比较慢，这种新的发布节奏会给他们带来困扰。出于这个原因，Java 架构师们决定每隔三年发布一个长期支持版本（long-term support, LST），对这种发布版本的支持会持续三年。Java 9 不属于 LST 版本，一旦 Java 10 发布，对 Java 9 的官方支持就停止了。对 Java 10 的支持也是如此。而 Java 11 与此相反，它是一个长期支持版本，计划于 2018 年 9 月发布，对它的支持会持续到 2021 年 9 月。图 21-2 显示了接下来几年 Java 版本的生命周期。

---

① Java 11 发布于 2018 年 9 月 25 日。——译者注

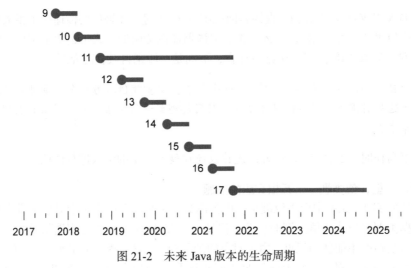

图 21-2 未来 Java 版本的生命周期

当今这个年代，几乎所有的软件系统和语言都在竭尽所能地迅速演进，做出缩短 Java 开发周期这一决定也是必然的。更短的开发周期可以帮助 Java 持续演进，在接下来的这些年里保持不断更新的活力。

21.6 写在最后的话

本书探索了 Java 8 和 Java 9 新增的一系列新特性。Java 8 代表了自 Java 创建以来可能最大的一次演进——唯一能与之相提并论的大演进是在 10 年之前（2005 年），即 Java 5 中所引入的泛型。Java 9 最吸引眼球的特性是大家期待已久的模块系统，相对于程序员而言，对这个特性更感兴趣的可能是软件架构师。Java 9 还借助 Flow API 对协议进行了标准化，支持了反应式流。Java 10 引入了局部变量类型推断，这是一个在其他编程语言里大获好评的语言特性，可以帮助程序员提升开发效率。Java 11 支持在 Lambda 表达式的隐式类型参数列表中使用局部变量类型的 var 语法。更重要的是，Java 11 包含了本书介绍的并发和反应式编程的思想，引入了一种新的异步 HTTP 客户端库，完全支持了 CompletableFuture。最后，截至本书创作时，Java 12 宣布准备支持一种改进的 switch 结构，该结构可以作为表达式使用，而不仅仅是一条语句——这是函数式程序设计语言的重要特性。实际上，正如 21.4.2 节所讨论的，switch 表达式为在 Java 中引入模式匹配铺平了道路。所有这些语言特性的更新都表明了函数式编程的思想及其影响在不久的将来还会继续引领着 Java 发展的方向。

本章中，我们了解了 Java 进一步发展所面临的压力。如果用一句话来总结，我们会说：

Java 8、9、10 以及 11 已经占据了一个非常好的位置，可以暂时"喘一口气了"，但这绝不是终点！

希望你能享受这段学习探索的旅程，也希望本书能燃起你进一步了解 Java 语言的兴趣。

其他语言特性的更新

本附录会讨论 Java 8 中尚未谈及的三个新语言特性，分别是：重复注解（repeated annotation）、类型注解（type annotation）和通用目标类型推断（generalized target-type inference）。附录 B 会讨论 Java 8 中类库的变化。我们不会讨论 JDK 8 的更新内容，比如 Nashorn 或者精简运行时（compact profile），因为它们是 JVM 的新特性。本书专注于介绍**类库**和**语言**的变化。如果你对 Nashorn 或者精简运行时感兴趣，推荐你阅读以下两个链接的内容，分别是 http://openjdk.java.net/projects/nashorn/和 http://openjdk.java.net/jeps/161。

A.1　注解

Java 8 在两个方面对注解机制进行了改进，分别为：

❑ 你现在可以定义重复注解；

❑ 使用新版 Java，你可以为任何类型添加注解。

正式开始介绍之前，先快速地回顾一下注解在 Java 8 之前的版本中能做什么，这有助于加深我们对新特性的理解。

Java 中，**注解**是一种使用附加信息装饰程序元素的机制（注意，Java 8 之前，只有声明可以被注解）。换句话说，它就像是一种**语法元数据**（syntactic metadata）。比如，JUnit 框架中就用了非常多的注解。下面这段代码中，setUp 方法使用了@Before 进行注解，而 testAlgorithm 使用了@Test 进行注解：

```
@Before
public void setUp(){
    this.list = new ArrayList<>();
}

@Test
public void testAlgorithm(){
    ...
    assertEquals(5, list.size());
}
```

注解尤其适用于下面这些场景。

❑ 在 JUnit 的上下文中，使用注解能帮助区分哪些方法是真正的单元测试，哪些是在做环境搭建工作。

❑ 注解可以用于文档编制。比如，@Deprecated 注解被广泛应用于说明某个方法不再推荐使用。

❑ Java 编译器还可以依据注解检测错误，禁止报警输出，甚至还能生成代码。

❑ 注解在 Java 企业版中尤其流行，它们经常被用于配置企业应用程序。

A.1.1　重复注解

老版的 Java 禁止对同一个声明使用多个同类的注解。由于这个原因，下面的第二行代码是无效的：

```
@interface Author { String name(); }
@Author(name="Raoul") @Author(name="Mario") @Author(name="Alan")     ←── 错误：重复
class Book{ }                                                             的注解
```

Java 企业版的程序员经常通过一些惯用法绕过这一限制。你可以声明一个新的注解，它包含了你希望重复的注解数组。这种方法的形式如下：

```
@interface Author { String name(); }
@interface Authors {
    Author[] value();
}
@Authors(
    { @Author(name="Raoul"), @Author(name="Mario") , @Author(name="Alan")}
)
class Book{}
```

Book 类的嵌套注解看起来相当丑陋。这是 Java 8 想要彻底移除这一限制的原因，去掉这一限制后，代码的可读性会好很多。由于新版 Java 中规定允许重复注解，因此你现在可以毫无顾虑地在一个声明中使用多个同种类型的注解了。然而，目前这还不是默认行为，你需要显式地要求重复注解。

创建一个重复注解

如果一个注解在设计之初就是可重复的，那么你可以直接使用它。但是，如果你提供的注解是为用户提供的，那么就需要做一些工作，说明该注解可以重复。下面是你需要执行的两个步骤。

(1) 将注解标记为@Repeatable。

(2) 提供一个注解的容器。

下面的例子展示了如何将@Author 注解修改为可重复注解：

```
@Repeatable(Authors.class)
@interface Author { String name(); }
@interface Authors {
    Author[] value();
}
```

完成了这样的定义之后，Book 类可以通过多个@Author 注解进行注释，如下所示：

```
@Author(name="Raoul") @Author(name="Mario") @Author(name="Alan")
class Book{ }
```

编译时，Book 会被认为使用了类似@Authors({@Author(name="Raoul"), @Author(name=
"Mario"), @Author(name="Alan")})这样的注解，所以，你可以把这种新机制看作一种语法
糖，它提供了 Java 程序员之前采用的惯用法那样的功能。为了确保与反射方法在行为上的一致性，
注解会被封装到一个容器中。Java API 的 getAnnotation(Class<T> annotation-Class)方
法会为注解元素返回类型为 T 的注解。如果实际情况有多个类型为 T 的注解，该方法返回的到
底是哪一个呢？

我们不希望一下子就陷入细节的魔咒，类 Class 提供了一个新的 getAnnotationsByType
方法，它可以帮助我们更好地使用重复注解。比如，你可以像下面这样打印输出 Book 类的所有
Author 注解：

```
public static void main(String[] args) {
    Author[] authors = Book.class.getAnnotationsByType(Author.class);   ← 返回一个由重复注解 Author 组成的数组
    Arrays.asList(authors).forEach(a -> { System.out.println(a.name()); });
}
```

这段代码要正常工作的话，需要确保重复注解及它的容器都有运行时保持策略。关于与遗留
反射方法的兼容性的更多讨论，可以参考 http://cr.openjdk.java.net/~abuckley/8misc.pdf。

A.1.2　类型注解

从 Java 8 开始，注解已经能应用于任何类型。这其中包括 new 操作符、类型转换、instanceof
检查、泛型类型参数，以及 implements 和 throws 子句。这里举了一个例子，这个例子中类
型为 String 的变量 name 不能为空，所以使用了@NonNull 对其进行注解：

```
@NonNull String name = person.getName();
```

类似地，你可以对列表中的元素类型进行注解：

```
List<@NonNull Car> cars = new ArrayList<>();
```

为什么这么有趣呢？实际上，利用好对类型的注解非常有利于对程序进行分析。这两个例子
中，通过这一工具可以确保 getName 不返回空，cars 列表中的元素总是非空值。这会极大地帮
助你减少代码中不期而至的错误。

Java 8 并未提供官方的注解或者一种工具能以开箱即用的方式使用它们。它仅仅提供了一种
功能，你使用它可以对不同的类型添加注解。幸运的是，这个世界上还存在一个名为 Checker 的
框架，它定义了多种类型注解，使用它们你可以增强类型检查。如果对此感兴趣，建议你看看它
的教程，地址链接为：http://www.checkerframework.org。关于在代码中的何处使用注解的更多内
容，可以访问 http://docs.oracle.com/javase/specs/jls/se8/html/jls-9.html#jls-9.7.4。

A.2   通用目标类型推断

Java 8 对泛型参数的推断进行了增强。相信你对 Java 8 之前版本中的类型推断已经比较熟悉了。比如，Java 中的 `emptyList` 方法定义如下：

```
static <T> List<T> emptyList();
```

`emptyList` 方法使用了类型参数 `T` 进行参数化。你可以像下面这样为该类型参数提供一个显式的类型进行函数调用：

```
List<Car> cars = Collections.<Car>emptyList();
```

不过 Java 也可以推断泛型参数的类型。上述代码和下面这段代码是等价的：

```
List<Car> cars = Collections.emptyList();
```

Java 8 出现之前，这种推断机制依赖于程序的上下文（即目标类型），具有一定的局限性。比如，下面这种情况就不大可能完成推断：

```
static void cleanCars(List<Car> cars) {
}
cleanCars(Collections.emptyList());
```

你会遭遇下面的错误：

```
cleanCars (java.util.List<Car>)cannot be applied to
    (java.util.List<java.lang.Object>)
```

为了修复这一问题，你只能像之前展示的那样提供一个显式的类型参数。

Java 8 中，目标类型包括向方法传递的参数，因此你不再需要提供显式的泛型参数：

```
List<Car> cleanCars = dirtyCars.stream()
                              .filter(Car::isClean)
                              .collect(Collectors.toList());
```

通过这段代码，我们能很清晰地了解到，正是伴随 Java 8 而来的改进，你只需要一句 `Collectors.toList()` 就能完成期望的工作，不再需要编写像 `Collectors.<Car>toList()` 这么复杂的代码了。

其他类库的更新

本附录会审视 Java 8 方法库主要的变化。

B.1 集合

Collection API 在 Java 8 中最重大的更新就是引入了流，我们已经在第 4~6 章进行了介绍。当然，除此之外，第 9 章还讨论了 Collection API 的其他更新，本附录会再做一些补充。

B.1.1 其他新增的方法

Java API 的设计者们充分利用默认方法，为集合接口和类新增了多个新的方法。这些新增的方法已经列在表 B-1 中了。

表 B-1 集合类和接口中新增的方法

类/接口	新 方 法
Map	getOrDefault, forEach, compute, computeIfAbsent, computeIfPresent, merge, putIfAbsent, remove(key, value), replace, replaceAll, of, ofEntries
Iterable	forEach, spliterator
Iterator	forEachRemaining
Collection	removeIf, stream, parallelStream
List	replaceAll, sort, of
BitSet	Stream
Set	of

1. `Map`

`Map` 接口的变化最大，它增加了多个新方法。比如，`getOrDefault` 方法就可以替换现在检测 `Map` 中是否包含给定键映射的惯用方法。如果 `Map` 中不存在这样的键映射，你可以提供一个默认值，方法会返回该默认值。使用之前版本的 Java，要实现这一目的，你可能会编写如下这段代码：

```
Map<String, Integer> carInventory = new HashMap<>();
Integer count = 0;
if(map.containsKey("Aston Martin")){
```

```
    count = map.get("Aston Martin");
}
```

使用新的 Map 接口之后，你只需要简单地编写一行代码就能实现这一功能，代码如下：

```
Integer count = map.getOrDefault("Aston Martin", 0);
```

注意，这一方法仅在没有映射时才生效。比如，如果键被显式地映射到了空值，那么该方法是不会返回你设定的默认值的。

另一个特别有用的方法是 computeIfAbsent，这个方法在第 19 章解释记忆表时曾经简要地提到过。它能帮助你非常方便地使用缓存模式。比如，假设你需要从不同的网站抓取和处理数据。这种场景下，如果能够缓存数据是非常有帮助的，这样你就不需要每次都执行（代价极高的）数据抓取操作了：

```
public String getData(String url){
    String data = cache.get(url);          检查数据是否
    if(data == null){                       已经缓存
        data = getData(url);
        cache.put(url, data);              如果数据没有缓存，那就访问网站
    }                                       抓取数据，紧接着对 Map 中的数据
    return data;                            进行缓存，以备将来使用之需
}
```

这段代码，你现在可以通过 computeIfAbsent 用更加精炼的方式实现，代码如下所示：

```
public String getData(String url){
    return cache.computeIfAbsent(url, this::getData);
}
```

上面介绍的这些方法，其更详细的内容都能在 Java API 的官方文档中找到。注意，ConcurrentHashMap 也进行了更新，提供了新的方法。B.2 节会讨论。

2. 集合

removeIf 方法可以移除集合中满足某个谓词的所有元素。注意，这一方法与在介绍 Stream API 时提到的 filter 方法不大一样。Stream API 中的 filter 方法会产生一个新的流，不会对当前作为数据源的流做任何变更。

3. 列表

replaceAll 方法会对列表中的每一个元素执行特定的操作，并用处理的结果替换该元素。它的功能和 Stream 中的 map 方法非常相似，不过 replaceAll 会修改列表中的元素。与此相反，map 方法会生成新的元素。

比如，下面这段代码会打印输出[2,4,6,8,10]，因为列表中的元素被原地修改了：

```
List<Integer> numbers = Arrays.asList(1, 2, 3, 4, 5);   打印输出
numbers.replaceAll(x -> x * 2);                          [2, 4, 6, 8, 10]
System.out.println(numbers);
```

B.1.2 Collections 类

Collections 类已经存在了很长的时间，它的主要功能是操作或者返回集合。Java 8 中它又新增了一个方法，该方法可以返回不可修改的、同步的、受检查的或者是空的 NavigableMap 或 NavigableSet。除此之外，它还引入了 checkedQueue 方法，该方法返回一个队列视图，可以扩展进行动态类型检查。

B.1.3 Comparator

Comparator 接口现在同时包含了默认方法和静态方法。你可以使用第 3 章中介绍的静态方法 Comparator.comparing 返回一个 Comparator 对象，该对象提供了一个可以提取排序关键字的函数。

新的实例方法如下。

- reversed——对当前的 Comparator 对象进行逆序排序，并返回排序之后新的 Comparator 对象。
- thenComparing——当两个对象相同时，返回使用另一个 Comparator 进行比较的 Comparator 对象。
- thenComparingInt、thenComparingDouble、thenComparingLong——这些方法的工作方式和 thenComparing 方法类似，不过它们的处理函数是特别针对某些基本数据类型（分别对应 ToIntFunction、ToDoubleFunction 和 ToLongFunction）的。

新的静态方法如下。

- comparingInt、comparingDouble、comparingLong——它们的工作方式和 comparing 类似，但接受的函数特别针对某些基本数据类型（分别对应于 ToIntFunction、ToDoubleFunction 和 ToLongFunction）。
- naturalOrder——对 Comparable 对象进行自然排序，返回一个 Comparator 对象。
- nullsFirst、nullsLast——对空对象和非空对象进行比较，你可以指定空对象（null）比非空对象（non-null）小或者比非空对象大，返回值是一个 Comparator 对象。
- reverseOrder——和 naturalOrder().reversed() 方法类似。

B.2 并发

Java 8 中引入了多个与并发相关的更新。首当其冲的当然是并行流，第 7 章详细讨论过。另外一个就是第 16 章中介绍的 CompletableFuture 类。

除此之外，还有一些值得注意的更新。比如，Arrays 类现在支持并发操作了。B.3 节会讨论这些内容。

本节想要围绕 java.util.concurrent.atomic 包的更新展开讨论。这个包的主要功能是处理原子变量（atomic variable）。除此之外，我们还会讨论 ConcurrentHashMap 类的更新，它现在又新增了几个方法。

B.2.1　原子操作

java.util.concurrent.atomic 包提供了多个对数字类型进行操作的类，比如 AtomicInteger 和 AtomicLong，它们支持对单一变量的原子操作。这些类在 Java 8 中新增了更多的方法支持。

- getAndUpdate——以原子方式用给定的方法更新当前值，并返回变更之前的值。
- updateAndGet——以原子方式用给定的方法更新当前值，并返回变更之后的值。
- getAndAccumulate——以原子方式用给定的方法对当前及给定的值进行更新，并返回变更之前的值。
- accumulateAndGet——以原子方式用给定的方法对当前及给定的值进行更新，并返回变更之后的值。

下面的例子向我们展示了如何以原子方式比较一个现存的原子整型值和一个给定的观测值（比如 10），并将变量设定为二者中较小的一个。

```
int min = atomicInteger.accumulateAndGet(10, Integer::min);
```

Adder 和 Accumulator

多线程的环境中，如果多个线程需要频繁地进行更新操作，且很少有读取的动作（比如，在统计计算的上下文中），Java API 文档中推荐大家使用新的类 LongAdder、LongAccumulator、DoubleAdder 以及 DoubleAccumulator，尽量避免使用它们对应的原子类型。这些新的类在设计之初就考虑了动态增长的需求，可以有效地减少线程间的竞争。

LongAddr 和 DoubleAdder 类都支持加法操作，而 LongAccumulator 和 DoubleAccumulator 可以使用给定的方法整合多个值。比如，可以像下面这样使用 LongAdder 计算多个值的总和。

代码清单 B-1　使用 LongAdder 计算多个值之和

到某个时刻得出 sum 的值

```
LongAdder adder = new LongAdder();
adder.add(10);
// ...
long sum = adder.sum();
```

在多个不同的线程中进行加法运算

使用默认构建器，初始的 sum 值被置为 0

或者，你也可以像下面这样使用 LongAccumulator 实现同样的功能。

代码清单 B-2　使用 LongAccumulator 计算多个值之和

```
LongAccumulator acc = new LongAccumulator(Long::sum, 0);
acc.accumulate(10);
// ...
long result = acc.get();
```

在几个不同的线程中累计计算值

在某个时刻得出结果

B.2.2　ConcurrentHashMap

ConcurrentHashMap 类的引入极大地提升了 HashMap 现代化的程度，新引入的 ConcurrentHashMap 对并发的支持非常友好。ConcurrentHashMap 允许并发地进行新增和更新操作，因为它仅对内部数据结构的某些部分上锁。因此，和另一种选择，即同步式的 `Hashtable` 比较起来，它具有更高的读写性能。

1. 性能

为了改善性能，要对 `ConcurrentHashMap` 的内部数据结构进行调整。典型情况下，map 的条目会被存储在桶中，依据键生成散列值进行访问。但是，如果大量键返回相同的散列值，由于桶是由 `List` 实现的，它的查询复杂度为 $O(n)$，这种情况下性能会恶化。在 Java 8 中，当桶过于臃肿时，它们会被动态地替换为排序树（sorted tree），排序树的查询复杂度为 $O(\log(n))$。注意，这种优化只有当键是可以比较的（比如 `String` 或者 `Number` 类）时才可能发生。

2. 类流操作

`ConcurrentHashMap` 支持三种新的操作，这些操作和你之前在流中所见的很像。

- forEach——对每个键值对进行特定的操作。
- reduce——使用给定的精简函数（reduction function），将所有的键值对整合出一个结果。
- search——对每一个键值对执行一个函数，直到函数的返回值为一个非空值。

以上每一种操作都支持四种形式，接受使用键、值、`Map.Entry` 以及键值对的函数。

- 使用键和值的操作（forEach、reduce、search）。
- 使用键的操作（forEachKey、reduceKeys、searchKeys）。
- 使用值的操作（forEachValue、reduceValues、searchValues）。
- 使用 `Map.Entry` 对象的操作（forEachEntry、reduceEntries、searchEntries）。

注意，这些操作不会对 `ConcurrentHashMap` 的状态上锁。它们只会在运行过程中对元素进行操作。应用到这些操作上的函数不应该对任何的顺序，或者其他对象，抑或在计算过程发生变化的值，有依赖。

除此之外，你需要为这些操作指定一个并发阈值。如果经过预估当前 map 的大小小于设定的阈值，那么操作会顺序执行。使用值 1 开启基于通用线程池的最大并行。使用值 `Long.MAX_VALUE` 设定程序以单线程执行操作。

下面这个例子中，我们使用 reduceValues 试图找出 map 中的最大值：

```
ConcurrentHashMap<String, Integer> map = new ConcurrentHashMap<>();
Optional<Integer> maxValue =
    Optional.of(map.reduceValues(1, Integer::max));
```

注意，对 `int`、`long` 和 `double`，它们的 reduce 操作各有不同（比如 `reduceValuesToInt`、`reduceKeysToLong` 等）。

3. 计数

`ConcurrentHashMap` 类提供了一个新的方法，名叫 `mappingCount`，它以长整型 `long` 返回 map 中映射的数目。我们应该尽量使用这个新方法，而不是老的 `size` 方法，`size` 方法返回的类型为 `int`。这是因为映射的数量可能是 `int` 无法表示的。

4. 集合视图

ConcurrentHashMap 类还提供了一个名为 KeySet 的新方法，该方法以 Set 的形式返回 ConcurrentHashMap 的一个视图（对 map 的修改会反映在该 Set 中，反之亦然）。你也可以使用新的静态方法 newKeySet，由 ConcurrentHashMap 创建一个 Set。

B.3 Arrays

Arrays 类提供了不同的静态方法对数组进行操作。现在，它又包括了四个新的方法（它们都有特别重载的变量）。

B.3.1 使用 parallelSort

parallelSort 方法会以并发的方式对指定的数组进行排序，你可以使用自然顺序，也可以为数组对象定义特别的 Comparator。

B.3.2 使用 setAll 和 parallelSetAll

setAll 和 parallelSetAll 方法可以以顺序的方式也可以用并发的方式，使用提供的函数计算每一个元素的值，对指定数组中的所有元素进行设置。该函数接受元素的索引，返回该索引元素对应的值。由于 parallelSetAll 需要并发执行，因此提供的函数必须没有任何副作用，就如第 7 章和第 18 章中介绍的那样。

举例来说，你可以使用 setAll 方法生成一个值为 0, 2, 4, 6, … 的数组：

```
int[] evenNumbers = new int[10];
Arrays.setAll(evenNumbers, i -> i * 2);
```

B.3.3 使用 parallelPrefix

parallelPrefix 方法以并发的方式，利用用户提供的二进制操作符对给定数组中的每个元素进行累积计算。通过下面这段代码，你会得到这样的一些值：1, 2, 3, 4, 5, 6, 7, …。

代码清单 B-3 使用 parallelPrefix 并发地累积数组中的元素

```
int[] ones = new int[10];
Arrays.fill(ones, 1);
Arrays.parallelPrefix(ones, (a, b) -> a + b);   ◁─── ones 现在的内容是
                                                      [1, 2, 3, 4, 5, 6, 7, 8, 9, 10]
```

B.4 Number 和 Math

Java 8 API 对 Number 和 Math 也做了改进，为它们增加了新的方法。

B.4.1 `Number`

`Number` 类中新增的方法如下。

- ❏ `Short`、`Integer`、`Long`、`Float` 和 `Double` 类提供了静态方法 `sum`、`min` 和 `max`。在第 5 章介绍 `reduce` 操作时，你已经见过这些方法了。
- ❏ `Integer` 和 `Long` 类提供了 `compareUnsigned`、`divideUnsigned`、`remainderUnsigned` 和 `toUnsignedString` 方法来处理无符号数。
- ❏ `Integer` 和 `Long` 类也分别提供了静态方法 `parseUnsignedInt` 和 `parseUnsigned-Long` 将字符解析为无符号 `int` 或者 `long` 类型。
- ❏ `Byte` 和 `Short` 类提供了 `toUnsignedInt` 和 `toUnsignedLong` 方法通过无符号转换将参数转化为 `int` 或者 `long` 类型。类似地，`Integer` 类现在也提供了静态方法 `toUnsignedLong`。
- ❏ `Double` 和 `Float` 类提供了静态方法 `isFinite`，可以检查参数是否为有限浮点数。
- ❏ `Boolean` 类现在提供了静态方法 `logicalAnd`、`logicalOr` 和 `logicalXor`，可以在两个 `boolean` 之间执行 and、or 和 xor 操作。
- ❏ `BigInteger` 类提供了 `byteValueExact`、`shortValueExact`、`intValueExact` 和 `longValueExact`，可以将 `BigInteger` 类型的值转换为对应的基础类型。不过，如果在转换过程中有信息的丢失，那么方法会抛出算术异常。

B.4.2 `Math`

如果 `Math` 中的方法在操作中出现溢出，`Math` 类提供了新的方法可以抛出算术异常。支持这一异常的方法包括使用 `int` 和 `long` 参数的 `addExact`、`subtractExact`、`multipleExact`、`incrementExact`、`decrementExact` 和 `negateExact`。此外，`Math` 类还新增了一个静态方法 `toIntExact`，可以将 `long` 值转换为 `int` 值。其他的新增内容包括静态方法 `floorMod`、`floorDiv` 和 `nextDown`。

B.5 `Files`

`Files` 类最引人注目的改变是，你现在可以用文件直接产生流。第 5 章中提到过新的静态方法 `Files.lines`，通过该方法你可以以延迟方式读取文件的内容，并将其作为一个流。此外，还有一些非常有用的静态方法可以返回流。

- ❏ `Files.list`——生成由指定目录中所有条目构成的 `Stream<Path>`。这个列表不是递归包含的。由于流是延迟消费的，因此处理包含内容非常庞大的目录时，这个方法非常有用。
- ❏ `Files.walk`——和 `Files.list` 有些类似，它也生成包含给定目录中所有条目的 `Stream<Path>`。不过这个列表是递归的，你可以设定递归的深度。注意，该遍历是依照深度优先进行的。
- ❏ `Files.find`——通过递归地遍历一个目录找到符合条件的条目，并生成一个 `Stream<Path>` 对象。

B.6 Reflection

附录 A 中已经讨论过 Java 8 中注解机制的几个变化。Reflection API 的变化就是为了支撑这些改变。

除此之外，Reflection 接口的另一个变化是新增了可以查询方法参数信息的 API，比如，你现在可以使用新增的 java.lang.reflect.Parameter 类查询方法参数的名称和修饰符，这个类被新的 java.lang.reflect.Executable 类所引用，而 java.lang.reflect.Executable 通用函数和构造函数共享的父类。

B.7 String

String 类也新增了一个静态方法，名叫 join。你大概已经猜出它的功能了，它可以用一个分隔符将多个字符串连接起来。你可以像下面这样使用它：

```
String authors = String.join(", ", "Raoul", "Mario", "Alan");         Raoul, Mario,Alan
System.out.println(authors);                                     ←┘
```

附录 C

如何以并发方式在同一个流上执行多种操作

Java 8 中，流有一个非常大的（也可能是最大的）局限性，使用时，对它操作一次仅能得到一个处理结果。实际操作中，如果你试图多次遍历同一个流，结果只有一个，那就是遭遇下面这样的异常：

```
java.lang.IllegalStateException: stream has already been operated upon or closed
```

虽然流的设计就是如此，但我们在处理流时经常希望能同时获取多个结果。譬如，你可能会用一个流来解析日志文件，就像在 5.7.3 节中所做的那样，而不是在某个单一步骤中收集多个数据。或者，你想要维持菜单的数据模型，就像在第 4~6 章中用于解释流特性的那个例子，你希望在遍历由"佳肴"构成的流时收集多种信息。

换句话说，你希望一次性向流中传递多个 Lambda 表达式。为了达到这一目标，你需要一个 fork 类型的方法，对每个复制的流应用不同的函数。更理想的情况是你能以并发的方式执行这些操作，用不同的线程执行各自的运算得到对应的结果。

不幸的是，这些特性目前还没有在 Java 8 的流实现中提供。不过，本附录会为你展示一种方法，利用一个通用 API[①]，即 Spliterator，尤其是它的延迟绑定能力，结合 BlockingQueues 和 Futures 来实现这一大有裨益的特性。

C.1 复制流

要达到在一个流上并发地执行多个操作的效果，你需要做的第一件事就是创建一个 StreamForker，这个 StreamForker 会对原始的流进行封装，在此基础之上你可以继续定义你希望执行的各种操作。看看下面这段代码。

---

① 本附录接下来介绍的实现基于 Paul Sandoz 向 lambda-dev 邮件列表 http://mail.openjdk.java.net/pipermail/lambda-dev/ 2013-November/011516.html 提供的解决方案。

代码清单 C-1　定义一个 StreamForker，在一个流上执行多个操作

```
public class StreamForker<T> {

    private final Stream<T> stream;
    private final Map<Object, Function<Stream<T>, ?>> forks =
                                            new HashMap<>();

    public StreamForker(Stream<T> stream) {
        this.stream = stream;
    }

    public StreamForker<T> fork(Object key, Function<Stream<T>, ?> f) {
        forks.put(key, f);
        return this;
    }

    public Results getResults() {
        // 功能待实现
    }
}
```

返回 **this** 从而保
证多次流畅地调
用 **fork** 方法

使用一个键对流上
的函数进行索引

这里的 fork 方法接受两个参数。

❑ Function 参数，它对流进行处理，将流转变为代表这些操作结果的任何类型。

❑ key 参数，通过它你可以取得操作的结果，并将这些键/函数对累积到一个内部的 Map 中。

fork 方法返回 StreamForker 自身，因此，你可以通过复制多个操作构造一个流水线。图 C-1
展示了 StreamForker 背后的主要思想。

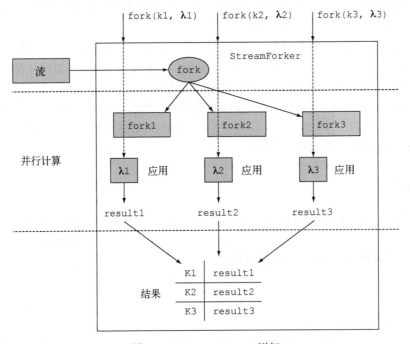

图 C-1　StreamForker 详解

这里用户定义了希望在流上执行的三种操作,这三种操作通过三个键索引标识。StreamForker会遍历原始的流,并创建它的三个副本。这时就可以并行地在复制的流上执行这三种操作,这些函数运行的结果由对应的键进行索引,最终会填入到结果的 Map。

所有由 fork 方法添加的操作的执行都是通过 getResults 方法的调用触发的,该方法返回一个 Results 接口的实现,具体的定义如下:

```
public static interface Results {
    public <R> R get(Object key);
}
```

这一接口只有一个方法,你可以将 fork 方法中使用的 key 对象作为参数传入,方法会返回该键对应的操作结果。

C.1.1　使用 ForkingStreamConsumer 实现 Results 接口

你可以用下面的方式实现 getResults 方法:

```
public Results getResults() {
    ForkingStreamConsumer<T> consumer = build();
    try {
        stream.sequential().forEach(consumer);
    } finally {
        consumer.finish();
    }
    return consumer;
}
```

ForkingStreamConsumer 同时实现了前面定义的 Results 接口和 Consumer 接口。随着进一步剖析它的实现细节,你会看到它主要的任务就是处理流中的元素,将它们分发到多个BlockingQueues 中处理,BlockingQueues 的数量和通过 fork 方法提交的操作数是一致的。注意,我们很明确地知道流是顺序处理的,不过,如果你在一个并发流上执行 forEach 方法,它的元素可能就不是顺序地被插入到队列中了。finish 方法会在队列的末尾插入特殊元素表明该队列已经没有更多需要处理的元素了。build 方法主要用于创建 ForkingStreamConsumer,详细内容请参考下面的代码清单。

代码清单 C-2　使用 build 方法创建 ForkingStreamConsumer

```
private ForkingStreamConsumer<T> build() {
    List<BlockingQueue<T>> queues = new ArrayList<>();        创建由队列组成的列表,每
                                                             一个队列对应一个操作

    Map<Object, Future<?>> actions =                         建立用于标识操
            forks.entrySet().stream().reduce(                作的键与包含操
                    new HashMap<Object, Future<?>>(),        作结果的 Future
                    (map, e) -> {                            之间的映射关系
                        map.put(e.getKey(),
                                getOperationResult(queues, e.getValue()));
                        return map;
```

```
        },
        (m1, m2) -> {
            m1.putAll(m2);
            return m1;
        });
    return new ForkingStreamConsumer<>(queues, actions);
}
```

代码清单 C-2 中，你首先创建了前面提到的由 `BlockingQueues` 组成的列表。紧接着，你创建了一个 `Map`，`Map` 的键就是你在流中用于标识不同操作的键，值包含在 `Future` 中，`Future` 中包含了这些操作对应的处理结果。`BlockingQueues` 的列表和 `Future` 组成的 `Map` 会被传递给 `ForkingStreamConsumer` 的构造函数。每个 `Future` 都是通过 `getOperationResult` 方法创建的，代码清单如下。

代码清单 C-3   使用 `getOperationResult` 方法创建 `Future`

```
private Future<?> getOperationResult(List<BlockingQueue<T>> queues,
                                     Function<Stream<T>, ?> f) {
    BlockingQueue<T> queue = new LinkedBlockingQueue<>();          ← 创建一个队列，并将其添加到队列的列表中
    queues.add(queue);
    Spliterator<T> spliterator = new BlockingQueueSpliterator<>(queue);   ← 创建一个 Spliterator，遍历队列中的元素
    Stream<T> source = StreamSupport.stream(spliterator, false);    ← 创建一个流，将 Spliterator 作为数据源
    return CompletableFuture.supplyAsync( () -> f.apply(source) );   ← 创建一个 Future 对象，以异步方式计算在流上执行特定函数的结果
}
```

`getOperationResult` 方法会创建一个新的 `BlockingQueue`，并将其添加到队列的列表。这个队列会被传递给一个新的 `BlockingQueueSpliterator` 对象，后者是一个延迟绑定的 `Spliterator`，它会遍历读取队列中的每个元素。我们很快会看到这是如何做到的。

接下来你创建了一个顺序流对该 `Spliterator` 进行遍历，最终你会创建一个 `Future` 在流上执行某个你希望的操作并收集其结果。这里的 `Future` 使用 `CompletableFuture` 类的一个静态工厂方法创建，`CompletableFuture` 实现了 `Future` 接口。这是 Java 8 新引入的一个类，第 16 章对它进行过详细的介绍。

C.1.2   开发 `ForkingStreamConsumer` 和 `BlockingQueueSpliterator`

还有两个非常重要的部分你需要实现，分别是前面提到过的 `ForkingStreamConsumer` 类和 `BlockingQueueSpliterator` 类。你可以用下面的方式实现前者。

代码清单 C-4   实现 `ForkingStreamConsumer` 类，为其添加处理多个队列的流元素

```
static class ForkingStreamConsumer<T> implements Consumer<T>, Results {
    static final Object END_OF_STREAM = new Object();

    private final List<BlockingQueue<T>> queues;
    private final Map<Object, Future<?>> actions;
```

```
ForkingStreamConsumer(List<BlockingQueue<T>> queues,
                      Map<Object, Future<?>> actions) {
    this.queues = queues;
    this.actions = actions;
}

@Override
public void accept(T t) {
    queues.forEach(q -> q.add(t));
}

void finish() {
    accept((T) END_OF_STREAM);
}

@Override
public <R> R get(Object key) {
    try {
        return ((Future<R>) actions.get(key)).get();
    } catch (Exception e) {
        throw new RuntimeException(e);
    }
}
}
```

> 将流中遍历的元素添加到所有的队列中

> 将最后一个元素添加到队列中，表明该流已经结束

> 等待 Future 完成相关的计算，返回由特定键标识的处理结果

这个类同时实现了 Consumer 和 Results 接口，并持有两个引用，一个指向由 BlockingQueues 组成的列表，另一个是执行了由 Future 构成的 Map 结构，它们表示的是即将在流上执行的各种操作。

Consumer 接口要求实现 accept 方法。这里，每当 ForkingStreamConsumer 接受流中的一个元素，它就会将该元素添加到所有的 BlockingQueues 中。另外，当原始流中的所有元素都添加到所有队列后，finish 方法会将最后一个元素添加到所有队列中。BlockingQueue-Spliterators 碰到最后这个元素时会知道队列中不再有需要处理的元素了。

Results 接口需要实现 get 方法。一旦处理结束，get 方法会获得 Map 中由键索引的 Future，解析处理的结果并返回。

最后，流上要进行的每个操作都会对应一个 BlockingQueueSpliterator。每个 Blocking-QueueSpliterator 都持有一个指向 BlockingQueues 的引用，这个 BlockingQueues 是由 ForkingStreamConsumer 生成的，你可以用与下面这段代码清单类似的方法实现一个 BlockingQueueSpliterator。

代码清单 C-5　一个遍历 BlockingQueue 并读取其中元素的 Spliterator

```
class BlockingQueueSpliterator<T> implements Spliterator<T> {
    private final BlockingQueue<T> q;

    BlockingQueueSpliterator(BlockingQueue<T> q) {
        this.q = q;
    }
```

```
@Override
public boolean tryAdvance(Consumer<? super T> action) {
    T t;
    while (true) {
        try {
            t = q.take();
            break;
        } catch (InterruptedException e) { }
    }

    if (t != ForkingStreamConsumer.END_OF_STREAM) {
        action.accept(t);
        return true;
    }

    return false;
}

@Override
public Spliterator<T> trySplit() {
    return null;
}

@Override
public long estimateSize() {
    return 0;
}

@Override
public int characteristics() {
    return 0;
}
```

这段代码实现了一个 Spliterator，不过它并未定义如何切分流的策略，仅仅利用了流的延迟绑定能力。由于这个原因，它也没有实现 trySplit 方法。

由于无法预测能从队列中取得多少个元素，因此 estimatedSize 方法也无法返回任何有意义的值。更进一步，因为你没有试图进行任何切分，所以这时的估算也没什么用处。

这一实现并没有体现表 7-2 中列出的 Spliterator 的任何特性，因此 characteristic 方法返回 0。

这段代码中提供了实现的唯一方法是 tryAdvance，它从 BlockingQueue 中取得原始流中的元素，而这些元素最初由 ForkingStreamConsumer 添加。依据 getOperationResult 方法创建 Spliterator 同样的方式，这些元素会被作为进一步处理流的源头传递给 Consumer 对象（在流上要执行的函数会作为参数传递给某个 fork 方法调用）。tryAdvance 方法返回 true 以通知调用方还有其他的元素需要处理，直到它发现由 ForkingStreamConsumer 添加的特殊对象，表明队列中已经没有更多需要处理的元素了。图 C-2 展示了 StreamForker 及其构建模块的概述。

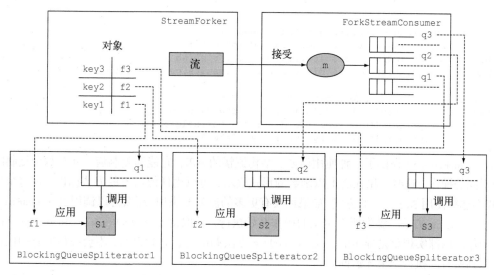

图 C-2 StreamForker 及其合作的构造块

这幅图中，左上角的 StreamForker 中包含一个 Map 结构，以方法的形式定义了流上要执行的操作，这些方法分别由对应的键索引。右边的 ForkingStreamConsumer 为每一种操作的对象维护了一个队列，原始流中的所有元素会被分发到这些队列中。

图的下半部分，每一个队列都有一个 BlockingQueueSpliterator 从队列中提取元素作为各个流处理的源头。最后，由原始流复制创建的每个流，都会被作为参数传递给某个处理函数，执行对应的操作。至此，你已经实现了 StreamForker 所有组件，可以开始工作了。

C.1.3 将 StreamForker 运用于实战

我们将 StreamForker 应用到第 4 章中定义的 menu 数据模型上，希望对它进行一些处理。通过复制原始的菜肴（dish）流，我们想以并发的方式执行四种不同的操作，代码清单如下所示。这尤其适用于以下情况：你想要生成一份由逗号分隔的菜肴名列表，计算菜单的总热量，找出热量最高的菜肴，并按照菜的类型对这些菜进行分类。

代码清单 C-6 将 StreamForker 运用于实战

```
Stream<Dish> menuStream = menu.stream();

StreamForker.Results results = new StreamForker<Dish>(menuStream)
        .fork("shortMenu", s -> s.map(Dish::getName)
                                 .collect(joining(", ")))
        .fork("totalCalories", s -> s.mapToInt(Dish::getCalories).sum())
        .fork("mostCaloricDish", s -> s.collect(reducing(
                (d1, d2) -> d1.getCalories() > d2.getCalories() ? d1 : d2))
                .get())
        .fork("dishesByType", s -> s.collect(groupingBy(Dish::getType)))
        .getResults();
```

```
String shortMenu = results.get("shortMenu");
int totalCalories = results.get("totalCalories");
Dish mostCaloricDish = results.get("mostCaloricDish");
Map<Dish.Type, List<Dish>> dishesByType = results.get("dishesByType");

System.out.println("Short menu: " + shortMenu);
System.out.println("Total calories: " + totalCalories);
System.out.println("Most caloric dish: " + mostCaloricDish);
System.out.println("Dishes by type: " + dishesByType);
```

StreamForker 提供了一种使用简便、结构流畅的 API，它能够复制流，并对每个复制的流施加不同的操作。这些应用在流上以函数的形式表示，可以用任何对象的方式标识，在这个例子里，我们选择使用 String 的方式。如果你没有更多的流需要添加，那么可以调用 StreamForker 的 getResults 方法，触发所有定义的操作开始执行，并取得 StreamForker.Results。由于这些操作的内部实现就是异步的，getResults 方法调用后会立刻返回，不会等待所有的操作完成，拿到所有的执行结果才返回。

你可以通过向 StreamForker.Results 接口传递标识特定操作的键来取得某个操作的结果。如果该时刻操作已经完成，get 方法就会返回对应的结果；否则，该方法会阻塞，直到计算结束，取得对应的操作结果。

正如我们所预期的，这段代码会产生下面这些输出：

```
Short menu: pork, beef, chicken, french fries, rice, season fruit, pizza,
    prawns, salmon
Total calories: 4300
Most caloric dish: pork
Dishes by type: {OTHER=[french fries, rice, season fruit, pizza], MEAT=[pork,
    beef, chicken], FISH=[prawns, salmon]}
```

C.2   性能的考量

提起性能，你不应该想当然地认为这种方法比多次遍历流的方式更加高效。如果构成流的数据都保存在内存中，阻塞式队列所引发的开销很容易就抵消了由并发执行操作所带来的性能提升。

与此相反，如果操作涉及大量的 I/O，譬如流的源头是一个巨型文件，那么单次访问流可能是个不错的选择。因此（大多数情况下）优化应用性能唯一有意义的规则是"好好地度量它"。

通过这个例子，我们展示了怎样一次性地在同一个流上执行多个操作。更重要的是，我们相信这个例子也证明了一点，即使某个特性原生的 Java API 暂时还不支持，充分利用 Lambda 表达式的灵活性和一点点的创意，整合现有的功能，你完全可以实现想要的新特性。

D Lambda 表达式和 JVM 字节码

你可能会好奇 Java 编译器是如何实现 Lambda 表达式，而 Java 虚拟机又是如何对它们进行处理的。如果你认为 Lambda 表达式就是简单地被转换为匿名类，那就太天真了，请继续阅读下去。本附录通过审视编译生成的.class 文件，简要地讨论 Java 是如何编译 Lambda 表达式的。

D.1 匿名类

第 2 章已经介绍过，匿名类可以同时声明和实例化一个类。因此，它们和 Lambda 表达式一样，也能用于提供函数式接口的实现。

由于 Lambda 表达式提供了函数式接口中抽象方法的实现，这让人有一种感觉，似乎在编译过程中让 Java 编译器直接将 Lambda 表达式转换为匿名类更直观。不过，匿名类有着种种不尽如人意的特性，会给应用程序的性能带来负面影响。

- ❑ **编译器会为每个匿名类生成一个新的.class 文件**。这些新生成的类文件的文件名通常以 `ClassName$1` 这种形式呈现，其中 `ClassName` 是匿名类出现的类的名字，紧跟着一个美元符号和一个数字。生成大量的类文件是不利的，因为每个类文件在使用之前都需要加载和验证，这会直接影响应用的启动性能。如果将 Lambda 表达式转换为匿名类，那么每个 Lambda 表达式都会产生一个新的类文件，这是我们不期望发生的。

- ❑ **每个新的匿名类都会为类或者接口产生一个新的子类型**。如果你为了实现一个比较器，使用了一百多个不同的 Lambda 表达式，这意味着该比较器会有一百多个不同的子类型。这种情况下，JVM 的运行时性能调优会变得更加困难。

D.2 生成字节码

Java 的源代码文件会经由 Java 编译器编译为 Java 字节码。之后 JVM 可以执行这些生成的字节码运行应用。编译时，匿名类和 Lambda 表达式使用了不同的字节码指令。你可以通过下面这条命令查看任何类文件的字节码和常量池：

```
javap -c -v ClassName
```

我们试着使用 Java 7 中旧的格式实现了 Function 接口的一个实例，代码如下所示。

代码清单 D-1　以匿名内部类的方式实现的一个 Function 接口

```
import java.util.function.Function;
public class InnerClass {
    Function<Object, String> f = new Function<Object, String>() {
        @Override
        public String apply(Object obj) {
            return obj.toString();
        }
    };
}
```

这种方式下，和 Function 对应，以匿名内部类形式生成的字节码看起来就像下面这样：

```
 0: aload_0
 1: invokespecial #1        // Method java/lang/Object."<init>":()V
 4: aload_0
 5: new           #2        // class InnerClass$1
 8: dup
 9: aload_0
10: invokespecial #3        // Method InnerClass$1."<init>":(LInnerClass;)V
13: putfield      #4        // Field f:Ljava/util/function/Function;
16: return
```

这段代码展示了下面这些编译中的细节。

- 通过字节码操作 new，一个 InnerClass$1 类型的对象被实例化了。与此同时，一个指向新创建对象的引用会被压入栈。
- dup 操作会复制栈上的引用。
- 接着，这个值会被 invokespecial 指令处理，该指令会初始化对象。
- 栈顶现在包含了指向对象的引用，该值通过 putfield 指令保存到了 LambdaBytecode 类的 f1 字段。

InnerClass$1 是由编译器为匿名类生成的名字。如果你想要再次确认这一情况，也可以查看 InnerClass$1 类文件，你可以看到 Function 接口的实现代码如下：

```
class InnerClass$1 implements
            java.util.function.Function<java.lang.Object, java.lang.String> {
  final InnerClass this$0;
  public java.lang.String apply(java.lang.Object);
    Code:
        0: aload_1
        1: invokevirtual #3 // Method
                                java/lang/Object.toString:()Ljava/lang/String;
        4: areturn
  }
```

D.3　用 `InvokeDynamic` 力挽狂澜

现在，试着采用 Java 8 中新提供的 Lambda 表达式来完成同样的功能。我们会查看下面这段代码清单生成的类文件。

代码清单 D-2　使用 Lambda 表达式实现的 `Function`

```
import java.util.function.Function;
public class Lambda {
    Function<Object, String> f = obj -> obj.toString();
}
```

你会看到下面这些字节码指令：

```
 0: aload_0
 1: invokespecial #1      // Method java/lang/Object."<init>":()V
 4: aload_0
 5: invokedynamic #2, 0 // InvokeDynamic
                            #0:apply:()Ljava/util/function/Function;
10: putfield      #3      // Field f:Ljava/util/function/Function;
13: return
```

我们已经解释过将 Lambda 表达式转换为内部匿名类的缺点，通过这段字节码你可以再次确认二者之间巨大的差别。创建额外的类现在被 invokedynamic 指令替代了。

> ### invokedynamic 指令
>
> 字节码指令 invokedynamic 最初被 JDK 7 引入，用于支持运行于 JVM 上的动态类型语言。执行方法调用时，invokedynamic 添加了更高层的抽象，使得一部分逻辑可以依据动态语言的特征来决定调用目标。这一指令的典型使用场景如下：
>
> ```
> def add(a, b) { a + b }
> ```
>
> 这里 a 和 b 的类型在编译时都未知，有可能随着运行时发生变化。由于这个原因，JVM 首次执行 invokedynamic 调用时，它会查询一个 bootstrap 方法，该方法实现了依赖语言的逻辑，可以决定选择哪一个方法进行调用。bootstrap 方法返回一个链接调用点（linked call site）。很多情况下，如果 add 方法使用两个 int 类型的变量，那么紧接下来的调用也会使用两个 int 类型的值。所以，每次调用也没有必要都重新选择调用的方法。调用点自身就包含了一定的逻辑，可以判断在什么情况下需要进行重新链接。

代码清单 D-2 中，使用 invokedynamic 指令的目的略微有别于我们最初介绍的那一种。这个例子中，它被用于延迟 Lambda 表达式到字节码的转换，最终这一操作被推迟到了运行时。换句话说，以这种方式使用 invokedynamic，可以将实现 Lambda 表达式的这部分代码的字节码生成推迟到运行时。这种设计选择带来了一系列好结果。

❑ Lambda 表达式的代码块到字节码的转换由高层的策略变成了纯粹的实现细节。它现在可以动态地改变，或者在未来版本中得到优化、修改，并且保持了字节码的后向兼容性。

- 没有带来额外的开销，没有额外的字段，也不需要进行静态初始化，而这些如果不使用 Lambda，就不会实现。
- 对无状态非捕获型 Lambda，可以创建一个 Lambda 对象的实例，对其进行缓存，之后对同一对象的访问都返回同样的内容。这是一种常见的用例，也是人们在 Java 8 之前就惯用的方式，比如，以 static final 变量的方式声明某个比较器实例。
- 没有额外的性能开销，因为这些转换都是必须的，并且结果也进行了链接，仅在 Lambda 首次被调用时需要转换，其后所有的调用都能直接跳过这一步，直接调用之前链接的实现。

D.4　代码生成策略

将 Lambda 表达式的代码体填入到运行时动态创建的静态方法，就完成了 Lambda 表达式的字节码转换。无状态 Lambda 在它涵盖的范围内不保持任何状态信息，就像在代码清单 D-2 中定义的那样，字节码转换时它是所有 Lambda 中最简单的一种类型。这种情况下，编译器可以生成一个方法，此方法含有该 Lambda 表达式同样的签名，所以最终转换的结果从逻辑上看起来就像下面这样：

```
public class Lambda {
    Function<Object, String> f = [dynamic invocation of lambda$1]

    static String lambda$1(Object obj) {
        return obj.toString();
    }
}
```

Lambda 表达式中包含了 final（或者效果上等同于 final）的本地变量或者字段的情况会稍微复杂一些，就像下面的这个例子：

```
public class Lambda {
    String header = "This is a ";
    Function<Object, String> f = obj -> header + obj.toString();
}
```

这个例子中，生成方法的签名不会和 Lambda 表达式一样，因为它还需要携带参数来传递上下文中额外的状态。为了实现这一目标，最简单的方案是在 Lambda 表达式中为每一个需要额外保存的变量预留参数，所以实现前面 Lambda 表达式的生成方法会像下面这样：

```
public class Lambda {
    String header = "This is a ";
    Function<Object, String> f = [dynamic invocation of lambda$1]

    static String lambda$1(String header, Object obj) {
        return obj -> header + obj.toString();
    }
}
```

更多关于 Lambda 表达式转换流程的内容，可以访问如下地址：http://cr.openjdk.java.net/~briangoetz/lambda/lambda-translation.html。